# Zur Benachrichtigung

*Die Atomgewichtskommission der Internationalen Union für Chemie veröffentlicht alljährlich die dem augenblicklichen Stande der Forschung entsprechenden Atomgewichtszahlen. Die vorliegende Auflage ist mit den für 1939 gültigen Werten berechnet worden.*

***A. Thiel.***

**Man beachte die Vorbemerkungen!**

Arbeitsmethoden
der modernen Natur-
wissenschaften

F. W. KÜSTER

# Logarithmische Rechentafeln

Laboratoriums-Taschenbuch
für Chemiker, Pharmazeuten, Mediziner
und Physiker

Neu bearbeitet von
DR. A. THIEL
o. ö. Professor der physikalischen Chemie
Direktor des Physikalisch-chemischen Instituts der Universität Marburg

46.—50., verbesserte und vermehrte Auflage

Berlin 1940

WALTER DE GRUYTER & CO.
vormals G. J. Göschen'sche Verlagshandlung / J. Guttentag, Verlagsbuchhandlung / Georg Reimer / Karl J. Trübner / Veit & Comp.

*Motto: „Der Mangel an mathematischer Bildung gibt sich durch nichts so auffallend zu erkennen, wie durch maßlose Schärfe im Zahlenrechnen."*

*C. F. Gauss.*



vormals G. J. Göschen'sche Verlagshandlung — J. Guttentag, Verlagsbuchhandlung — Georg Reimer — Karl J. Trübner — Veit & Comp.
Berlin W 35, Woyrschstraße 13

Archiv-Nr. 52 34 40 Printed in Germany

Druck von Metzger & Wittig in Leipzig

# VORWORT
## zur sechsundvierzigsten bis fünfzigsten Auflage

Die Atomgewichtsforschung hat im Laufe der letzten Jahrzehnte so große Fortschritte gemacht, daß die Atomgewichte aller für praktische Zwecke überhaupt in Betracht kommenden Elemente fortan kaum noch Veränderungen erfahren werden, wenigstens nicht solche, die sich auf dem Gebiete der normalen Analyse auswirken können. Von dieser Seite her wäre also die Weiterbenutzung der letzten Auflage der Rechentafeln ohne Schaden für die Genauigkeit auch exakter Analysen möglich. Dagegen hat sich der Umfang des sonstigen Tatsachenmaterials, was die Methodik der analytischen Wissenschaft betrifft, wesentlich vergrößert und ist noch in stetigem Anstiege begriffen. Insbesondere die Verwertung physikochemischer Methoden hat stark zugenommen und damit das Bedürfnis nach Berücksichtigung solcher Verfahren auch in den Rechentafeln. Diesem Bedürfnis kommt die neue Auflage weitgehend entgegen. Auch sonst bringt sie eine Reihe von Neuerungen, die mehrfach geäußerten Wünschen entsprechen und hoffentlich im praktischen Gebrauche die Feuerprobe bestehen. In den Besprechungen der letzten Auflage und in privaten Äußerungen interessierter Fachgenossen kam die Meinung zum Ausdruck, daß die Rechentafeln in ihrer damaligen Gestalt bereits in nahezu idealer Weise den Bedürfnissen des Unterrichtes und der Forschung in Wissenschaft und Praxis gerecht würden. Diese Anerkennung war Anlaß zu dem Bemühen, sie sich mit jeder neuen Auflage neu zu verdienen. Denn die Wissenschaft und ihre technische Verwendung bleibt nicht stehen, sondern schreitet fort, letzthin sogar in besonders raschem Tempo, und die ihr dienenden Hilfsmittel müssen sich diesen Fortschritten anpassen, wenn sie ihren Wert behalten sollen. So ist denn gewiß mancher Benutzer und Freund der Rechentafeln neugierig, was wohl eine neue Auflage hier noch zu bieten habe. Ich hoffe, daß niemand darin eine Enttäuschung erlebt.

Im Vorwort zur letzten Auflage hatte ich um Vorschläge gebeten, wie man der fortlaufenden Vermehrung des Umfanges der Rechentafeln Einhalt gebieten könne. Es sind mir auch dafür an sich geeignete Ratschläge erteilt worden. Wenn ich sie nur in sehr bescheidenem Umfange verwerten konnte, so liegt das daran, daß es mir widerstrebt, das äußere Bild der Tafeln usw. so zu verändern, daß darunter die Übersichtlichkeit leidet. Denn ich weiß sehr wohl, daß eine gute Übersicht über den Stoff einen Vorzug, namentlich bei Büchern, die für den Laboratoriumsgebrauch bestimmt sind, bedeutet, den man nicht um einer Raumersparnis willen aufgeben darf. Aber in anderer Hinsicht habe ich in gleichem Sinne gewirkt. Unter den Wünschen nach Aufnahme bestimmter Daten sind immer auch solche, die ganz spezielle Bedürfnisse vereinzelter Laboratorien betreffen. Kommt man ihnen schrankenlos nach, so entsteht eine Überfüllung einzelner Abschnitte mit Angaben, die nur einen ganz kleinen Kreis interessieren, für die Allgemeinheit aber lästig werden können, weil sie die Übersicht verschlechtern. Ich habe hier den Ausweg versucht, überall genügend Platz für das Eintragen speziell interessierender Daten zu schaffen, so daß den Bedürfnissen Einzelner Rechnung getragen und gleichwohl die Übersichtlichkeit nicht verschlechtert, sondern sogar noch verbessert wird. Ich hoffe, daß diese Maßnahme in weiten Kreisen Zustimmung findet.

Von dem gesamten Tafelmaterial hat nur eine einzige Tafel wegfallen können: die bisherige Tafel 14 (Aräometrie). Die Angabe von

Dichten in Graden Baumé besitzt keine Berechtigung mehr, da in Zukunft nur noch genormte, mit einer Teilung auf der Grundlage der Dichte versehene Spindeln in den Handel kommen. Ich verweise auf die Normblätter Din Denog 790 und 791, die von der DECHEMA bearbeitet sind und vom Beuth-Vertrieb, Berlin SW 68 bezogen werden können. Es ist dringend zu wünschen, daß der Inhalt dieser Normblätter baldigst Gemeingut aller Chemiker wird.

Die Gesamtzahl der Tafeln ist gleichwohl um zwei gestiegen, weil die jetzigen Tafeln 12, 13 und 17 neu hinzugekommen sind. Ich glaube, daß die mit der Aufnahme der ersteren beiden beabsichtigte Förderung der Klarheit in den Begriffen von Dichte und Tauchgewicht und damit einer Beseitigung der auf diesem Gebiete noch immer zu beobachtenden Verwirrung nur begrüßt werden wird; auch die Tafel 17 wird vielfach willkommen sein.

Praktisch unverändert sind nur die Tafeln 14 und 14a (früher 12 und 12a), 15, (13), 18 (16), 19 (17), 23 (21) und 25 (23) geblieben. Alle übrigen sind zum mindesten in Teilen umgearbeitet, erweitert oder sonstwie verbessert worden.

Durchgehends ist die Formelschreibung den dafür vom AEF herausgegebenen Regeln (siehe Normblatt Din 1313) angepaßt worden. Alle Formelzeichen für Größen und allgemeine Zahlenwerte sind also in Kursiv, alle Einheitszeichen in geraden Lettern gedruckt. Für die Dichte wird von jetzt an das Zeichen $\varrho$, für die Druckeinheit „mm Quecksilber" die Bezeichnung „Torr" (nach Torricelli gebildet wie Volt nach Volta) angewandt. Von früher her noch vorhandene systemwidrige Bezeichnungen (ccm statt $V$ für ein Volumen usw.) sind ausgemerzt worden. Auch der Chemiker soll sich an das Denken in Dimensionen gewöhnen, wie das der Physiker ganz allgemein schon längst tut. Es wird ihm keine allzu große Mühe verursachen, die sich ohne Zweifel lohnen wird. Die Rechentafeln sollen ihm dabei behilflich sein.

Für das Formelzeichen der Säurestufe wird nunmehr die Schreibweise $p_{H^+}$ empfohlen. Ich halte diese für zweckmäßiger als die Schreibweise $p_H$ oder $pH$ (trotz der typographischen Vorzüge, namentlich der letzteren), weil man sich sofort darüber klar ist, daß es sich um eine Angelegenheit des Wasserstoffions handelt. Das war früher vielleicht nicht so wesentlich (wenngleich Sörensen, der Schöpfer des Begriffes, selbst das Wasserstoffsymbol mit dem Ladungszeichen versehen hat); aber da neuerdings in steigendem Maße auch eine analoge Größe benutzt wird, die eine Angelegenheit des Wasserstoffs selbst (nicht des Ions) ist, nämlich ein zur Kennzeichnung von Redoxzuständen dienendes Symbol (bisher $r_H$ geschrieben), so ist eine klare Unterscheidung notwendig, zumal da bei den Redoxpotentialen ja auch die Säurestufe noch eine Rolle spielt. Um die Analogie besser kenntlich zu machen, schreibe ich nicht $r_H$, sondern $p_{rH}$ und empfehle dieses Zeichen zur allgemeinen Annahme. Man sollte hierbei ja eigentlich auch noch eine Zwei anhängen, um das Wasserstoffgas zu kennzeichnen (also $p_{rH_2}$ schreiben), aber diese typographische Unbequemlichkeit ist entbehrlich, weil ja die Potentialbildung des Wasserstoffs ohne Zweifel über das Atom verläuft. In Analogie zur gewöhnlichen Bathmometrie ($p_{H^+}$-Messung) empfehle ich die Ausdrücke Redox-Stufe ($p_{rH}$), Redox-Bathmometrie, Redox-Pufferung usw. Dagegen sollen sich die Ausdrücke ohne vorgesetztes „Redox“ immer nur auf die azidimetrische Bathmometrie beziehen (wie bisher).

Von den Änderungen, welche die Atomgewichtstabelle für 1939 gebracht hat, wirkt sich am stärksten die beim Kohlenstoff vorgenommene Erhöhung von 12,00 auf 12,010, ferner beim Phosphor die Erniedrigung von 31,02 auf 30,98 aus. Alle anderen Veränderungen sind praktisch ohne Bedeutung.

In den Tafeln 2, 4 und 5 ist durch Umstellungen besonders viel Platz für Nachträge geschaffen worden. Auf organische Reagentien als Fällungsmittel in der anorganischen Analyse ist in weiterem Umfange Rücksicht genommen worden. Ich habe mich hier an das bekannte Buch von W. Prodinger (Sammlung „Die chemische Analyse“, Band 37, Enke, Stuttgart) gehalten. Auch auf eine kleine Broschüre der Firma E. Merck, „Organische Metallreagenzien“ sei hier verwiesen.

Die Tafeln 4 B und 4 C zeigen sich in verbesserter Gestalt. Auf die Erläuterungen dazu wird besonders aufmerksam gemacht.

Mehrfachen Wünschen entsprechend ist die Stickstofftafel (7) für den Gebrauch auch bei höheren Temperaturen, wie sie im Sommer häufig vorkommen, nach oben hin erweitert worden, so daß sie jetzt ohne weiteres bis zu 35$^0$ benutzt werden kann. Den die tieferen Temperaturen berücksichtigenden Teil der Tafel 7 habe ich nicht weggelassen, sondern beibehalten und in diesem Falle lieber eine Verdoppelung des Tafelumfanges in Kauf genommen, als daß ich anderen Benutzern wieder Unbequemlichkeiten bereitet hätte. Die Hilfstafel zu Tafel 7 (8) ist in ihrem Umfange der Haupttafel angepaßt worden. Die Tabelle der Barometerkorrektionen ist aus dem Erläuterungsteil, wo sie etwas verloren untergebracht war, als Tafel 7a an die Haupttafel herangezogen und natürlich ebenfalls erweitert worden. Das „Trocknen“ von Gasen über 50$^0/_0$iger Kalilauge ist nicht mehr berücksichtigt worden, weil dieses Verfahren inkorrekt ist.

Die Daten der Tafel 9 sind nach dem Normblatt Din 1871 berichtigt.

Die neuen Tafeln 12 und 13 werden der besonderen Beachtung empfohlen, ebenso die dazu gehörigen Erläuterungen. Das Material der Tafel 13 stand früher (in abgekürzter Form) etwas versteckt unter den „Zusätzen“ am Ende des Buches.

Die für die Herstellung von Normallösungen dienende frühere Tafel 15 hat sich jetzt zu einer ganzen Gruppe von Dichtetabellen (Tafel 16, a bis g) ausgewachsen und wird nicht nur für den ursprünglich gedachten Zweck, sondern in wesentlich weiterem Umfange verwendbar sein. Alle Angaben gelten für die neuere aräometrische Normaltemperatur von 20° C.

Der Elektrochemie ist jetzt die Tafel 20 (früher 18) gewidmet. Ihr Abschnitt B ist völlig verändert: die Potentialübersicht wird in einer graphischen Darstellung und in einer Tabelle gegeben, durch die sich der Benutzer in wesentlich bequemerer und sichererer Weise orientieren kann als früher. Hierbei ist auch auf die modernen Meßmittel der Glaselektroden und der Antimonelektrode Rücksicht genommen worden. Auch der Abschnitt C VIII bringt ganz neues Material. Ein neuer Abschnitt D enthält Tabellen für die Herstellung von Puffergemischen von beliebiger Säurestufe bei 20°. Diese 9 Tabellen werden allen Benutzern, die mit Bathmometrie zu tun haben, willkommen sein. Man kann ja allerdings die erforderlichen Daten auch aus bekannten Kurvenbildern ablesen, insbesondere der großen Sörensenschen Darstellung entnehmen (freilich unmittelbar nur für 18°); aber jeder, der öfter mit diesen Dingen zu tun hat, weiß, wie lästig dieses Abgreifen der Werte ist, und wie oft Irrtümer dabei vorkommen, ganz zu schweigen von dem nach einigermaßen intensivem Gebrauche bald unansehnlichen und schadhaften Zustande der Kurvenblätter. Der frühere Abschnitt D ist jetzt unter E zu finden.

In der Tafel 21 (früher 19) ist die Indikatorentabelle neu geordnet worden. Eine Reihe von Indikatoren, die wegen ihrer Umschlagseigenschaften für quantitativ-bathmometrische Zwecke ungeeignet sind, ist in die Nebengruppe b verwiesen worden. Ganz neu ist die Tabelle der Redox-Indikatoren (Abschnitt C). Sie entstammt zum Teil einer Zusammenstellung der Firma Merck, zum Teil beruht sie auf Angaben, die mir von Professor Kolthoff zur Verfügung gestellt wurden. Leider ist der Hauptteil des in Amerika schon in weitem Umfange gebräuchlichen Farbstoffmaterials (der letztgenannten Gruppe) in Deutschland noch nicht erhältlich. Das ganze Gebiet ist noch stark in der Entwicklung begriffen; die Methodik bedarf in mehrfacher Hinsicht noch der Verbesserung. Es herrscht hier noch der Zustand, wie er auf dem Gebiete der gewöhnlichen (azidimetrischen) Bathmometrie etwa vor 25 Jahren bestand. Man kann an dem Gegenstande aber nicht mehr vorübergehen.

In der Tafel 22 (Thermochemie, früher 20) ist als neuer Abschnitt C eine Tabelle zur Umrechnung von Graden Fahrenheit in Grade Celsius hinzugekommen. Er wird bei der Auswertung ausländischer Angaben vielfach gute Dienste leisten. Der Abschnitt D (früher C) liegt in ganz neuer Bearbeitung vor, die ich Professor H. Ulich verdanke. Ich hoffe damit seine Bemühungen um die Verbreitung der Kenntnisse exakterer Berechnungen von chemischen Gleichgewichten aus thermischen Daten einem weiteren Kreise von Benützern zugänglich zu machen.

Tafel 24 (früher 22) hat einen neuen Abschnitt B erhalten.

In Tafel 26 (früher 24) ist die Mischungsregel (unter A) an die Spitze gestellt worden, um sie dem Benutzer „griffbereiter“ zu machen. Der neue Abschnitt B ist freundlicherweise von Professor v. Wartenberg beigesteuert worden, der mich auch auf den Gegenstand von Tafel 24 B aufmerksam machte.

Die Tafel 27 (früher 25) ist „modernisiert“ worden.

An verschiedenen Stellen ist neu von dem Mittel des Rotdrucks Gebrauch gemacht worden, insbesondere, um die gegebenen Werte von den gesuchten Werten (diese in Schwarzdruck) besser zu unterscheiden.

Die fünfstellige Mantissentafel hat am oberen Rande einen besonderen Index erhalten, der das Aufschlagen bestimmter Werte erleichtern soll.

Bei der vierstelligen Logarithmentafel (in der Deckeltasche) war über den undeutlichen Druck geklagt worden, eine Folge der narbigen Beschaffenheit des dafür benutzten zähen Papiers mit Fasereinlage. Ich habe diesem Übelstande (wenigstens für einen Teil der Auflage) dadurch abzuhelfen versucht, daß ich diese Tafel nunmehr in zwei getrennten Teilen (die ein Knicken überflüssig machen) in Gestalt doppelseitig bedruckter, glatter, steifer Blätter bringe. Hoffentlich finden beide Maßnahmen die Zustimmung des Benutzerkreises. Urteile über Erfahrungen mit der einen und mit der anderen Form der Tafeln würden mich sehr interessieren.

Auch diesmal wieder habe ich einer großen Zahl freiwilliger Helfer für die Mitteilung von Druckfehlern, Irrtümern oder sonstigen Mängeln und für die Übermittelung von Anregungen, Auskünften und Vorschlägen für die bessere Ausgestaltung des Buches zu danken. Ich nenne Fräulein Ilse Kölling-Halle und die Herren Professor Dr. L. Anschütz-Brünn, Dr. A. Augsberger-Nürnberg, Dr. H. Böhme-Berlin, Dr. H. Bretschneider (DECHEMA)-Frankfurt a. M., Dr.-Ing. H. Brückner-Karlsruhe i. B., Dr. R. Cecconi-Sondrio, Professor Dr. R. Fresenius-Wiesbaden, Dr. W. Gittel-Lettin, Dr. E. Hille-Berlin, Dr. B. Klarmann-Frankfurt a. M.-Griesheim, cand. Ing. chem. R. Knobler-Wien, Chem.-Ing. W. Kohlhepp-München-Gladbach, Professor Dr. I. M. Kolthoff-Minneapolis, Professor Dr. R. Kuhn-Heidelberg, Dozent Dr. C. Mahr-Karlsruhe i. B., Professor D. H. Meerwein-Marburg, Chemiker F. O. W. Meyer-Leipzig, Dr. Neth-Reinsdorf, Dr. W. Prahl-Snyder, N. Y., Dipl.-Ing. Schaarschmidt-Beuel, Professor Dr. N. Schoorl-Utrecht, Dozent Dr. A. Splittgerber-Berlin, Dr. A. St. Goar-Basel, Dr. habil. R. Strohecker-Frankfurt a. M., W. Tharandt-Magdeburg, Dr. H. Töpelmann-Wolfen, Dr. J. Valentiner-Riesa, Dr. C. F. Vester-Utrecht, Professor Dr. J. Wallot (AEF)-Berlin, Professor Dr. H. v. Wartenberg-Göttingen, Professor Dr. L. Zechmeister-Pécs, Dr. C. Zöllner-Berlin, sowie die Bayrischen Berg-, Hütten- und Salzwerke A.-G., Peißenberg. Zu besonderem Danke bin ich den Herren Professor Dr. H. Ulich-Aachen und Dozent Dr. P. Wulff (DECHEMA)-Frankfurt a. M. verpflichtet für die umfangreiche praktische Hilfe, die sie mir durch Bearbeitung verschiedener Abschnitte geleistet haben.

Für ihre freundliche Hilfe bei der Erledigung der Korrekturen danke ich Herrn Diplom-Chemiker H. Heinrich und Fräulein M. Scharf bestens.

Alle Benutzer des Buches bitte ich auch diesmal wieder um ihre Mitwirkung bei der immer weiteren Verbesserung der Rechentafeln im Sinne einer immer vollkommeneren Anpassung an die Bedürfnisse von Wissenschaft und Praxis. Für die Zuleitung von Druckfehlerangaben, Anregungen und Vorschlägen bin ich jederzeit dankbar. Und wenn die in der vorliegenden Auflage steckende umfangreiche Arbeit Zustimmung findet, so hoffe ich auch auf praktische Anerkennung durch Empfehlung der Ersetzung älterer Auflagen durch diese jüngste und modernste Erscheinungsform des getreuen „stummen Laboratoriumsgehilfen".

Marburg (Lahn), Weißenburgstraße 36, im Herbst 1939

**A. Thiel**

# INHALT

# VORBEMERKUNGEN

1. Messungsergebnisse, also auch Analysenresultate, sind mit so *vielen Stellen* anzugeben, als der Genauigkeit der Messung entspricht, und zwar so, daß die vorletzte Stelle als *sicher*, die letzte als *unsicher* gilt.

2. Als Regel für die *Abrundung* gilt, daß die vorhergehende Ziffer um 1 erhöht wird, wenn der wegfallende Rest *mehr* als eine halbe Einheit der letzten stehenbleibenden Stelle ausmacht. Beträgt der Rest *genau* eine halbe Einheit, so wird die Erhöhung der vorhergehenden Stelle nur vorgenommen, falls sie eine ungerade Zahl enthält (um etwaige spätere Halbierung zu vereinfachen). Bei der Abrundung auf 2 Dezimalen geht demnach über:

1,2348 in 1,23; 1,2352 in 1,24;
1,2350 in 1,24; 1,2250 in 1,22.

Man kann eine nachfolgende *glatte* 5 auch (etwas tiefer und kleiner geschrieben) mitführen (z. B. $1{,}23_5$). „Aufgewertete" Ziffern kann man durch Unterstreichung ($1{,}2\underline{4}$), „abgewertete" durch Überstreichung ($1{,}2\bar{2}$) kennzeichnen.

3. Mißbräuchliche Aufführung von Ziffern ohne reale Bedeutung und daher auch ohne Berechtigung wird am besten durch Ausführung der hierzu geeigneten Berechnungen auf *logarithmischem Wege* verhütet (siehe die Erläuterungen zu den Tafeln 1, 2, 3, 5). Hierbei leisten im allgemeinen *Logarithmentafel* und (logarithmischer) *Rechenschieber* gleich gute Dienste. In manchen Fällen, z. B. bei häufiger Wiederholung der gleichen Operation, ist der Rechenschieber noch bequemer. Es sei daher hier auch auf dieses wertvolle Hilfsmittel hingewiesen.[1])

4. *Darstellung von Analysenergebnissen.* Meist ist durch die Analyse zu ermitteln, wieviel *Gewichtsteile* des gesuchten Stoffes in 100 *Gewichtsteilen* Substanz enthalten sind. Das Ergebnis der Analyse wird dann also in *Gewichtsprozenten* (richtiger: *Massenprozenten*, siehe den 5. Abschnitt) der analysierten Substanz ausgedrückt. In anderen Fällen wird die in einem bestimmten Volumen einer Flüssigkeit (Lösung) enthaltene

---

[1]) Zur Frage nach den wahren Grenzen der Analysengenauigkeit sowie nach der Möglichkeit, Rechnungen in vielen Fällen zu vereinfachen, vgl. die beachtenswerten Ausführungen von R. *Saar*, Ztschr. f. Unt. d. Nahr. u. Genußm. **47**, 169 (1924) u. Chem.-Ztg. **48**, 285 (1924).

Menge eines Stoffes ermittelt und das Ergebnis dann vielfach in Gramm (oder Milligramm) auf ein Liter der analysierten Flüssigkeit angegeben. Immer häufiger aber zeigt sich das Bedürfnis, Angaben dieser Art in einer Form zu machen, welche vorhandene Äquivalenzbeziehungen sogleich zu erkennen und zu verwerten gestattet. Zu diesem Zwecke stellt man das Analysenergebnis in Werteinheiten, z. B. in Gramm-Molekeln (g-Molekulargewichten) oder in Gramm-Äquivalenten (g-Äquivalentgewichten) auf 100 g oder auf 1 kg einer festen oder auf ein Liter einer flüssigen Substanz dar.

5. Darstellung des Gehaltes von Lösungen.[1]) Die Menge eines Bestandteils in einer bestimmten Menge einer Lösung wird mit folgenden drei gleichbedeutenden Ausdrücken bezeichnet:

Gehalt einer Lösung (oder Mischung oder Verbindung) an einem Bestandteil,
Konzentration einer Lösung an einem Bestandteil,
Konzentration eines Bestandteils in einer Lösung.

Für besondere Zwecke (namentlich Gefrierpunktsmessungen) wird die Konzentration einer Lösung auch als Menge des Bestandteils auf eine bestimmte Menge des Lösungsmittels ausgedrückt.

Sowohl die Menge des Bestandteils wie die Menge der Lösung (oder des Lösungsmittels) können in Masseneinheiten oder in Raumeinheiten angegeben werden.

Werden beide in Masseneinheiten oder beide in Raumeinheiten angegeben, so hat die Konzentration die Dimension einer reinen Zahl. Wird aber die Menge des Bestandteils in Masseneinheiten, die der Lösung in Raumeinheiten angegeben, so hat die Konzentration die Dimension ($l^{-3}$ m).

Im letzten Falle kann statt der Konzentration auch deren Kehrwert, die Verdünnung, angegeben werden, d. h. die Raummenge der Lösung, die eine bestimmte Masse des Bestandteils enthält. Dimension ($l^3 m^{-1}$).

Konzentrationsangaben, die nur in Masseneinheiten ausgedrückt sind, haben den Vorzug, von der Temperatur unabhängig zu sein.

| Als Masseneinheiten dienen | Einheitszeichen |
|---|---|
| das Gramm oder das Kilogramm . . . . . . . . . . . . . | g kg |
| das Mol, d. h. soviel Gramm des Stoffes, wie sein Molekulargewicht angibt . . . . . . . . . . . . . . . . . . . . . . . . | mol |

[1]) Wörtlich nach J. Wallot, Verhandlungen des Ausschusses für Einheiten und Formelgrößen (AEF) in den Jahren 1907 bis 1927 (Berlin, Springer, 1928).

| | Einheitszeichen |
|---|---|
| das Millimol, der tausendste Teil des Mols . . . . . . . . . . | mmol |
| das Val, d. h. soviel Gramm des Stoffes, wie sein Äquivalentgewicht angibt . . . . . . . . . . . . . . . . . . . . . . . . . . . | val |
| das Millival, der tausendste Teil des Vals . . . . . . . . . . | mval |
| das Gramm-Atomgewicht, d. h. soviel Gramm eines Elementes, wie sein Atomgewicht angibt . . . . . . . . . . . . . . . | g-atom |
| Als Raumeinheiten dienen | |
| das Kubikzentimeter oder das Liter . . . . . . . . . . . | $cm^3$ l |

Von den zahlreichen durch Verknüpfung dieser Einheiten möglichen Arten der Konzentrationsangabe sind, falls nicht besondere Gegengründe vorliegen, nur die folgenden zu benutzen:

| | Benennung | Einheitszeichen |
|---|---|---|
| 1. Gramm Bestandteil in 100 g Lösung . . . . | Prozent<br>Massenprozent | % oder g/100 g |
| 2. Kubikzentimeter Bestandteil in 100 $cm^3$ Lösung . . . . . . . | Volumprozent | $cm^3$/100 $cm^3$ |
| 3. Gramm Bestandteil in 1 l Lösung . . . . . . | — | g/l |
| 4. Mol Bestandteil in 1 l Lösung . . . . . . . | — | mol/l |
| oder Liter Lösung auf 1 mol Bestandteil . . . | Verdünnung | l/mol |
| 5. Val Bestandteil in 1 l Lösung . . . . . . . | — | val/l |
| oder Liter Lösung auf 1 val Bestandteil . . . | Verdünnung | l/val |
| 6. Mol Bestandteil auf 1 kg Lösungsmittel . . . . | — | mol/kg Lösungsmittel |
| 7. Mol Bestandteil in 100 Gesamt-Mol Lösung . | Molprozent | mol/100 Gesamtmol |
| oder der hundertste Teil der Zahl der Molprozente | Molenbruch | mol/Gesamtmol |
| 8. Gramm-Atomgewicht Bestandteil in 100 Gesamt-Gramm-Atomgewicht der Lösung . . | Atomprozent | g-atom/100 Gesamt-g-atom |
| oder der hundertste Teil der Zahl der Atomprozente . . . . . . . . | — | g-atom/Gesamt-g-atom |
| bei Mineralwässern auch | | |
| 9. Millimol Bestandteil in 1 kg Lösung . . . . . | — | mmol/kg |
| 10. Millival Bestandteil in 1 kg Lösung . . . . . | — | mval/kg |

6. Für den Briggschen Logarithmus wird durchgehends das Zeichen lg benutzt (siehe S. 136).

Über zweckmäßiges Rechnen mit Logarithmen siehe Seite 202 f.

7. Für die Dichte wird nunmehr gemäß den Festsetzungen des AEF das Formelzeichen $\varrho$ eingeführt (siehe S. 183). Die Temperatur, für die sie gilt, wird als Index rechts unten beigefügt ($\varrho_{20^0}$ usw.). Bei Gasen muß auch der Druck angegeben werden (z. B. $\varrho_{20^0}^{750\,\text{Torr}}$ oder kürzer: $\varrho_{20}^{750}$). Die Dichte im „Normzustand" ($0^0$ C, 760 Torr) wird $\varrho_N$ geschrieben.

8. Für die Schreibweise physikalischer Gleichungen (und einzelner Ausdrücke) gilt — gemäß Normblatt Din 1313 — allgemein folgendes: Größen (Druck, Temperatur, Volumen usw.) werden mit dem dafür vorgesehenen Formelzeichen (siehe S. 183 f.) in Kursivdruck bezeichnet (also $p$, $t$, $V$ usw.). Die Zeichen für Einheiten (Zentimeter, Sekunde, Gramm usw.) werden in geraden Typen gedruckt (also cm, s, g usw.).

Eine Größe besteht aus den Faktoren Zahlenwert und Einheit, z. B. Dichte = Zahlenwert × Dichteeinheit oder $\varrho_{20^0} = 2{,}5\ \text{g/cm}^3 = 2{,}5\ \text{gcm}^{-3}$. Wird der Zahlenwert in Buchstaben angegeben (wie in allgemeinen Beispielen), so wird dieser Buchstabe kursiv gedruckt (Beispiel: $\varrho_{20^0} = a\ \text{gcm}^{-3}$).

Auch der Chemiker muß sich daran gewöhnen, „in Dimensionen zu denken" und sich dementsprechend auszudrücken, wie das in der Physik schon längst gebräuchlich ist.

Zur Erreichung dieses Zieles möchten die Rechentafeln nach Möglichkeit beitragen.

9. Auf die Erörterungen über Dichte usw. (S. 220 f.) wird besonders hingewiesen.

Ordnungszahlen und Atomgewichte rot, Logarithmen schwarz. — Erläuterungen siehe Seite 196

| | | | | |
|---|---|---|---|---|
| Ag | 47 | Silber | 107,880 | 03294 |
| Al | 13 | Aluminium | 26,97 | 43088 |
| Ar | 18 | Argon | 39,944 | 60145 |
| As | 33 | Arsen | 74,91 | 87454 |
| Au | 79 | Gold | 197,2 | 29491 |
| B | 5 | Bor | 10,82 | 03423 |
| Ba | 56 | Barium | 137,36 | 13786 |
| Be | 4 | Beryllium | 9,02 | 95521 |
| Bi | 83 | Wismut | 209,00 | 32015 |
| Br | 35 | Brom | 79,916 | 90263 |
| C | 6 | Kohlenstoff | 12,010 | 07954 |
| Ca | 20 | Calcium | 40,08 | 60293 |
| Cd | 48 | Cadmium | 112,41 | 05080 |
| Ce | 58 | Cer | 140,13 | 14653 |
| Cl | 17 | Chlor | 35,457 | 54970 |
| Co | 27 | Kobalt | 58,94 | 77041 |
| Cp | 71 | Cassiopeium | 175,0 | 24304 |
| Cr | 24 | Chrom | 52,01 | 71609 |
| Cs | 55 | Cäsium | 132,91 | 12355 |
| Cu | 29 | Kupfer | 63,57 | 80325 |
| Dy | 66 | Dysprosium | 162,46 | 21075 |
| Er | 68 | Erbium | 167,2 | 22324 |
| Eu | 63 | Europium | 152,0 | 18184 |
| F | 9 | Fluor | 19,00 | 27875 |
| Fe | 26 | Eisen | 55,84 | 74695 |
| Ga | 31 | Gallium | 69,72 | 84336 |
| Gd | 64 | Gadolinium | 156,9 | 19562 |
| Ge | 32 | Germanium | 72,60 | 86094 |
| H | 1 | Wasserstoff | 1,0081 | 00350 |
| He | 2 | Helium | 4,003 | 60239 |
| Hf | 72 | Hafnium | 178,6 | 25188 |
| Hg | 80 | Quecksilber | 200,61 | 30235 |
| Ho | 67 | Holmium | 163,5 | 21352 |
| In | 49 | Indium | 114,76 | 05979 |
| Ir | 77 | Iridium | 193,1 | 28578 |
| J | 53 | Jod | 126,92 | 10353 |
| K | 19 | Kalium | 39,096 | 59214 |
| Kr | 36 | Krypton | 83,7 | 92273 |
| La | 57 | Lanthan | 138,92 | 14276 |
| Li | 3 | Lithium | 6,940 | 84136 |
| Mg | 12 | Magnesium | 24,32 | 38596 |
| Mn | 25 | Mangan | 54,93 | 73981 |
| Mo | 42 | Molybdän | 95,95 | 98204 |

| | | | | |
|---|---|---|---|---|
| N | 7 | Stickstoff | 14,008 | 14638 |
| Na | 11 | Natrium | 22,997 | 36167 |
| Nb | 41 | Niob | 92,91 | 96806 |
| Nd | 60 | Neodym | 144,27 | 15918 |
| Ne | 10 | Neon | 20,183 | 30499 |
| Ni | 28 | Nickel | 58,69 | 76856 |
| O | 8 | Sauerstoff | 16,0000 | 20412 |
| Os | 76 | Osmium | 190,2 | 27921 |
| P | 15 | Phosphor | 30,98 | 49108 |
| Pa | 91 | Protaktinium | 231 | 36361 |
| Pb | 82 | Blei | 207,21 | 31641 |
| Pd | 46 | Palladium | 106,7 | 02816 |
| Pr | 59 | Praseodym | 140,92 | 14897 |
| Pt | 78 | Platin | 195,23 | 29055 |
| Ra | 88 | Radium | 226,05 | 35421 |
| Rb | 37 | Rubidium | 85,48 | 93186 |
| Re | 75 | Rhenium | 186,31 | 27023 |
| Rh | 45 | Rhodium | 102,91 | 01246 |
| Rn | 86 | Radon | 222 | 34635 |
| Ru | 44 | Ruthenium | 101,7 | 00732 |
| S | 16 | Schwefel | 32,06 | 50596 |
| Sb | 51 | Antimon | 121,76 | 08550 |
| Sc | 21 | Scandium | 45,10 | 65418 |
| Se | 34 | Selen | 78,96 | 89741 |
| Si | 14 | Silicium | 28,06 | 44809 |
| Sm | 62 | Samarium | 150,43 | 17734 |
| Sn | 50 | Zinn | 118,70 | 07445 |
| Sr | 38 | Strontium | 87,63 | 94265 |
| Ta | 73 | Tantal | 180,88 | 25739 |
| Tb | 65 | Terbium | 159,2 | 20194 |
| Te | 52 | Tellur | 127,61 | 10588 |
| Th | 90 | Thorium | 232,12 | 36571 |
| Ti | 22 | Titan | 47,90 | 68034 |
| Tl | 81 | Thallium | 204,39 | 31046 |
| Tu | 69 | Thulium | 169,4 | 22891 |
| U | 92 | Uran | 238,07 | 37671 |
| V | 23 | Vanadium | 50,95 | 70714 |
| W | 74 | Wolfram | 183,92 | 26463 |
| X | 54 | Xenon | 131,3 | 11826 |
| Y | 39 | Yttrium | 88,92 | 94900 |
| Yb | 70 | Ytterbium | 173,04 | 23815 |
| Zn | 30 | Zink | 65,38 | 81544 |
| Zr | 40 | Zirkonium | 91,22 | 96009 |

Ordnungszahlen und Atomgewichte rot, Logarithmen schwarz. — Erläuterungen siehe Seite 196

## Gewichte und Logarithmen häufig gebrauchter Atome, Atom-

Höhere Multipla siehe Seite 40/41

| | Gewicht | lg |
|---|---|---|
| Ag | 107,880 | 03294 |
| 2Ag | 215,760 | 33397 |
| 3Ag | 323,640 | 51006 |
| AgBr | 187,796 | 27369 |
| AgCN | 133,898 | 12677 |
| AgCNS | 165,96 | 22001 |
| AgCl | 143,337 | 15636 |
| AgJ | 234,80 | 37070 |
| $AgNO_3$ | 169,888 | 23016 |
| $Ag_2O$ | 231,760 | 36504 |
| $Ag_2S$ | 247,82 | 39414 |
| $AgVO_3$ | 206,83 | 31561 |
| $Ag_3VO_4$ | 438,59 | 64206 |
| Al | 26,97 | 43088 |
| $\frac{1}{3}$Al | 8,990 | 95376 |
| 2Al | 53,94 | 73191 |
| 3Al | 80,91 | 90800 |
| 4Al | 107,88 | 03294 |
| 5Al | 134,85 | 12985 |
| 6Al | 161,82 | 20903 |
| $Al(C_9H_6ON)_3$[1] | 459,41 | 66220 |
| $AlCl_3$ | 133,34 | 12496 |
| $AlCl_3 \cdot 6H_2O$ | 241,44 | 38281 |
| $AlF_3$ | 83,97 | 92412 |
| $2AlF_3$ | 167,94 | 22515 |
| $3AlF_3$ | 251,91 | 40125 |
| $Al_2O_3$ | 101,94 | 00834 |
| $\frac{1}{6}Al_2O_3$ | 16,990 | 23019 |
| $2Al_2O_3$ | 203,88 | 30937 |
| $3Al_2O_3$ | 305,82 | 48547 |
| $Al_2O_3 \cdot 2SiO_2 \cdot 2H_2O$ | 258,09 | 41177 |
| $Al(OH)_3$ | 77,99 | 89204 |
| $AlPO_4$ | 121,95 | 08618 |
| $Al_2(SO_4)_3$ | 342,12 | 53418 |
| $Al_2(SO_4)_3 \cdot 18H_2O$ | 666,41 | 82374 |
| As | 74,91 | 87454 |
| $\frac{1}{2}$As | 37,455 | 57351 |
| 2As | 149,82 | 17557 |
| 3As | 224,73 | 35166 |
| $As_2O_3$ | 197,82 | 29627 |
| $\frac{1}{4}As_2O_3$ | 49,455 | 69421 |
| $As_2O_5$ | 229,82 | 36139 |
| $AsO_3$ | 122,91 | 08959 |
| $As_2O_7$ | 261,82 | 41800 |
| $AsO_4$ | 138,91 | 14273 |
| $As_2S_3$ | 246,00 | 39094 |
| $As_2S_5$ | 310,12 | 49153 |
| Au | 197,2 | 29491 |
| 2Au | 394,4 | 59594 |
| 3Au | 591,6 | 77203 |
| B | 10,82 | 03423 |
| 2B | 21,64 | 33526 |
| 3B | 32,46 | 51135 |
| 4B | 43,28 | 63629 |
| 5B | 54,10 | 73320 |
| 6B | 64,92 | 81238 |

Erläuterungen zu Tafel 2 siehe Seite 196

[1] Oxin (Ox).

## gruppen, Molekeln und Äquivalente (sowie niederer Multipla)

| | Gewicht | lg |
|---|---|---|
| $BO_2$ | 42,82 | 63165 |
| $BO_3$ | 58,82 | 76953 |
| $B_2O_3$ | 69,64 | 84286 |
| $B_4O_7$ | 155,28 | 19112 |
| Ba | 137,36 | 13786 |
| $\frac{1}{2}Ba$ | 68,680 | 83683 |
| 2 Ba | 274,72 | 43889 |
| 3 Ba | 412,08 | 61498 |
| $BaCO_3$ | 197,37 | 29528 |
| $BaCl_2$ | 208,27 | 31863 |
| $BaCl_2 \cdot 2H_2O$ | 244,31 | 38794 |
| $BaCrO_4$ | 253,37 | 40376 |
| $BaF_2$ | 175,36 | 24393 |
| $Ba(NO_3)_2$ | 261,38 | 41727 |
| BaO | 153,36 | 18571 |
| $\frac{1}{2}BaO$ | 76,680 | 88468 |
| $BaO_2$ | 169,36 | 22881 |
| $Ba(OH)_2$ | 171,38 | 23396 |
| $Ba(OH)_2 \cdot 8H_2O$ | 315,51 | 49901 |
| $\frac{1}{2}[Ba(OH)_2 \cdot 8H_2O]$ | 157,753 | 19798 |
| BaS | 169,42 | 22896 |
| $Ba_{1/2}SO_3$ | 148,74 | 17243 |
| $2Ba_{1/2}SO_3$ | 297,48 | 47346 |
| $3Ba_{1/2}SO_3$ | 446,22 | 64955 |
| $BaSO_4$ | 233,42 | 36814 |
| $BaSiF_6$ | 279,42 | 44626 |

| | Gewicht | lg |
|---|---|---|
| Be | 9,02 | 95521 |
| 2 Be | 18,04 | 25624 |
| BeO | 25,02 | 39829 |
| $Be_2P_2O_7$ | 192,00 | 28330 |
| Bi | 209,00 | 32015 |
| 2 Bi | 418,00 | 62118 |
| $BiC_6H_3O_3$ (Pyrogallol) | 332,08 | 52124 |
| $Bi(C_{12}H_{10}ONS)_3 \cdot H_2O$ (Thionalid) | 875,82 | 94241 |
| $BiCr(CNS)_6$ | 609,48 | 78496 |
| $Bi_2O_3$ | 466,00 | 66839 |
| $Bi(NO_3)_3 \cdot 5H_2O$ | 485,11 | 68583 |
| BiOCl | 260,46 | 41574 |
| $(BiO)_2Cr_2O_7$ | 666,02 | 82348 |
| $Bi(Ox)_3$ (Oxin) | 641,44 | 80716 |
| $Bi(Ox)_3 \cdot H_2O$ | 659,46 | 81919 |
| $BiPO_4$ | 303,98 | 48284 |
| $Bi_2S_3$ | 514,18 | 71111 |
| $Bi_2(SeO_3)_3$ | 798,88 | 90248 |
| Br | 79,916 | 90263 |
| 2 Br | 159,832 | 20366 |
| 3 Br | 239,748 | 37975 |
| 4 Br | 319,664 | 50469 |
| 5 Br | 399,580 | 60160 |
| 6 Br | 479,496 | 68078 |
| $BrO_3$ | 127,916 | 10692 |
| $\frac{1}{6}BrO_3$ | 21,313 | 32877 |

Höhere Multipla siehe Seite 40/41

Erläuterungen zu Tafel 2 siehe Seite 196

## Gewichte und Logarithmen häufig gebrauchter Atome, Atom-

Höhere Multipla siehe Seite 40/41

| | Gewicht | lg | | Gewicht | lg |
|---|---|---|---|---|---|
| C | 12,010 | 07954 | $C_2H_2$ | 26,036 | 41557 |
| 2C | 24,020 | 38057 | $C_2H_5$ | 29,061 | 46332 |
| 3C | 36,030 | 55666 | $2C_2H_5$ | 58,121 | 76434 |
| 4C | 48,040 | 68160 | $3C_2H_5$ | 87,182 | 94043 |
| 5C | 60,050 | 77851 | $4C_2H_5$ | 116,242 | 06537 |
| 6C | 72,060 | 85769 | $5C_2H_5$ | 145,30 | 16227 |
| $CH_2$ | 14,026 | 14694 | $6C_2H_5$ | 174,36 | 24145 |
| $2CH_2$ | 28,052 | 44796 | $C_2H_3O$ | 43,044 | 63391 |
| $3CH_2$ | 42,079 | 62407 | $2C_2H_3O$ | 86,089 | 93495 |
| $4CH_2$ | 56,105 | 74900 | $3C_2H_3O$ | 129,133 | 11104 |
| $5CH_2$ | 70,131 | 84591 | $C_2H_3O_2$ | 59,044 | 77118 |
| $6CH_2$ | 84,157 | 92509 | $C_2H_5Br$ | 108,976 | 03733 |
| $CH_3$ | 15,034 | 17708 | $C_2H_5Cl$ | 64,518 | 80968 |
| $2CH_3$ | 30,069 | 47812 | $C_2H_5F$ | 48,06 | 68178 |
| $3CH_3$ | 45,103 | 65421 | $C_2H_5J$ | 155,18 | 19307 |
| $4CH_3$ | 60,137 | 77914 | $C_2H_5O$ | 45,061 | 65380 |
| $5CH_3$ | 75,172 | 87605 | $C_5H_5N$ (Py) | 79,099 | 89817 |
| $6CH_3$ | 90,206 | 95523 | $C_6H_5$ | 77,101 | 88706 |
| $CH_4$ | 16,042 | 20526 | $2C_6H_5$ | 154,20 | 18808 |
| $CH_3Br$ | 94,950 | 97749 | $3C_6H_5$ | 231,30 | 36418 |
| $CH_3Cl$ | 50,491 | 70322 | $C_7H_5O$ | 105,111 | 02165 |
| $CH_3F$ | 34,03 | 53186 | $2C_7H_5O$ | 210,22 | 32267 |
| $CH_3J$ | 141,95 | 15213 | $3C_7H_5O$ | 315,33 | 49876 |
| $CH_3O$ | 31,034 | 49184 | $C_9H_6ON$ (Ox) | 144,147 | 15881 |
| | | | $C_9H_7ON$ (OxH) | 145,155 | 16184 |
| | | | $C_{10}H_8$ (Naphth.) | 128,16 | 10775 |
| | | | $C_{10}H_7$ | 127,16 | 10435 |
| | | | $C_{10}H_6$ | 126,15 | 10089 |
| | | | $C_{10}H_5$ | 125,14 | 09740 |
| | | | $C_{10}H_4$ | 124,13 | 09388 |

Erläuterungen zu Tafel 2 siehe Seite 196

## gruppen, Molekeln und Äquivalente (sowie niederer Multipla)

| | Gewicht | lg | | Gewicht | lg |
|---|---|---|---|---|---|
| $C_{14}H_8O_2$ (Anthrach.) | 208,20 | 31848 | Ca | 40,08 | 60293 |
| $C_{14}H_7O_2$ ....... | 207,20 | 31639 | ½Ca ......... | 20,040 | 30190 |
| $C_{14}H_6O_2$ | 206,19 | 31427 | 2Ca | 80,16 | 90396 |
| $C_{14}H_5O_2$ ....... | 205,18 | 31214 | 3Ca ......... | 120,24 | 08005 |
| $C_{14}H_4O_2$ | 204,17 | 30999 | 4Ca | 160,32 | 20499 |
| $C_{20}H_{16}N_4$ (Nitron) | 312,36 | 49465 | 5Ca ......... | 200,40 | 30190 |
| $C_{20}H_{16}N_4 \cdot HNO_3$ | 375,38 | 57447 | 6Ca | 240,48 | 38108 |
| CN .......... | 26,018 | 41528 | $CaC_2$ .......... | 64,09 | 80679 |
| 2CN | 52,036 | 71630 | $CaC_4H_4O_6 \cdot 4aq$ | 260,22 | 41534 |
| 3CN ........ | 78,054 | 89239 | $CaCN_2$ | 80,11 | 90369 |
| 4CN | 104,072 | 01733 | $CaCO_3$ ......... | 100,09 | 00039 |
| 5CN ........ | 130,090 | 11425 | ½$CaCO_3$ | 50,045 | 69936 |
| 6CN | 156,108 | 19342 | $CaC_2O_4 \cdot H_2O$ | 146,12 | 16468 |
| CNJ .......... | 152,94 | 18452 | $Ca(C_{10}H_7O_5N_4)_2 \cdot 8H_2O$ (Pikrolons.) | 710,59 | 85162 |
| CNS .......... | 58,08 | 76403 | | | |
| CO | 28,010 | 44731 | $CaCl_2$ .......... | 110,99 | 04528 |
| $CO_2$ .......... | 44,010 | 64355 | $CaCl_2 \cdot 6H_2O$ | 219,09 | 34062 |
| ½$CO_2$ ........ | 22,005 | 34252 | $CaCl_2O$ ........ | 126,99 | 10377 |
| 2$CO_2$ | 88,020 | 94458 | ½$CaCl_2O$ | 63,497 | 80275 |
| 3$CO_2$ ........ | 132,030 | 12067 | $CaF_2$ .......... | 78,08 | 89254 |
| $CO_3$ | 60,010 | 77822 | $Ca(HCO_3)_2$ | 162,12 | 20983 |
| ½$CO_3$ ........ | 30,005 | 47719 | ½$[Ca(HCO_3)_2]$ . | 81,058 | 90880 |
| 2$CO_3$ | 120,020 | 07925 | | | |
| 3$CO_3$ ........ | 180,030 | 25534 | | | |
| $CO_2H$ s. a. $HCO_2$ | 45,018 | 65339 | | | |
| $C_2O_4$ .......... | 88,020 | 94458 | | | |
| $CO(NH_2)_2$ | 60,058 | 77857 | | | |

Höhere Multipla siehe Seite 40/41

Erläuterungen zu Tafel 2 siehe Seite 196

**Gewichte und Logarithmen häufig gebrauchter Atome, Atom-**

Höhere Multipla siehe Seite 40/41

| | Gewicht | lg |
|---|---|---|
| $CaHPO_4$ | 136,07 | 13376 |
| $CaHPO_4 \cdot 2H_2O$ .. | 172,10 | 23578 |
| $CaH_4(PO_4)_2$ | 234,07 | 36935 |
| $CaH_4(PO_4)_2 \cdot H_2O$ | 252,09 | 40155 |
| $Ca(NO_3)_2$ | 164,10 | 21511 |
| CaO | 56,08 | 74881 |
| $\frac{1}{2}$CaO ....... | 28,040 | 44778 |
| 2CaO | 112,16 | 04984 |
| 3CaO ....... | 168,24 | 22593 |
| 4CaO | 224,32 | 35087 |
| 5CaO ....... | 280,40 | 44778 |
| 6CaO | 336,48 | 52696 |
| $Ca(OH)_2$ ........ | 74,10 | 86982 |
| $\frac{1}{2}[Ca(OH)_2]$ | 37,048 | 56877 |
| $Ca_3(PO_4)_2$ ........ | 310,20 | 49164 |
| CaS | 72,14 | 85818 |
| $Ca_{1/2}SO_3$ ........ | 100,10 | 00043 |
| $2Ca_{1/2}SO_3$ | 200,20 | 30146 |
| $3Ca_{1/2}SO_3$ ..... | 300,30 | 47756 |
| $CaSO_4$ | 136,14 | 13399 |
| $CaSO_4 \cdot 2H_2O$ .. | 172,17 | 23596 |
| $CaSiO_3$ | 116,14 | 06498 |

| | Gewicht | lg |
|---|---|---|
| Cd | 112,41 | 05080 |
| $\frac{1}{2}$Cd ......... | 56,205 | 74977 |
| 2Cd | 224,82 | 35183 |
| $Cd(C_7H_4NS_2)_2$ (Mercaptobenzth.) | 444,87 | 64823 |
| $Cd(C_7H_6O_2N)_2$ (Anthranils.) | 384,66 | 58508 |
| $Cd(C_{10}H_6O_2N)_2$ (Chinaldins.) | 456,72 | 65965 |
| CdO ........... | 128,41 | 10860 |
| $Cd(Ox)_2$ (Oxin) | 400,70 | 60282 |
| $Cd(Ox)_2 \cdot 1,5\ H_2O$ | 427,73 | 63117 |
| $Cd_2P_2O_7$ | 398,78 | 60074 |
| $CdPy_2(CNS)_2$[1] | 386,76 | 58744 |
| CdS ........... | 144,47 | 15978 |
| $CdSO_4$ | 208,47 | 31904 |
| $CdSO_4 \cdot \frac{8}{3}H_2O$ ... | 256,51 | 40910 |
| Ce | 140,13 | 14653 |
| 2Ce ......... | 280,26 | 44756 |
| 3Ce | 420,39 | 62365 |
| $CeCl_3$ .......... | 246,50 | 39182 |
| $Ce_3O_4$ | 484,39 | 68520 |
| $Ce_2O_3$ .......... | 328,26 | 51622 |
| $CeO_2$ | 172,13 | 23586 |
| $CeO_3$ .......... | 188,13 | 27446 |
| $Ce_2(SO_4)_3 \cdot 8H_2O$ | 712,57 | 85283 |

Erläuterungen zu Tafel 2 siehe Seite 196

[1]) Pyridin.

## gruppen, Molekeln und Äquivalente (sowie niederer Multipla)

| | Gewicht | lg |
|---|---|---|
| Cl | 35,457 | 54970 |
| 2Cl | 70,914 | 85073 |
| 3Cl | 106,371 | 02682 |
| 4Cl | 141,828 | 15176 |
| 5Cl | 177,285 | 24867 |
| 6Cl | 212,742 | 32785 |
| ClO | 51,457 | 71144 |
| $Cl_2O_5$ | 150,914 | 17873 |
| $ClO_3$ | 83,457 | 92146 |
| $\frac{1}{6}ClO_3$ | 13,9105 | 14331 |
| $ClO_4$ | 99,457 | 99764 |
| Co | 58,94 | 77041 |
| $\frac{1}{2}$Co | 29,470 | 46938 |
| 2Co | 117,88 | 07144 |
| $CoAs_2$ | 208,76 | 31965 |
| CoAsS | 165,91 | 21988 |
| $Co(C_7H_6O_2N)_2$[1] | 331,19 | 52008 |
| $Co[C_{10}H_6O(NO)]_3 \cdot 2\,H_2O$[2] | 611,44 | 78636 |
| $Co[C_{10}H_6O(NO_2)]_3$[3] | 623,41 | 79478 |
| $Co(NO_3)_2 \cdot 6H_2O$ | 291,05 | 46397 |
| CoO | 74,94 | 87471 |
| $Co_3O_4$ | 240,82 | 38169 |
| $Co(Ox)_2 \cdot 2aq$ (Oxin) | 383,26 | 58350 |
| $Co_2P_2O_7$ | 291,84 | 46515 |
| $CoSO_4$ | 155,00 | 19033 |
| $CoSO_4 \cdot 7H_2O$ | 281,11 | 44888 |

| | Gewicht | lg |
|---|---|---|
| Cr | 52,01 | 71609 |
| 2Cr | 104,02 | 01712 |
| 3Cr | 156,03 | 19321 |
| CrO | 68,01 | 83257 |
| $Cr_3O_4$ | 220,03 | 34248 |
| $Cr_2O_3$ | 152,02 | 18190 |
| $\frac{1}{2}Cr_2O_3$ | 76,010 | 88087 |
| $2Cr_2O_3$ | 304,04 | 48293 |
| $3Cr_2O_3$ | 456,06 | 65902 |
| $CrO_3$ | 100,01 | 00004 |
| $2CrO_3$ | 200,02 | 30107 |
| $Cr_2O_7$ | 216,02 | 33449 |
| $CrO_4$ | 116,01 | 06450 |
| $CrPO_4$ | 146,99 | 16729 |
| Cs | 132,91 | 12355 |
| 2Cs | 265,82 | 42458 |
| $Cs_2O$ | 281,82 | 44997 |
| $Cs_2SO_4$ | 361,88 | 55856 |
| Cu | 63,57 | 80325 |
| 2Cu | 127,14 | 10428 |
| 3Cu | 190,71 | 28037 |
| CuCNS | 121,65 | 08511 |
| $CuCO_3 \cdot Cu(OH)_2$ | 221,17 | 34473 |
| $2CuCO_3 \cdot Cu(OH)_2$ | 344,75 | 53751 |
| $Cu(C_7H_6O_2N)_2$[4] | 335,82 | 52611 |
| $Cu(C_{10}H_6O_2N)_2 \cdot H_2O$[5] | 425,90 | 62931 |
| $Cu(C_{12}H_{10}ONS)_2 \cdot H_2O$[6] | 514,02 | 71098 |
| $CuC_{14}H_{11}O_2N$[7] | 288,81 | 46062 |
| $CuCl_2$ | 134,48 | 12866 |
| $CuFeS_2$ | 183,53 | 26371 |

Höhere Multipla siehe Seite 40/41

Erläuterungen zu Tafel 2 siehe Seite 196

[1]) Anthranilsäure.
[2]) α-Nitroso-β-naphthol.
[3]) α-Nitro-β-naphthol.
[4]) Salicylaldoxim und Anthranilsäure.
[5]) Chinaldinsäure.
[6]) Thionalid.
[7]) Benzoinoxim (Cupron).

## Gewichte und Logarithmen häufig gebrauchter Atome, Atom-

Höhere Multipla siehe Seite 40/41

| | Gewicht | lg |
|---|---|---|
| $Cu_2O$ | 143,14 | 15576 |
| CuO | 79,57 | 90075 |
| $\frac{1}{2}$CuO | 39,785 | 59972 |
| 2CuO | 159,14 | 20178 |
| 3CuO | 238,71 | 37787 |
| $Cu(Ox)_2$ (Oxin) | 351,86 | 54637 |
| $Cu_2S$ | 159,20 | 20194 |
| CuS | 95,63 | 98059 |
| $CuSO_4$ | 159,63 | 20311 |
| $CuSO_4 \cdot 5\,H_2O$ | 249,71 | 39744 |
| Er | 167,2 | 22324 |
| 2Er | 334,4 | 52427 |
| $Er_2O_3$ | 382,4 | 58252 |
| F | 19,00 | 27875 |
| 2F | 38,00 | 57978 |
| 3F | 57,00 | 75587 |
| 4F | 76,00 | 88081 |
| 5F | 95,00 | 97772 |
| 6F | 114,00 | 05690 |
| Fe | 55,84 | 74695 |
| 2Fe | 111,68 | 04798 |
| 3Fe | 167,52 | 22407 |
| 4Fe | 223,36 | 34901 |
| 5Fe | 279,20 | 44592 |
| 6Fe | 335,04 | 52510 |

| | Gewicht | lg |
|---|---|---|
| $FeAs_2$ | 205,66 | 31315 |
| FeAsS | 162,81 | 21168 |
| $Fe(CN)_6$ | 211,95 | 32624 |
| $FeCO_3$ | 115,85 | 06390 |
| $FeCl_2$ | 126,75 | 10295 |
| $FeCl_2 \cdot 4\,H_2O$ | 198,82 | 29846 |
| $FeCl_3$ | 162,21 | 21008 |
| $FeCl_3 \cdot 6\,H_2O$ | 270,31 | 43187 |
| $Fe(CrO_2)_2$ | 223,86 | 34998 |
| $Fe(HCO_3)_2$ | 177,88 | 25011 |
| $FeJ_2$ | 309,68 | 49091 |
| FeO | 71,84 | 85637 |
| 2FeO | 143,68 | 15740 |
| 3FeO | 215,52 | 33349 |
| $Fe_3O_4$ | 231,52 | 36459 |
| $Fe_2O_3$ | 159,68 | 20325 |
| $\frac{1}{6}Fe_2O_3$ | 26,614 | 42511 |
| $\frac{1}{2}Fe_2O_3$ | 79,840 | 90222 |
| $2\,Fe_2O_3$ | 319,36 | 50428 |
| $3\,Fe_2O_3$ | 479,04 | 68037 |
| $Fe(OH)_3$ | 106,86 | 02882 |
| $2\,Fe(OH)_3$ | 213,73 | 32987 |
| $Fe(Ox)_3$ (Oxin) | 488,28 | 68867 |
| $FePO_4$ | 150,82 | 17846 |
| FeS | 87,90 | 94399 |
| $Fe_7S_8$ | 647,36 | 81115 |
| $FeS_2$ | 119,96 | 07904 |
| $FeSO_4$ | 151,90 | 18156 |
| $FeSO_4 \cdot 7\,H_2O$ | 278,01 | 44406 |
| $Fe_2(SO_4)_3$ | 399,86 | 60191 |
| $Fe_2(SO_4)_3 \cdot 9\,H_2O$ | 562,01 | 74975 |

## gruppen, Molekeln und Äquivalente (sowie niederer Multipla)

| | Gewicht | lg | | Gewicht | lg |
|---|---|---|---|---|---|
| H | 1,0081 | 00350 | $H_3 \cdot C_6H_5O_7$ (Citr.) | 192,125 | 28359 |
| 2H | 2,0162 | 30453 | $H_3 \cdot C_6H_5O_7 \cdot H_2O$ | 210,161 | 32255 |
| 3H | 3,0243 | 48062 | $H \cdot C_7H_5O_2$ (Benz.) | 122,119 | 08697 |
| 4H | 4,0324 | 60556 | $H \cdot C_7H_5O_3$ (Salic.) | 138,119 | 14025 |
| 5H | 5,0405 | 70247 | $H \cdot C_{18}H_{33}O_2$ (Ölsäure) | 282,46 | 45096 |
| 6H | 6,0486 | 78165 | HCl | 36,465 | 56188 |
| $H_3AsO_4$ | 141,93 | 15207 | 2HCl | 72,930 | 86291 |
| $HBO_2$ | 43,83 | 64177 | 3HCl | 109,395 | 03900 |
| $H_3BO_3$ | 61,84 | 79127 | HClO | 52,465 | 71987 |
| HBr | 80,924 | 90808 | $HClO_3$ | 84,465 | 92668 |
| $H \cdot CHO_2$ | 46,026 | 66300 | $HClO_4$ | 100,465 | 00201 |
| $H \cdot C_2H_3O_2$ | 60,052 | 77853 | $H_2CrO_4$ | 118,03 | 07199 |
| HCN | 27,026 | 43179 | $H_2Cr_2O_7$ | 218,04 | 33854 |
| $H_2CN_2$ | 42,042 | 62368 | HF | 20,01 | 30125 |
| $(H_2CN_2)_2$ | 84,084 | 92471 | $H_3Fe(CN)_6$ | 214,97 | 33238 |
| $H_6C_2N_4O$ (Dic.) | 102,101 | 00903 | $H_4Fe(CN)_6$ | 215,98 | 33441 |
| HCNS | 59,08 | 77144 | HJ | 127,93 | 10697 |
| $HCO_2$ | 45,018 | 65339 | $HJO_3$ | 175,93 | 24534 |
| $2HCO_2$ | 90,036 | 95442 | $HNO_2$ | 47,016 | 67224 |
| $3HCO_2$ | 135,054 | 13051 | $HNO_3$ | 63,016 | 79945 |
| $4HCO_2$ | 180,072 | 25544 | $2HNO_3$ | 126,032 | 10048 |
| $5HCO_2$ | 225,091 | 35236 | $3HNO_3$ | 189,048 | 27657 |
| $6HCO_2$ | 270,108 | 43153 | HO | 17,0081 | 23065 |
| $HCO_3$ | 61,018 | 78546 | $H_2O$ | 18,0162 | 25566 |
| $H_2CO_3$ | 62,026 | 79257 | $\frac{1}{2}H_2O$ | 9,0081 | 95463 |
| $H_2C_2O_4$ | 90,036 | 95442 | $2H_2O$ | 36,0324 | 55669 |
| $H_2C_2O_4 \cdot 2H_2O$ | 126,069 | 10061 | $3H_2O$ | 54,0486 | 73279 |
| $\frac{1}{2}[H_2C_2O_4 \cdot 2H_2O]$ | 63,034 | 79958 | $4H_2O$ | 72,0648 | 85772 |
| $H \cdot C_3H_5O_3$ (Milch.) | 90,079 | 95463 | $5H_2O$ | 90,081 | 95463 |
| $H_2 \cdot C_4H_4O_4$ (Bernst.) | 118,089 | 07221 | $6H_2O$ | 108,097 | 03382 |
| $H_2 \cdot C_4H_4O_5$ (Äpfel.) | 134,089 | 12739 | $H_2O_2$ | 34,0162 | 53168 |
| $H_2 \cdot C_4H_4O_6$ (Wein.) | 150,089 | 17635 | $\frac{1}{2}H_2O_2$ | 17,0081 | 23065 |

Höhere Multipla siehe Seite 40/41

Erläuterungen zu Tafel 2 siehe Seite 196

## Gewichte und Logarithmen häufig gebrauchter Atome, Atom-

Höhere Multipla siehe Seite 40/41

| | Gewicht | lg | | Gewicht | lg |
|---|---|---|---|---|---|
| $H_3PO_2$ | 66,00 | 81954 | Hg | 200,61 | 30235 |
| $H_3PO_3$ | 82,00 | 91381 | 2Hg | 401,22 | 60338 |
| $HPO_4$ | 95,99 | 98223 | 3Hg | 601,83 | 77947 |
| $H_2PO_4$ | 97,00 | 98677 | $Hg(CN)_2$ | 252,64 | 40250 |
| $H_3PO_4$ | 98,00 | 99123 | $Hg(C_7H_6O_2N)_2$[1]) | 472,86 | 67473 |
| $H_2PtCl_6$ | 409,99 | 61277 | $Hg(C_{12}H_{10}ONS)_2$[2]) | 633,15 | 80150 |
| $H_2S$ | 34,08 | 53250 | $Hg_2Cl_2$ | 472,13 | 67406 |
| $HSO_3$ | 81,07 | 90886 | $HgCl_2$ | 271,52 | 43380 |
| $2HSO_3$ | 162,14 | 20989 | HgO | 216,61 | 33568 |
| $3HSO_3$ | 243,20 | 38596 | $HgPy_2Cr_2O_7$[3]) | 574,83 | 75954 |
| $H_2S_2O_3$ | 114,14 | 05744 | HgS | 232,67 | 36674 |
| $H_2SO_3$ | 82,08 | 91424 | | | |
| $H_2SO_4$ | 98,08 | 99158 | | | |
| $\frac{1}{2}H_2SO_4$ | 49,040 | 69055 | | | |
| $2H_2SO_4$ | 196,15 | 29259 | | | |
| $3H_2SO_4$ | 294,23 | 46869 | | | |
| $H_2S_2O_8$ | 194,14 | 28812 | | | |
| $\frac{1}{2}H_2S_2O_8$ | 97,07 | 98709 | J | 126,92 | 10353 |
| $H_2SiF_6$ | 144,08 | 15860 | 2J | 253,84 | 40456 |
| $H_2SiO_3$ | 78,08 | 89254 | 3J | 380,76 | 58065 |
| | | | 4J | 507,68 | 70559 |
| | | | 5J | 634,60 | 80250 |
| | | | 6J | 761,52 | 88168 |
| | | | $J_2O_5$ | 333,84 | 52354 |
| | | | $JO_3$ | 174,92 | 24284 |

Erläuterungen zu Tafel 2 siehe Seite 196

[1]) Anthranilsäure. [2]) Thionalid.
[3]) Pyridin.

## gruppen; Molekeln und Äquivalente (sowie niederer Multipla)

| | Gewicht | lg | | Gewicht | lg |
|---|---|---|---|---|---|
| K | 39,096 | 59213 | KF | 58,10 | 76418 |
| 2K | 78,192 | 89316 | $K_3Fe(CN)_6$ | 329,24 | 51751 |
| 3K | 117,288 | 06926 | $K_4Fe(CN)_6$ | 368,33 | 56624 |
| 4K | 156,384 | 19419 | $K_4Fe(CN)_6 \cdot 3H_2O$ | 422,38 | 62570 |
| 5K | 195,480 | 29110 | $KFe(SO_4)_2 \cdot 12aq$ | 503,25 | 70178 |
| 6K | 234,576 | 37028 | $KH_2AsO_4$ | 180,02 | 25532 |
| $KAl(SO_4)_2 \cdot 12H_2O$ | 474,38 | 67612 | $KHCO_3$ | 100,114 | 00049 |
| | | | $KHC_4H_4O_6$ | 188,177 | 27457 |
| $KAlSi_3O_8$ | 278,25 | 44444 | $KH_3(C_2O_4)_2 \cdot 2aq$ | 254,193 | 40517 |
| $2KAlSi_3O_8$ | 556,49 | 74546 | $\frac{1}{3}[KH_3(C_2O_4)_2 \cdot 2H_2O]$ | 84,731 | 92805 |
| $KBF_4$ | 125,92 | 10009 | | | |
| KBr | 119,012 | 07559 | $KHC_8H_4O_4$ (Phth.) | 204,217 | 31010 |
| $KBrO_3$ | 167,012 | 22275 | $KH(JO_3)_2$ | 389,94 | 59099 |
| $\frac{1}{6}KBrO_3$ | 27,8353 | 44459 | $\frac{1}{12}[KH(JO_3)_2]$ | 32,495 | 51182 |
| KCN | 65,114 | 81367 | $KH_2PO_4$ | 136,09 | 13383 |
| KCNS | 97,17 | 98753 | KJ | 166,02 | 22016 |
| $K_2CO_3$ | 138,202 | 14052 | $KJO_3$ | 214,02 | 33045 |
| $\frac{1}{2}K_2CO_3$ | 69,101 | 83949 | $\frac{1}{6}KJO_3$ | 35,669 | 55229 |
| $K_2CO_3 \cdot 2H_2O$ | 174,234 | 24114 | $KMnO_4$ | 158,03 | 19874 |
| KCl | 74,553 | 87247 | $\frac{1}{5}KMnO_4$ | 31,605 | 49976 |
| $KClO_3$ | 122,553 | 08832 | $2KMnO_4$ | 316,05 | 49976 |
| $\frac{1}{6}KClO_3$ | 20,4255 | 31017 | $KNO_2$ | 85,104 | 92995 |
| $KClO_4$ | 138,553 | 14161 | $KNO_3$ | 101,104 | 00477 |
| $K_3Co(NO_2)_6$ | 452,28 | 65541 | $KNaC_4H_4O_6 \cdot 4aq$ | 282,230 | 45061 |
| $K_2Co(SO_4)_2 \cdot 6aq$ | 437,35 | 64083 | $K_2Ni(SO_4)_2 \cdot 6aq$ | 437,10 | 64058 |
| $K_2CrO_4$ | 194,20 | 28825 | | | |
| $K_2Cr_2O_7$ | 294,21 | 46866 | | | |
| $\frac{1}{6}K_2Cr_2O_7$ | 49,035 | 69051 | | | |
| $\frac{1}{2}K_2Cr_2O_7$ | 147,11 | 16764 | | | |
| $KCr(SO_4)_2 \cdot 12H_2O$ | 499,42 | 69847 | | | |
| $K_2Cu(SO_4)_2 \cdot 6aq$ | 441,98 | 64540 | | | |

Höhere Multipla siehe Seite 40/41

Erläuterungen zu Tafel 2 siehe Seite 196

**Gewichte und Logarithmen häufig gebrauchter Atome, Atom-**

Höhere Multipla siehe Seite 40/41

| | Gewicht | lg |
|---|---|---|
| $K_2O$ .......... | 94,192 | 97401 |
| $\frac{1}{2}K_2O$ | 47,096 | 67298 |
| $2K_2O$ ....... | 188,384 | 27504 |
| $3K_2O$ | 282,576 | 45114 |
| $4K_2O$ ....... | 376,768 | 57607 |
| $5K_2O$ | 470,96 | 67298 |
| $6K_2O$ ....... | 565,15 | 75217 |
| $K_2O \cdot Al_2O_3 \cdot 6SiO_2$ | 556,49 | 74546 |
| $KOH$ .......... | 56,104 | 74899 |
| $KOH \cdot 2H_2O$ | 92,137 | 96443 |
| $K_2PtCl_6$ ....... | 486,16 | 68678 |
| $K_2SO_3 \cdot 2H_2O$ | 194,28 | 28843 |
| $K_2S_2O_5$......... | 222,31 | 34696 |
| $K_2SO_4$ | 174,25 | 24117 |
| $K_2S_2O_8$ ........ | 270,31 | 43187 |
| $K(SbO)C_4H_4O_6 \cdot \frac{1}{2}H_2O$ | 333,94 | 52365 |
| $K_2SiF_6$ ........ | 220,25 | 34292 |
| $K_2Zn(SO_4)_2 \cdot 6aq$ | 443,79 | 64718 |

| | Gewicht | lg |
|---|---|---|
| La | 138,92 | 14276 |
| 2 La ......... | 277,84 | 44379 |
| $La_2O_3$ | 325,84 | 51300 |
| Li | 6,940 | 84136 |
| 2 Li ......... | 13,880 | 14239 |
| 3 Li | 20,820 | 31848 |
| $Li_2CO_3$ ........ | 73,890 | 86859 |
| LiCl | 42,397 | 62734 |
| $Li_2O$ .......... | 29,880 | 47538 |
| $Li_3PO_4$ | 115,80 | 06371 |
| $Li_2SO_4$ ........ | 109,94 | 04116 |
| Mg | 24,32 | 38596 |
| $\frac{1}{2}Mg$ ........ | 12,160 | 08493 |
| 2 Mg | 48,64 | 68699 |
| 3 Mg ........ | 72,96 | 86308 |
| $Mg(AlO_2)_2$ | 142,26 | 15308 |
| $Mg_2As_2O_7$....... | 310,46 | 49200 |
| $MgCO_3$ | 84,33 | 92598 |
| $MgCl_2$ ......... | 95,23 | 97877 |
| $MgCl_2 \cdot 6H_2O$ | 203,33 | 30820 |
| $Mg(HCO_3)_2$ ..... | 146,36 | 16540 |
| $\frac{1}{2}[Mg(HCO_3)_2]$ | 73,178 | 86438 |
| $MgNH_4PO_4 \cdot 6aq$ | 245,44 | 38994 |
| MgO | 40,32 | 60552 |
| $\frac{1}{2}MgO$........ | 20,160 | 30449 |
| 2 MgO | 80,64 | 90655 |
| 3 MgO........ | 120,96 | 08264 |

gruppen, Molekeln und Äquivalente (sowie niederer Multipla)

| | Gewicht | lg |
|---|---|---|
| $Mg(OH)_2$ | 58,34 | 76597 |
| $\frac{1}{2}[Mg(OH)_2]$ | 29,168 | 46491 |
| $Mg(Ox)_2$ (Oxin) | 312,61 | 49500 |
| $Mg(Ox)_2 \cdot 2H_2O$ | 348,64 | 54238 |
| $Mg_2P_2O_7$ | 222,60 | 34753 |
| $MgSO_4$ | 120,38 | 08055 |
| $MgSO_4 \cdot 7H_2O$ | 246,49 | 39180 |
| $MgSiO_4$ | 116,38 | 06588 |
| Mn | 54,93 | 73981 |
| $\frac{1}{2}$Mn | 27,465 | 43878 |
| 2Mn | 109,86 | 04084 |
| 3Mn | 164,79 | 21693 |
| $MnCO_3$ | 114,94 | 06047 |
| $MnCl_2 \cdot 4H_2O$ | 197,91 | 29647 |
| MnO | 70,93 | 85083 |
| $Mn_3O_4$ | 228,79 | 35944 |
| $Mn_2O_3$ | 157,86 | 19827 |
| $MnO_2$ | 86,93 | 93917 |
| $\frac{1}{2}MnO_2$ | 43,465 | 63814 |
| $Mn_2O_7$ | 221,86 | 34608 |
| $MnO_4$ | 118,93 | 07529 |
| $Mn_2P_2O_7$ | 283,82 | 45304 |
| MnS | 86,99 | 93947 |
| $MnSO_4$ | 150,99 | 17895 |
| $MnSO_4 \cdot 4H_2O$ | 223,05 | 34645 |
| $MnSO_4 \cdot 5H_2O$ | 241,07 | 38214 |

| | Gewicht | lg |
|---|---|---|
| Mo | 95,95 | 98204 |
| $MoO_3$ | 143,95 | 15821 |
| $MoO_4$ | 159,95 | 20399 |
| $MoS_2$ | 160,07 | 20431 |
| N | 14,008 | 14638 |
| 2N | 28,016 | 44741 |
| 3N | 42,024 | 62350 |
| 4N | 56,032 | 74844 |
| 5N | 70,040 | 84535 |
| 6N | 84,048 | 92453 |
| 5,55 N („Gelatine") | 77,74 | 89064 |
| 6,25 N („Eiweiß") | 87,55 | 94226 |
| 6,37 N („Casein") | 89,23 | 95052 |
| NH | 15,016 | 17655 |
| $NH_2$ | 16,024 | 20477 |
| $2NH_2$ | 32,048 | 50580 |
| $3NH_2$ | 48,073 | 68190 |
| $NH_3$ | 17,032 | 23126 |
| $2NH_3$ | 34,065 | 53231 |
| $3NH_3$ | 51,097 | 70840 |
| $4NH_3$ | 68,129 | 83333 |
| $5NH_3$ | 85,162 | 93025 |
| $6NH_3$ | 102,194 | 00942 |
| $NH_4$ | 18,040 | 25624 |
| $2NH_4$ | 36,081 | 55728 |
| $3NH_4$ | 54,121 | 73337 |
| $N_2H_4$ | 32,048 | 50580 |
| $NH_4Br$ | 97,956 | 99103 |
| $NH_4CNS$ | 76,118 | 88149 |
| $NH_4C_2H_3O_2$ | 77,085 | 88697 |
| $(NH_4)_2C_2O_4 \cdot H_2O$ | 142,117 | 15264 |

Höhere Multipla siehe Seite 40/41

Erläuterungen zu Tafel 2 siehe Seite 196

**Gewichte und Logarithmen häufig gebrauchter Atome, Atom-**

| | Gewicht | lg | | Gewicht | lg |
|---|---|---|---|---|---|
| $NH_4Cl$ | 53,496 | 72832 | $(NH_4)_3PO_4\cdot 12MoO_3$ | 1876,5 | 27335 |
| $NH_4F$ | 37,04 | 56867 | $(NH_4)_3PO_4\cdot 14MoO_3$ | 2164,4 | 33534 |
| $NH_4Fe(SO_4)_2\cdot 12H_2O$ | 482,19 | 68322 | $(NH_4)_2PtCl_6$ | 444,05 | 64743 |
| $(NH_4)_2Fe(SO_4)_2\cdot 6H_2O$ | 392,14 | 59344 | $(NH_4)_2S$ | 68,14 | 83340 |
| $NH_4H_2PO_4$ | 115,03 | 06081 | $N_2H_6SO_4$ | 130,12 | 11434 |
| $(NH_4)_2HPO_4$ | 132,07 | 12080 | $(NH_4)_2SO_4$ | 132,14 | 12103 |
| $NH_4HS$ | 51,11 | 70851 | $(NH_4)_2SiF_6$ | 178,14 | 25076 |
| $NH_4HSO_3$ | 97,09 | 98717 | $(NH_4)_2Zn(SO_4)_2\cdot 6H_2O$ | 401,68 | 60388 |
| $NH_4HSO_4$ | 115,11 | 06111 | $N_2O$ | 44,016 | 64361 |
| $NH_4J$ | 144,96 | 16125 | $NO$ | 30,008 | 47724 |
| $(NH_4MgAsO_4)_2\cdot H_2O$ | 380,56 | 58042 | $N_2O_3$ | 76,016 | 88091 |
| $NH_4MgPO_4\cdot 6aq$ | 245,44 | 38994 | $NO_2$ | 46,008 | 66283 |
| $NH_4NO_3$ | 80,048 | 90335 | $3NO_2$ | 138,024 | 13995 |
| $NH_4NaHPO_4\cdot 4H_2O$ | 209,09 | 32033 | $6NO_2$ | 276,048 | 44099 |
| $(NH_4)_2Ni(SO_4)_2\cdot 6H_2O$ | 394,99 | 59659 | $N_2O_4$ | 92,016 | 96386 |
| $NH_2OH$ | 33,032 | 51894 | $N_2O_5$ | 108,016 | 03349 |
| $(NH_4O)Cl$ | 69,497 | 84196 | $\frac{1}{2}N_2O_5$ | 54,008 | 73245 |
| $(NH_4O)_2SO_4$ | 164,14 | 21521 | $NO_3$ | 62,008 | 79245 |
| $NH_4OH$ | 35,049 | 54468 | $2NO_3$ | 124,016 | 09348 |
| | | | $3NO_3$ | 186,024 | 26957 |
| | | | $4NO_3$ | 248,032 | 39451 |

Höhere Multipla siehe Seite 40/41

Erläuterungen zu Tafel 2 siehe Seite 196

## gruppen, Molekeln und Äquivalente (sowie niederer Multipla)

| | Gewicht | lg |
|---|---|---|
| Na | 22,997 | 36167 |
| 2 Na | 45,994 | 66270 |
| 3 Na | 68,991 | 83879 |
| 4 Na | 91,988 | 96373 |
| 5 Na | 114,985 | 06064 |
| 6 Na | 137,982 | 13982 |
| $Na_3AlF_6$ | 209,96 | 32214 |
| $NaAlSi_3O_8$ | 262,15 | 41855 |
| $Na_2Al_2H_4(SiO_4)_3$ | 380,15 | 57996 |
| $NaBO_3 \cdot 4H_2O$ | 153,88 | 18718 |
| $Na_2B_4O_7$ | 201,27 | 30378 |
| $\frac{1}{2}Na_2B_4O_7$ | 100,64 | 00277 |
| $Na_2B_4O_7 \cdot 10H_2O$ | 381,44 | 58142 |
| $\frac{1}{2}[Na_2B_4O_7 \cdot 10H_2O]$ | 190,72 | 28040 |
| NaBr | 102,913 | 01247 |
| $NaC_2H_3O_2 \cdot 3H_2O$ | 136,090 | 13383 |
| NaCN | 49,015 | 69033 |
| NaCNS | 81,08 | 90891 |
| $Na_2CO_3$ | 106,004 | 02533 |
| $\frac{1}{2}Na_2CO_3$ | 53,002 | 72430 |
| $Na_2CO_3 \cdot 2H_2O$ | 142,036 | 15240 |
| $\frac{1}{2}[Na_2CO_3 \cdot 2H_2O]$ | 71,018 | 85137 |
| $Na_2CO_3 \cdot 10H_2O$ | 286,166 | 45662 |
| $\frac{1}{2}[Na_2CO_3 \cdot 10aq]$ | 143,083 | 15559 |
| $Na_2C_2O_4$ | 134,014 | 12715 |
| $\frac{1}{2}Na_2C_2O_4$ | 67,007 | 82612 |
| NaCl | 58,454 | 76681 |
| NaClO | 74,454 | 87188 |
| $NaClO_3$ | 106,454 | 02716 |

| | Gewicht | lg |
|---|---|---|
| $Na_2Cr_2O_7 \cdot 2H_2O$ | 298,05 | 47429 |
| $\frac{1}{6}[Na_2Cr_2O_7 \cdot 2aq]$ | 49,674 | 69613 |
| NaF | 42,00 | 62325 |
| 2 NaF | 83,99 | 92423 |
| 3 NaF | 125,99 | 10034 |
| 4 NaF | 167,99 | 22528 |
| 5 NaF | 209,99 | 32220 |
| 6 NaF | 251,98 | 40137 |
| $Na_2HAsO_4 \cdot 12aq$ | 402,11 | 60434 |
| $NaHCO_3$ | 84,015 | 92436 |
| $Na_2HPO_4 \cdot 2H_2O$ | 178,01 | 25044 |
| $Na_2HPO_4 \cdot 12H_2O$ | 358,18 | 55410 |
| NaHS | 56,06 | 74865 |
| $NaHSO_3$ | 104,06 | 01728 |
| $NaHSO_4$ | 120,06 | 07940 |
| NaJ | 149,92 | 17586 |
| $NaJO_3$ | 197,92 | 29649 |
| $NaMg(UO_2)_3 \cdot (C_2H_3O_2)_9 \cdot 6H_2O$ | 1497,02 | 17523 |
| $NaNH_4HPO_4 \cdot 4H_2O$ | 209,09 | 32033 |
| $NaNO_2$ | 69,005 | 83888 |
| $NaNO_3$ | 85,005 | 92944 |
| $Na_2O$ | 61,994 | 79235 |
| $\frac{1}{2}Na_2O$ | 30,997 | 49132 |
| $2Na_2O$ | 123,988 | 09338 |
| $3Na_2O$ | 185,982 | 26947 |
| $4Na_2O$ | 247,976 | 39441 |
| $5Na_2O$ | 309,97 | 49132 |
| $6Na_2O$ | 371,96 | 57050 |
| $Na_2O_2$ | 77,994 | 89206 |

Höhere Multipla siehe Seite 40/41

Erläuterungen zu Tafel 2 siehe Seite 196

## Gewichte und Logarithmen häufig gebrauchter Atome, Atom-

Höhere Multipla siehe Seite 40/41

| | Gewicht | lg | | Gewicht | lg |
|---|---|---|---|---|---|
| NaOH | 40,005 | 60211 | Nb | 92,91 | 96806 |
| $NaOH \cdot H_2O$ | 58,021 | 76359 | 2 Nb | 185,82 | 26909 |
| $NaPO_3$ | 101,98 | 00851 | $Nb_2O_5$ | 265,82 | 42458 |
| $Na_3PO_4$ | 163,97 | 21476 | | | |
| $Na_3PO_4 \cdot 12\,H_2O$ | 380,17 | 57998 | | | |
| $Na_4P_2O_7$ | 265,95 | 42480 | | | |
| $Na_2S$ | 78,05 | 89237 | Nd | 144,27 | 15918 |
| $Na_2S \cdot 9\,H_2O$ | 240,20 | 38057 | 2 Nd | 288,54 | 46021 |
| $NaSO_3$ | 103,06 | 01309 | $Nd_2O_3$ | 336,54 | 52704 |
| $2\,NaSO_3$ | 206,11 | 31410 | | | |
| $3\,NaSO_3$ | 309,17 | 49020 | | | |
| $Na_2S_2O_3 \cdot 5\,H_2O$ | 248,20 | 39480 | | | |
| $Na_2SO_3$ | 126,05 | 10054 | Ni | 58,69 | 76856 |
| $Na_2SO_3 \cdot 7\,H_2O$ | 252,17 | 40170 | 2 Ni | 117,38 | 06959 |
| $Na_2SO_4$ | 142,05 | 15244 | NiAs | 133,60 | 12581 |
| $Na_2SO_4 \cdot 10\,H_2O$ | 322,22 | 50816 | $Ni(C_2H_5N_4O)_2$ (Dic.) | 260,88 | 41644 |
| $Na_2S_2O_4$ | 174,11 | 24082 | $NiC_4H_6O_4N_5$[1] | 294,89 | 46966 |
| $Na_3SbS_4 \cdot 9\,H_2O$ | 481,13 | 68227 | $Ni(C_7H_6O_2N)_2$[2] | 330,94 | 51975 |
| $Na_2SiF_6$ | 188,05 | 27427 | $NiC_8H_{14}N_4O_4$ (Gly.) | 288,92 | 46078 |
| $Na_2O \cdot 3{,}5\,SiO_2$ | 272,20 | 43489 | NiO | 74,69 | 87326 |
| $\frac{1}{2}[Na_2O \cdot 3{,}5\,SiO_2]$ | 136,10 | 13386 | $Ni(Ox)_2 \cdot 2\,aq$ (Oxin) | 383,01 | 58323 |
| $Na_2SnO_3 \cdot 3\,H_2O$ | 266,74 | 42609 | | | |
| $NaZn(UO_2)_3 \cdot (C_2H_3O_2)_9 \cdot 6\,aq$ | 1538,08 | 18698 | $Ni_2P_2O_7$ | 291,34 | 46440 |
| | | | $NiPy_4(CNS)_2$[3] | 491,24 | 69130 |
| $Na_2U_2O_7$ | 634,13 | 80218 | $NiSO_4$ | 154,75 | 18963 |
| $Na_2U_2O_7 \cdot 6\,H_2O$ | 742,23 | 87054 | $NiSO_4 \cdot 7\,H_2O$ | 280,86 | 44849 |

Erläuterungen zu Tafel 2 siehe Seite 196

[1]) Oxalendiuramidoxim. [2]) Anthranilsäure.
[3]) Pyridin.

## gruppen, Molekeln und Äquivalente (sowie niederer Multipla)

| | Gewicht | lg |
|---|---|---|
| O | 16,0000 | 20412 |
| 2O | 32,0000 | 50515 |
| 3O | 48,0000 | 68124 |
| 4O | 64,0000 | 80618 |
| 5O | 80,0000 | 90309 |
| 6O | 96,0000 | 98227 |
| $OCH_3$ | 31,034 | 49184 |
| $OC_2H_5$ | 45,061 | 65380 |
| OH | 17,0081 | 23065 |
| 2OH | 34,0162 | 53168 |
| 3OH | 51,0243 | 70778 |
| 4OH | 68,0324 | 83271 |
| 5OH | 85,0405 | 92962 |
| 6OH | 102,0486 | 00881 |
| P | 30,98 | 49108 |
| 2P | 61,96 | 79211 |
| 3P | 92,94 | 96820 |
| $PBr_3$ | 270,73 | 43254 |
| $PCl_3$ | 137,35 | 13783 |
| $PCl_5$ | 208,27 | 31863 |
| $PO_2$ | 62,98 | 79920 |
| $PO_3$ | 78,98 | 89752 |
| $P_2O_3$ | 109,96 | 04123 |
| $P_2O_5$ | 141,96 | 15217 |
| $\frac{1}{2}P_2O_5$ | 70,98 | 85114 |
| $2P_2O_5$ | 283,92 | 45320 |
| $3P_2O_5$ | 425,88 | 62929 |
| $P_2O_7$ | 173,96 | 24045 |
| $PO_4$ | 94,98 | 97763 |
| $2PO_4$ | 189,96 | 27866 |
| $3PO_4$ | 284,94 | 45475 |
| $4PO_4$ | 379,92 | 57969 |
| $P_2O_5 \cdot 24MoO_3$ | 3596,8 | 55592 |

| | Gewicht | lg |
|---|---|---|
| Pb | 207,21 | 31641 |
| $\frac{1}{2}Pb$ | 103,605 | 01538 |
| 2Pb | 414,42 | 61744 |
| 3Pb | 621,63 | 79353 |
| $PbCO_3$ | 267,22 | 42687 |
| $Pb(C_2H_3O_2)_2 \cdot 3aq$ | 379,35 | 57904 |
| $Pb(C_7H_4NS_2)OH$ (Mercaptobenzth.) | 390,45 | 59157 |
| $Pb(C_7H_6O_2N)_2$ [1] | 479,46 | 68075 |
| $Pb(C_{10}H_7O_5N_4)_2 \cdot 1,5\,H_2O$ [2] | 760,61 | 88117 |
| $Pb(C_{12}H_{10}ONS)_2$ [3] | 639,75 | 80601 |
| $PbCl_2$ | 278,12 | 44423 |
| PbClF | 261,67 | 41775 |
| $PbCrO_4$ | 323,22 | 50950 |
| $Pb(NO_3)_2$ | 331,23 | 52013 |
| PbO | 223,21 | 34871 |
| $Pb_2O_3$ | 462,42 | 66504 |
| $Pb_3O_4$ | 685,63 | 83609 |
| $PbO_2$ | 239,21 | 37878 |
| PbS | 239,27 | 37889 |
| $PbSO_4$ | 303,27 | 48183 |
| $Pb_2V_2O_7$ | 628,32 | 79818 |

Höhere Multipla siehe Seite 40/41

Erläuterungen zu Tafel 2 siehe Seite 196

[1]) Anthranilsäure. [2]) Pikrolonsäure.
[3]) Thionalid.

## Gewichte und Logarithmen häufig gebrauchter Atome, Atom-

Höhere Multipla siehe Seite 40/41

| | Gewicht | lg |
|---|---|---|
| Pd | 106,7 | 02816 |
| $Pd(CN)_2$ | 158,7 | 20058 |
| $Pd(C_7H_6O_2N)_2$[1]) | 379,0 | 57864 |
| $Pd[C_{10}H_6O(NO)]_2$[2]) | 451,0 | 65418 |
| $Pd[C_{10}H_6O(NO_2)]_2$[3]) | 483,0 | 68395 |
| $PdJ_2$ | 360,5 | 55691 |
| Pr | 140,92 | 14897 |
| 2 Pr | 281,84 | 45000 |
| $Pr_2O_3$ | 329,84 | 51830 |
| $Pr_2(SO_4)_3$ | 570,02 | 75589 |
| Pt | 195,23 | 29055 |
| 2 Pt | 390,46 | 59158 |
| 3 Pt | 585,69 | 76767 |
| $PtCl_4$ | 337,06 | 52771 |
| $PtCl_6$ | 407,97 | 61063 |
| $PtS_2$ | 259,35 | 41389 |
| Rb | 85,48 | 93186 |
| 2 Rb | 170,96 | 23290 |
| $Rb_2SO_4$ | 267,02 | 42654 |

| | Gewicht | lg |
|---|---|---|
| S | 32,06 | 50596 |
| 2 S | 64,12 | 80699 |
| 3 S | 96,18 | 98308 |
| 4 S | 128,24 | 10802 |
| 5 S | 160,30 | 20493 |
| 6 S | 192,36 | 28411 |
| $S_2Cl_2$ | 135,03 | 13043 |
| $S_2O_3$ | 112,12 | 04968 |
| $SO_2$ | 64,06 | 80659 |
| 2 $SO_2$ | 128,12 | 10762 |
| 3 $SO_2$ | 192,18 | 28371 |
| $SO_3$ | 80,06 | 90342 |
| ½ $SO_3$ | 40,030 | 60239 |
| 2 $SO_3$ | 160,12 | 20445 |
| 3 $SO_3$ | 240,18 | 38054 |

$SO_3H$; $SO_3Ba_{1/2}$; $SO_3Ca_{1/2}$; $SO_3Na$ s. $HSO_3$ usw.

| | Gewicht | lg |
|---|---|---|
| $SO_4$ | 96,06 | 98254 |
| 2 $SO_4$ | 192,12 | 28357 |
| 3 $SO_4$ | 288,18 | 45966 |
| $S_2O_8$ | 192,12 | 28357 |

Erläuterungen zu Tafel 2 siehe Seite 196

1) Salicylaldoxim.
2) α-Nitroso-β-naphthol.
3) α-Nitro-β-naphthol.

## gruppen, Molekeln und Äquivalente (sowie niederer Multipla)

| | Gewicht | lg |
|---|---|---|
| Sb | 121,76 | 08550 |
| $\frac{1}{2}$ Sb | 60,880 | 78447 |
| 2 Sb | 243,52 | 38653 |
| 3 Sb | 365,28 | 56263 |
| $SbC_6H_5O_4$ (Pyrogallol) | 262,86 | 41973 |
| $Sb(C_{12}H_{10}ONS)_3$ (Thionalid) | 770,57 | 88681 |
| $Sb_2O_3$ | 291,52 | 46467 |
| $Sb_2O_4$ | 307,52 | 48787 |
| $Sb_2O_5$ | 323,52 | 50990 |
| SbOCl | 173,22 | 23860 |
| $Sb_2S_3$ | 339,70 | 53110 |
| $Sb_2S_5$ | 403,82 | 60619 |
| $SbS_3$ | 217,94 | 33834 |
| $SbS_4$ | 250,00 | 39794 |
| Sc | 45,10 | 65418 |
| 2 Sc | 90,20 | 95521 |
| $Sc_2O_3$ | 138,20 | 14051 |
| Se | 78,96 | 89741 |
| $SeO_2$ | 110,96 | 04516 |
| $SeO_3$ | 126,96 | 10366 |

| | Gewicht | lg |
|---|---|---|
| Si | 28,06 | 44809 |
| 2 Si | 56,12 | 74912 |
| 3 Si | 84,18 | 92521 |
| 4 Si | 112,24 | 05015 |
| 5 Si | 140,30 | 14706 |
| 6 Si | 168,36 | 22624 |
| $SiF_4$ | 104,06 | 01728 |
| $SiF_6$ | 142,06 | 15247 |
| $SiO_2$ | 60,06 | 77859 |
| 2 $SiO_2$ | 120,12 | 07962 |
| 3 $SiO_2$ | 180,18 | 25571 |
| 3,5 $SiO_2$ | 210,21 | 32265 |
| 4 $SiO_2$ | 240,24 | 38065 |
| 5 $SiO_2$ | 300,30 | 47756 |
| 6 $SiO_2$ | 360,36 | 55674 |
| $Si_3O_8$ | 212,18 | 32670 |
| $SiO_3$ | 76,06 | 88116 |
| 2 $SiO_3$ | 152,12 | 18219 |
| 3 $SiO_3$ | 228,18 | 35828 |
| 4 $SiO_3$ | 304,24 | 48322 |
| 5 $SiO_3$ | 380,30 | 58013 |
| 6 $SiO_3$ | 456,36 | 65931 |
| $Si_2O_7$ | 168,12 | 22562 |
| 2 $Si_2O_7$ | 336,24 | 52665 |
| 3 $Si_2O_7$ | 504,36 | 70274 |
| $SiO_4$ | 92,06 | 96407 |
| 2 $SiO_4$ | 184,12 | 26510 |
| 3 $SiO_4$ | 276,18 | 44119 |
| 4 $SiO_4$ | 368,24 | 56613 |
| 5 $SiO_4$ | 460,30 | 66304 |
| 6 $SiO_4$ | 552,36 | 74222 |

Höhere Multipla siehe Seite 40/41

Erläuterungen zu Tafel 2 siehe Seite 196

## Gewichte und Logarithmen häufig gebrauchter Atome, Atom-

Höhere Multipla siehe Seite 40/41

| | Gewicht | lg |
|---|---|---|
| Sm | 150,43 | 17733 |
| 2 Sm | 300,86 | 47836 |
| $Sm_2O_3$ | 348,86 | 54265 |
| Sn | 118,70 | 07445 |
| ½ Sn | 59,350 | 77342 |
| 2 Sn | 237,40 | 37548 |
| 3 Sn | 356,10 | 55157 |
| $SnCl_2$ | 189,61 | 27786 |
| $SnCl_2 \cdot 2H_2O$ | 225,65 | 35344 |
| $SnCl_4$ | 260,53 | 41586 |
| SnO | 134,70 | 12937 |
| $SnO_2$ | 150,70 | 17811 |
| Sr | 87,63 | 94265 |
| ½ Sr | 43,815 | 64162 |
| 2 Sr | 175,26 | 24368 |
| 3 Sr | 262,89 | 41977 |
| $SrCO_3$ | 147,64 | 16921 |
| $SrC_2O_4 \cdot H_2O$ | 193,67 | 28706 |
| $SrCl_2$ | 158,54 | 20014 |
| $SrCl_2 \cdot 6H_2O$ | 266,64 | 42593 |
| $Sr(NO_3)_2$ | 211,65 | 32562 |
| $Sr(NO_3)_2 \cdot 4H_2O$ | 283,71 | 45287 |
| SrO | 103,63 | 01549 |
| $Sr(OH)_2 \cdot 8H_2O$ | 265,78 | 42452 |
| SrS | 119,69 | 07806 |
| $Sr(SH)_2$ | 153,77 | 18687 |
| $SrSO_4$ | 183,69 | 26409 |
| $SrS_2O_3$ | 199,75 | 30049 |

| | Gewicht | lg |
|---|---|---|
| Ta | 180,88 | 25739 |
| 2 Ta | 361,76 | 55842 |
| $Ta_2O_5$ | 441,76 | 64519 |
| | 127,61 | 10588 |
| $TeO_2$ | 159,61 | 20306 |
| $TeO_3$ | 175,61 | 24455 |
| Th | 232,12 | 36571 |
| $Th(C_{10}H_7O_5N_4)_4 \cdot H_2O$[1] | 1302,89 | 11490 |
| $Th(NO_3)_4 \cdot 4H_2O$ | 552,22 | 74212 |
| $Th(NO_3)_4 \cdot 12H_2O$ | 696,35 | 84283 |
| $ThO_2$ | 264,12 | 42180 |
| $Th(Ox)_4$ (Oxin) | 808,7 | 90779 |
| Ti | 47,90 | 68034 |
| 2 Ti | 95,80 | 98137 |
| 3 Ti | 143,70 | 15746 |
| $TiO_2$ | 79,90 | 90255 |
| $TiO(Ox)_2$ (Oxin) | 352,19 | 54678 |
| $Ti_3(PO_4)_4$ | 523,62 | 71902 |
| | 204,39 | 31046 |
| $TlC_7H_4NS_2$[2] | 370,62 | 56893 |
| $TlC_{12}H_{10}ONS$[3] | 420,66 | 62393 |
| TlJ | 331,31 | 52023 |

Erläuterungen zu Tafel 2 siehe Seite 196

[1]) Pikrolonsäure.
[2]) Mercaptobenzthiazol.
[3]) Thionalid.

| | Gewicht | lg |
|---|---|---|
| U | 238,07 | 37671 |
| 2U | 476,14 | 67774 |
| 3U | 714,21 | 85383 |
| $UO_2$ | 270,07 | 43147 |
| $U_2O_7$ | 588,14 | 76948 |
| $U_3O_8$ | 842,21 | 92543 |
| $UO_2(Ox)_2(OxH)$[1] | 703,52 | 84727 |
| $(UO_2)_2P_2O_7$ | 714,10 | 85376 |
| V | 50,95 | 70714 |
| 2V | 101,90 | 00817 |
| $VCl_3$ | 121,86 | 08586 |
| $V_2O_3$ | 149,90 | 17580 |
| $V_2O_5$ | 181,90 | 25983 |
| $VO_3$ | 98,95 | 99542 |
| $V_2O_7$ | 213,90 | 33021 |
| $VO_4$ | 114,95 | 06051 |
| W | 183,92 | 26463 |
| $WO_3$ | 231,92 | 36534 |
| Y | 88,92 | 94900 |
| 2Y | 177,84 | 25003 |
| $Y_2O_3$ | 225,84 | 35380 |

| | Gewicht | lg |
|---|---|---|
| Yb | 173,04 | 23815 |
| 2Yb | 346,08 | 53918 |
| $Yb_2O_3$ | 394,08 | 59559 |
| Zn | 65,38 | 81544 |
| ½Zn | 32,690 | 51441 |
| 2Zn | 130,76 | 11647 |
| 3Zn | 196,14 | 29257 |
| $ZnCO_3$ | 125,39 | 09827 |
| $Zn(C_7H_6O_2N)_2$[2] | 337,63 | 52844 |
| $Zn(C_{10}H_6O_2N)_2 \cdot H_2O$[3] | 427,71 | 63115 |
| $ZnCl_2$ | 136,29 | 13446 |
| $ZnCl_2 \cdot 1,5\,H_2O$ | 163,32 | 21304 |
| $Zn(NH_4)PO_4$ | 178,40 | 25139 |
| ZnO | 81,38 | 91052 |
| $Zn(Ox)_2$[1] | 353,67 | 54860 |
| $Zn_2P_2O_7$ | 304,72 | 48390 |
| $ZnPy_2(CNS)_2$[4] | 339,73 | 53114 |
| ZnS | 97,44 | 98874 |
| $ZnSO_4$ | 161,44 | 20801 |
| $ZnSO_4 \cdot 7\,H_2O$ | 287,55 | 45871 |
| Zr | 91,22 | 96009 |
| $ZrO_2$ | 123,22 | 09068 |

Höhere Multipla siehe Seite 40/41

Erläuterungen zu Tafel 2 siehe Seite 196

[1]) Oxin.
[2]) Anthranilsäure.
[3]) Chinaldinsäure.
[4]) Pyridin.

## Höhere Multipla einiger Atom- und Molekelgewichte

| $C_7$ bis $C_{42}$ | lg | $H_7$ bis $H_{42}$ | lg | $O_7$ bis $O_{42}$ | lg |
|---|---|---|---|---|---|
| 7: 84,070 | 92464 | 7: 7,0567 | 84860 | 7: 112,0000.. | 04922 |
| 8: 96,080 | 98263 | 8: 8,0648 | 90659 | 8: 128,0000.. | 10721 |
| 9: 108,090 | 03379 | 9: 9,0729 | 95775 | 9: 144,0000.. | 15836 |
| 10: 120,10 | 07954 | 10: 10,081 | 00350 | 10: 160,0000.. | 20412 |
| 11: 132,11 | 12093 | 11: 11,089 | 04489 | 11: 176,0000.. | 24551 |
| 12: 144,12 | 15872 | 12: 12,097 | 08268 | 12: 192,0000.. | 28330 |
| 13: 156,13 | 19348 | 13: 13,105 | 11744 | 13: 208,0000.. | 31806 |
| 14: 168,14 | 22567 | 14: 14,113 | 14962 | 14: 224,0000.. | 35025 |
| 15: 180,15 | 25563 | 15: 15,122 | 17961 | 15: 240,0000.. | 38021 |
| 16: 192,16 | 28366 | 16: 16,130 | 20763 | 16: 256,0000.. | 40824 |
| 17: 204,17 | 30999 | 17: 17,138 | 23396 | 17: 272,0000.. | 43457 |
| 18: 216,18 | 33482 | 18: 18,146 | 25878 | 18: 288,0000.. | 45939 |
| 19: 228,19 | 35830 | 19: 19,154 | 28226 | 19: 304,0000.. | 48287 |
| 20: 240,20 | 38057 | 20: 20,162 | 30453 | 20: 320,0000.. | 50515 |
| 21: 252,21 | 40177 | 21: 21,170 | 32572 | 21: 336,0000.. | 52634 |
| 22: 264,22 | 42196 | 22: 22,178 | 34592 | 22: 352,0000.. | 54654 |
| 23: 276,23 | 44127 | 23: 23,186 | 36522 | 23: 368,0000.. | 56585 |
| 24: 288,24 | 45975 | 24: 24,194 | 38371 | 24: 384,0000.. | 58433 |
| 25: 300,25 | 47749 | 25: 25,203 | 40145 | 25: 400,0000.. | 60206 |
| 26: 312,26 | 49451 | 26: 26,211 | 41849 | 26: 416,0000.. | 61909 |
| 27: 324,27 | 51091 | 27: 27,219 | 43487 | 27: 432,0000.. | 63548 |
| 28: 336,28 | 52670 | 28: 28,227 | 45067 | 28: 448,0000.. | 65128 |
| 29: 348,29 | 54194 | 29: 29,235 | 46591 | 29: 464,0000.. | 66652 |
| 30: 360,30 | 55666 | 30: 30,243 | 48063 | 30: 480,0000.. | 68124 |
| 31: 372,31 | 57090 | 31: 31,251 | 49486 | 31: 496,0000.. | 69548 |
| 32: 384,32 | 58469 | 32: 32,259 | 50865 | 32: 512,0000.. | 70927 |
| 33: 396,33 | 59806 | 33: 33,267 | 52201 | 33: 528,0000.. | 72263 |
| 34: 408,34 | 61102 | 34: 34,275 | 53498 | 34: 544,0000.. | 73560 |
| 35: 420,35 | 62361 | 35: 35,284 | 54758 | 35: 560,0000.. | 74819 |
| 36: 432,36 | 63585 | 36: 36,292 | 55981 | 36: 576,0000.. | 76042 |
| 37: 444,37 | 64774 | 37: 37,300 | 57171 | 37: 592,0000.. | 77232 |
| 38: 456,38 | 65933 | 38: 38,308 | 58329 | 38: 608,0000.. | 78390 |
| 39: 468,39 | 67061 | 39: 39,316 | 59457 | 39: 624,0000.. | 79518 |
| 40: 480,40 | 68160 | 40: 40,324 | 60556 | 40: 640,0000.. | 80618 |
| 41: 492,41 | 69233 | 41: 41,332 | 61629 | 41: 656,0000.. | 81690 |
| 42: 504,42 | 70280 | 42: 42,340 | 62675 | 42: 672,0000.. | 82737 |

Erläuterungen zu Tafel 3 siehe Seite 199

**nebst den dazu gehörenden Logarithmen**

| $Al_7$ bis $Al_{15}$ | lg |
|---|---|
| 7: 188,79 | 27598 |
| 8: 215,76 | 33397 |
| 9: 242,73 | 38512 |
| 10: 269,7 | 43088 |
| 11: 296,7 | 47232 |
| 12: 323,6 | 51001 |
| 13: 350,6 | 54481 |
| 14: 377,6 | 57703 |
| 15: 404,6 | 60703 |

| $Br_7$ bis $Br_{12}$ | lg |
|---|---|
| 7: 559,412 | 74773 |
| 8: 639,328 | 80572 |
| 9: 719,244 | 85888 |
| 10: 799,16 | 90263 |
| 11: 879,08 | 94403 |
| 12: 958,99 | 98181 |

| $Cl_7$ bis $Cl_{21}$ | lg |
|---|---|
| 7: 248,199 | 39480 |
| 8: 283,656 | 45279 |
| 9: 319,113 | 50394 |
| 10: 354,57 | 54970 |
| 11: 390,03 | 59110 |
| 12: 425,48 | 62888 |
| 13: 460,94 | 66364 |
| 14: 496,40 | 69583 |
| 15: 531,86 | 72580 |
| 16: 567,31 | 75382 |
| 17: 602,77 | 78015 |
| 18: 638,23 | 80498 |
| 19: 673,68 | 82845 |
| 20: 709,14 | 85073 |
| 21: 744,60 | 87192 |

| $N_7$ bis $N_{24}$ | lg |
|---|---|
| 7: 98,056 | 99147 |
| 8: 112,064 | 04947 |
| 9: 126,072 | 10062 |
| 10: 140,08 | 14638 |
| 11: 154,09 | 18777 |
| 12: 168,10 | 22557 |
| 13: 182,10 | 26031 |
| 14: 196,11 | 29250 |
| 15: 210,12 | 32247 |
| 16: 224,13 | 35050 |
| 17: 238,14 | 37683 |
| 18: 252,14 | 40164 |
| 19: 266,15 | 42513 |
| 20: 280,16 | 44741 |
| 21: 294,17 | 46860 |
| 22: 308,18 | 48880 |
| 23: 322,18 | 50810 |
| 24: 336,19 | 52658 |

| $Si_7$ bis $Si_{21}$ | lg |
|---|---|
| 7: 196,42 | 29319 |
| 8: 224,48 | 35118 |
| 9: 252,54 | 40233 |
| 10: 280,6 | 44809 |
| 11: 308,7 | 48954 |
| 12: 336,7 | 52724 |
| 13: 364,8 | 56205 |
| 14: 392,8 | 59417 |
| 15: 420,9 | 62418 |
| 16: 449,0 | 65225 |
| 17: 477,0 | 67852 |
| 18: 505,1 | 70338 |
| 19: 533,1 | 72681 |
| 20: 561,2 | 74912 |
| 21: 589,3 | 77034 |

| $H_2O$ | lg |
|---|---|
| 7: 126,113 | 10076 |
| 8: 144,130 | 15875 |
| 9: 162,146 | 20990 |
| 10: 180,162 | 25566 |
| 11: 198,178 | 29705 |
| 12: 216,194 | 33485 |
| 13: 234,211 | 36961 |
| 14: 252,227 | 40181 |
| 15: 270,243 | 43176 |
| 16: 288,259 | 45978 |
| 17: 306,275 | 48612 |
| 18: 324,292 | 51094 |
| 19: 342,308 | 53442 |
| 20: 360,324 | 55669 |
| 21: 378,340 | 57788 |
| 22: 396,356 | 59808 |
| 23: 414,373 | 61739 |
| 24: 432,389 | 63588 |
| 25: 450,405 | 65361 |
| 26: 468,421 | 67064 |
| 27: 486,437 | 68702 |
| 28: 504,454 | 70282 |
| 29: 522,470 | 71806 |
| 30: 540,486 | 73279 |
| 31: 558,502 | 74702 |
| 32: 576,518 | 76081 |
| 33: 594,535 | 77417 |
| 34: 612,551 | 78715 |
| 35: 630,567 | 79973 |
| 36: 648,583 | 81197 |
| 37: 666,599 | 82387 |
| 38: 684,616 | 83545 |
| 39: 702,632 | 84673 |
| 40: 720,648 | 85772 |
| 41: 738,664 | 86845 |
| 42: 756,680 | 87891 |

Erläuterungen zu Tafel 3 siehe Seite 199

## A. Maßanalytische Äquivalentgewichte nebst Logarithmen

1 cm³ / 1 Liter } Meßlösung der angegebenen Stärke zeigt an: { Milligramm / Gramm

| Titriermittel | 0,1 n (1/10) | | 0,2 n (1/5) | | 0,5 n (1/2) | |
|---|---|---|---|---|---|---|
| Gesuchter Stoff | Menge | lg | Menge | lg | Menge | lg |
| **Kalilauge, Natronlauge (Ammoniak nur mit Methylorange)** | | | | | | |
| HBr | 8,0924 | 90808 | 16,1848 | 20911 | 40,462 | 60705 |
| HCl | 3,6465 | 56188 | 7,2930 | 86291 | 18,2325 | 26085 |
| HJ | 12,793 | 10697 | 25,586 | 40800 | 63,965 | 80594 |
| $HNO_3$ | 6,3016 | 79945 | 12,6032 | 10048 | 31,5080 | 49842 |
| $H_3PO_4$ (m. Methylor.) oder (Methylor. bis Phen.) | 9,800 | 99123 | 19,600 | 29226 | 49,000 | 69020 |
| $PO_4$ | 9,498 | 97763 | 18,996 | 27866 | 47,490 | 67660 |
| $P_2O_5$ | 7,098 | 85114 | 14,196 | 15217 | 35,490 | 55011 |
| $H_3PO_4$ (m. Phenolphthalein) | 4,900 | 69020 | 9,800 | 99123 | 24,500 | 38917 |
| $PO_4$ | 4,749 | 67660 | 9,498 | 97763 | 23,745 | 37557 |
| $P_2O_5$ | 3,549 | 55011 | 7,098 | 85114 | 17,745 | 24908 |
| P (Phosphormolybd.; emp.) | 0,1343 | 12808 | 0,2686 | 42911 | 0,6715 | 82705 |

Erläuterungen zu Tafel 4 A siehe Seite 199

Tafel 4

## A. Maßanalytische Äquivalentgewichte nebst Logarithmen

1 $cm^3$ / 1 Liter } Meßlösung der angegebenen Stärke zeigt an: { Milligramm / Gramm

| Titriermittel | 0,1 n (1/10) | | 0,2 n (1/5) | | 0,5 n (1/2) | |
|---|---|---|---|---|---|---|
| Gesuchter Stoff | Menge | lg | Menge | lg | Menge | lg |
| **Kalilauge, Natronlauge (Ammoniak nur mit Methylorgange)** | | | | | | |
| $H_2SO_4$ | 4,904 | 69055 | 9,808 | 99158 | 24,520 | 38952 |
| $SO_3$ | 4,003 | 60239 | 8,006 | 90342 | 20,015 | 30136 |
| $SO_4$ | 4,803 | 68151 | 9,606 | 98254 | 24,015 | 38048 |
| $HCHO_2$ | 4,6026 | 66300 | 9,2052 | 96403 | 23,0130 | 36196 |
| $HC_2H_3O_2$ | 6,0052 | 77853 | 12,0104 | 07955 | 30,0260 | 47750 |
| $H_2C_2O_4$ | 4,5018 | 65339 | 9,0036 | 95442 | 22,5090 | 35236 |
| $H_2C_2O_4 \cdot 2\,H_2O$ | 6,3034 | 79958 | 12,6068 | 10067 | 31,5170 | 49855 |
| $KHC_4H_4O_6$ | 18,8177 | 27457 | 37,6354 | 57559 | 94,0885 | 97353 |
| $NaHSO_4$ | 12,006 | 07940 | 24,012 | 38043 | 60,032 | 77838 |
| Al | 0,899 | 95376 | 1,798 | 25479 | 4,495 | 65273 |
| $Al_2O_3$ | 1,699 | 23019 | 3,398 | 53122 | 8,495 | 92916 |

Erläuterungen zu Tafel 4 A siehe Seite 199

## A. Maßanalytische Äquivalentgewichte nebst Logarithmen

1 cm³ / 1 Liter } Meßlösung der angegebenen Stärke zeigt an: { Milligramm / Gramm

| Titriermittel | 0,1 n (1/10) | | 0,2 n (1/5) | | 0,5 n (1/2) | |
|---|---|---|---|---|---|---|
| Gesuchter Stoff | Menge | lg | Menge | lg | Menge | lg |
| **Salzsäure, Salpetersäure, Schwefelsäure (Oxalsäure nur in Gegenwart von Kalksalzen und mit Methylorange)** | | | | | | |
| KOH | 5,6104 | 74899 | 11,2208 | 05002 | 28,0519 | 44796 |
| $KHCO_3$ | 10,0114 | 00049 | 20,0228 | 30152 | 50,0570 | 69946 |
| $K_2CO_3$ | 6,9101 | 83949 | 13,8202 | 14052 | 34,5505 | 53846 |
| NaOH | 4,0005 | 60211 | 8,0010 | 90314 | 20,0024 | 30108 |
| $NaHCO_3$ | 8,4015 | 92436 | 16,8030 | 22539 | 42,0075 | 62333 |
| $Na_2CO_3$ | 5,3002 | 72430 | 10,6004 | 02533 | 26,5010 | 42327 |
| $Na_2CO_3 \cdot 2\,H_2O$ | 7,1018 | 85137 | 14,2036 | 15240 | 35,5090 | 55034 |
| $Na_2CO_3 \cdot 10\,H_2O$ | 14,3083 | 15559 | 28,6166 | 45662 | 71,5415 | 85456 |
| $Li_2CO_3$ | 3,6945 | 56756 | 7,3890 | 86859 | 18,4725 | 26653 |

Erläuterungen zu Tafel 4 A siehe Seite 199

## A. Maßanalytische Äquivalentgewichte nebst Logarithmen

1 cm³ / 1 Liter } Meßlösung der angegebenen Stärke zeigt an: { Milligramm / Gramm

| Titriermittel | 0,1 n (1/10) | | 0,2 n (1/5) | | 0,5 n (1/2) | |
|---|---|---|---|---|---|---|
| Gesuchter Stoff | Menge | lg | Menge | lg | Menge | lg |
| **Salzsäure, Salpetersäure, Schwefelsäure (Oxalsäure nur in Gegenwart von Kalksalzen und mit Methylorange)** | | | | | | |
| $NH_3$ | 1,7032 | **23126** | 3,4065 | **53230** | 8,5162 | **93025** |
| $NH_4Cl$ | 5,3496 | **72832** | 10,6992 | **02935** | 26,7480 | **42729** |
| $NH_4NO_3$ | 8,0048 | **90335** | 16,0096 | **20438** | 40,0240 | **60232** |
| $(NH_4)_2SO_4$ | 6,6070 | **82000** | 13,214 | **12103** | 33,035 | **51897** |
| N | 1,4008 | **14638** | 2,8016 | **44741** | 7,0040 | **84535** |
| 5,55 N („Gelatine") | 7,774 | **89064** | 15,548 | **19167** | 38,870 | **58961** |
| 6,25 N („Eiweiß") | 8,755 | **94226** | 17,510 | **24329** | 43,775 | **64123** |
| 6,37 N („Casein") | 8,923 | **95051** | 17,846 | **25154** | 44,615 | **64948** |
| $CO_2$ | 2,2005 | **34252** | 4,4010 | **64355** | 11,0025 | **04149** |
| CaO | 2,804 | **44778** | 5,608 | **74881** | 14,020 | **14675** |
| $Ca(OH)_2$ | 3,705 | **56879** | 7,410 | **86982** | 18,524 | **26774** |
| $CaCO_3$ | 5,0045 | **69936** | 10,0090 | **00039** | 25,0225 | **39833** |
| MgO | 2,016 | **30449** | 4,032 | **60552** | 10,080 | **00346** |
| $MgCO_3$ | 4,2165 | **62495** | 8,4330 | **92598** | 21,0825 | **32392** |

Erläuterungen zu Tafel 4 A siehe Seite 199

## A. Maßanalytische Äquivalentgewichte nebst Logarithmen

1 cm³ / 1 Liter } Meßlösung der angegebenen Stärke zeigt an: { Milligramm / Gramm

| Titriermittel | 0,1 n (1/10) | |
|---|---|---|
| Gesuchter Stoff | Menge | lg |
| **Kaliumpermanganat** | | |
| O | 0,8000 | 90309 |
| $H_2O_2$ | 1,7008 | 23065 |
| $H_2C_2O_4$ | 4,5018 | 65339 |
| $H_2C_2O_4 \cdot 2\,H_2O$ | 6,3034 | 79958 |
| $Na_2C_2O_4$ | 6,7007 | 82612 |
| Ca | 2,004 | 30190 |
| CaO | 2,804 | 44778 |
| $CaCO_3$ | 5,0045 | 69936 |
| Cu (Zuckerred.) | 6,357 | 80325 |
| Mn (nach Volhard-Wolff) | 1,648 | 21696 |
| MnO (nach Volhard-Wolff) | 2,128 | 32797 |
| $MnO_2$ (nach Volhard-Wolff) | 2,608 | 41631 |
| Mn (n. Hampe) | 2,7465 | 43878 |
| $KMnO_4$ | 3,1605 | 49976 |
| $N_2O_3$ | 1,9004 | 27884 |
| $N_2O_4$ | 4,6008 | 66283 |
| $HNO_2$ | 2,3508 | 37121 |
| Cr | 1,7337 | 23897 |
| $Cr_2O_3$ | 2,5337 | 40375 |
| $CrO_4''$ | 3,8670 | 58737 |

| Titriermittel | 0,1 n (1/10) | |
|---|---|---|
| Gesuchter Stoff | Menge | lg |
| **Kaliumpermanganat** | | |
| Fe | 5,584 | 74695 |
| FeO | 7,184 | 85637 |
| $Fe_2O_3$ | 7,984 | 90222 |
| $FeSO_4 \cdot 7\,H_2O$ | 27,801 | 44406 |
| $(NH_4)_2Fe(SO_4)_2 \cdot 6\,H_2O$ | 39,214 | 59344 |
| $Fe_2(SO_4)_3 \cdot 9\,H_2O$ | 28,100 | 44871 |
| Mo (nach Auchy (emp.)) | 3,3882 | 52997 |
| $MoO_3$ (nach Auchy (emp.)) | 5,0824 | 70607 |
| Mo (nach Kassler (emp.)) | 3,200 | 50515 |
| $MoO_3$ (nach Kassler (emp.)) | 4,800 | 68124 |
| $PbO_2$ | 11,961 | 07777 |
| S (nach Pinsl) | 2,004 | 30184 |
| $S_2O_8''$ | 9,606 | 98254 |
| Sb | 6,0880 | 78447 |
| $Sb_2O_3$ | 7,2880 | 86261 |
| U | 11,907 | 07580 |
| $U_3O_8$ | 14,040 | 14738 |
| V | 5,095 | 70714 |
| $V_2O_5$ | 9,095 | 95880 |

Erläuterungen zu Tafel 4 A siehe Seite 159

## A. Maßanalytische Äquivalentgewichte nebst Logarithmen

1 cm³ / 1 Liter } Meßlösung der angegebenen Stärke zeigt an: { Milligramm / Gramm

| Titriermittel | 0,1 n (1/10) | | Titriermittel | 0,1 n (1/10) | |
|---|---|---|---|---|---|
| Gesuchter Stoff | Menge | lg | Gesuchter Stoff | Menge | lg |
| **Silbernitrat** | | | **Silbernitrat** | | |
| Cl′ | 3,5457 | 54970 | J′ | 12,692 | 10353 |
| $CaCl_2$ | 5,550 | 74425 | HJ | 12,793 | 10697 |
| HCl | 3,6465 | 56188 | KJ | 16,602 | 22016 |
| KCl | 7,4553 | 87247 | NaJ | 14,992 | 17586 |
| $MgCl_2$ | 4,762 | 67776 | $NH_4J$ | 14,496 | 16125 |
| NaCl | 5,8454 | 76681 | HCN (nach Mohr) | 2,7026 | 43179 |
| $NH_4Cl$ | 5,3496 | 72832 | KCN (nach Mohr) | 6,5114 | 81367 |
| Br′ | 7,9916 | 90263 | HCN (nach Liebig) | 5,4052 | 73282 |
| HBr | 8,0924 | 90808 | KCN (nach Liebig) | 13,0228 | 11470 |
| KBr | 11,9012 | 07559 | | | |
| NaBr | 10,2913 | 01247 | | | |
| $NH_4Br$ | 9,7955 | 99103 | | | |
| | | | **Rhodanammonium** | | |
| **Natriumchlorid** | | | Ag | 10,7880 | 03294 |
| Ag | 10,7880 | 03294 | $AgNO_3$ | 16,9888 | 23016 |
| $AgNO_3$ | 16,9888 | 23016 | Hg | 10,0305 | 00132 |
| | | | HgO | 10,8305 | 03465 |

Erläuterungen zu Tafel 4 A siehe Seite 199

Tafel 4

## A. Maßanalytische Äquivalentgewichte nebst Logarithmen

1 $cm^3$ / 1 Liter } Meßlösung der angegebenen Stärke zeigt an: { Milligramm / Gramm

### Natriumthiosulfat

| Titriermittel: 0,1 n ($^1/_{10}$)<br>Gesuchter Stoff | Menge | lg |
|---|---|---|
| Chlor | 3,5457 | 54970 |
| Brom | 7,9916 | 90263 |
| Jod | 12,692 | 10353 |
| $BrO_3'$ | 2,1319 | 32877 |
| $KBrO_3$ | 2,7835 | 44459 |
| $HClO$ | 2,6233 | 41885 |
| $NaClO$ | 3,7227 | 57086 |
| $HClO_3$ | 1,4078 | 14854 |
| $KClO_3$ | 2,0426 | 31018 |
| $NaClO_3$ | 1,7742 | 24900 |
| $H_2O_2$ | 1,70081 | 23065 |
| As | 3,7455 | 57351 |
| $MnO_2$ | 4,3465 | 63814 |
| $C_6H_5OH$ | 1,5685 | 19549 |

### Natriumthiosulfat

| Titriermittel: 0,1 n ($^1/_{10}$)<br>Gesuchter Stoff | Menge | lg |
|---|---|---|
| Cr | 1,7337 | 23897 |
| $Cr_2O_3$ | 2,5337 | 40376 |
| $K_2CrO_4$ | 6,473 | 81113 |
| $K_2Cr_2O_7$ | 4,9035 | 69051 |
| $Na_2Cr_2O_7$ | 4,3669 | 64017 |
| Cu | 6,357 | 80325 |
| $CuSO_4$ | 15,963 | 20311 |
| $CuSO_4 \cdot 5\,H_2O$ | 24,971 | 39744 |
| Fe | 5,584 | 74695 |
| $FeCl_3$ | 16,271 | 21008 |
| $FeSO_4$ | 15,190 | 18156 |
| $FeSO_4 \cdot 7\,H_2O$ | 27,801 | 44406 |
| $Na_2S_2O_3 \cdot 5\,H_2O$ | 24,820 | 39480 |

### Kaliumbromat

| Gesuchter Stoff | Menge | lg |
|---|---|---|
| As | 3,7455 | 57351 |
| Sb | 6,088 | 78447 |
| Sn | 5,935 | 77342 |
| $C_9H_7ON$ (Oxin) | 3,629 | 55979 |
| $C_9H_6ON$ (Oxinrest) | 3,604 | 55678 |
| Al (als Oxin-Verbindungen) | 0,2248 | 35170 |
| Bi (als Oxin-Verbindungen) | 1,7417 | 24097 |
| Cd (als Oxin-Verbindungen) | 1,4051 | 14771 |
| Co (als Oxin-Verbindungen) | 0,7368 | 86732 |

### Kaliumbromat

| Gesuchter Stoff | Menge | lg |
|---|---|---|
| Fe (als Oxin-Verbindungen) | 0,4653 | 66777 |
| Mg (als Oxin-Verbindungen) | 0,3040 | 48287 |
| Mn (als Oxin-Verbindungen) | 0,6866 | 83672 |
| Ni (als Oxin-Verbindungen) | 0,7336 | 86547 |
| Th (als Oxin-Verbindungen) | 1,4507 | 16159 |
| Ti (als Oxin-Verbindungen) | 0,5988 | 77725 |
| U (als Oxin-Verbindungen) | 1,9845 | 29765 |
| Zn (als Oxin-Verbindungen) | 0,8173 | 91235 |

Erläuterungen zu Tafel 4 A siehe Seite 199

## A. Maßanalytische Äquivalentgewichte nebst Logarithmen

1 $cm^3$ } Meßlösung der angegebenen Stärke zeigt an: { Milligramm
1 Liter } Meßlösung der angegebenen Stärke zeigt an: { Gramm

| Titriermittel | 0,1 n ($^1/_{10}$) | | Titriermittel | 0,1 n ($^1/_{10}$) | |
|---|---|---|---|---|---|
| Gesuchter Stoff | Menge | lg | Gesuchter Stoff | Menge | lg |
| **Jodjodkalium** | | | **Jodjodkalium** | | |
| As | 3,7455 | 57351 | $H_2S$ | 1,704 | 23147 |
| $As_2O_3$ | 4,9455 | 69421 | NaHS | 2,803 | 44762 |
| $As_2O_5$ | 5,7455 | 75933 | $Na_2S$ | 3,9025 | 59134 |
| Sb | 6,088 | 78447 | $SO_2$ | 3,203 | 50556 |
| $Sb_2O_3$ | 7,288 | 86261 | $SO_3''$ | 4,003 | 60239 |
| $KSbOC_4H_4O_6 \cdot \frac{1}{2} H_2O$ | 16,697 | 22264 | $H_2SO_3$ | 4,104 | 61321 |
| | | | $Na_2SO_3$ | 6,3025 | 79951 |
| Hg | 10,0305 | 00132 | $Na_2S_2O_3$ | 15,811 | 19896 |
| $HgCl_2$ | 13,576 | 13277 | $Na_2S_2O_3 \cdot 5\ H_2O$ | 24,820 | 39480 |
| $HgClNH_2$ | 12,605 | 10053 | | | |
| Sn | 5,935 | 77342 | | | |
| SnO | 6,735 | 82834 | | | |

Erläuterungen zu Tafel 4 A siehe Seite 199

## B. Korrektionen für den Luftauftrieb bei genauen Wägungen

Die Masse eines Stoffes wird durch Bestimmung seines Gewichtes (unter normierten geographischen Bedingungen) ermittelt. Dieses ist definiert als die Kraft, mit der ein Körper im luftleeren Raume auf seine Unterlage drückt. Durch Wägung in Luft wird das Tauchgewicht (in Luft) gefunden, das sich vom Gewicht um die Differenz der Luftauftriebe von Wägegut und Gewichtsstücken unterscheidet. Zur Ausschaltung dieser Differenz „reduziert" man rechnerisch die Wägung auf das Vakuum und findet so das „Gewicht" (Vakuumgewicht). Die chemischen Äquivalenzbeziehungen gelten streng nur für die Massen, demnach auch nur für die (Vakuum-) Gewichte, nicht für die Tauchgewichte in Luft.

Für Analysen von landläufiger Genauigkeit spielt der Unterschied zwischen Tauchgewicht in Luft und Gewicht keine Rolle. Bei besonders exakten Bestimmungen, wie sie gelegentlich, z. B. nach manchen maßanalytischen Methoden, vorkommen, ist dagegen die „Reduktion der Wägung auf das Vakuum" notwendig. Über ihre Ausführung ist in den Erläuterungen zu Tafel 14 und 14a das Erforderliche nachzulesen.

Die Rechnung wird wesentlich vereinfacht, wenn man die unter der Annahme der Wägung mit Messinggewichten[1]) (wie üblich) fertig berechneten „Korrektionen für den Luftauftrieb" für Stoffe von bestimmter Dichte (innerhalb des für die Praxis hauptsächlich in Betracht kommenden Dichtebereiches) zur Verfügung hat.

Diese Korrektionen sind in der folgenden Tabelle zusammengestellt. Unter $\varrho$ findet man die Dichten der Versuchsstoffe in angemessenen Abstufungen verzeichnet, unter $\Delta$ die Korrektionen, d. h. die Beträge (in mg), um die man das gewünschte Gewicht (für je 1 g Substanz)[2]) verändern muß, um in Luft eine Substanzmenge abzuwägen, die im Vakuum das gewünschte Gewicht zeigen würde. Zwischenwerte lassen sich bequem durch Interpolieren ermitteln. Wie man sieht, ist die Korrektion in fast allen Fällen der Praxis (bei allen Dichtewerten $< 8{,}4$) negativ, d. h. das Luftgewicht ist kleiner als das Vakuumgewicht.

| $\varrho$ | $\Delta$ | $\varrho$ | $\Delta$ | $\varrho$ | $\Delta$ | $\varrho$ | $\Delta$ |
|---|---|---|---|---|---|---|---|
| 0,70 | −1,57 | 1,25 | −0,82 | 3,00 | −0,26 | 6,00 | −0,06 |
| 0,75 | −1,46 | 1,50 | −0,66 | 3,50 | −0,20 | 7,00 | −0,03 |
| 0,80 | −1,36 | 1,75 | −0,54 | 4,00 | −0,16 | 8,40 | ±0 |
| 0,85 | −1,27 | 2,00 | −0,46 | 4,50 | −0,12 | 10,00 | +0,02 |
| 0,90 | −1,19 | 2,25 | −0,39 | 5,00 | −0,10 | 15,00 | +0,06 |
| 0,95 | −1,12 | 2,50 | −0,34 | 5,50 | −0,08 | 20,00 | +0,08 |
| 1,00 | −1,06 | 2,75 | −0,29 | | | | |

Beispiel: Es sollen genau 100 mval = 0,1 val Natriumchlorid = 5,8454 g Vakuumgewicht in Luft abgewogen werden. Die Dichte des Natriumchlorids ist $\varrho = 2{,}17$, $\Delta$ also $= -0{,}46 + 0{,}07 \cdot 17/25 = -0{,}46 + 0{,}05 = -0{,}41$. Das entsprechende Luftgewicht beträgt:

$$(5{,}8454 - 5{,}85 \cdot 0{,}00041)\,\mathrm{g} = (5{,}8454 - 0{,}0024)\,\mathrm{g} = 5{,}8430\,\mathrm{g}.$$

---

[1]) Dichte des Messings: $\varrho = 8{,}4\,\mathrm{gcm}^{-3}$.

[2]) D. h. also in Promille des gewünschten Gewichtes.

Erläuterungen zu Tafel 4 B siehe Seite 200

## C. Maßanalytische Äquivalentgewichte nebst Logarithmen „Luftgewichte"

| Nr. | Stoff | Formel | $\varrho$ | Gewicht | lg | Nr. |
|---|---|---|---|---|---|---|
| 1 | Arsentrioxyd | $\frac{1}{4}\,As_2O_3$ | 3,86 | 49,447 | 69 414 | 1 |
| 2 | Benzoesäure | $C_7H_6O_2$ | 1,34 | 122,026 | 08 645 | 2 |
| 3 | Borax | $\frac{1}{2}Na_2B_4O_7 \cdot 10\,H_2O$ | 1,72 | 190,62 | 28 017 | 3 |
| 4 | Diphenylguanidin | $C_{13}H_{13}N_3$ | 1,22 | 211,08 | 32 445 | 4 |
| 5 | Hydrazinsulfat | $\frac{1}{2}\,N_2H_6SO_4$ | 1,38 | 65,012 | 81 299 | 5 |
| 6 | Hydrazinsulfat | $\frac{1}{4}\,N_2H_6SO_4$ | 1,38 | 32,506 | 51 196 | 6 |
| 7 | Jod | $\frac{1}{2}\,J_2$ | 4,94 | 126,91 | 10 350 | 7 |
| 8 | Jodcyan | $\frac{1}{2}\,CNJ$ | 4,39 | 76,46 | 88 343 | 8 |
| 9 | Kaliumbicarbonat | $KHCO_3$ | 2,17 | 100,073 | 00 032 | 9 |
| 10 | Kaliumbichromat | $\frac{1}{6}\,K_2Cr_2O_7$ | 2,70 | 49,020 | 69 037 | 10 |
| 11 | Kaliumbijodat | $KH(JO_3)_2$ | 4,47 | 389,89 | 59 094 | 11 |
| 12 | Kaliumbijodat | $\frac{1}{12}\,KH(JO_3)_2$ | 4,47 | 32,491 | 51 176 | 12 |
| 13 | Kaliumbiphthalat | $KC_8H_5O_4$ | 1,64 | 204,096 | 30 983 | 13 |
| 14 | Kaliumbromat | $\frac{1}{6}\,KBrO_3$ | 3,24 | 27,829 | 44 450 | 14 |
| 15 | Kaliumbromid | KBr | 2,73 | 118,978 | 07 547 | 15 |
| 16 | Kaliumchlorid | KCl | 1,99 | 74,519 | 87 227 | 16 |
| 17 | Kaliumferricyanid | $K_3Fe(CN)_6$ | 1,81 | 329,07 | 51 729 | 17 |
| 18 | Kaliumferrocyanid | $K_4Fe(CN)_6 \cdot 3\,H_2O$ | 1,89 | 422,17 | 62 549 | 18 |
| 19 | Kaliumjodat | $\frac{1}{2}\,KJO_3$ | 3,89 | 106,994 | 02 936 | 19 |
| 20 | Kaliumjodat | $\frac{1}{6}\,KJO_3$ | 3,89 | 35,665 | 55 224 | 20 |
| 21 | Kaliumjodid | $\frac{1}{2}\,KJ$ | 3,12 | 82,99 | 91 903 | 21 |
| 22 | Mohr'sches Salz | $(NH_4)_2Fe(SO_4)_2 \cdot 6\,H_2O$ | 1,86 | 391,94 | 59 322 | 22 |
| 23 | Natriumcarbonat | $\frac{1}{2}\,Na_2CO_3$ | 2,53 | 52,984 | 72 414 | 23 |
| 24 | Natriumchlorid | NaCl | 2,17 | 58,430 | 76 664 | 24 |
| 25 | Natriumoxalat | $\frac{1}{2}\,Na_2C_2O_4$ | 2,69 | 66,987 | 82 599 | 25 |
| 26 | Natriumthiosulfat | $Na_2S_2O_3 \cdot 5\,H_2O$ | 1,73 | 248,06 | 39 456 | 26 |
| 27 | Oxalsäure | $\frac{1}{2}\,H_2C_2O_4 \cdot 2\,H_2O$ | 1,64 | 62,997 | 79 932 | 27 |
| 28 | Quecksilber | $\frac{1}{2}\,Hg$ | 13,55 | 100,31 | 00 134 | 28 |
| 29 | Quecksilberoxyd | $\frac{1}{2}\,HgO$ | 11,14 | 108,31 | 03 467 | 29 |
| 30 | Silber | Ag | 10,5 | 107,882 | 03 295 | 30 |
| 31 | Silbernitrat | $AgNO_3$ | 4,35 | 169,866 | 23 011 | 31 |

Erläuterungen zu Tafel 4C siehe Seite 201

**Analytische und stöchiometrische**

| Gesucht | Gefunden | Faktor | lg |
|---|---|---|---|
| Ag | AgBr | 0,5745 | 75 925 |
| | AgCl ............. | 0,7526 | 87 658 |
| | $Ag_2S$ | 0,8706 | 93 983 |
| Al | $Al_2O_3$ ............ | 0,5291 | 72 357 |
| | $Al(Ox)_3$ (Oxin) | 0,05871 | 76 868 |
| | $AlPO_4$ ........... | 0,2212 | 34 470 |
| $Al_2O_3$ | $AlPO_4$ | 0,4180 | 62 113 |
| $Al_2O_3 \cdot 2\ SiO_2 \cdot 2\ H_2O$ | $H_2O$ (Glühverlust) . | 7,163 | 85 509 |
| $Al_2(SO_4)_3$ | $Al_2O_3$ | 3,3562 | 52 584 |
| As | $As_2O_3$............. | 0,7574 | 87 930 |
| | $As_2S_3$ | 0,6090 | 78 463 |
| | $As_2S_5$............. | 0,4831 | 68 404 |
| | $(NH_4MgAsO_4)_2 \cdot H_2O$ | 0,3937 | 59 516 |
| | $Mg_2As_2O_7$ ......... | 0,4826 | 68 357 |
| | $Mg_2P_2O_7$ | 0,6730 | 82 804 |
| | $BaSO_4$ ........... | 0,2140 | 33 031 |
| | Sb | 0,6152 | 78 904 |

Erläuterungen zu Tafel 5 siehe Seite 202

## „Faktoren" nebst Logarithmen

| Gesucht | Gefunden | Faktor | lg |
|---|---|---|---|
| $As_2O_3$ | As | 1,320 | 12 070 |
| | $As_2S_3$ | 0,8041 | 90 533 |
| | $As_2S_5$ | 0,6379 | 80 474 |
| | $(NH_4MgAsO_4)_2 \cdot H_2O$ | 0,5198 | 71 586 |
| | $Mg_2As_2O_7$ | 0,6372 | 80 427 |
| | $Mg_2P_2O_7$ | 0,8887 | 94 874 |
| | $BaSO_4$ | 0,2825 | 45 101 |
| $As_2O_5$ | $As_2S_3$ | 0,9342 | 97 045 |
| | $As_2S_5$ | 0,7411 | 86 986 |
| | $(NH_4MgAsO_4)_2 \cdot H_2O$ | 0,6039 | 78 098 |
| | $Mg_2As_2O_7$ | 0,7403 | 86 939 |
| | $Mg_2P_2O_7$ | 1,032 | 01 386 |
| | $BaSO_4$ | 0,3282 | 51 613 |
| $AsO_3$ | $As_2S_3$ | 0,9993 | 99 968 |
| | $As_2S_5$ | 0,7927 | 89 909 |
| | $(NH_4MgAsO_4)_2 \cdot H_2O$ | 0,6460 | 81 021 |
| | $Mg_2As_2O_7$ | 0,7918 | 89 862 |
| | $Mg_2P_2O_7$ | 1,104 | 04 309 |
| | $BaSO_4$ | 0,3510 | 54 536 |

Erläuterungen zu Tafel 5 siehe Seite 202

**Analytische und stöchiometrische**

Erläuterungen zu Tafel 5 siehe Seite 202

| Gesucht | Gefunden | Faktor | lg |
|---|---|---|---|
| $AsO_4$ | $As_2S_3$ | 1,129 | 05 282 |
| | $As_2S_5$ | 0,8958 | 95 223 |
| | $(NH_4MgAsO_4)_2 \cdot H_2O$ | 0,7301 | 86 335 |
| | $Mg_2As_2O_7$ | 0,8949 | 95 176 |
| | $Mg_2P_2O_7$ | 1,248 | 09 623 |
| | $BaSO_4$ | 0,3967 | 59 850 |
| B | $B_2O_3$ | 0,3107 | 49 240 |
| | $KBF_4$ | 0,08593 | 93 414 |
| $BO_2$ | $B_2O_3$ | 1,230 | 08 982 |
| $BO_3$ | $B_2O_3$ | 1,689 | 22 770 |
| $B_4O_7$ | $B_2O_3$ | 1,115 | 04 723 |
| Ba | $BaCO_3$ | 0,6960 | 84 258 |
| | $BaCrO_4$ | 0,5421 | 73 410 |
| | $BaSO_4$ | 0,5885 | 76 972 |
| | $BaSiF_6$ | 0,4916 | 69 160 |

## „Faktoren" nebst Logarithmen

| Gesucht | Gefunden | Faktor | lg |
|---|---|---|---|
| $BaCO_3$ | $BaCrO_4$ .......... | 0,7790 | 89 152 |
| | $BaSO_4$ | 0,8456 | 92 712 |
| $BaCl_2$ | $BaSO_4$ ........... | 0,8923 | 95 049 |
| $BaCl_2 \cdot 2\,H_2O$ | $BaSO_4$ | 1,047 | 01 980 |
| $Ba(NO_3)_2$ | $BaCrO_4$ .......... | 1,032 | 01 351 |
| | $BaSO_4$ | 1,120 | 04 913 |
| BaO | $BaCO_3$ | 0,7770 | 89 043 |
| | $BaCrO_4$ .......... | 0,6053 | 78 195 |
| | $BaSO_4$ | 0,6570 | 81 757 |
| | $BaSiF_6$ ........... | 0,5489 | 73 945 |

Erläuterungen zu Tafel 5 siehe Seite 202

**Analytische und stöchiometrische**

| Gesucht | Gefunden | Faktor | lg |
|---|---|---|---|
| Be | BeO | 0,3605 | 55 692 |
| | $Be_2P_2O_7$ .......... | 0,09396 | 97 294 |
| BeO | $Be_2P_2O_7$ | 0,2606 | 41 602 |
| Bi | $BiC_6H_3O_3$ (Pyrogallol) | 0,6294 | 79 891 |
| | $Bi(C_{12}H_{10}ONS)_3 \cdot H_2O$ (Thionalid) | 0,2386 | 37 774 |
| | $BiCr(CNS)_6$ ........ | 0,3429 | 53 519 |
| | $Bi_2O_3$ | 0,8970 | 95 279 |
| | BiOCl ............ | 0,8024 | 90 441 |
| | $(BiO)_2Cr_2O_7$ | 0,6276 | 79 770 |
| | $Bi(Ox)_3$ (Oxin) .... | 0,3258 | 51 299 |
| | $Bi(Ox)_3 \cdot H_2O$ | 0,3171 | 50 096 |
| | $BiPO_4$ ............ | 0,6876 | 83 731 |
| | $Bi_2S_3$ | 0,8130 | 91 007 |
| | $Bi_2(SeO_3)_3$ ........ | 0,5232 | 71 870 |

Erläuterungen zu Tafel 5 siehe Seite 202

## „Faktoren" nebst Logarithmen

| Gesucht | Gefunden | Faktor | lg |
|---|---|---|---|
| Br | AgBr | 0,4255 | 62 894 |
| | AgCl | 0,5575 | 74 627 |
| C | $CO_2$ | 0,2729 | 43 599 |
| | $CaC_2$ | 0,3748 | 57 378 |
| $C_2H_2$ | AgCl | 0,09082 | 95 818 |
| | CuO | 0,1636 | 21 379 |
| $CH_3O$ | AgJ | 0,1322 | 12 114 |
| $C_2H_5O$ | AgJ | 0,1919 | 28 310 |
| CN | Ag | 0,2412 | 38 234 |
| | AgCN | 0,1943 | 28 851 |
| CNS | AgCNS | 0,3500 | 54 402 |
| | $BaSO_4$ | 0,2488 | 39 589 |
| | CuCNS | 0,4774 | 67 892 |

Erläuterungen zu Tafel 5 siehe Seite 202

**Analytische und stöchiometrische**

Erläuterungen zu Tafel 5 siehe Seite 202

| Gesucht | Gefunden | Faktor | lg |
|---|---|---|---|
| $CO_2$ | $CaCO_3$ | 0,4397 | 64 316 |
| | CaO ............. | 0,7848 | 89 474 |
| | $HCO_3$ | 0,7213 | 85 809 |
| | MgO ............. | 1,092 | 03 803 |
| $CO_3$ | $CO_2$ | 1,364 | 13 470 |
| $C_2O_4$ | $CO_2$ .............. | 1,0000 | 00 000 |
| | CaO | 1,570 | 19 577 |
| Ca | $CaCO_3$ ........... | 0,4004 | 60 254 |
| | $CaC_2O_4 \cdot H_2O$ | 0,2743 | 43 825 |
| | $Ca(C_{10}H_7O_5N_4)_2 \cdot 8\,H_2O$ ........ (Pikrolonsäure) | 0,05640 | 75 131 |
| | $CaF_2$ ........... | 0,5133 | 71 039 |
| | CaO | 0,7147 | 85 412 |
| | $CaSO_4$ ........... | 0,2944 | 46 894 |
| $CaCN_2$ | N | 2,859 | 45 622 |
| $CaCO_3$ | $CO_2$ .............. | 2,274 | 35 684 |
| | $CaC_2O_4 \cdot H_2O$ | 0,6850 | 83 571 |
| | CaO ............. | 1,785 | 25 158 |
| | $CaSO_4$ | 0,7352 | 86 640 |

## „Faktoren" nebst Logarithmen

| Gesucht | Gefunden | Faktor | lg |
|---|---|---|---|
| $CaCl_2$ | CaO ............. | 1,979 | 29 647 |
| | Cl | 1,565 | 19 455 |
| $CaF_2$ | CaO ............. | 1,392 | 14 373 |
| | $CaSO_4$ | 0,5735 | 75 855 |
| $Ca(NO_3)_2$ | CaO ............. | 2,926 | 46 630 |
| CaO | Ca ............... | 1,399 | 14 588 |
| | $CO_2$ | 1,274 | 10 526 |
| | $CaC_2$ ............. | 0,8750 | 94 202 |
| | $CaCN_2$ | 0,7000 | 84 512 |
| | $CaCO_3$ ............ | 0,5603 | 74 842 |
| | $CaC_2O_4 \cdot H_2O$ | 0,3838 | 58 413 |
| | $CaF_2$ ............. | 0,7182 | 85 627 |
| | $CaSO_4$ | 0,4119 | 61 482 |
| | $CaSO_4 \cdot 2\ H_2O$ ..... | 0,3257 | 51 285 |
| | Cl | 0,7908 | 89 808 |
| | $H_2O$ ............. | 3,113 | 49 315 |
| | MgO | 1,391 | 14 329 |
| | N ............. | 2,002 | 30 140 |
| | $N_2O_5$ | 0,5192 | 71 532 |
| | $P_2O_5$ ............. | 1,185 | 07 376 |
| | $SO_3$ | 0,7005 | 84 539 |

Erläuterungen zu Tafel 5 siehe Seite 202

**Analytische und stöchiometrische**

| Gesucht | Gefunden | Faktor | lg |
|---|---|---|---|
| $Ca(OH)_2$ | CaO . . . . . . . . . . . . . | 1,321 | 12 101 |
| $Ca_3(PO_4)_2$ | CaO | 1,844 | 26 571 |
| | $Mg_2P_2O_7$ . . . . . . . . . . | 1,394 | 14 411 |
| | $P_2O_5$ | 2,185 | 33 947 |
| $CaSO_4$ | $BaSO_4$ . . . . . . . . . . . | 0,5832 | 76 585 |
| | CaO | 2,428 | 38 518 |
| | $SO_3$ . . . . . . . . . . . . . | 1,700 | 23 057 |
| Cd | $Cd(C_7H_4NS_2)_2$ (Mercaptobenzth. | 0,2527 | 40 257 |
| | $Cd(C_7H_6O_2N)_2$ (Anthranilsäure) | 0,2922 | 46 572 |
| | $Cd(C_{10}H_6O_2N)_2$ (Chinaldinsäure) | 0,2461 | 39 115 |
| | CdO | 0,8754 | 94 220 |
| | $Cd(Ox)_2$ (Oxin) . . . . | 0,2805 | 44 798 |
| | $Cd(Ox)_2 \cdot 1{,}5\,H_2O$ | 0,2628 | 41 963 |
| | $Cd_2P_2O_7$ . . . . . . . . . . | 0,5638 | 75 109 |
| | $CdPy_2(CNS)_2$[1] | 0,2906 | 46 333 |
| | CdS . . . . . . . . . . . . . . | 0,7781 | 89 102 |
| | $CdSO_4$ | 0,5392 | 73 176 |
| CdO | $Cd_2P_2O_7$ . . . . . . . . . | 0,6440 | 80 889 |
| | CdS | 0,8888 | 94 882 |
| | $CdSO_4$ . . . . . . . . . . . | 0,6160 | 78 956 |

[1]) Pyridin.

Erläuterungen zu Tafel 5 siehe Seite 202

## „Faktoren" nebst Logarithmen

| Gesucht | Gefunden | Faktor | lg |
|---|---|---|---|
| Ce | $Ce_2O_3$ | 0,8538 | 93 134 |
| | $CeO_2$ | 0,8141 | 91 067 |
| Cl | Ag | 0,3287 | 51 676 |
| | AgCl | 0,2474 | 39 334 |
| | MgO | 1,759 | 24 521 |
| | NaCl | 0,6066 | 78 289 |
| $ClO_3$ | AgCl | 0,5822 | 76 510 |
| $ClO_4$ | AgCl | 0,6939 | 84 128 |
| Co | $Co(C_7H_6O_2N)_2$[1] | 0,1780 | 25 033 |
| | $Co[C_{10}H_6O(NO)]_3 \cdot 2\,H_2O$[2] | 0,09639 | 98 405 |
| | $Co[C_{10}H_6O(NO_2)]_3$[3] | 0,09448 | 97 563 |
| | $Co(Ox)_2 \cdot 2\,H_2O$[4] | 0,1538 | 18 691 |
| | $Co_2P_2O_7$ | 0,4039 | 60 629 |
| | $CoSO_4$ | 0,3803 | 58 008 |
| CoO | Co | 1,271 | 10 430 |
| | $Co_2P_2O_7$ | 0,5136 | 71 059 |
| | $CoSO_4$ | 0,4835 | 68 438 |

Erläuterungen zu Tafel 5 siehe Seite 202

[1] Anthranilsäure.
[2] α-Nitroso-β-naphthol.
[3] α-Nitro-β-naphtol.
[4] Oxin.

## Analytische und stöchiometrische

| Gesucht | Gefunden | Faktor | lg |
|---|---|---|---|
| Cr | $BaCrO_4$ | 0,2053 | 31 233 |
| | $Cr_2O_3$ | 0,6843 | 83 522 |
| | $CrPO_4$ | 0,3538 | 54 880 |
| | $PbCrO_4$ | 0,1609 | 20 659 |
| $Cr_2O_3$ | $BaCrO_4$ | 0,3000 | 47 711 |
| | Cr | 1,461 | 16 478 |
| | $PbCrO_4$ | 0,2352 | 37 137 |
| $CrO_3$ | $BaCrO_4$ | 0,3947 | 59 628 |
| | $Cr_2O_3$ | 1,316 | 11 917 |
| | $PbCrO_4$ | 0,3094 | 49 054 |
| $Cr_2O_7$ | $BaCrO_4$ | 0,4263 | 62 970 |
| | $Cr_2O_3$ | 1,421 | 15 259 |
| $CrO_4$ | $BaCrO_4$ | 0,4579 | 66 074 |
| | $Cr_2O_3$ | 1,526 | 18 363 |
| | $PbCrO_4$ | 0,3589 | 55 500 |

Erläuterungen zu Tafel 5 siehe Seite 202

„Faktoren" nebst Logarithmen

| Gesucht | Gefunden | Faktor | lg |
|---|---|---|---|
| Cs | $Cs_2SO_4$ | 0,7346 | 86 602 |
| Cu | CuCNS | 0,5226 | 71 814 |
| | $Cu(C_7H_6O_2N)_2$[1]) ... | 0,1893 | 27 714 |
| | $Cu(C_{10}H_6O_2N)_2 \cdot H_2O$[2]) | 0,1493 | 17 394 |
| | $Cu(C_{12}H_{10}ONS)_2 \cdot H_2O$[3]) | 0,1237 | 09 227 |
| | $CuC_{14}H_{11}O_2N$[4]) .... | 0,2201 | 34 263 |
| | CuO | 0,7989 | 90 250 |
| | $Cu(Ox)_2$ (Oxin) .... | 0,1807 | 25 688 |
| | $Cu_2S$ | 0,7986 | 90 234 |
| | CuS ............ | 0,6648 | 82 266 |
| $CuCl_2$ | CuO | 1,690 | 22 791 |
| $CuFeS_2$ | $Cu_2S$ ............ | 2,306 | 36 280 |
| $Cu_2O$ | CuO | 0,8995 | 95 398 |
| CuO | Cu | 1,252 | 09 750 |
| | CuCNS .......... | 0,6541 | 81 564 |
| | $Cu_2S$ | 0,9996 | 99 984 |
| $CuSO_4$ | CuO ............ | 2,006 | 30 236 |
| $CuSO_4 \cdot 5\ H_2O$ | Cu | 3,928 | 59 419 |
| | CuCNS .......... | 2,053 | 31 233 |
| | CuO | 3,138 | 49 669 |
| | $Cu_2S$ ............ | 3,137 | 49 653 |

Erläuterungen zu Tafel 5 siehe Seite 202

[1]) Salicylaldoxim und Anthranilsäure. [2]) Chinaldinsäure.
[3]) Thionalid. [4]) Benzoinoxim (Cupron).

**Analytische und stöchiometrische**

| Gesucht | Gefunden | Faktor | lg |
| --- | --- | --- | --- |
| Er | $Er_2O_3$ | 0,8745 | 94 175 |
| F | $CaF_2$ . . . . . . . . . . . . . | 0,4867 | 68 724 |
| | $CaSO_4$ | 0,2791 | 44 579 |
| | PbClF . . . . . . . . . . . | 0,07261 | 86 100 |
| | $SiF_4$ | 0,7304 | 86 353 |
| Fe | FeO | 0,7773 | 89 058 |
| | $Fe_2O_3$ . . . . . . . . . . . . | 0,6994 | 84 473 |
| | $Fe(Ox)_3$ (Oxin) | 0,1144 | 05 828 |
| $Fe(CN)_6$ | AgCN . . . . . . . . . . . | 0,2638 | 42 132 |
| $FeCl_2$ | Fe | 2,270 | 35 600 |
| $FeCl_3$ | Fe . . . . . . . . . . . . . . . | 2,905 | 46 313 |
| | $Fe_2O_3$ | 2,032 | 30 786 |

Erläuterungen zu Tafel 5 siehe Seite 202

## „Faktoren" nebst Logarithmen

| Gesucht | Gefunden | Faktor | lg |
|---|---|---|---|
| $Fe(HCO_3)_2$ | $Fe_2O_3$ | 2,228 | 34 791 |
| $FeJ_2$ | Fe | 5,546 | 74 396 |
| FeO | Fe | 1,287 | 10 942 |
| | $Fe_2O_3$ | 0,8998 | 95 415 |
| $Fe_2O_3$ | Fe | 1,430 | 15 527 |
| | FeO | 1,111 | 04 585 |
| | $FePO_4$ | 0,5294 | 72 376 |
| $FeS_2$ | $Fe_2O_3$ | 1,503 | 17 682 |
| $FeSO_4 \cdot 7\,H_2O$ | Fe | 4,979 | 69 711 |
| $Fe_2(SO_4)_3$ | Fe | 3,580 | 55 393 |
| | $Fe_2O_3$ | 2,504 | 39 866 |
| H | $H_2O$ | 0,1119 | 04 887 |
| $HBO_2$ | $B_2O_3$ | 1,259 | 09 994 |
| $H_3BO_3$ | $B_2O_3$ | 1,776 | 24 944 |
| HBr | AgBr | 0,4309 | 63 439 |
| HCN | Ag | 0,2505 | 39 883 |
| | AgCN | 0,2018 | 30 502 |
| $H_2CN_2$ | N | 1,501 | 17 627 |
| $(H_2CN_2)_2$ | N | 1,501 | 17 627 |
| | $Ni(C_2H_5N_4O)_2$ | 0,6446 | 80 930 |
| $HCO_3$ | $CO_2$ | 1,386 | 14 191 |
| $H_2C_2O_4$ | $CO_2$ | 1,023 | 00 984 |
| | CaO | 1,605 | 20 561 |
| $H_2C_4H_4O_6$ | $CaC_4H_4O_6 \cdot 4\,H_2O$ | 0,5768 | 76 101 |

Erläuterungen zu Tafel 5 siehe Seite 202

## Analytische und stöchiometrische

| Gesucht | Gefunden | Faktor | lg |
|---|---|---|---|
| HCl | AgCl ............ | 0,2544 | 40 552 |
| | Cl | 1,028 | 01 218 |
| $HClO_4$ | AgCl ............ | 0,7009 | 84 565 |
| HF | $CaF_2$ | 0,5126 | 70 974 |
| | $CaSO_4$ ............ | 0,2940 | 46 829 |
| | $SiF_4$ | 0,7692 | 88 603 |
| $H_3Fe(CN)_6$ | AgCN | 0,2676 | 42 746 |
| $H_4Fe(CN)_6$ | AgCN ............ | 0,2688 | 42 949 |
| HJ | AgJ | 0,5448 | 73 627 |
| | $PdJ_2$ ............ | 0,7097 | 85 109 |
| $HNO_3$ | $C_{20}H_{16}N_4 \cdot HNO_3$ | 0,1679 | 22 498 |
| | $NH_4Cl$ ........... | 1,178 | 07 113 |
| | $(NH_4)_2PtCl_6$ empirisch | 0,2828 | 45 141 |
| | NO ............. | 2,100 | 32 221 |
| | $N_2O_5$ | 1,167 | 06 699 |
| | Pt empirisch ....... | 0,6423 | 80 775 |
| $H_2O$ | CaO | 0,3213 | 50 685 |
| | MgO ............ | 0,4468 | 65 014 |
| $H_3PO_2$ | $Hg_2Cl_2$ | 0,06990 | 84 445 |
| | $Mg_2P_2O_7$ ......... | 0,5930 | 77 304 |
| $H_3PO_3$ | $Hg_2Cl_2$ | 0,1737 | 23 975 |
| | $Mg_2P_2O_7$ ......... | 0,7367 | 86 731 |
| $H_3PO_4$ | $Mg_2P_2O_7$ | 0,8805 | 94 473 |
| | $P_2O_5$ ............ | 1,381 | 14 009 |

Erläuterungen zu Tafel 5 siehe Seite 202

## „Faktoren" nebst Logarithmen

| Gesucht | Gefunden | Faktor | lg |
|---|---|---|---|
| $H_2S$ | $BaSO_4$ | 0,1460 | 16 436 |
| $H_2SO_3$ | $BaSO_4$ ........... | 0,3516 | 54 610 |
| $H_2SO_4$ | $BaSO_4$ | 0,4202 | 62 344 |
| | $HNO_3$ ............ | 0,7782 | 89 110 |
| $H_2SiF_6$ | $CaF_2$ | 0,6151 | 78 894 |
| | $CaSO_4$ ........... | 0,3528 | 54 749 |
| | $K_2SiF_6$ | 0,6542 | 81 568 |
| $H_2SiO_3$ | $SiO_2$ ............. | 1,300 | 11 395 |
| Hg | $Hg(C_7H_6O_2N)_2$[1] | 0,4243 | 62 762 |
| | $Hg(C_{12}H_{10}ONS)_2$[2] | 0,3168 | 50 085 |
| | $Hg_2Cl_2$ | 0,8498 | 92 932 |
| | $HgPy_2Cr_2O_7$[3]...... | 0,3490 | 54 281 |
| | HgS | 0,8622 | 93 561 |
| $HgCl_2$ | HgS.............. | 1,167 | 06 706 |
| J | Ag | 1,176 | 07 059 |
| | AgCl ............. | 0,8855 | 94 717 |
| | AgJ | 0,5405 | 73 283 |
| | $PdJ_2$ ......... ... | 0,7041 | 84 765 |
| | TlJ | 0,3831 | 58 330 |
| $JO_3$ | AgJ.............. | 0,7450 | 87 214 |

Erläuterungen zu Tafel 5 siehe Seite 202

[1]) Anthranilsäure. [2]) Thionalid.
[3]) Pyridin.

## Analytische und stöchiometrische

Erläuterungen zu Tafel 5 siehe Seite 202

| Gesucht | Gefunden | Faktor | lg |
|---|---|---|---|
| K | KCl | 0,5244 | 71 966 |
| | $KClO_4$ ........... | 0,2822 | 45 052 |
| | $K_2O$ | 0,8301 | 91 915 |
| | $K_2PtCl_6$ empirisch ... | 0,1603 | 20 486 |
| | $K_2SO_4$ | 0,4487 | 65 199 |
| | Pt empirisch ........ | 0,3993 | 60 133 |
| | Pt empirisch[1]) | 0,3992 | 60 119 |
| KCN | HCN ............ | 2,409 | 38 188 |
| KCl | $KClO_4$ | 0,5381 | 73 086 |
| | $K_2PtCl_6$ empirisch ... | 0,3056 | 48 515 |
| | Pt empirisch | 0,7614 | 88 162 |
| | Pt empirisch[1]) ........ | 0,7612 | 88 148 |
| $KHCO_3$ | $CO_2$ .............. | 2,274 | 35 687 |
| $KHC_4H_4O_6$ | $CaC_4H_4O_6 \cdot 4\,H_2O$ | 0,7232 | 85 923 |
| $KMnO_4$ | Mn .............. | 2,877 | 45 893 |
| | $O_2$ | 3,951 | 59 668 |
| $KNO_3$ | $N_2O_5$ ............. | 1,872 | 27 231 |

[1]) Bei Gegenwart von Sulfat nach Finkeners Methode.

## „Faktoren" nebst Logarithmen

| Gesucht | Gefunden | Faktor | lg |
|---|---|---|---|
| $K_2O$ | $KCl$ | 0,6317 | 80 051 |
| | $KClO_4$ ........... | 0,3399 | 53 137 |
| | $K_2PtCl_6$ empirisch | 0,1931 | 28 570 |
| | $K_2SO_4$ ........... | 0,5406 | 73 284 |
| | Pt empirisch | 0,4810 | 68 217 |
| | Pt empirisch[1]) ........ | 0,4809 | 68 203 |
| $K_2O \cdot Al_2O_3 \cdot 6\,SiO_2$ | $Al_2O_3$ | 5,459 | 73 712 |
| | $KCl$ ............. | 3,732 | 57 196 |
| | $K_2O$ | 5,908 | 77 145 |
| | $K_2SO_4$ .......... | 3,194 | 50 429 |
| $K_2SO_4$ | $BaSO_4$ | 0,7465 | 87 303 |
| La | $La_2O_3$ | 0,8527 | 93 079 |

Erläuterungen zu Tafel 5 siehe Seite 202

[1]) Bei Gegenwart von Sulfat nach Finkeners Methode.

## Analytische und stöchiometrische

| Gesucht | Gefunden | Faktor | lg |
|---|---|---|---|
| Li | LiCl | 0,1637 | 21 402 |
| | $Li_3PO_4$ | 0,1798 | 25 477 |
| | $Li_2SO_4$ | 0,1263 | 10 123 |
| $Li_2O$ | LiCl | 0,3524 | 54 701 |
| | $Li_3PO_4$ | 0,3870 | 58 776 |
| | $Li_2SO_4$ | 0,2718 | 43 422 |
| Mg | MgO | 0,6032 | 78 044 |
| | $Mg(Ox)_2$ (Oxin) | 0,07780 | 89 096 |
| | $Mg(Ox)_2 \cdot 2\,H_2O$ | 0,06976 | 84 358 |
| | $Mg_2P_2O_7$ | 0,2185 | 33 946 |
| | $MgSO_4$ | 0,2020 | 30 541 |
| | $NH_4MgPO_4 \cdot 6\,H_2O$ | 0,09909 | 99 602 |
| $MgCO_3$ | MgO | 2,092 | 32 046 |
| | $Mg_2P_2O_7$ | 0,7577 | 87 948 |
| | $NH_4MgPO_4 \cdot 6\,H_2O$ | 0,3436 | 53 604 |
| $MgCl_2$ | Cl | 1,343 | 12 804 |
| | MgO | 2,362 | 37 325 |
| | $Mg_2P_2O_7$ | 0,8556 | 93 227 |

Erläuterungen zu Tafel 5 siehe Seite 202

## „Faktoren" nebst Logarithmen

| Gesucht | Gefunden | Faktor | lg |
|---|---|---|---|
| MgO | $CO_2$ | 0,9162 | 96 197 |
| | $H_2O$ | 2,238 | 34 986 |
| | Mg | 1,658 | 21 956 |
| | $Mg_2P_2O_7$ | 0,3623 | 55 902 |
| | $MgSO_4$ | 0,3349 | 52 497 |
| | $NH_4MgPO_4 \cdot 6\,H_2O$ | 0,1643 | 21 558 |
| | $N_2O_5$ | 0,3733 | 57 203 |
| | $P_2O_5$ | 0,5680 | 75 438 |
| | $SO_3$ | 0,5036 | 70 210 |
| $Mg(OH)_2$ | MgO | 1,447 | 16 045 |
| $MgSO_4$ | MgO | 2,986 | 47 503 |
| | $Mg_2P_2O_7$ | 1,082 | 03 405 |
| | $NH_4MgPO_4 \cdot 6\,H_2O$ | 0,4905 | 69 061 |
| $MgSiO_4$ | MgO | 2,886 | 46 036 |
| Mn | $Mn_3O_4$ | 0,7203 | 85 749 |
| | $Mn_2P_2O_7$ | 0,3871 | 58 780 |
| | MnS | 0,6315 | 80 034 |
| | $MnSO_4$ | 0,3638 | 56 086 |
| $MnCO_3$ | $Mn_3O_4$ | 1,507 | 17 815 |
| MnO | Mn | 1,291 | 11 102 |
| | $Mn_3O_4$ | 0,9301 | 96 851 |
| | MnS | 0,8154 | 91 136 |
| $MnO_2$ | Mn | 1,583 | 19 936 |

Erläuterungen zu Tafel 5 siehe Seite 202

## Analytische und stöchiometrische

Erläuterungen zu Tafel 5 siehe Seite 202

| Gesucht | Gefunden | Faktor | lg |
|---|---|---|---|
| Mo | $MoO_3$ | 0,6665 | 82 383 |
| | $MoS_2$ ............ | 0,5994 | 77 773 |
| $MoO_4$ | $MoO_3$ | 1,111 | 04 578 |
| N | $NH_4Cl$ ........... | 0,2619 | 41 806 |
| | $(NH_4)_2PtCl_6$ empirisch | 0,06286 | 79 834 |
| | Pt empirisch ........ | 0,1428 | 15 468 |
| $NH_3$ | $NH_4$ ............. | 0,9441 | 97 502 |
| | $NH_4Cl$ | 0,3184 | 50 294 |
| | $(NH_4)_2PtCl_6$ empirisch | 0,07642 | 88 320 |
| | Pt empirisch | 0,1736 | 23 954 |
| $NH_4$ | $NH_3$ | 1,059 | 02 498 |
| | $NH_4Cl$ ........... | 0,3372 | 52 792 |
| | $(NH_4)_2PtCl_6$ empirisch | 0,08094 | 90 817 |
| | Pt empirisch ........ | 0,1839 | 26 451 |
| $NH_4Cl$ | $(NH_4)_2PtCl_6$ empirisch | 0,2400 | 38 028 |
| | Pt empirisch ....... | 0,5453 | 73 662 |

## „Faktoren“ nebst Logarithmen

| Gesucht | Gefunden | Faktor | lg |
| --- | --- | --- | --- |
| $NO_2$ | $N_2O_3$ | 1,210 | 08 295 |
| $N_2O_3$ | $NO_2$ ............. | 0,8261 | 91 705 |
| $NO_3$ | $C_{20}H_{16}N_4 \cdot HNO_3$ | 0,1652 | 21 798 |
| | $NH_4Cl$ ........... | 1,159 | 06 413 |
| | $(NH_4)_2PtCl_6$ empirisch | 0,2782 | 44 441 |
| | NO .............. | 2,066 | 31 521 |
| | $N_2O_5$ | 1,148 | 05 999 |
| | Pt empirisch ....... | 0,6320 | 80 075 |
| $N_2O_5$ | $C_{20}H_{16}N_4 \cdot HNO_3$ | 0,1439 | 15 798 |
| | $KNO_3$ ............ | 0,5342 | 72 769 |
| | $NH_4Cl$ | 1,010 | 00 414 |
| | $(NH_4)_2PtCl_6$ empirisch | 0,2423 | 38 442 |
| | NO | 1,800 | 25 522 |
| | $NO_3$ ............. | 0,8710 | 94 001 |
| | Pt empirisch | 0,5505 | 74 076 |

Erläuterungen zu Tafel 5 siehe Seite 202

## Analytische und stöchiometrische

| Gesucht | Gefunden | Faktor | lg |
|---|---|---|---|
| Na | Cl | 0,6486 | 81 197 |
| | NaCl ............ | 0,3934 | 59 486 |
| | $NaMg(UO_2)_3 \cdot (C_2H_3O_2)_9 \cdot 6H_2O$ | 0,01536 | 18 645 |
| | $Na_2O$ ........... | 0,7419 | 87 035 |
| | $Na_2SO_4$ | 0,3238 | 51 026 |
| | $NaZn(UO_2)_3 \cdot (C_2H_3O_2)_9 \cdot 6\,H_2O$ | 0,01495 | 17 469 |
| NaBr | AgBr | 0,5480 | 73 878 |
| $Na_2CO_3$ | $CO_2$ .............. | 2,409 | 38 178 |
| | $NaHCO_3$ | 0,6309 | 79 994 |
| | NaOH .......... | 1,325 | 12 219 |
| | $Na_2SO_4$ | 0,7463 | 87 289 |
| NaCl | AgCl ............ | 0,4078 | 61 045 |
| | Cl | 1,649 | 21 711 |
| | $NaMg(UO_2)_3 \cdot (C_2H_3O_2)_9 \cdot 6\,H_2O$ | 0,03905 | 59 159 |
| | $Na_2SO_4$ | 0,8230 | 91 540 |
| | $NaZn(UO_2)_3 \cdot (C_2H_3O_2)_9 \cdot 6\,H_2O$ | 0,03800 | 57 983 |

Erläuterungen zu Tafel 5 siehe Seite 202

## „Faktoren" nebst Logarithmen

| Gesucht | Gefunden | Faktor | lg |
|---|---|---|---|
| $NaHCO_3$ | $CO_2$ | 1,909 | 28 081 |
| | $Na_2CO_3$ .......... | 1,585 | 20 006 |
| NaJ | AgJ | 0,6385 | 80 516 |
| $NaNO_3$ | $N_2O_5$ ............. | 1,574 | 19 698 |
| $Na_2O$ | $N_2O_5$ | 0,5739 | 75 886 |
| | NaCl ............. | 0,5303 | 72 451 |
| | $NaMg(UO_2)_3 \cdot (C_2H_3O_2)_9 \cdot 6\,H_2O$ | 0,02071 | 31 610 |
| | $Na_2SO_4$ ........... | 0,4364 | 63 991 |
| | $NaZn(UO_2)_3 \cdot (C_2H_3O_2)_9 \cdot 6\,H_2O$ | 0,02015 | 30 434 |
| | $SO_3$ ............. | 0,7743 | 88 893 |
| | $SiO_2$ | 1,032 | 01 376 |
| $Na_3PO_4$ | $PO_4$ ............. | 1,726 | 23 713 |
| | $P_2O_5$ | 2,310 | 36 362 |
| $Na_3PO_4 \cdot 12\,H_2O$ | $P_2O_5$ ............ | 5,356 | 72 884 |
| $Na_2SO_3 \cdot 7\,H_2O$ | $BaSO_4$ | 1,080 | 03 356 |
| $Na_2SO_4$ | $BaSO_4$ ........... | 0,6086 | 78 430 |
| | $SO_3$ | 1,774 | 24 902 |

Erläuterungen zu Tafel 5 siehe Seite 202

## Analytische und stöchiometrische

| Gesucht | Gefunden | Faktor | lg |
|---|---|---|---|
| Ni | $Ni(C_2H_5N_4O)_2$ (Dic.) | 0,2250 | 35 212 |
| | $NiC_4H_6O_4N_5$[1]) ...... | 0,1990 | 29 890 |
| | $Ni(C_7H_6O_2N)_2$[2]) | 0,1773 | 24 881 |
| | $NiC_8H_{14}N_4O_4$ (Gly.) .. | 0,2032 | 30 778 |
| | NiO | 0,7858 | 89 530 |
| | $Ni(Ox)_2 \cdot 2\,aq$ (Oxin) | 0,1532 | 18 533 |
| | $Ni_2P_2O_7$ | 0,4029 | 60 519 |
| | $NiPy_4(CNS)_2$[3]) .... | 0,1195 | 07 726 |
| | $NiSO_4$ | 0,3793 | 57 893 |
| | O .............. | 3,668 | 56 444 |
| NiO | Ni | 1,273 | 10 470 |
| $NiSO_4 \cdot 7\,H_2O$ | NiO ............ | 3,760 | 57 523 |
| O | Cl | 0,2256 | 35 339 |
| | $H_2O$ ............ | 0,8881 | 94 846 |
| $O_2$ | $KMnO_4$ | 0,2531 | 40 332 |
| $OCH_3$ | AgJ ............ | 0,1322 | 12 114 |
| $OC_2H_5$ | AgJ | 0,1919 | 28 310 |

Erläuterungen zu Tafel 5 siehe Seite 202

[1]) Oxalendiuramidoxim. [2]) Anthranilsäure
[3]) Pyridin.

## „Faktoren" nebst Logarithmen

| Gesucht | Gefunden | Faktor | lg |
|---|---|---|---|
| P | $Mg_2P_2O_7$ ......... | 0,2783 | 44 458 |
| | $(NH_4)_3PO_4 \cdot 12\,MoO_3$ | 0,01639[1] | 21 458 |
| | $(NH_4)_3PO_4 \cdot 14\,MoO_3$ | 0,014525[2] | 16 212 |
| | $P_2O_5 \cdot 24\,MoO_3$ .... | 0,01723 | 23 619 |
| $PO_2$ | $Hg_2Cl_2$ | 0,06670 | 82 411 |
| | $Mg_2P_2O_7$ ......... | 0,5659 | 75 270 |
| $PO_3$ | $Hg_2Cl_2$ | 0,1673 | 22 346 |
| | $Mg_2P_2O_7$ ......... | 0,7096 | 85 102 |
| $P_2O_5$ | CaO ............. | 0,8438 | 92 624 |
| | MgO | 1,174 | 06 953 |
| | $Mg_2P_2O_7$ ......... | 0,6377 | 80 464 |
| | $(NH_4)_3PO_4 \cdot 12\,MoO_3$ | 0,03755[1] | 57 464 |
| | $(NH_4)_3PO_4 \cdot 14\,MoO_3$ | 0,03328[2] | 52 218 |
| | $Na_3PO_4$ .......... | 0,4329 | 63 638 |
| | $PO_4$ | 0,7473 | 87 351 |
| | $P_2O_5 \cdot 24\,MoO_3$ .... | 0,03947 | 59 625 |
| $PO_4$ | $Mg_2P_2O_7$ | 0,8534 | 93 113 |
| | $(NH_4)_3PO_4 \cdot 12\,MoO_3$ | 0,05025[1] | 70 113 |
| | $(NH_4)_3PO_4 \cdot 14\,MoO_3$ | 0,04453[2] | 64 867 |
| | $Na_3PO_4$ | 0,5792 | 76 287 |
| | $P_2O_5$ ............. | 1,338 | 12 649 |
| | $P_2O_5 \cdot 24\,MoO_3$ | 0,05281 | 72 274 |

Erläuterungen zu Tafel 5 siehe Seite 202

[1]) Empirisch (nach Finkener). [2]) Empirisch (nach v. Lorenz-Pregl).

## Analytische und stöchiometrische

| Gesucht | Gefunden | Faktor | lg |
|---|---|---|---|
| Pb | $Pb(C_7H_4NS_2)OH$[1] | 0,5307 | 72 484 |
| | $Pb(C_7H_6O_2N)_2$[2] | 0,4322 | 63 566 |
| | $Pb(C_{10}H_7O_5N_4)_2 \cdot 1{,}5\,H_2O$[3] | 0,2724 | 43 524 |
| | $Pb(C_{12}H_{10}ONS)_2$[4] | 0,3239 | 51 040 |
| | $PbCl_2$ | 0,7450 | 87 218 |
| | $PbCrO_4$ | 0,6411 | 80 691 |
| | $PbO$ | 0,9283 | 96 770 |
| | $PbO_2$ | 0,8662 | 93 763 |
| | $PbS$ | 0,8660 | 93 752 |
| | $PbSO_4$ | 0,6833 | 83 458 |
| $PbCrO_4$ | $Cr_2O_3$ | 4,252 | 62 863 |
| | $PbO$ | 1,448 | 16 079 |
| $PbO$ | $PbCl_2$ | 0,8026 | 90 448 |
| | $PbCrO_4$ | 0,6906 | 83 921 |
| | $PbO_2$ | 0,9331 | 96 993 |
| | $PbS$ | 0,9329 | 96 982 |
| | $PbSO_4$ | 0,7360 | 86 688 |
| $PbS$ | $PbSO_4$ | 0,7890 | 89 706 |
| $PbSO_4$ | $PbO$ | 1,359 | 13 312 |
| | $BaSO_4$ | 1,299 | 11 369 |

Erläuterungen zu Tafel 5 siehe Seite 202

1) Mercaptobenzthiazol.
2) Anthranilsäure.
3) Pikrolonsäure.
4) Thionalid.

## „Faktoren" nebst Logarithmen

| Gesucht | Gefunden | Faktor | lg |
|---|---|---|---|
| Pd | $Pd(CN)_2$ .......... | 0,6723 | 82 758 |
| | $Pd(C_7H_6O_2N)_2$[1]) | 0,2815 | 44 952 |
| | $Pd[C_{10}H_6O(NO)]_2$[2]) . | 0,2366 | 37 398 |
| | $Pd[C_{10}H_6O(NO_2)]_2$[3]) | 0,2209 | 34 421 |
| Pr | $Pr_6O_{11}$ empirisch | 0,8277 | 91 787 |
| | $Pr_2O_3$ ............ | 0,8545 | 93 170 |
| | $Pr_2(SO_4)_3$ | 0,4944 | 69 411 |
| Pt | $(NH_4)_2PtCl_6$ empirisch | 0,4402 | 64 366 |
| | $PtS_2$ ............ | 0,7528 | 87 666 |
| Rb | $Rb_2SO_4$ | 0,6402 | 80 630 |
| S | $BaSO_4$ .......... | 0,1373 | 13 782 |
| | CuO | 0,4029 | 60 521 |
| $S_2O_3$ | $BaSO_4$ .......... | 0,2402 | 38 051 |
| $SO_2$ | $BaSO_4$ | 0,2744 | 43 845 |
| $SO_3$ | $BaSO_4$ .......... | 0,3430 | 53 528 |
| | CaO | 1,428 | 15 461 |
| | MgO ............ | 1,986 | 29 790 |
| | $NH_3$ | 2,350 | 37 113 |
| | $SO_4$ ............ | 0,8335 | 92 088 |
| $SO_4$ | $BaSO_4$ | 0,4115 | 61 440 |
| | $SO_3$ ............ | 1,200 | 07 912 |

Erläuterungen zu Tafel 5 siehe Seite 202

[1]) Salicylaldoxim. [2]) α-Nitroso-β-naphthol.
[3]) α-Nitro-β-naphthol.

## Analytische und stöchiometrische

Erläuterungen zu Tafel 5 siehe Seite 202

| Gesucht | Gefunden | Faktor | lg |
|---|---|---|---|
| Sb | As . . . . . . . . . . . . . . . | 1,625 | 21 096 |
| | $SbC_6H_5O_4$[1]) | 0,4632 | 66 577 |
| | $Sb(C_{12}H_{10}ONS)_3$[2]) . | 0,1580 | 19 869 |
| | $Sb_2O_4$ . . . . . . . . . . . . | 0,7919 | 89 866 |
| | $Sb_2S_3$ | 0,7169 | 85 543 |
| | $Sb_2S_5$. . . . . . . . . . . . . | 0,6030 | 78 034 |
| | $Sb_2O_4$ empirisch | 0,7922 | 89 884 |
| | $Sb_2S_3$ empirisch . . . . . | 0,7173 | 85 568 |
| $Sb_2O_3$ | Sb | 1,197 | 07 814 |
| | $Sb_2O_4$ . . . . . . . . . . . . | 0,9480 | 97 680 |
| | $Sb_2S_3$ | 0,8582 | 93 357 |
| | $Sb_2S_5$. . . . . . . . . . . . . | 0,7219 | 85 848 |
| | $Sb_2O_4$ empirisch | 0,9484 | 97 698 |
| | $Sb_2S_3$ empirisch . . . . . | 0,8587 | 93 382 |
| $Sb_2O_5$ | Sb | 1,329 | 12 337 |
| $Sb_2S_3$ | Sb . . . . . . . . . . . . . . . | 1,395 | 14 457 |
| | $Sb_2O_4$ | 1,105 | 04 323 |
| | $Sb_2O_4$ empirisch . . . . . | 1,105 | 04 341 |
| $Sb_2S_5$ | Sb | 1,658 | 21 966 |

[1]) Pyrogallol. [2]) Thionalid.

## „Faktoren“ nebst Logarithmen

| Gesucht | Gefunden | Faktor | lg |
|---|---|---|---|
| $SeO_2$ | Se | 1,405 | 14 775 |
| $SeO_3$ | Se ............... | 1,608 | 20 625 |
| Si | $SiO_2$ | 0,4672 | 66 950 |
| $SiF_6$ | $CaF_2$ ............. | 0,6065 | 78 281 |
| | $CaSO_4$ | 0,3478 | 54 136 |
| | $K_2SiF_6$ ........... | 0,6450 | 80 955 |
| $SiO_3$ | $SiO_2$ | 1,266 | 10 257 |
| $Si_2O_7$ | $SiO_2$.............. | 1,400 | 14 600 |
| $SiO_4$ | $SiO_2$ | 1,533 | 18 548 |
| Sn | $SnO_2$ ............ | 0,7877 | 89 634 |
| $SnO_2$ | Sn | 1,270 | 10 366 |

Erläuterungen zu Tafel 5 siehe Seite 202

## Analytische und stöchiometrische

| Gesucht | Gefunden | Faktor | lg |
|---|---|---|---|
| Sr | $SrCO_3$ | 0,5935 | 77 344 |
| | $SrC_2O_4 \cdot H_2O$ ...... | 0,4525 | 65 559 |
| | SrO | 0,8456 | 92 716 |
| | $SrSO_4$ ............ | 0,4770 | 67 856 |
| $SrCO_3$ | $Sr(NO_3)_2$ | 0,6976 | 84 359 |
| | $Sr(OH)_2 \cdot 8\,H_2O$ ... | 0,5555 | 74 469 |
| | SrS | 1,234 | 09 115 |
| | $SrS_2O_3$ ........... | 0,7391 | 86 872 |
| $Sr(OH)_2 \cdot 8H_2O$ | $Sr(NO_3)_2$ | 1,256 | 09 890 |
| | $Sr(SH)_2$........... | 1,728 | 23 765 |
| | $SrS_2O_3$ | 1,331 | 12 403 |
| $SrSO_4$ | $BaSO_4$ ........... | 0,7870 | 89 595 |
| $TeO_2$ | Te | 1,251 | 09 718 |
| $TeO_3$ | Te ................ | 1,376 | 13 867 |

Erläuterungen zu Tafel 5 siehe Seite 202

## „Faktoren" nebst Logarithmen

| Gesucht | Gefunden | Faktor | lg |
|---|---|---|---|
| Th | $Th(C_{10}H_7O_5N_4)_4 \cdot H_2O$[1] | 0,1782 | 25 081 |
| | $Th(NO_3)_4 \cdot 4\,H_2O$ | 0,4203 | 62 359 |
| | $ThO_2$ ............ | 0,8788 | 94 391 |
| | $Th(Ox)_4$ (Oxin) | 0,2870 | 45 792 |
| Ti | $TiO_2$ ............. | 0,5995 | 77 779 |
| | $TiO(Ox)_2$ (Oxin) | 0,1360 | 13 356 |
| | $Ti_3(PO_4)_4$ ......... | 0,2744 | 43 844 |
| Tl | $TlC_7H_4NS_2$[2] | 0,5515 | 74 153 |
| | $TlC_{12}H_{10}ONS$[3] .... | 0,4859 | 68 653 |
| | Tl J | 0,6169 | 79 023 |
| U | $Na_2U_2O_7$ ......... | 0,7509 | 87 556 |
| | $UO_2$ | 0,8815 | 94 524 |
| | $U_3O_8$ ............. | 0,8480 | 92 840 |
| | $UO_2(Ox)_2 \cdot (OxH)$[4] | 0,3384 | 52 944 |
| | $(UO_2)_2P_2O_7$ ....... | 0,6668 | 82 398 |

Erläuterungen zu Tafel 5 siehe Seite 202

[1] Pikrolonsäure.
[2] Mercaptobenzthiazol.
[3] Thionalid.
[4] Oxin.

## Analytische und stöchiometrische

| Gesucht | Gefunden | Faktor | lg |
|---|---|---|---|
| V | $AgVO_3$ | 0,2463 | 39 153 |
| | $Ag_3VO_4$ .......... | 0,1162 | 06 508 |
| | $Pb_2V_2O_7$ | 0,1622 | 20 999 |
| | $V_2O_5$ ............ | 0,5602 | 74 834 |
| W | $WO_3$ | 0,7930 | 89 929 |
| Y | $Y_2O_3$ ............ | 0,7875 | 89 623 |
| Zn | $Zn(C_7H_6O_2N)_2$[1] | 0,1936 | 28 700 |
| | $Zn(C_{10}H_6O_2N)_2 \cdot H_2O$[2] | 0,1529 | 18 429 |
| | $ZnNH_4PO_4$ | 0,3665 | 56 405 |
| | ZnO ............ | 0,8034 | 90 492 |
| | $Zn(Ox)_2$[3] | 0,1849 | 26 684 |
| | $Zn_2P_2O_7$ .......... | 0,4291 | 63 257 |
| | $ZnPy_2(CNS)_2$[4] | 0,1924 | 28 430 |
| | ZnS ............ | 0,6710 | 82 670 |
| | $ZnSO_4$ | 0,4050 | 60 743 |

Erläuterungen zu Tafel 5 siehe Seite 202

[1]) Anthranilsäure.
[2]) Chinaldinsäure.
[3]) Oxin.
[4]) Pyridin.

**„Faktoren" nebst Logarithmen**

| Gesucht | Gefunden | Faktor | lg |
|---|---|---|---|
| $ZnCO_3$ | ZnO ............. | 1,541 | 18 775 |
| $ZnCl_2$ | AgCl | 0,4754 | 67 707 |
| | Cl ................ | 1,922 | 28 373 |
| | Zn | 2,085 | 31 902 |
| | $ZnNH_4PO_4$ ....... | 0,7640 | 88 307 |
| | ZnO | 1,675 | 22 394 |
| ZnO | Zn ................ | 1,245 | 09 508 |
| | $Zn_2P_2O_7$ | 0,5341 | 72 765 |
| | ZnS ............. | 0,8352 | 92 178 |
| | $ZnSO_4$ | 0,5041 | 70 251 |
| ZnS | ZnO ............. | 1,197 | 07 822 |
| | $Zn_2P_2O_7$ | 0,6395 | 80 587 |
| | $BaSO_4$ ........... | 0,4174 | 62 060 |
| $ZnSO_4$ | ZnO | 1,984 | 29 749 |
| $ZnSO_4 \cdot 7\,H_2O$ | ZnO | 3,533 | 54 819 |
| | ZnS ............. | 2,951 | 46 997 |
| Zr | $ZrO_2$ | 0,7403 | 86 941 |

Erläuterungen zu Tafel 5 siehe Seite 202

## Berechnung „indirekter“ Analysen

| Bestandteile des Gemisches $g$ | | Gewogene Umsetzungsprodukte | Prozentgehalt des Gemisches an dem Bestandteile $y = a + b\cdot(g' : g)$ | | |
|---|---|---|---|---|---|
| $x$ | $y$ | $g'$ | $a$ | $b$ | lg $b$ |
| KCl | NaCl | AgCl | − 362,91 | + 188,78 | 27 595 |
| | | $K_2SO_4$; $Na_2SO_4$ | −2517,6 | +2154,3 | 33 331 |
| KCl | KBr | KCl | + 267,71 | − 267,71 | 42 766 |
| | | $K_2SO_4$ | + 267,71 | − 229,07 | 35 998 |
| | | AgCl; AgBr | + 557,94 | − 290,23 | 46 274 |
| | | AgCl | + 267,71 | − 139,25 | 14 381 |
| KCl | KJ | KCl | + 181,51 | − 181,51 | 25 891 |
| | | $K_2SO_4$ | + 181,51 | − 155,32 | 19 123 |
| | | AgCl; AgJ | + 378,31 | − 196,79 | 29 400 |
| | | AgCl | + 181,51 | − 94,42 | 97 506 |
| KBr | KJ | KCl | + 353,17 | − 563,75 | 75 109 |
| | | $K_2SO_4$ | + 353,17 | − 482,40 | 68 341 |
| | | AgBr; AgJ | + 964,51 | − 611,28 | 78 624 |
| | | AgCl | + 353,17 | − 293,25 | 46 724 |
| $K_2SO_4$ | $Na_2SO_4$ | $BaSO_4$ | − 440,88 | + 329,16 | 51 740 |
| $CaCO_3$ | $SrCO_3$ | $CO_2$ | + 310,51 | − 706,17 | 84 891 |
| | | $CaSO_4$; $SrSO_4$ | +1172,6 | − 862,06 | 93 554 |
| AgCl | AgBr | AgCl | + 422,39 | − 422,39 | 62 571 |
| | | Ag | + 422,39 | − 561,21 | 74 913 |
| AgCl | AgJ | AgCl | + 256,70 | − 256,70 | 40 942 |
| | | Ag | + 256,70 | − 341,07 | 53 284 |
| AgBr | AgJ | AgCl | + 499,46 | − 654,38 | 81 583 |
| | | Ag | + 499,46 | − 869,46 | 93 925 |

## Halogenbestimmungen in Verbindungen oder Gemischen mit verschiedenen Halogenen

### 1. Chlor und Brom

Wenn $s$ Gramm Substanz $h$ Gramm Halogensilbergemisch lieferten und dieses durch Behandeln mit Chlor in $c$ Gramm Chlorsilber überging, so enthielt die Substanz an

$$\text{Brom}^{1)} = \frac{\text{Br}}{\text{Br—Cl}}\cdot(h - c) = 1{,}7975\cdot(h - c)\ \text{Gramm};$$

$$\text{Silber} = \frac{\text{Ag}}{\text{AgCl}}\cdot c = 0{,}75263\cdot c\ \text{Gramm};$$

[1]) Br bedeutet das Atomgewicht des Broms, (Br—Cl) die Differenz beider Atomgewichte usw.

Erläuterungen zu Tafel 6 siehe Seite 207

## Berechnung „indirekter" Analysen

$$\text{Chlor} = h - \frac{\text{Ag}}{\text{AgCl}} \cdot c - \frac{\text{Br}}{\text{Br} - \text{Cl}} \cdot (h - c)$$
$$= h - 0{,}75263 \cdot c - 1{,}7975 \cdot (h - c)$$
$$= 1{,}0449 \cdot c - 0{,}7975 \cdot h \text{ Gramm.}$$

$$\text{Prozente Brom} = 179{,}75 \cdot \frac{h - c}{s} \qquad \lg 179{,}75 = 25\,467$$

$$\text{Prozente Chlor} = \frac{100}{s} \cdot (1{,}0449\, c - 0{,}7975\, h)$$

$\lg 1{,}0449 = 01\,907$ $\qquad$ $\lg 0{,}7975 = 90\,173$

### 2. Chlor und Jod

Man erhält ganz analog

$$\text{Prozente Jod} = 138{,}76 \cdot \frac{h - c}{s} \qquad \lg 138{,}76 = 14\,228$$

$$\text{Prozente Chlor} = \frac{100}{s} \cdot (0{,}6350\, c - 0{,}3876\, h)$$

$\lg 0{,}6350 = 80\,277$ $\qquad$ $\lg 0{,}3876 = 58\,838$

### 3. Zwei Halogene in organischen Körpern

Ist $M$ das Molekulargewicht einer organischen Substanz, welche $\beta$ Atome Cl enthält und beim Bromieren $\alpha$ Atome Brom (durch Addition oder Substitution) aufnimmt, so ist, wenn $S$ Gramm der bromierten Substanz $H$ Gramm Halogensilber geben, die gesuchte Zahl[1])

$$\alpha = \frac{M \cdot H - 143{,}5\, \beta \cdot S}{188\, S - 80\, H}.$$

Analog für

jodiertes Chlorid $\alpha = \dfrac{M \cdot H - 143{,}5\, \beta \cdot S}{235\, S - 127\, H}$,

chloriertes Bromid $\alpha = \dfrac{M \cdot H - 188\, \beta \cdot S}{143{,}5\, S - 35{,}5\, H}$,

jodiertes Bromid $\alpha = \dfrac{M \cdot H - 188\, \beta \cdot S}{235\, S - 127\, H}$,

chloriertes Jodid $\alpha = \dfrac{M \cdot H - 235\, \beta \cdot S}{143{,}5\, S - 35{,}5\, H}$,

bromiertes Jodid $\alpha = \dfrac{M \cdot H - 235\, \beta \cdot S}{188\, S - 80\, H}$.

---

[1]) Nach Mitteilung des Herrn Dr. A. Klages.

Erläuterungen zu Tafel 6 siehe Seite 207

## Volumetrische Bestimmung des Stickstoffs und

Die Normdichte des Stickstoffs (bei 0° C und 760 Torr) ist $\varrho_N = 0{,}0012505\ \mathrm{gcm^{-3}}$

Barometerkorrektionen auf Seite 112 Hilfstafel auf Seite 113

| $p_w$ | $t$ | 670 | 671 | 672 | 673 | 674 |
|---|---|---|---|---|---|---|
| 7,5 | 7 | 03 133 | 03 198 | 03 263 | 03 328 | 03 392 |
| 8,0 | 8 | 02 978 | 03 043 | 03 108 | 03 173 | 03 237 |
| 8,6 | 9 | 02 823 | 02 888 | 02 953 | 03 018 | 03 082 |
| 9,2 | 10 | 02 669 | 02 734 | 02 799 | 02 864 | 02 928 |
| 9,8 | 11 | 02 516 | 02 581 | 02 646 | 02 711 | 02 775 |
| 10,5 | 12 | 02 363 | 02 428 | 02 493 | 02 558 | 02 622 |
| 11,2 | 13 | 02 211 | 02 276 | 02 341 | 02 406 | 02 470 |
| 12,0 | 14 | 02 059 | 02 124 | 02 189 | 02 254 | 02 318 |
| 12,8 | 15 | 01 907 | 01 972 | 02 037 | 02 102 | 02 166 |
| 13,6 | 16 | 01 756 | 01 821 | 01 886 | 01 951 | 02 015 |
| 14,5 | 17 | 01 606 | 01 671 | 01 736 | 01 801 | 01 865 |
| 15,5 | 18 | 01 456 | 01 521 | 01 586 | 01 651 | 01 715 |
| 16,5 | 19 | 01 307 | 01 372 | 01 437 | 01 502 | 01 566 |
| 17,5 | 20 | 01 158 | 01 223 | 01 288 | 01 353 | 01 417 |
| 18,7 | 21 | 01 010 | 01 075 | 01 140 | 01 205 | 01 269 |
| 19,8 | 22 | 00 862 | 00 927 | 00 992 | 01 057 | 01 121 |
| 21,1 | 23 | 00 715 | 00 780 | 00 845 | 00 910 | 00 974 |
| 22,4 | 24 | 00 569 | 00 634 | 00 699 | 00 764 | 00 828 |
| 23,8 | 25 | 00 423 | 00 488 | 00 553 | 00 618 | 00 682 |
| 25,2 | 26 | 00 277 | 00 342 | 00 407 | 00 472 | 00 536 |
| 26,7 | 27 | 00 132 | 00 197 | 00 262 | 00 327 | 00 391 |
| 28,3 | 28 | 99 987 | 00 052 | 00 117 | 00 182 | 00 246 |
| 30,0 | 29 | 99 843 | 99 908 | 99 973 | 00 038 | 00 102 |
| 31,8 | 30 | 99 699 | 99 764 | 99 829 | 99 894 | 99 958 |
| 33,7 | 31 | 99 556 | 99 621 | 99 686 | 99 751 | 99 815 |
| 35,7 | 32 | 99 413 | 99 478 | 99 543 | 99 608 | 99 672 |
| 37,7 | 33 | 99 270 | 99 335 | 99 400 | 99 465 | 99 529 |
| 39,9 | 34 | 99 128 | 99 193 | 99 258 | 99 323 | 99 387 |
| 42,2 | 35 | 98 987 | 99 052 | 99 117 | 99 182 | 99 246 |
| $p_w$ | $t$ | 670 | 671 | 672 | 673 | 674 |

← $p$

| | 65 | 64 |
|---|---|---|
| 1 | 6,5 | 6,4 |
| 2 | 13,0 | 12,8 |
| 3 | 19,5 | 19,2 |
| 4 | 26,0 | 25,6 |
| 5 | 32,5 | 32,0 |
| 6 | 39,0 | 38,4 |
| 7 | 45,5 | 44,8 |
| 8 | 52,0 | 51,2 |
| 9 | 58,5 | 57,6 |

| | 153 | 152 |
|---|---|---|
| 1 | 15,3 | 15,2 |
| 2 | 30,6 | 30,4 |
| 3 | 45,9 | 45,6 |
| 4 | 61,2 | 60,8 |
| 5 | 76,5 | 76,0 |
| 6 | 91,8 | 91,2 |
| 7 | 107,1 | 106,4 |
| 8 | 122,4 | 121,6 |
| 9 | 137,7 | 136,8 |

| | 149 | 148 |
|---|---|---|
| 1 | 14,9 | 14,8 |
| 2 | 29,8 | 29,6 |
| 3 | 44,7 | 44,4 |
| 4 | 59,6 | 59,2 |
| 5 | 74,5 | 74,0 |
| 6 | 89,4 | 88,8 |
| 7 | 104,3 | 103,6 |
| 8 | 119,2 | 118,4 |
| 9 | 134,1 | 133,2 |

| | 145 | 144 |
|---|---|---|
| 1 | 14,5 | 14,4 |
| 2 | 29,0 | 28,8 |
| 3 | 43,5 | 43,2 |
| 4 | 58,0 | 57,6 |
| 5 | 72,5 | 72,0 |
| 6 | 87,0 | 86,4 |
| 7 | 101,5 | 100,8 |
| 8 | 116,0 | 115,2 |
| 9 | 130,5 | 129,6 |

← $p$

Erläuterungen zu Tafel 7 siehe Seite 211 und 213

# $N_2$



**anderer Gase. — Gas-Reduktions-Tabelle**

Die Tafel 7 gibt die Mantissen der lg der Dichtewerte für $t^0$ und $p$ Torr.

| | 155 | 154 |
|---|---|---|
| 1 | 15,5 | 15,4 |
| 2 | 31,0 | 30,8 |
| 3 | 46,5 | 46,2 |
| 4 | 62,0 | 61,6 |
| 5 | 77,5 | 77,0 |
| 6 | 93,0 | 92,4 |
| 7 | 108,5 | 107,8 |
| 8 | 124,0 | 123,2 |
| 9 | 139,5 | 138,6 |

| | 151 | 150 |
|---|---|---|
| 1 | 15,1 | 15,0 |
| 2 | 30,2 | 30,0 |
| 3 | 45,3 | 45,0 |
| 4 | 60,4 | 60,0 |
| 5 | 75,5 | 75,0 |
| 6 | 90,6 | 90,0 |
| 7 | 105,7 | 105,0 |
| 8 | 120,8 | 120,0 |
| 9 | 135,9 | 135,0 |

| | 147 | 146 |
|---|---|---|
| 1 | 14,7 | 14,6 |
| 2 | 29,4 | 29,2 |
| 3 | 44,1 | 43,8 |
| 4 | 58,8 | 58,4 |
| 5 | 73,5 | 73,0 |
| 6 | 88,2 | 87,6 |
| 7 | 102,9 | 102,2 |
| 8 | 117,6 | 116,8 |
| 9 | 132,3 | 131,4 |

| | 143 | 142 |
|---|---|---|
| 1 | 14,3 | 14,2 |
| 2 | 28,6 | 28,4 |
| 3 | 42,9 | 42,6 |
| 4 | 57,2 | 56,8 |
| 5 | 71,5 | 71,0 |
| 6 | 85,8 | 85,2 |
| 7 | 100,1 | 99,4 |
| 8 | 114,4 | 113,6 |
| 9 | 128,7 | 127,8 |

| $p \rightarrow$ | 675 | 676 | 677 | 678 | 679 | $t$ | $p_w$ |
|---|---|---|---|---|---|---|---|
| | 03 456 | 03 521 | 03 585 | 03 649 | 03 713 | 7 | 7,5 |
| | 03 301 | 03 366 | 03 430 | 03 494 | 03 558 | 8 | 8,0 |
| | 03 146 | 03 211 | 03 275 | 03 339 | 03 403 | 9 | 8,6 |
| | 02 992 | 03 057 | 03 121 | 03 185 | 03 249 | 10 | 9,2 |
| | 02 839 | 02 904 | 02 968 | 03 032 | 03 096 | 11 | 9,8 |
| | 02 686 | 02 751 | 02 815 | 02 879 | 02 943 | 12 | 10,5 |
| | 02 534 | 02 599 | 02 663 | 02 727 | 02 791 | 13 | 11,2 |
| | 02 382 | 02 447 | 02 511 | 02 575 | 02 639 | 14 | 12,0 |
| | 02 230 | 02 295 | 02 359 | 02 423 | 02 487 | 15 | 12,8 |
| | 02 079 | 02 144 | 02 208 | 02 272 | 02 336 | 16 | 13,6 |
| | 01 929 | 01 994 | 02 058 | 02 122 | 02 186 | 17 | 14,5 |
| | 01 779 | 01 844 | 01 908 | 01 972 | 02 036 | 18 | 15,5 |
| | 01 630 | 01 695 | 01 759 | 01 823 | 01 887 | 19 | 16,5 |
| | 01 481 | 01 546 | 01 610 | 01 674 | 01 738 | 20 | 17,5 |
| | 01 333 | 01 398 | 01 462 | 01 526 | 01 590 | 21 | 18,7 |
| | 01 185 | 01 250 | 01 314 | 01 378 | 01 442 | 22 | 19,8 |
| | 01 038 | 01 103 | 01 167 | 01 231 | 01 295 | 23 | 21,1 |
| | 00 892 | 00 957 | 01 021 | 01 085 | 01 149 | 24 | 22,4 |
| | 00 746 | 00 811 | 00 875 | 00 939 | 01 003 | 25 | 23,8 |
| | 00 600 | 00 665 | 00 729 | 00 793 | 00 857 | 26 | 25,2 |
| | 00 455 | 00 520 | 00 584 | 00 648 | 00 712 | 27 | 26,7 |
| | 00 310 | 00 375 | 00 439 | 00 503 | 00 567 | 28 | 28,3 |
| | 00 166 | 00 231 | 00 295 | 00 359 | 00 423 | 29 | 30,0 |
| | 00 022 | 00 087 | 00 151 | 00 215 | 00 279 | 30 | 31,8 |
| | 99 879 | 99 944 | 00 008 | 00 072 | 00 136 | 31 | 33,7 |
| | 99 736 | 99 801 | 99 865 | 99 929 | 99 993 | 32 | 35,7 |
| | 99 593 | 99 658 | 99 722 | 99 786 | 99 850 | 33 | 37,7 |
| | 99 451 | 99 516 | 99 580 | 99 644 | 99 708 | 34 | 39,9 |
| | 99 310 | 99 375 | 99 439 | 99 503 | 99 567 | 35 | 42,2 |
| $p \rightarrow$ | 675 | 676 | 677 | 678 | 679 | $t$ | $p_w$ |

Hilfstafel auf Seite 113

Barometerkorrektionen auf Seite 112

Erläuterungen zu Tafel 7 siehe Seite 211 und 213

## Volumetrische Bestimmung des Stickstoffs und

Die Normdichte des Stickstoffs (bei $0^0$ C und 760 Torr) ist $\varrho_N = 0{,}0012505\ \mathrm{gcm}^{-3}$

Hilfstafel auf Seite 113

Barometerkorrektionen auf Seite 112

| $p_w$ | $t$ | 680 | 681 | 682 | 683 | 684 |
|---|---|---|---|---|---|---|
| 7,5 | 7 | 03 777 | 03 841 | 03 904 | 03 968 | 04 032 |
| 8,0 | 8 | 03 622 | 03 686 | 03 749 | 03 813 | 03 877 |
| 8,6 | 9 | 03 467 | 03 531 | 03 594 | 03 658 | 03 722 |
| 9,2 | 10 | 03 313 | 03 377 | 03 440 | 03 504 | 03 568 |
| 9,8 | 11 | 03 160 | 03 224 | 03 287 | 03 351 | 03 415 |
| 10,5 | 12 | 03 007 | 03 071 | 03 134 | 03 198 | 03 262 |
| 11,2 | 13 | 02 855 | 02 919 | 02 982 | 03 046 | 03 110 |
| 12,0 | 14 | 02 703 | 02 767 | 02 830 | 02 894 | 02 958 |
| 12,8 | 15 | 02 551 | 02 615 | 02 678 | 02 742 | 02 806 |
| 13,6 | 16 | 02 400 | 02 464 | 02 527 | 02 591 | 02 655 |
| 14,5 | 17 | 02 250 | 02 314 | 02 377 | 02 441 | 02 505 |
| 15,5 | 18 | 02 100 | 02 164 | 02 227 | 02 291 | 02 355 |
| 16,5 | 19 | 01 951 | 02 015 | 02 078 | 02 142 | 02 206 |
| 17,5 | 20 | 01 802 | 01 866 | 01 929 | 01 993 | 02 057 |
| 18,7 | 21 | 01 654 | 01 718 | 01 781 | 01 845 | 01 909 |
| 19,8 | 22 | 01 506 | 01 570 | 01 633 | 01 697 | 01 761 |
| 21,1 | 23 | 01 359 | 01 423 | 01 486 | 01 550 | 01 614 |
| 22,4 | 24 | 01 213 | 01 277 | 01 340 | 01 404 | 01 468 |
| 23,8 | 25 | 01 067 | 01 131 | 01 191 | 01 258 | 01 322 |
| 25,2 | 26 | 00 921 | 00 985 | 01 048 | 01 112 | 01 176 |
| 26,7 | 27 | 00 776 | 00 840 | 00 903 | 00 967 | 01 031 |
| 28,3 | 28 | 00 631 | 00 695 | 00 758 | 00 822 | 00 886 |
| 30,0 | 29 | 00 487 | 00 551 | 00 614 | 00 678 | 00 742 |
| 31,8 | 30 | 00 343 | 00 407 | 00 470 | 00 534 | 00 598 |
| 33,7 | 31 | 00 200 | 00 264 | 00 327 | 00 391 | 00 455 |
| 35,7 | 32 | 00 057 | 00 121 | 00 184 | 00 248 | 00 312 |
| 37,7 | 30 | 99 914 | 99 978 | 00 041 | 00 105 | 00 169 |
| 39,9 | 34 | 99 772 | 99 836 | 99 899 | 99 963 | 00 027 |
| 42,2 | 35 | 99 631 | 99 695 | 99 758 | 99 822 | 99 886 |
| $p_w$ | $t$ | 680 | 681 | 682 | 683 | 684 |

← $p$

| | 64 | 63 | | 153 | 152 | | 149 | 148 | | 145 | 144 |
|---|---|---|---|---|---|---|---|---|---|---|---|
| 1 | 6,4 | 6,3 | 1 | 15,3 | 15,2 | 1 | 14,9 | 14,8 | 1 | 14,5 | 14,4 |
| 2 | 12,8 | 12,6 | 2 | 30,6 | 30,4 | 2 | 29,8 | 29,6 | 2 | 29,0 | 28,8 |
| 3 | 19,2 | 18,9 | 3 | 45,9 | 45,6 | 2 | 44,7 | 44,4 | 3 | 43,5 | 43,2 |
| 4 | 25,6 | 25,2 | 4 | 61,2 | 60,8 | 4 | 59,6 | 59,2 | 4 | 58,0 | 57,6 |
| 5 | 32,0 | 31,5 | 5 | 76,5 | 76,0 | 5 | 74,5 | 74,0 | 5 | 72,5 | 72,0 |
| 6 | 38,4 | 37,8 | 6 | 91,8 | 91,2 | 6 | 89,4 | 88,8 | 6 | 87,0 | 86,4 |
| 7 | 44,8 | 44,1 | 7 | 107,1 | 106,4 | 7 | 104,3 | 103,6 | 7 | 101,5 | 100,8 |
| 8 | 51,2 | 50,4 | 8 | 122,4 | 121,6 | 8 | 119,2 | 118,4 | 8 | 116,0 | 115,2 |
| 9 | 57,6 | 56,7 | 9 | 137,7 | 136,8 | 9 | 134,1 | 133,2 | 9 | 130,5 | 129,6 |

← $p$

Erläuterungen zu Tafel 7 siehe Seite 211 und 213

## anderer Gase. — Gas-Reduktions-Tabelle

**Die Tafel 7 gibt die Mantissen der lg der Dichtewerte für $t^0$ und $p$ Torr**

| $p$ → | 685 | 686 | 687 | 688 | 689 | $t$ | $p_w$ |
|---|---|---|---|---|---|---|---|
| | 04 095 | 04 158 | 04 222 | 04 285 | 04 348 | 7 | 7,5 |
| | 03 940 | 04 003 | 04 067 | 04 130 | 04 193 | 8 | 8,0 |
| | 03 785 | 03 848 | 03 912 | 03 975 | 04 038 | 9 | 8,6 |
| | 03 631 | 03 694 | 03 758 | 03 821 | 03 884 | 10 | 9,2 |
| | 03 478 | 03 541 | 03 605 | 03 668 | 03 731 | 11 | 9,8 |
| | 03 325 | 03 388 | 03 452 | 03 515 | 03 578 | 12 | 10,5 |
| | 03 173 | 03 236 | 03 300 | 03 363 | 03 426 | 13 | 11,2 |
| | 03 021 | 03 084 | 03 148 | 03 211 | 03 274 | 14 | 12,0 |
| | 02 869 | 02 932 | 02 996 | 03 059 | 03 122 | 15 | 12,8 |
| | 02 718 | 02 781 | 02 845 | 02 908 | 02 971 | 16 | 13,6 |
| | 02 568 | 02 631 | 02 695 | 02 758 | 02 821 | 17 | 14,5 |
| | 02 418 | 02 481 | 02 545 | 02 608 | 02 671 | 18 | 15,5 |
| | 02 269 | 02 332 | 02 396 | 02 459 | 02 522 | 19 | 16,5 |
| | 02 120 | 02 183 | 02 247 | 02 310 | 02 373 | 20 | 17,5 |
| | 01 972 | 02 035 | 02 099 | 02 162 | 02 225 | 21 | 18,7 |
| | 01 824 | 01 887 | 01 951 | 02 014 | 02 077 | 22 | 19,8 |
| | 01 677 | 01 740 | 01 804 | 01 867 | 01 930 | 23 | 21,1 |
| | 01 531 | 01 594 | 01 658 | 01 721 | 01 784 | 24 | 22,4 |
| | 01 385 | 01 448 | 01 512 | 01 575 | 01 638 | 25 | 23,8 |
| | 01 239 | 01 302 | 01 366 | 01 429 | 01 492 | 26 | 25,2 |
| | 01 094 | 01 157 | 01 221 | 01 284 | 01 347 | 27 | 26,7 |
| | 00 949 | 01 012 | 01 076 | 01 139 | 01 202 | 28 | 28,3 |
| | 00 805 | 00 868 | 00 932 | 00 995 | 01 058 | 29 | 30,0 |
| | 00 661 | 00 724 | 00 788 | 00 851 | 00 914 | 30 | 31,8 |
| | 00 518 | 00 581 | 00 645 | 00 708 | 00 771 | 31 | 33,7 |
| | 00 375 | 00 438 | 00 502 | 00 565 | 00 628 | 32 | 35,7 |
| | 00 232 | 00 295 | 00 359 | 00 422 | 00 485 | 33 | 37,7 |
| | 00 090 | 00 153 | 00 217 | 00 280 | 00 343 | 34 | 39,9 |
| | 99 949 | 00 012 | 00 076 | 00 139 | 00 202 | 35 | 42,2 |
| $p$ → | 685 | 686 | 687 | 688 | 689 | $t$ | $p_w$ |

| ↑ | 155 | 154 | 151 | 150 | 147 | 146 | 143 | 142 |
|---|---|---|---|---|---|---|---|---|
| 1 | 15,5 | 15,4 | 15,1 | 15,0 | 14,7 | 14,6 | 14,3 | 14,2 |
| 2 | 31,0 | 30,8 | 30,2 | 30,0 | 29,4 | 29,2 | 28,6 | 28,4 |
| 3 | 46,5 | 46,2 | 45,3 | 45,0 | 44,1 | 43,8 | 42,9 | 42,6 |
| 4 | 62,0 | 61,6 | 60,4 | 60,0 | 58,8 | 58,4 | 57,2 | 56,8 |
| 5 | 77,5 | 77,0 | 75,5 | 75,0 | 73,5 | 73,0 | 71,5 | 71,0 |
| 6 | 93,0 | 92,4 | 90,6 | 90,0 | 88,2 | 87,6 | 85,8 | 85,2 |
| 7 | 108,5 | 107,8 | 105,7 | 105,0 | 102,9 | 102,2 | 100,1 | 99,4 |
| 8 | 124,0 | 123,2 | 120,8 | 120,0 | 117,6 | 116,8 | 114,4 | 113,6 |
| 9 | 139,5 | 138,6 | 135,9 | 135,0 | 132,3 | 131,4 | 128,7 | 127,8 |

Hilfstafel auf Seite 113

Barometerkorrektionen auf Seite 112

Erläuterungen zu Tafel 7 siehe Seite 211 und 213

## Volumetrische Bestimmung des Stickstoffs und

Die Normdichte des Stickstoffs (bei 0° C und 760 Torr) ist $\varrho_N = 0{,}0012505\ \mathrm{gcm^{-3}}$

Barometerkorrektionen auf Seite 112 Hilfstafel auf Seite 113

| $p_w$ | $t$ | 690 | 691 | 692 | 693 | 694 |
|---|---|---|---|---|---|---|
| 7,5 | 7 | 04 410 | 04 473 | 04 536 | 04 599 | 04 661 |
| 8,0 | 8 | 04 255 | 04 318 | 04 381 | 04 444 | 04 506 |
| 8,6 | 9 | 04 100 | 04 163 | 04 226 | 04 289 | 04 351 |
| 9,2 | 10 | 03 946 | 04 009 | 04 072 | 04 135 | 04 197 |
| 9,8 | 11 | 03 793 | 03 856 | 03 919 | 03 982 | 04 044 |
| 10,5 | 12 | 03 640 | 03 703 | 03 766 | 03 829 | 03 891 |
| 11,2 | 13 | 03 488 | 03 551 | 03 614 | 03 677 | 03 739 |
| 12,0 | 14 | 03 336 | 03 399 | 03 462 | 03 525 | 03 587 |
| 12,8 | 15 | 03 184 | 03 247 | 03 310 | 03 373 | 03 435 |
| 13,6 | 16 | 03 033 | 03 096 | 03 159 | 03 222 | 03 284 |
| 14,5 | 17 | 02 883 | 02 946 | 03 009 | 03 072 | 03 134 |
| 15,5 | 18 | 02 733 | 02 796 | 02 859 | 02 922 | 02 984 |
| 16,5 | 19 | 02 584 | 02 647 | 02 710 | 02 773 | 02 835 |
| 17,5 | 20 | 02 435 | 02 498 | 02 561 | 02 624 | 02 686 |
| 18,7 | 21 | 02 287 | 02 350 | 02 413 | 02 476 | 02 538 |
| 19,8 | 22 | 02 139 | 02 202 | 02 265 | 02 328 | 02 390 |
| 21,1 | 23 | 01 992 | 02 055 | 02 118 | 02 181 | 02 243 |
| 22,4 | 24 | 01 846 | 01 909 | 01 972 | 02 035 | 02 097 |
| 23,8 | 25 | 01 700 | 01 763 | 01 826 | 01 889 | 01 951 |
| 25,2 | 26 | 01 554 | 01 617 | 01 680 | 01 743 | 01 805 |
| 26,7 | 27 | 01 409 | 01 472 | 01 535 | 01 598 | 01 660 |
| 28,3 | 28 | 01 264 | 01 327 | 01 390 | 01 453 | 01 515 |
| 30,0 | 29 | 01 120 | 01 183 | 01 246 | 01 309 | 01 371 |
| 31,8 | 30 | 00 976 | 01 039 | 01 102 | 01 165 | 01 227 |
| 33,7 | 31 | 00 833 | 00 896 | 00 959 | 01 022 | 01 084 |
| 35,7 | 32 | 00 690 | 00 753 | 00 816 | 00 879 | 00 941 |
| 37,7 | 33 | 00 547 | 00 610 | 00 673 | 00 736 | 00 798 |
| 39,9 | 34 | 00 405 | 00 468 | 00 531 | 00 594 | 00 656 |
| 42,2 | 35 | 00 264 | 00 327 | 00 390 | 00 453 | 00 515 |
| $p_w$ | $t$ | 690 | 691 | 692 | 693 | 694 |

| ← $p$ | | |
|---|---|---|
| → | 63 | 62 |
| 1 | 6,3 | 6,2 |
| 2 | 12,6 | 12,4 |
| 3 | 18,9 | 18,6 |
| 4 | 25,2 | 24,8 |
| 5 | 31,5 | 31,0 |
| 6 | 37,8 | 37,2 |
| 7 | 44,1 | 43,4 |
| 8 | 50,4 | 49,6 |
| 9 | 56,7 | 55,8 |
| ↑ | 153 | 152 |
| 1 | 15,3 | 15,2 |
| 2 | 30,6 | 30,4 |
| 3 | 45,9 | 45,6 |
| 4 | 61,2 | 60,8 |
| 5 | 76,5 | 76,0 |
| 6 | 91,8 | 91,2 |
| 7 | 107,1 | 106,4 |
| 8 | 122,4 | 121,6 |
| 9 | 137,7 | 136,8 |
| ↑ | 149 | 148 |
| 1 | 14,9 | 14,8 |
| 2 | 29,8 | 29,6 |
| 3 | 44,7 | 44,4 |
| 4 | 59,6 | 59,2 |
| 5 | 74,5 | 74,0 |
| 6 | 89,4 | 88,8 |
| 7 | 104,3 | 103,6 |
| 8 | 119,2 | 118,4 |
| 9 | 134,1 | 133,2 |
| ↑ | 145 | 144 |
| 1 | 14,5 | 14,4 |
| 2 | 29,0 | 28,8 |
| 3 | 43,5 | 43,2 |
| 4 | 58,0 | 57,6 |
| 5 | 72,5 | 72,0 |
| 6 | 87,0 | 86,4 |
| 7 | 101,5 | 100,8 |
| 8 | 116,0 | 115,2 |
| 9 | 130,5 | 129,6 |
| ← $p$ | | |

Erläuterungen zu Tafel 7 siehe Seite 211 und 213

## anderer Gase. — Gas-Reduktions-Tabelle

Die Tafel 7 gibt die Mantissen der lg der Dichtewerte für $t^0$ und $p$ Torr

| $p$ → | 695 | 696 | 697 | 698 | 699 | $t$ | $p_w$ |
|---|---|---|---|---|---|---|---|
| | 04 724 | 04 786 | 04 849 | 04 911 | 04 973 | 7 | 7,5 |
| | 04 569 | 04 631 | 04 694 | 04 756 | 04 818 | 8 | 8,0 |
| | 04 414 | 04 476 | 04 539 | 04 601 | 04 663 | 9 | 8,6 |
| | 04 260 | 04 322 | 04 385 | 04 447 | 04 509 | 10 | 9,2 |
| | 04 107 | 04 169 | 04 232 | 04 294 | 04 356 | 11 | 9,8 |
| | 03 954 | 04 016 | 04 079 | 04 141 | 04 203 | 12 | 10,5 |
| | 03 802 | 03 864 | 03 927 | 03 989 | 04 051 | 13 | 11,2 |
| | 03 650 | 03 712 | 03 775 | 03 837 | 03 899 | 14 | 12,0 |
| | 03 498 | 03 560 | 03 623 | 03 685 | 03 747 | 15 | 12,8 |
| | 03 347 | 03 409 | 03 472 | 03 534 | 03 596 | 16 | 13,6 |
| | 03 197 | 03 259 | 03 322 | 03 384 | 03 446 | 17 | 14,5 |
| | 03 047 | 03 109 | 03 172 | 03 234 | 03 296 | 18 | 15,5 |
| | 02 898 | 02 960 | 03 023 | 03 085 | 03 147 | 19 | 16,5 |
| | 02 749 | 02 811 | 02 874 | 02 936 | 02 998 | 20 | 17,5 |
| | 02 601 | 02 663 | 02 726 | 02 788 | 02 850 | 21 | 18,7 |
| | 02 453 | 02 515 | 02 578 | 02 640 | 02 702 | 22 | 19,8 |
| | 02 306 | 02 368 | 02 431 | 02 493 | 02 555 | 23 | 21,1 |
| | 02 160 | 02 222 | 02 285 | 02 347 | 02 409 | 24 | 22,4 |
| | 02 014 | 02 076 | 02 139 | 02 201 | 02 263 | 25 | 23,8 |
| | 01 868 | 01 930 | 01 993 | 02 055 | 02 117 | 26 | 25,2 |
| | 01 723 | 01 785 | 01 848 | 01 910 | 01 972 | 27 | 26,7 |
| | 01 578 | 01 640 | 01 703 | 01 765 | 01 827 | 28 | 28,3 |
| | 01 434 | 01 496 | 01 559 | 01 621 | 01 683 | 29 | 30,0 |
| | 01 290 | 01 352 | 01 415 | 01 477 | 01 539 | 30 | 31,8 |
| | 01 147 | 01 209 | 01 272 | 01 334 | 01 396 | 31 | 33,7 |
| | 01 004 | 01 066 | 01 129 | 01 191 | 01 253 | 32 | 35,7 |
| | 00 861 | 00 923 | 00 986 | 01 048 | 01 110 | 33 | 37,7 |
| | 00 719 | 00 781 | 00 844 | 00 906 | 00 968 | 34 | 39,9 |
| | 00 578 | 00 640 | 00 703 | 00 765 | 00 827 | 35 | 42,2 |
| $p$ → | 695 | 696 | 697 | 698 | 699 | $t$ | $p_w$ |

| ↑ | 155 | 154 | 151 | 150 | 147 | 146 | 143 | 142 |
|---|---|---|---|---|---|---|---|---|
| 1 | 15,5 | 15,4 | 15,1 | 15,0 | 14,7 | 14,6 | 14,3 | 14,2 |
| 2 | 31,0 | 30,8 | 30,2 | 30,0 | 29,4 | 29,2 | 28,6 | 28,4 |
| 3 | 46,5 | 46,2 | 45,3 | 45,0 | 44,1 | 43,8 | 42,9 | 42,6 |
| 4 | 62,0 | 61,6 | 60,4 | 60,0 | 58,8 | 58,4 | 57,2 | 56,8 |
| 5 | 77,5 | 77,0 | 75,5 | 75,0 | 73,5 | 73,0 | 71,5 | 71,0 |
| 6 | 93,0 | 92,4 | 90,6 | 90,0 | 88,2 | 87,6 | 85,8 | 85,2 |
| 7 | 108,5 | 107,8 | 105,7 | 105,0 | 102,9 | 102,2 | 100,1 | 99,4 |
| 8 | 124,0 | 123,2 | 120,8 | 120,0 | 117,6 | 116,8 | 114,4 | 113,6 |
| 9 | 139,5 | 138,6 | 135,9 | 135,0 | 132,3 | 131,4 | 128,7 | 127,8 |

Hilfstafel auf Seite 113

Barometerkorrektionen auf Seite 112

Erläuterungen zu Tafel 7 siehe Seite 211 und 213

# Volumetrische Bestimmung des Stickstoffs und

Die Normdichte des Stickstoffs (bei 0° C und 760 Torr) ist $\varrho_N = 0{,}0012505\ \mathrm{gcm}^{-3}$

Hilfstafel auf Seite 113

Barometerkorrektionen auf Seite 112

| $p_w$ | $t$ | 700 | 701 | 702 | 703 | 704 |
|---|---|---|---|---|---|---|
| 7,5 | 7 | 05 035 | 05 097 | 05 159 | 05 221 | 05 283 |
| 8,0 | 8 | 04 880 | 04 942 | 05 004 | 05 066 | 05 128 |
| 8,6 | 9 | 04 725 | 04 787 | 04 849 | 04 911 | 04 973 |
| 9,2 | 10 | 04 571 | 04 633 | 04 695 | 04 757 | 04 819 |
| 9,8 | 11 | 04 418 | 04 480 | 04 542 | 04 604 | 04 666 |
| 10,5 | 12 | 04 265 | 04 327 | 04 389 | 04 451 | 04 513 |
| 11,2 | 13 | 04 113 | 04 175 | 04 237 | 04 299 | 04 361 |
| 12,0 | 14 | 03 961 | 04 023 | 04 085 | 04 147 | 04 209 |
| 12,8 | 15 | 03 809 | 03 871 | 03 933 | 03 995 | 04 057 |
| 13,6 | 16 | 03 658 | 03 720 | 03 782 | 03 844 | 03 906 |
| 14,5 | 17 | 03 508 | 03 570 | 03 632 | 03 694 | 03 756 |
| 15,5 | 18 | 03 358 | 03 420 | 03 482 | 03 544 | 03 606 |
| 16,5 | 19 | 03 209 | 03 271 | 03 333 | 03 395 | 03 457 |
| 17,5 | 20 | 03 060 | 03 122 | 03 184 | 03 246 | 03 308 |
| 18,7 | 21 | 02 912 | 02 974 | 03 036 | 03 098 | 03 160 |
| 19,8 | 22 | 02 764 | 02 826 | 02 888 | 02 950 | 03 012 |
| 21,1 | 23 | 02 617 | 02 679 | 02 741 | 02 803 | 02 865 |
| 22,4 | 24 | 02 471 | 02 533 | 02 595 | 02 657 | 02 719 |
| 23,8 | 25 | 02 325 | 02 387 | 02 449 | 02 511 | 02 573 |
| 25,2 | 26 | 02 179 | 02 241 | 02 303 | 02 365 | 02 427 |
| 26,7 | 27 | 02 034 | 02 096 | 02 158 | 02 220 | 02 282 |
| 28,3 | 28 | 01 889 | 01 951 | 02 013 | 02 075 | 02 137 |
| 30,0 | 29 | 01 745 | 01 807 | 01 869 | 01 931 | 01 993 |
| 31,8 | 30 | 01 601 | 01 663 | 01 725 | 01 787 | 01 849 |
| 33,7 | 31 | 01 458 | 01 520 | 01 582 | 01 644 | 01 706 |
| 35,7 | 32 | 01 315 | 01 377 | 01 439 | 01 501 | 01 563 |
| 37,7 | 33 | 01 172 | 01 234 | 01 296 | 01 358 | 01 420 |
| 39,9 | 34 | 01 030 | 01 092 | 01 154 | 01 216 | 01 278 |
| 42,2 | 35 | 00 889 | 00 951 | 01 013 | 01 075 | 01 137 |
| $p_w$ | $t$ | 700 | 701 | 702 | 703 | 704 |

← $p$

| | 62 | 61 |
|---|---|---|
| 1 | 6,2 | 6,1 |
| 2 | 12,4 | 12,2 |
| 3 | 18,6 | 18,3 |
| 4 | 24,8 | 24,4 |
| 5 | 31,0 | 30,5 |
| 6 | 37,2 | 36,6 |
| 7 | 43,4 | 42,7 |
| 8 | 49,6 | 48,8 |
| 9 | 55,8 | 54,9 |
| | **153** | **152** |
| 1 | 15,3 | 15,2 |
| 2 | 30,6 | 30,4 |
| 3 | 45,9 | 45,6 |
| 4 | 61,2 | 60,8 |
| 5 | 76,5 | 76,0 |
| 6 | 91,8 | 91,2 |
| 7 | 107,1 | 106,4 |
| 8 | 122,4 | 121,6 |
| 9 | 137,7 | 136,8 |
| | **149** | **148** |
| 1 | 14,9 | 14,8 |
| 2 | 29,8 | 29,6 |
| 2 | 44,7 | 44,4 |
| 4 | 59,6 | 59,2 |
| 5 | 74,5 | 74,0 |
| 6 | 89,4 | 88,8 |
| 7 | 104,3 | 103,6 |
| 8 | 119,2 | 118,4 |
| 9 | 134,1 | 133,2 |
| | **145** | **144** |
| 1 | 14,5 | 14,4 |
| 2 | 29,0 | 28,8 |
| 3 | 43,5 | 43,2 |
| 4 | 58,0 | 57,6 |
| 5 | 72,5 | 72,0 |
| 6 | 87,0 | 86,4 |
| 7 | 101,5 | 100,8 |
| 8 | 116,0 | 115,2 |
| 9 | 130,5 | 129,6 |

← $p$

Erläuterungen zu Tafel 7 siehe Seite 211 und 213

## anderer Gase. – Gas-Reduktions-Tabelle

**Die Tafel 7 gibt die Mantissen der lg der Dichtewerte für $t^0$ und $p$ Torr**

| $p \rightarrow$ | | |
|---|---|---|
| | 155 | 154 |
| 1 | 15,5 | 15,4 |
| 2 | 31,0 | 30,8 |
| 3 | 46,5 | 46,2 |
| 4 | 62,0 | 61,6 |
| 5 | 77,5 | 77,0 |
| 6 | 93,0 | 92,4 |
| 7 | 108,5 | 107,8 |
| 8 | 124,0 | 123,2 |
| 9 | 139,5 | 138,6 |
| | 151 | 150 |
| 1 | 15,1 | 15,0 |
| 2 | 30,2 | 30,0 |
| 3 | 45,3 | 45,0 |
| 4 | 60,4 | 60,0 |
| 5 | 75,5 | 75,0 |
| 6 | 90,6 | 90,0 |
| 7 | 105,7 | 105,0 |
| 8 | 120,8 | 120,0 |
| 9 | 135,9 | 135,0 |
| | 147 | 146 |
| 1 | 14,7 | 14,6 |
| 2 | 29,4 | 29,2 |
| 3 | 44,1 | 43,8 |
| 4 | 58,8 | 58,4 |
| 5 | 73,5 | 73,0 |
| 6 | 88,2 | 87,6 |
| 7 | 102,9 | 102,2 |
| 8 | 117,6 | 116,8 |
| 9 | 132,3 | 131,4 |
| | 143 | 142 |
| 1 | 14,3 | 14,2 |
| 2 | 28,6 | 28,4 |
| 3 | 42,9 | 42,6 |
| 4 | 57,2 | 56,8 |
| 5 | 71,5 | 71,0 |
| 6 | 85,8 | 85,2 |
| 7 | 100,1 | 99,4 |
| 8 | 114,4 | 113,6 |
| 9 | 128,7 | 127,8 |

| 705 | 706 | 707 | 708 | 709 | $t$ | $p_w$ |
|---|---|---|---|---|---|---|
| 05 344 | 05 406 | 05 467 | 05 529 | 05 590 | 7 | 7,5 |
| 05 189 | 05 251 | 05 312 | 05 374 | 05 435 | 8 | 8,0 |
| 05 034 | 05 096 | 05 157 | 05 219 | 05 280 | 9 | 8,6 |
| 04 880 | 04 942 | 05 003 | 05 065 | 05 126 | 10 | 9,2 |
| 04 727 | 04 789 | 04 850 | 04 912 | 04 973 | 11 | 9,8 |
| 04 574 | 04 636 | 04 697 | 04 759 | 04 820 | 12 | 10,5 |
| 04 422 | 04 484 | 04 545 | 04 607 | 04 668 | 13 | 11,2 |
| 04 270 | 04 332 | 04 393 | 04 455 | 04 516 | 14 | 12,0 |
| 04 118 | 04 180 | 04 241 | 04 303 | 04 364 | 15 | 12,8 |
| 03 967 | 04 029 | 04 090 | 04 152 | 04 213 | 16 | 13,6 |
| 03 817 | 03 879 | 03 940 | 04 002 | 04 063 | 17 | 14,5 |
| 03 667 | 03 729 | 03 790 | 03 852 | 03 913 | 18 | 15,5 |
| 03 518 | 03 580 | 03 641 | 03 703 | 03 764 | 19 | 16,5 |
| 03 369 | 03 431 | 03 492 | 03 554 | 03 615 | 20 | 17,5 |
| 03 221 | 03 283 | 03 344 | 03 406 | 03 467 | 21 | 18,7 |
| 03 073 | 03 135 | 03 196 | 03 258 | 03 319 | 22 | 19,8 |
| 02 926 | 02 988 | 03 049 | 03 111 | 03 172 | 23 | 21,1 |
| 02 780 | 02 842 | 02 903 | 02 965 | 03 026 | 24 | 22,4 |
| 02 634 | 02 696 | 02 757 | 02 819 | 02 880 | 25 | 23,8 |
| 02 488 | 02 550 | 02 611 | 02 673 | 02 734 | 26 | 25,2 |
| 02 343 | 02 405 | 02 466 | 02 528 | 02 589 | 27 | 26,7 |
| 02 198 | 02 260 | 02 321 | 02 383 | 02 444 | 28 | 28,3 |
| 02 054 | 02 116 | 02 177 | 02 239 | 02 300 | 29 | 30,0 |
| 01 910 | 01 972 | 02 033 | 02 095 | 02 156 | 30 | 31,8 |
| 01 767 | 01 829 | 01 890 | 01 952 | 02 013 | 31 | 33,7 |
| 01 624 | 01 686 | 01 747 | 01 809 | 01 870 | 32 | 35,7 |
| 01 481 | 01 543 | 01 604 | 01 666 | 01 727 | 33 | 37,7 |
| 01 339 | 01 401 | 01 462 | 01 524 | 01 585 | 34 | 39,9 |
| 01 198 | 01 260 | 01 321 | 01 383 | 01 444 | 35 | 42,2 |
| 705 | 706 | 707 | 708 | 709 | $t$ | $p_w$ |

Hilfstafel auf Seite 113

Barometerkorrektionen auf Seite 112

Erläuterungen zu Tafel 7 siehe Seite 211 und 213

## Volumetrische Bestimmung des Stickstoffs und

Die Normdichte des Stickstoffs (bei 0° C und 760 Torr) ist $\varrho_N = 0{,}0012505$ gcm$^{-3}$

Barometerkorrektionen auf Seite 112 Hilfstafel auf Seite 113

| $p_w$ | $t$ | 710 | 711 | 712 | 713 | 714 |
|---|---|---|---|---|---|---|
| 7,5 | 7 | 05 652 | 05 713 | 05 774 | 05 835 | 05 896 |
| 8,0 | 8 | 05 497 | 05 558 | 05 619 | 05 680 | 05 741 |
| 8,6 | 9 | 05 343 | 05 404 | 05 465 | 05 526 | 05 587 |
| 9,2 | 10 | 05 189 | 05 250 | 05 311 | 05 372 | 05 433 |
| 9,8 | 11 | 05 035 | 05 096 | 05 157 | 05 218 | 05 279 |
| 10,5 | 12 | 04 882 | 04 943 | 05 004 | 05 065 | 05 126 |
| 11,2 | 13 | 04 730 | 04 791 | 04 852 | 04 913 | 04 974 |
| 12,0 | 14 | 04 578 | 04 639 | 04 700 | 04 761 | 04 822 |
| 12,8 | 15 | 04 427 | 04 488 | 04 549 | 04 610 | 04 671 |
| 13,6 | 16 | 04 276 | 04 337 | 04 398 | 04 459 | 04 520 |
| 14,5 | 17 | 04 126 | 04 187 | 04 248 | 04 309 | 04 370 |
| 15,5 | 18 | 03 976 | 04 037 | 04 098 | 04 159 | 04 220 |
| 16,5 | 19 | 03 827 | 03 888 | 03 949 | 04 010 | 04 071 |
| 17,5 | 20 | 03 678 | 03 739 | 03 800 | 03 861 | 03 922 |
| 18,7 | 21 | 03 530 | 03 591 | 03 652 | 03 713 | 03 774 |
| 19,8 | 22 | 03 382 | 03 443 | 03 504 | 03 565 | 03 626 |
| 21,1 | 23 | 03 235 | 03 296 | 03 357 | 03 418 | 03 479 |
| 22,4 | 24 | 03 088 | 03 149 | 03 210 | 03 271 | 03 332 |
| 23,8 | 25 | 02 942 | 03 003 | 03 064 | 03 125 | 03 186 |
| 25,2 | 26 | 02 796 | 02 857 | 02 918 | 02 979 | 03 040 |
| 26,7 | 27 | 02 651 | 02 712 | 02 773 | 02 834 | 02 895 |
| 28,3 | 28 | 02 506 | 02 567 | 02 628 | 02 689 | 02 750 |
| 30,0 | 29 | 02 362 | 02 423 | 02 484 | 02 545 | 02 606 |
| 31,8 | 30 | 02 218 | 02 279 | 02 340 | 02 401 | 02 462 |
| 33,7 | 31 | 02 075 | 02 136 | 02 197 | 02 258 | 02 319 |
| 35,7 | 32 | 01 932 | 01 993 | 02 054 | 02 115 | 02 176 |
| 37,7 | 33 | 01 789 | 01 850 | 01 911 | 01 972 | 02 033 |
| 39,9 | 34 | 01 647 | 01 708 | 01 769 | 01 830 | 01 891 |
| 42,2 | 35 | 01 503 | 01 567 | 01 628 | 01 689 | 01 750 |
| $p_w$ | $t$ | 710 | 711 | 712 | 713 | 714 |

| ← $p$ | | |
|---|---|---|
| | 61 | 60 |
| 1 | 6,1 | 6,0 |
| 2 | 12,2 | 12,0 |
| 3 | 18,3 | 18,0 |
| 4 | 24,4 | 24,0 |
| 5 | 30,5 | 30,0 |
| 6 | 36,6 | 36,0 |
| 7 | 42,7 | 42,0 |
| 8 | 48,8 | 48,0 |
| 9 | 54,9 | 54,0 |
| | 153 | 152 |
| 1 | 15,3 | 15,2 |
| 2 | 30,6 | 30,4 |
| 3 | 45,9 | 45,6 |
| 4 | 61,2 | 60,8 |
| 5 | 76,5 | 76,0 |
| 6 | 91,8 | 91,2 |
| 7 | 107,1 | 106,4 |
| 8 | 122,4 | 121,6 |
| 9 | 137,7 | 136,8 |
| | 149 | 148 |
| 1 | 14,9 | 14,8 |
| 2 | 29,8 | 29,6 |
| 3 | 44,7 | 44,4 |
| 4 | 59,6 | 59,2 |
| 5 | 74,5 | 74,0 |
| 6 | 89,4 | 88,8 |
| 7 | 104,3 | 103,6 |
| 8 | 119,2 | 118,4 |
| 9 | 134,1 | 133,2 |
| | 145 | 144 |
| 1 | 14,5 | 14,4 |
| 2 | 29,0 | 28,8 |
| 3 | 43,5 | 43,2 |
| 4 | 58,0 | 57,6 |
| 5 | 72,5 | 72,0 |
| 6 | 87,0 | 86,4 |
| 7 | 101,5 | 100,8 |
| 8 | 116,0 | 115,2 |
| 9 | 30,5 | 129,6 |
| ← $p$ | | |

Erläuterungen zu Tafel 7 siehe Seite 211 und 213

## anderer Gase. — Gas-Reduktions-Tabelle

**Die Tafel 7 gibt die Mantissen der lg der Dichtewerte für $t^0$ und $p$ Torr**

| | 155 | 154 |
|---|---|---|
| 1 | 15,5 | 15,4 |
| 2 | 31,0 | 30,8 |
| 3 | 46,5 | 46,2 |
| 4 | 62,0 | 61,6 |
| 5 | 77,5 | 77,0 |
| 6 | 93,0 | 92,4 |
| 7 | 108,5 | 107,8 |
| 8 | 124,0 | 123,2 |
| 9 | 139,5 | 138,6 |
| | **151** | **150** |
| 1 | 15,1 | 15,0 |
| 2 | 30,2 | 30,0 |
| 3 | 45,3 | 45,0 |
| 4 | 60,4 | 60,0 |
| 5 | 75,5 | 75,0 |
| 6 | 90,6 | 90,0 |
| 7 | 105,7 | 105,0 |
| 8 | 120,8 | 120,0 |
| 9 | 135,9 | 135,0 |
| | **147** | **146** |
| 1 | 14,7 | 14,6 |
| 2 | 29,4 | 29,2 |
| 3 | 44,1 | 43,8 |
| 4 | 58,8 | 58,4 |
| 5 | 73,5 | 73,0 |
| 6 | 88,2 | 87,6 |
| 7 | 102,9 | 102,2 |
| 8 | 117,6 | 116,8 |
| 9 | 132,3 | 131,4 |
| | **143** | **142** |
| 1 | 14,3 | 14,2 |
| 2 | 28,6 | 28,4 |
| 3 | 42,9 | 42,6 |
| 4 | 57,2 | 56,8 |
| 5 | 71,5 | 71,0 |
| 6 | 85,8 | 85,2 |
| 7 | 100,1 | 99,4 |
| 8 | 114,4 | 113,6 |
| 9 | 128,7 | 127,8 |

| $p \rightarrow$ 715 | 716 | 717 | 718 | 719 | $t$ | $p_w$ |
|---|---|---|---|---|---|---|
| 05 957 | 06 017 | 06 078 | 06 138 | 06 199 | 7 | 7,5 |
| 05 802 | 05 862 | 05 923 | 05 983 | 06 044 | 8 | 8,0 |
| 05 648 | 05 708 | 05 769 | 05 829 | 05 890 | 9 | 8,6 |
| 05 494 | 05 554 | 05 615 | 05 675 | 05 736 | 10 | 9,2 |
| 05 340 | 05 400 | 05 461 | 05 521 | 05 582 | 11 | 9,8 |
| 05 187 | 05 247 | 05 308 | 05 368 | 05 429 | 12 | 10,5 |
| 05 035 | 05 095 | 05 156 | 05 216 | 05 277 | 13 | 11,2 |
| 04 883 | 04 943 | 05 004 | 05 064 | 05 125 | 14 | 12,0 |
| 04 732 | 04 792 | 04 853 | 04 913 | 04 974 | 15 | 12,8 |
| 04 581 | 04 641 | 04 702 | 04 762 | 04 823 | 16 | 13,6 |
| 04 431 | 04 491 | 04 552 | 04 612 | 04 673 | 17 | 14,5 |
| 04 281 | 04 341 | 04 402 | 04 462 | 04 523 | 18 | 15,5 |
| 04 132 | 04 192 | 04 253 | 04 313 | 04 374 | 19 | 16,5 |
| 03 983 | 04 043 | 04 104 | 04 164 | 04 225 | 20 | 17,5 |
| 03 835 | 03 895 | 03 956 | 04 016 | 04 077 | 21 | 18,7 |
| 03 687 | 03 747 | 03 808 | 03 868 | 03 929 | 22 | 19,8 |
| 03 540 | 03 600 | 03 661 | 03 721 | 03 782 | 23 | 21,1 |
| 03 393 | 03 453 | 03 514 | 03 574 | 03 635 | 24 | 22,4 |
| 03 247 | 03 307 | 03 368 | 03 428 | 03 489 | 25 | 23,8 |
| 03 101 | 03 161 | 03 222 | 03 282 | 03 343 | 26 | 25,2 |
| 02 956 | 03 016 | 03 077 | 03 137 | 03 198 | 27 | 26,7 |
| 02 811 | 02 871 | 02 932 | 02 993 | 03 053 | 28 | 28,3 |
| 02 607 | 02 727 | 02 788 | 02 848 | 02 909 | 29 | 30,0 |
| 02 523 | 02 583 | 02 644 | 02 704 | 02 765 | 30 | 31,8 |
| 02 380 | 02 440 | 02 501 | 02 561 | 02 622 | 31 | 33,7 |
| 02 237 | 02 297 | 02 358 | 02 418 | 02 479 | 32 | 35,7 |
| 02 094 | 02 154 | 02 215 | 02 275 | 02 336 | 33 | 37,7 |
| 01 952 | 02 012 | 02 073 | 02 133 | 02 194 | 34 | 39,9 |
| 01 811 | 01 871 | 01 932 | 01 992 | 02 053 | 35 | 42,2 |

$p \rightarrow$ 715 | 716 | 717 | 718 | 719 | $t$ | $p_w$

Hilfstafel auf Seite 113

Barometerkorrektionen auf Seite 112

Erläuterungen zu Tafel 7 siehe Seite 211 und 213

## Volumetrische Bestimmung des Stickstoffs und

Die Normdichte des Stickstoffs (bei 0° C und 760 Torr) ist $\varrho_N = 0{,}0012505\ \mathrm{gcm^{-3}}$

| $p_w$ | $t$ | 720 | 721 | 722 | 723 | 724 |
|---|---|---|---|---|---|---|
| 7,5 | 7 | 06 259 | 06 320 | 06 380 | 06 440 | 06 500 |
| 8,0 | 8 | 06 104 | 06 165 | 06 225 | 06 285 | 06 345 |
| 8,6 | 9 | 05 950 | 06 011 | 06 071 | 06 131 | 06 191 |
| 9,2 | 10 | 05 796 | 05 857 | 05 917 | 05 977 | 06 037 |
| 9,8 | 11 | 05 642 | 05 703 | 05 763 | 05 823 | 05 883 |
| 10,5 | 12 | 05 489 | 05 550 | 05 610 | 05 670 | 05 730 |
| 11,2 | 13 | 05 337 | 05 398 | 05 458 | 05 518 | 05 578 |
| 12,0 | 14 | 05 185 | 05 246 | 05 306 | 05 366 | 05 426 |
| 12,8 | 15 | 05 034 | 05 095 | 05 155 | 05 215 | 05 275 |
| 13,6 | 16 | 04 883 | 04 944 | 05 004 | 05 064 | 05 124 |
| 14,5 | 17 | 04 733 | 04 794 | 04 854 | 04 914 | 04 974 |
| 15,5 | 18 | 04 583 | 04 644 | 04 704 | 04 764 | 04 824 |
| 16,5 | 19 | 04 434 | 04 495 | 04 555 | 04 615 | 04 675 |
| 17,5 | 20 | 04 285 | 04 346 | 04 406 | 04 466 | 04 526 |
| 18,7 | 21 | 04 137 | 04 198 | 04 258 | 04 318 | 04 378 |
| 19,8 | 22 | 03 989 | 04 050 | 04 110 | 04 170 | 04 230 |
| 21,1 | 23 | 03 842 | 03 903 | 03 963 | 04 023 | 04 083 |
| 22,4 | 24 | 03 695 | 03 756 | 03 816 | 03 876 | 03 936 |
| 23,8 | 25 | 03 549 | 03 610 | 03 670 | 03 730 | 03 790 |
| 25,2 | 26 | 03 403 | 03 464 | 03 524 | 03 584 | 03 644 |
| 26,7 | 27 | 03 258 | 03 319 | 03 379 | 03 439 | 03 499 |
| 28,3 | 28 | 03 113 | 03 174 | 03 234 | 03 294 | 03 354 |
| 30,0 | 29 | 02 969 | 03 030 | 03 090 | 03 150 | 03 210 |
| 31,8 | 30 | 02 825 | 02 886 | 02 946 | 03 006 | 03 066 |
| 33,7 | 31 | 02 682 | 02 743 | 02 803 | 02 863 | 02 923 |
| 35,7 | 32 | 02 539 | 02 600 | 02 660 | 02 720 | 02 780 |
| 37,7 | 33 | 02 396 | 02 457 | 02 517 | 02 577 | 02 637 |
| 39,9 | 34 | 02 254 | 02 315 | 02 375 | 02 435 | 02 495 |
| 42,2 | 35 | 02 113 | 02 174 | 02 234 | 02 294 | 02 354 |
| $p_w$ | $t$ | 720 | 721 | 722 | 723 | 724 |

Hilfstafel auf Seite 113

Barometerkorrektionen auf Seite 112

← $p$

| | 61 | 60 | 59 |
|---|---|---|---|
| 1 | 6,1 | 6,0 | 5,9 |
| 2 | 12,2 | 12,0 | 11,8 |
| 3 | 18,3 | 18,0 | 17,7 |
| 4 | 24,4 | 24,0 | 23,6 |
| 5 | 30,5 | 30,0 | 29,5 |
| 6 | 36,6 | 36,0 | 35,4 |
| 7 | 42,7 | 42,0 | 41,3 |
| 8 | 48,8 | 48,0 | 47,2 |
| 9 | 54,9 | 54,0 | 53,1 |

| | 153 | 152 |
|---|---|---|
| 1 | 15,3 | 15,2 |
| 2 | 30,6 | 30,4 |
| 3 | 45,9 | 45,6 |
| 4 | 61,2 | 60,8 |
| 5 | 76,5 | 76,0 |
| 6 | 91,8 | 91,2 |
| 7 | 107,1 | 106,4 |
| 8 | 122,4 | 121,6 |
| 9 | 137,7 | 136,8 |

| | 149 | 148 |
|---|---|---|
| 1 | 14,9 | 14,8 |
| 2 | 29,8 | 29,6 |
| 3 | 44,7 | 44,4 |
| 4 | 59,6 | 59,2 |
| 5 | 74,5 | 74,0 |
| 6 | 89,4 | 88,8 |
| 7 | 104,3 | 103,6 |
| 8 | 119,2 | 118,4 |
| 9 | 134,1 | 133,2 |

| | 145 | 144 |
|---|---|---|
| 1 | 14,5 | 14,4 |
| 2 | 29,0 | 28,8 |
| 3 | 43,5 | 43,2 |
| 4 | 58,0 | 57,6 |
| 5 | 72,5 | 72,0 |
| 6 | 87,0 | 86,4 |
| 7 | 101,5 | 100,8 |
| 8 | 116,0 | 115,2 |
| 9 | 130,5 | 129,6 |

← $p$

Erläuterungen zu Tafel 7 siehe Seite 211 und 213

## anderer Gase. — Gas-Reduktions-Tabelle

**Die Tafel 7 gibt die Mantissen der lg der Dichtewerte für $t^0$ und $p$ Torr**

| $p \rightarrow$ | 155 | 154 |
|---|---|---|
| 1 | 15,5 | 15,4 |
| 2 | 31,0 | 30,8 |
| 3 | 46,5 | 46,2 |
| 4 | 62,0 | 61,6 |
| 5 | 77,5 | 77,0 |
| 6 | 93,0 | 92,4 |
| 7 | 108,5 | 107,8 |
| 8 | 124,0 | 123,2 |
| 9 | 139,5 | 138,6 |

| $p \rightarrow$ | 151 | 150 |
|---|---|---|
| 1 | 15,1 | 15,0 |
| 2 | 30,2 | 30,0 |
| 3 | 45,3 | 45,0 |
| 4 | 60,4 | 60,0 |
| 5 | 75,5 | 75,0 |
| 6 | 90,6 | 90,0 |
| 7 | 105,7 | 105,0 |
| 8 | 120,8 | 120,0 |
| 9 | 135,9 | 135,0 |

| $p \rightarrow$ | 147 | 146 |
|---|---|---|
| 1 | 14,7 | 14,6 |
| 2 | 29,4 | 29,2 |
| 3 | 44,1 | 43,8 |
| 4 | 58,8 | 58,4 |
| 5 | 73,5 | 73,0 |
| 6 | 88,2 | 87,6 |
| 7 | 102,9 | 102,2 |
| 8 | 117,6 | 116,8 |
| 9 | 132,3 | 131,4 |

| $p \rightarrow$ | 143 | 142 |
|---|---|---|
| 1 | 14,3 | 14,2 |
| 2 | 28,6 | 28,4 |
| 3 | 42,9 | 42,6 |
| 4 | 57,2 | 56,8 |
| 5 | 71,5 | 71,0 |
| 6 | 85,8 | 85,2 |
| 7 | 100,1 | 99,4 |
| 8 | 114,4 | 113,6 |
| 9 | 128,7 | 127,8 |

| $p \rightarrow$ 725 | 726 | 727 | 728 | 729 | $t$ | $p_w$ |
|---|---|---|---|---|---|---|
| 06 560 | 06 620 | 06 679 | 06 739 | 06 799 | 7 | 7,5 |
| 06 405 | 06 465 | 06 524 | 06 584 | 06 644 | 8 | 8,0 |
| 06 251 | 06 311 | 06 370 | 06 430 | 06 490 | 9 | 8,6 |
| 06 097 | 06 157 | 06 216 | 06 276 | 06 336 | 10 | 9,2 |
| 05 943 | 06 003 | 06 062 | 06 122 | 06 182 | 11 | 9,8 |
| 05 790 | 05 850 | 05 909 | 05 969 | 06 029 | 12 | 10,5 |
| 05 638 | 05 698 | 05 757 | 05 817 | 05 877 | 13 | 11,2 |
| 05 486 | 05 546 | 05 605 | 05 665 | 05 725 | 14 | 12,0 |
| 05 335 | 05 395 | 05 454 | 05 514 | 05 574 | 15 | 12,8 |
| 05 184 | 05 244 | 05 303 | 05 363 | 05 423 | 16 | 13,6 |
| 05 034 | 05 094 | 05 153 | 05 213 | 05 273 | 17 | 14,5 |
| 04 884 | 04 944 | 05 003 | 05 063 | 05 123 | 18 | 15,5 |
| 04 735 | 04 795 | 04 854 | 04 914 | 04 974 | 19 | 16,5 |
| 04 586 | 04 646 | 04 705 | 04 765 | 04 825 | 20 | 17,5 |
| 04 438 | 04 498 | 04 557 | 04 617 | 04 677 | 21 | 18,7 |
| 04 290 | 04 350 | 04 409 | 04 469 | 04 529 | 22 | 19,8 |
| 04 143 | 04 203 | 04 262 | 04 322 | 04 382 | 23 | 21,1 |
| 03 996 | 04 056 | 04 115 | 04 175 | 04 235 | 24 | 22,4 |
| 03 850 | 03 910 | 03 969 | 04 029 | 04 089 | 25 | 23,8 |
| 03 704 | 03 764 | 03 823 | 03 883 | 03 943 | 26 | 25,2 |
| 03 559 | 03 619 | 03 678 | 03 738 | 03 798 | 27 | 26,7 |
| 03 414 | 03 474 | 03 533 | 03 593 | 03 653 | 28 | 28,3 |
| 03 270 | 03 330 | 03 389 | 03 449 | 03 509 | 29 | 30,0 |
| 03 126 | 03 186 | 03 245 | 03 305 | 03 365 | 30 | 31,8 |
| 02 983 | 03 043 | 03 102 | 03 162 | 03 222 | 31 | 33,7 |
| 02 840 | 02 900 | 02 959 | 03 019 | 03 079 | 32 | 35,7 |
| 02 697 | 02 757 | 02 816 | 02 876 | 02 936 | 33 | 37,7 |
| 02 555 | 02 615 | 02 674 | 02 734 | 02 794 | 34 | 39,9 |
| 02 414 | 02 474 | 02 533 | 02 593 | 02 653 | 35 | 42,2 |
| $p \rightarrow$ 725 | 726 | 727 | 728 | 729 | $t$ | $p_w$ |

Hilfstafel auf Seite 113

Barometerkorrektionen auf Seite 112

Erläuterungen zu Tafel 7 siehe Seite 211 und 213

## Volumetrische Bestimmung des Stickstoffs und

Die Normdichte des Stickstoffs (bei 0° C und 760 Torr) ist $\varrho_N = 0{,}0012505$ gcm$^{-3}$

Hilfstafel auf Seite 113

Barometerkorrektionen auf Seite 112

| $p_w$ | $t$ | 730 | 731 | 732 | 733 | 734 |
|---|---|---|---|---|---|---|
| 7,5 | 7 | 06 858 | 06 918 | 06 977 | 07 036 | 07 096 |
| 8,0 | 8 | 06 703 | 06 763 | 06 822 | 06 881 | 06 941 |
| 8,6 | 9 | 06 549 | 06 609 | 06 668 | 06 727 | 06 787 |
| 9,2 | 10 | 06 395 | 06 455 | 06 514 | 06 573 | 06 633 |
| 9,8 | 11 | 06 241 | 06 301 | 06 360 | 06 419 | 06 479 |
| 10,5 | 12 | 06 088 | 06 148 | 06 207 | 06 266 | 06 326 |
| 11,2 | 13 | 05 936 | 05 996 | 06 055 | 06 114 | 06 174 |
| 12,0 | 14 | 05 784 | 05 844 | 05 903 | 05 962 | 06 022 |
| 12,8 | 15 | 05 633 | 05 693 | 05 752 | 05 811 | 05 871 |
| 13,6 | 16 | 05 482 | 05 542 | 05 601 | 05 660 | 05 720 |
| 14,5 | 17 | 05 332 | 05 392 | 05 451 | 05 510 | 05 570 |
| 15,5 | 18 | 05 182 | 05 242 | 05 301 | 05 360 | 05 420 |
| 16,5 | 19 | 05 033 | 05 093 | 05 152 | 05 211 | 05 271 |
| 17,5 | 20 | 04 884 | 04 944 | 05 003 | 05 062 | 05 122 |
| 18,7 | 21 | 04 736 | 04 796 | 04 855 | 04 914 | 04 974 |
| 19,8 | 22 | 04 588 | 04 648 | 04 707 | 04 766 | 04 826 |
| 21,1 | 23 | 04 441 | 04 501 | 04 560 | 04 619 | 04 679 |
| 22,4 | 24 | 04 294 | 04 354 | 04 413 | 04 472 | 04 532 |
| 23,8 | 25 | 04 148 | 04 208 | 04 267 | 04 326 | 04 386 |
| 25,2 | 26 | 04 002 | 04 062 | 04 121 | 04 180 | 04 240 |
| 26,7 | 27 | 03 857 | 03 917 | 03 976 | 04 035 | 04 095 |
| 28,3 | 28 | 03 712 | 03 772 | 03 831 | 03 890 | 03 950 |
| 30,0 | 29 | 03 568 | 03 628 | 03 687 | 03 746 | 03 806 |
| 31,8 | 30 | 03 424 | 03 484 | 03 543 | 03 602 | 03 662 |
| 33,7 | 31 | 03 281 | 03 341 | 03 400 | 03 459 | 03 519 |
| 35,7 | 32 | 03 138 | 03 198 | 03 257 | 03 316 | 03 376 |
| 37,7 | 33 | 02 995 | 03 055 | 03 114 | 03 173 | 03 233 |
| 39,9 | 34 | 02 853 | 02 913 | 02 972 | 03 031 | 03 091 |
| 42,2 | 35 | 02 712 | 02 772 | 02 831 | 02 890 | 02 950 |
| $p_w$ | $t$ | 730 | 731 | 732 | 733 | 734 |

← $p$

| | 60 | 59 | 58 |
|---|---|---|---|
| 1 | 6,0 | 5,9 | 5,8 |
| 2 | 12,0 | 11,8 | 11,6 |
| 3 | 18,0 | 17,7 | 17,4 |
| 4 | 24,0 | 23,6 | 23,2 |
| 5 | 30,0 | 29,5 | 29,0 |
| 6 | 36,0 | 35,4 | 34,8 |
| 7 | 42,0 | 41,3 | 40,6 |
| 8 | 48,0 | 47,2 | 46,4 |
| 9 | 54,0 | 53,1 | 52,2 |

| | 153 | 152 |
|---|---|---|
| 1 | 15,3 | 15,2 |
| 2 | 30,6 | 30,4 |
| 3 | 45,9 | 45,6 |
| 4 | 61,2 | 60,8 |
| 5 | 76,5 | 76,0 |
| 6 | 91,8 | 91,2 |
| 7 | 107,1 | 106,4 |
| 8 | 122,4 | 121,6 |
| 9 | 137,7 | 136,8 |

| | 149 | 148 |
|---|---|---|
| 1 | 14,9 | 14,8 |
| 2 | 29,8 | 29,6 |
| 3 | 44,7 | 44,4 |
| 4 | 59,6 | 59,2 |
| 5 | 74,5 | 74,0 |
| 6 | 89,4 | 88,8 |
| 7 | 104,3 | 103,6 |
| 8 | 119,2 | 118,4 |
| 9 | 134,1 | 133,2 |

| | 145 | 144 |
|---|---|---|
| 1 | 14,5 | 14,4 |
| 2 | 29,0 | 28,8 |
| 3 | 43,5 | 43,2 |
| 4 | 58,0 | 57,6 |
| 5 | 72,5 | 72,0 |
| 6 | 87,0 | 86,4 |
| 7 | 101,5 | 100,8 |
| 8 | 116,0 | 115,2 |
| 9 | 130,5 | 129,6 |

← $p$

Erläuterungen zu Tafel 7 siehe Seite 211 und 213

## anderer Gase. — Gas-Reduktions-Tabelle

**Die Tafel 7 gibt die Mantissen der lg der Dichtewerte für $t^0$ und $p$ Torr**

| $p$ → 735 | 736 | 737 | 738 | 739 | $t$ | $p_w$ |
|---|---|---|---|---|---|---|
| 07 155 | 07 214 | 07 273 | 07 332 | 07 390 | 7 | 7,5 |
| 07 000 | 07 059 | 07 118 | 07 177 | 07 235 | 8 | 8,0 |
| 06 846 | 06 905 | 06 964 | 07 023 | 07 081 | 9 | 8,6 |
| 06 692 | 06 751 | 06 810 | 06 869 | 06 927 | 10 | 9,2 |
| 06 538 | 06 597 | 06 656 | 06 715 | 06 773 | 11 | 9,8 |
| 06 385 | 06 444 | 06 503 | 06 562 | 06 620 | 12 | 10,5 |
| 06 233 | 06 292 | 06 351 | 06 410 | 06 468 | 13 | 11,2 |
| 06 081 | 06 140 | 06 199 | 06 258 | 06 316 | 14 | 12,0 |
| 05 930 | 05 989 | 06 048 | 06 107 | 06 165 | 15 | 12,8 |
| 05 779 | 05 838 | 05 897 | 05 956 | 06 014 | 16 | 13,6 |
| 05 629 | 05 688 | 05 747 | 05 806 | 05 864 | 17 | 14,5 |
| 05 479 | 05 538 | 05 597 | 05 656 | 05 714 | 18 | 15,5 |
| 05 330 | 05 389 | 05 448 | 05 507 | 05 565 | 19 | 16,5 |
| 05 181 | 05 240 | 05 299 | 05 358 | 05 416 | 20 | 17,5 |
| 05 033 | 05 092 | 05 151 | 05 210 | 05 268 | 21 | 18,7 |
| 04 885 | 04 944 | 05 003 | 05 062 | 05 120 | 22 | 19,8 |
| 04 738 | 04 797 | 04 856 | 04 915 | 04 973 | 23 | 21,1 |
| 04 591 | 04 650 | 04 709 | 04 768 | 04 826 | 24 | 22,4 |
| 04 445 | 04 504 | 04 563 | 04 622 | 04 680 | 25 | 23,8 |
| 04 299 | 04 358 | 04 417 | 04 476 | 04 534 | 26 | 25,2 |
| 04 154 | 04 213 | 04 272 | 04 331 | 04 389 | 27 | 26,7 |
| 04 009 | 04 068 | 04 127 | 04 186 | 04 244 | 28 | 28,3 |
| 03 865 | 03 924 | 03 983 | 04 042 | 04 100 | 29 | 30,0 |
| 03 721 | 03 780 | 03 839 | 03 898 | 03 956 | 30 | 31,8 |
| 03 578 | 03 637 | 03 696 | 03 755 | 03 813 | 31 | 33,7 |
| 03 435 | 03 494 | 03 553 | 03 612 | 03 670 | 32 | 35,7 |
| 03 292 | 03 351 | 03 410 | 03 469 | 03 527 | 33 | 37,7 |
| 03 150 | 03 209 | 03 268 | 03 327 | 03 385 | 34 | 39,9 |
| 03 009 | 03 068 | 03 127 | 03 186 | 03 244 | 35 | 42,2 |
| $p$ → 735 | 736 | 737 | 738 | 739 | $t$ | $p_w$ |

| | 155 | 154 | 151 | 150 | 147 | 146 | 143 | 142 |
|---|---|---|---|---|---|---|---|---|
| 1 | 15,5 | 15,4 | 15,1 | 15,0 | 14,7 | 14,6 | 14,3 | 14,2 |
| 2 | 31,0 | 30,8 | 30,2 | 30,0 | 29,4 | 29,2 | 28,6 | 28,4 |
| 3 | 46,5 | 46,2 | 45,3 | 45,0 | 44,1 | 43,8 | 42,9 | 42,6 |
| 4 | 62,0 | 61,6 | 60,4 | 60,0 | 58,8 | 58,4 | 57,2 | 56,8 |
| 5 | 77,5 | 77,0 | 75,5 | 75,0 | 73,5 | 73,0 | 71,5 | 71,0 |
| 6 | 93,0 | 92,4 | 90,6 | 90,0 | 88,2 | 87,6 | 85,8 | 85,2 |
| 7 | 108,5 | 107,8 | 105,7 | 105,0 | 102,9 | 102,2 | 100,1 | 99,4 |
| 8 | 124,0 | 123,2 | 120,8 | 120,0 | 117,6 | 116,8 | 114,4 | 113,6 |
| 9 | 139,5 | 138,6 | 135,9 | 135,0 | 132,3 | 131,4 | 128,7 | 127,8 |

Hilfstafel auf Seite 113

Barometerkorrektionen auf Seite 112

Erläuterungen zu Tafel 7 siehe Seite 211 und 213

## Volumetrische Bestimmung des Stickstoffs und

Die Normdichte des Stickstoffs (bei $0^0$ C und 760 Torr) ist $\varrho_N = 0{,}0012505\ \mathrm{gcm}^{-3}$

Barometerkorrektionen auf Seite 112 Hilfstafel auf Seite 113

| $p_w$ | $t$ | 740 | 741 | 742 | 743 | 744 |
|---|---|---|---|---|---|---|
| 7,5 | 7 | 07 449 | 07 508 | 07 566 | 07 625 | 07 683 |
| 8,0 | 8 | 07 294 | 07 353 | 07 411 | 07 470 | 07 528 |
| 8,6 | 9 | 07 140 | 07 199 | 07 257 | 07 316 | 07 374 |
| 9,2 | 10 | 06 986 | 07 045 | 07 103 | 07 162 | 07 220 |
| 9,8 | 11 | 06 832 | 06 891 | 06 949 | 07 008 | 07 066 |
| 10,5 | 12 | 06 679 | 06 738 | 06 796 | 06 855 | 06 913 |
| 11,2 | 13 | 06 527 | 06 586 | 06 644 | 06 703 | 06 761 |
| 12,0 | 14 | 06 375 | 06 434 | 06 492 | 06 551 | 06 609 |
| 12,8 | 15 | 06 224 | 06 283 | 06 341 | 06 400 | 06 458 |
| 13,6 | 16 | 06 073 | 06 132 | 06 190 | 06 249 | 06 307 |
| 14,5 | 17 | 05 923 | 05 982 | 06 040 | 06 099 | 06 157 |
| 15,5 | 18 | 05 773 | 05 832 | 05 890 | 05 949 | 06 007 |
| 16,5 | 19 | 05 624 | 05 683 | 05 741 | 05 800 | 05 858 |
| 17,5 | 20 | 05 475 | 05 534 | 05 592 | 05 651 | 05 709 |
| 18,7 | 21 | 05 327 | 05 386 | 05 444 | 05 503 | 05 561 |
| 19,8 | 22 | 05 179 | 05 238 | 05 296 | 05 355 | 05 413 |
| 21,1 | 23 | 05 032 | 05 091 | 05 149 | 05 208 | 05 266 |
| 22,4 | 24 | 04 885 | 04 944 | 05 002 | 05 061 | 05 119 |
| 23,8 | 25 | 04 739 | 04 798 | 04 856 | 04 915 | 04 973 |
| 25,2 | 26 | 04 593 | 04 652 | 04 710 | 04 769 | 04 867 |
| 26,7 | 27 | 04 448 | 04 507 | 04 565 | 04 624 | 04 682 |
| 28,3 | 28 | 04 303 | 04 362 | 04 420 | 04 479 | 04 537 |
| 30,0 | 29 | 04 159 | 04 218 | 04 276 | 04 335 | 04 393 |
| 31,8 | 30 | 04 015 | 04 074 | 04 132 | 04 191 | 04 249 |
| 33,7 | 31 | 03 872 | 03 931 | 03 989 | 04 048 | 04 106 |
| 35,7 | 32 | 03 729 | 03 788 | 03 846 | 03 905 | 03 963 |
| 37,7 | 33 | 03 586 | 03 645 | 03 703 | 03 762 | 03 820 |
| 39,9 | 34 | 03 444 | 03 503 | 03 561 | 03 620 | 03 678 |
| 42,2 | 35 | 03 303 | 03 362 | 03 420 | 03 479 | 03 537 |
| $p_w$ | $t$ | 740 | 741 | 742 | 743 | 744 |

← $p$

| | 59 | 58 |
|---|---|---|
| 1 | 5,9 | 5,8 |
| 2 | 11,8 | 11,6 |
| 3 | 17,7 | 17,4 |
| 4 | 23,6 | 23,2 |
| 5 | 29,5 | 29,0 |
| 6 | 35,4 | 34,8 |
| 7 | 41,3 | 40,6 |
| 8 | 47,2 | 46,4 |
| 9 | 53,1 | 52,2 |

| | 153 | 152 |
|---|---|---|
| 1 | 15,3 | 15,2 |
| 2 | 30,6 | 30,4 |
| 3 | 45,9 | 45,6 |
| 4 | 61,2 | 60,8 |
| 5 | 76,5 | 76,0 |
| 6 | 91,8 | 91,2 |
| 7 | 107,1 | 106,4 |
| 8 | 122,4 | 121,6 |
| 9 | 137,7 | 136,8 |

| | 149 | 148 |
|---|---|---|
| 1 | 14,9 | 14,8 |
| 2 | 29,8 | 29,6 |
| 3 | 44,7 | 44,4 |
| 4 | 59,6 | 59,2 |
| 5 | 74,5 | 74,0 |
| 6 | 89,4 | 88,8 |
| 7 | 104,3 | 103,6 |
| 8 | 119,2 | 118,4 |
| 9 | 134,1 | 133,2 |

| | 145 | 144 |
|---|---|---|
| 1 | 14,5 | 14,4 |
| 2 | 29,0 | 28,8 |
| 3 | 43,5 | 43,2 |
| 4 | 58,0 | 57,6 |
| 5 | 72,5 | 72,0 |
| 6 | 87,0 | 86,4 |
| 7 | 101,5 | 100,8 |
| 8 | 116,0 | 115,2 |
| 9 | 130,5 | 129,6 |

← $p$

Erläuterungen zu Tafel 7 siehe Seite 211 und 213

## anderer Gase. — Gas-Reduktions-Tabelle

Die Tafel 7 gibt die Mantissen der lg der Dichtewerte für $t^0$ und $p$ Torr

| t | $p \rightarrow$ 745 | 746 | 747 | 748 | 749 | $p_w$ |
|---|---|---|---|---|---|---|
| 7 | 07 742 | 07 800 | 07 858 | 07 916 | 07 974 | 7,5 |
| 8 | 07 587 | 07 645 | 07 703 | 07 761 | 07 819 | 8,0 |
| 9 | 07 433 | 07 491 | 07 549 | 07 607 | 07 665 | 8,6 |
| 10 | 07 279 | 07 337 | 07 395 | 07 453 | 07 511 | 9,2 |
| 11 | 07 125 | 07 183 | 07 241 | 07 299 | 07 357 | 9,8 |
| 12 | 06 972 | 07 030 | 07 088 | 07 146 | 07 204 | 10,5 |
| 13 | 06 820 | 06 878 | 06 936 | 06 994 | 07 052 | 11,2 |
| 14 | 06 668 | 06 726 | 06 784 | 06 842 | 06 900 | 12,0 |
| 15 | 06 517 | 06 575 | 06 633 | 06 691 | 06 749 | 12,8 |
| 16 | 06 366 | 06 424 | 06 482 | 06 540 | 06 598 | 13,6 |
| 17 | 06 216 | 06 274 | 06 332 | 06 390 | 06 448 | 14,5 |
| 18 | 06 066 | 06 124 | 06 182 | 06 240 | 06 298 | 15,5 |
| 19 | 05 917 | 05 975 | 06 033 | 06 091 | 06 149 | 16,5 |
| 20 | 05 768 | 05 826 | 05 884 | 05 942 | 06 000 | 17,5 |
| 21 | 05 620 | 05 678 | 05 736 | 05 794 | 05 852 | 18,7 |
| 22 | 05 472 | 05 530 | 05 588 | 05 646 | 05 704 | $19{,}\bar{8}$ |
| 23 | 05 325 | 05 383 | 05 441 | 05 499 | 05 557 | 21,1 |
| 24 | 05 178 | 05 236 | 05 294 | 05 352 | 05 410 | 22,4 |
| 25 | 05 032 | 05 090 | 05 148 | 05 206 | 05 264 | 23,8 |
| 26 | 04 886 | 04 944 | 05 002 | 05 060 | 05 118 | 25,2 |
| 27 | 04 741 | 04 799 | 04 857 | 04 915 | 04 973 | 26,7 |
| 28 | 04 596 | 04 654 | 04 712 | 04 770 | 04 828 | 28,3 |
| 29 | 04 452 | 04 510 | 04 568 | 04 626 | 04 684 | 30,0 |
| 30 | 04 308 | 04 366 | 04 424 | 04 482 | 04 540 | 31,8 |
| 31 | 04 165 | 04 223 | 04 281 | 04 339 | 04 397 | 33,7 |
| 32 | 04 022 | 04 080 | 04 138 | 04 196 | 04 254 | 35,7 |
| 33 | 03 879 | 03 937 | 03 995 | 04 053 | 04 111 | 37,7 |
| 34 | 03 737 | 03 795 | 03 853 | 03 911 | 03 969 | 39,9 |
| 35 | 03 596 | 03 654 | 03 712 | 03 770 | 03 828 | 42,2 |
| t | 745 | 746 | 747 | 748 | 749 | $p_w$ |

| ↑ | 155 | 154 | 151 | 150 | 147 | 146 | 143 | 142 |
|---|---|---|---|---|---|---|---|---|
| 1 | 15,5 | 15,4 | 15,1 | 15,0 | 14,7 | 14,6 | 14,3 | 14,2 |
| 2 | 31,0 | 30,8 | 30,2 | 30,0 | 29,4 | 29,2 | 28,6 | 28,4 |
| 3 | 46,5 | 46,2 | 45,3 | 45,0 | 44,1 | 43,8 | 42,9 | 42,6 |
| 4 | 62,0 | 61,6 | 60,4 | 60,0 | 58,8 | 58,4 | 57,2 | 56,8 |
| 5 | 77,5 | 77,0 | 75,5 | 75,0 | 73,5 | 73,0 | 71,5 | 71,0 |
| 6 | 93,0 | 92,4 | 90,6 | 90,0 | 88,2 | 87,6 | 85,8 | 85,2 |
| 7 | 108,5 | 107,8 | 105,7 | 105,0 | 102,9 | 102,2 | 100,1 | 99,4 |
| 8 | 124,0 | 123,2 | 120,8 | 120,0 | 117,6 | 116,8 | 114,4 | 113,6 |
| 9 | 139,5 | 138,6 | 135,9 | 135,0 | 132,3 | 131,4 | 128,7 | 127,8 |

Hilfstafel auf Seite 113

Barometerkorrektionen auf Seite 112

Erläuterungen zu Tafel 7 siehe Seite 211 und 213

## Volumetrische Bestimmung des Stickstoffs und

Die Normdichte des Stickstoffs (bei 0° C und 760 Torr) ist $\varrho_N = 0{,}0012505 \text{ gcm}^{-3}$

| $p_w$ | $t$ | 750 | 751 | 752 | 753 | 754 |
|---|---|---|---|---|---|---|
| 7,5 | 7 | 08 032 | 08 090 | 08 148 | 08 205 | 08 263 |
| 8,0 | 8 | 07 877 | 07 935 | 07 993 | 08 050 | 08 108 |
| 8,6 | 9 | 07 723 | 07 781 | 07 839 | 07 896 | 07 954 |
| 9,2 | 10 | 07 569 | 07 627 | 07 685 | 07 742 | 07 800 |
| 9,8 | 11 | 07 415 | 07 473 | 07 531 | 07 588 | 07 646 |
| 10,5 | 12 | 07 262 | 07 320 | 07 378 | 07 435 | 07 493 |
| 11,2 | 13 | 07 110 | 07 168 | 07 226 | 07 283 | 07 341 |
| 12,0 | 14 | 06 958 | 07 016 | 07 074 | 07 131 | 07 189 |
| 12,8 | 15 | 06 807 | 06 865 | 06 923 | 06 980 | 07 038 |
| 13,6 | 16 | 06 656 | 06 714 | 06 772 | 06 829 | 06 887 |
| 14,5 | 17 | 06 506 | 06 564 | 06 622 | 06 679 | 06 737 |
| 15,5 | 18 | 06 356 | 06 414 | 06 472 | 06 529 | 06 587 |
| 16,5 | 19 | 06 207 | 06 265 | 06 323 | 06 380 | 06 438 |
| 17,5 | 20 | 06 058 | 06 116 | 06 174 | 06 231 | 06 289 |
| 18,7 | 21 | 05 910 | 05 968 | 06 026 | 06 083 | 06 141 |
| 19,8 | 22 | 05 762 | 05 820 | 05 878 | 05 935 | 05 993 |
| 21,1 | 23 | 05 615 | 05 673 | 05 731 | 05 788 | 05 846 |
| 22,4 | 24 | 05 468 | 05 526 | 05 584 | 05 641 | 05 699 |
| 23,8 | 25 | 05 322 | 05 380 | 05 438 | 05 495 | 05 553 |
| 25,2 | 26 | 05 176 | 05 234 | 05 292 | 05 349 | 05 407 |
| 26,7 | 27 | 05 031 | 05 089 | 05 147 | 05 204 | 05 262 |
| 28,3 | 28 | 04 886 | 04 944 | 05 002 | 05 059 | 05 117 |
| 30,0 | 29 | 04 742 | 04 800 | 04 858 | 04 915 | 04 973 |
| 31,8 | 30 | 04 598 | 04 656 | 04 714 | 04 771 | 04 829 |
| 33,7 | 31 | 04 455 | 04 513 | 04 571 | 04 628 | 04 686 |
| 35,7 | 32 | 04 312 | 04 370 | 04 428 | 04 485 | 04 543 |
| 37,7 | 33 | 04 169 | 04 227 | 04 285 | 04 342 | 04 400 |
| 39,9 | 34 | 04 027 | 04 085 | 04 143 | 04 200 | 04 258 |
| 42,2 | 35 | 03 886 | 03 944 | 04 002 | 04 059 | 04 117 |
| $p_w$ | $t$ | 750 | 751 | 752 | 753 | 754 |

← $p$

| | 58 | 57 |
|---|---|---|
| 1 | 5,8 | 5,7 |
| 2 | 11,6 | 11,4 |
| 3 | 17,4 | 17,1 |
| 4 | 23,2 | 22,8 |
| 5 | 29,0 | 28,5 |
| 6 | 34,8 | 34,2 |
| 7 | 40,6 | 39,9 |
| 8 | 46,4 | 45,6 |
| 9 | 52,2 | 51,3 |

| | 153 | 152 |
|---|---|---|
| 1 | 15,3 | 15,2 |
| 2 | 30,6 | 30,4 |
| 3 | 45,9 | 45,6 |
| 4 | 61,2 | 60,8 |
| 5 | 76,5 | 76,0 |
| 6 | 91,8 | 91,2 |
| 7 | 107,1 | 106,4 |
| 8 | 122,4 | 121,6 |
| 9 | 137,7 | 136,8 |

| | 149 | 148 |
|---|---|---|
| 1 | 14,9 | 14,8 |
| 2 | 29,8 | 29,6 |
| 3 | 44,7 | 44,4 |
| 4 | 59,6 | 59,2 |
| 5 | 74,5 | 74,0 |
| 6 | 89,4 | 88,8 |
| 7 | 104,3 | 103,6 |
| 8 | 119,2 | 118,4 |
| 9 | 134,1 | 133,2 |

| | 145 | 144 |
|---|---|---|
| 1 | 14,5 | 14,4 |
| 2 | 29,0 | 28,8 |
| 3 | 43,5 | 43,2 |
| 4 | 58,0 | 57,6 |
| 5 | 72,5 | 72,0 |
| 6 | 87,0 | 86,4 |
| 7 | 101,5 | 100,8 |
| 8 | 116,0 | 115,2 |
| 9 | 130,5 | 129,6 |

← $p$

Barometerkorrektionen auf Seite 112 Hilfstafel auf Seite 113

Erläuterungen zu Tafel 7 siehe Seite 211 und 213

## anderer Gase. — Gas-Reduktions-Tabelle

**Die Tafel 7 gibt die Mantissen der lg der Dichtewerte für $t^0$ und $p$ Torr**

| $p$ → | 755 | 756 | 757 | 758 | 759 | $t$ | $p_w$ |
|---|---|---|---|---|---|---|---|
| | 08 321 | 08 378 | 08 436 | 08 493 | 08 550 | 7 | 7,5 |
| | 08 166 | 08 223 | 08 281 | 08 338 | 08 395 | 8 | 8,0 |
| | 08 012 | 08 069 | 08 127 | 08 184 | 08 241 | 9 | 8,6 |
| | 07 858 | 07 915 | 07 973 | 08 030 | 08 087 | 10 | 9,2 |
| | 07 704 | 07 761 | 07 819 | 07 876 | 07 933 | 11 | 9,8 |
| | 07 551 | 07 608 | 07 666 | 07 723 | 07 780 | 12 | 10,5 |
| | 07 399 | 07 456 | 07 514 | 07 571 | 07 628 | 13 | 11,2 |
| | 07 247 | 07 304 | 07 362 | 07 419 | 07 476 | 14 | 12,0 |
| | 07 096 | 07 153 | 07 211 | 07 268 | 07 325 | 15 | 12,8 |
| | 06 945 | 07 002 | 07 060 | 07 117 | 07 174 | 16 | 13,6 |
| | 06 795 | 06 852 | 06 910 | 06 967 | 07 024 | 17 | 14,5 |
| | 06 645 | 06 702 | 06 760 | 06 817 | 06 874 | 18 | 15,5 |
| | 06 496 | 06 553 | 06 611 | 06 668 | 06 725 | 19 | 16,5 |
| | 06 347 | 06 404 | 06 462 | 06 519 | 06 576 | 20 | 17,5 |
| | 06 199 | 06 256 | 06 314 | 06 371 | 06 428 | 21 | 18,7 |
| | 06 051 | 06 108 | 06 166 | 06 223 | 06 280 | 22 | 19,8 |
| | 05 904 | 05 961 | 06 019 | 06 076 | 06 133 | 23 | 21,1 |
| | 05 757 | 05 814 | 05 872 | 05 929 | 05 986 | 24 | 22,4 |
| | 05 611 | 05 668 | 05 726 | 05 783 | 05 845 | 25 | 23,8 |
| | 05 465 | 05 522 | 05 580 | 05 637 | 05 694 | 26 | 25,2 |
| | 05 320 | 05 377 | 05 435 | 05 492 | 05 549 | 27 | 26,7 |
| | 05 175 | 05 232 | 05 290 | 05 347 | 05 404 | 28 | 28,3 |
| | 05 031 | 05 088 | 05 146 | 05 203 | 05 260 | 29 | 30,0 |
| | 04 887 | 04 944 | 05 002 | 05 059 | 05 116 | 30 | 31,8 |
| | 04 744 | 04 801 | 04 859 | 04 916 | 04 973 | 31 | 33,7 |
| | 04 601 | 04 658 | 04 716 | 04 773 | 04 830 | 32 | 35,7 |
| | 04 458 | 04 515 | 04 573 | 04 630 | 04 687 | 33 | 37,7 |
| | 04 316 | 04 373 | 04 431 | 04 488 | 04 545 | 34 | 39,9 |
| | 04 175 | 04 232 | 04 290 | 04 347 | 04 404 | 35 | 42,2 |
| $p$ → | 755 | 756 | 757 | 758 | 759 | $t$ | $p_w$ |

| | 155 | 154 | 151 | 150 | 147 | 146 | 143 | 142 |
|---|---|---|---|---|---|---|---|---|
| 1 | 15,5 | 15,4 | 15,1 | 15,0 | 14,7 | 14,6 | 14,3 | 14,2 |
| 2 | 31,0 | 30,8 | 30,2 | 30,0 | 29,4 | 29,2 | 28,6 | 28,4 |
| 3 | 46,5 | 46,2 | 45,3 | 45,0 | 44,1 | 43,8 | 42,9 | 42,6 |
| 4 | 62,0 | 61,6 | 60,4 | 60,0 | 58,8 | 58,4 | 57,2 | 56,8 |
| 5 | 77,5 | 77,0 | 75,5 | 75,0 | 73,5 | 73,0 | 71,5 | 71,0 |
| 6 | 93,0 | 92,4 | 90,6 | 90,0 | 88,2 | 87,6 | 85,8 | 85,2 |
| 7 | 108,5 | 107,8 | 105,7 | 105,0 | 102,9 | 102,2 | 100,1 | 99,4 |
| 8 | 124,0 | 123,2 | 120,8 | 120,0 | 117,6 | 116,8 | 114,4 | 113,6 |
| 9 | 139,5 | 138,6 | 135,9 | 135,0 | 132,3 | 131,4 | 128,7 | 127,8 |

Hilfstafel auf Seite 113

Barometerkorrektionen auf Seite 112

Erläuterungen zu Tafel 7 siehe Seite 211 und 213

## Volumetrische Bestimmung des Stickstoffs und

Die Normdichte des Stickstoffs (bei 0° C und 760 Torr) ist $\varrho_N = 0{,}0012505$ gcm$^{-3}$

Hilfstafel auf Seite 113

Barometerkorrektionen auf Seite 112

| $p_w$ | $t$ | 760 | 761 | 762 | 763 | 764 |
|---|---|---|---|---|---|---|
| 7,5 | 7 | 08 607 | 08 664 | 08 721 | 08 778 | 08 835 |
| 8,0 | 8 | 08 452 | 08 509 | 08 566 | 08 623 | 08 680 |
| 8,6 | 9 | 08 298 | 08 355 | 08 412 | 08 469 | 08 526 |
| 9,2 | 10 | 08 144 | 08 201 | 08 258 | 08 315 | 08 372 |
| 9,8 | 11 | 07 990 | 08 047 | 08 104 | 08 161 | 08 218 |
| 10,5 | 12 | 07 837 | 07 894 | 07 951 | 08 008 | 08 065 |
| 11,2 | 13 | 07 685 | 07 742 | 07 799 | 07 856 | 07 913 |
| 12,0 | 14 | 07 533 | 07 590 | 07 647 | 07 704 | 07 761 |
| 12,8 | 15 | 07 382 | 07 439 | 07 496 | 07 553 | 07 610 |
| 13,6 | 16 | 07 231 | 07 288 | 07 345 | 07 402 | 07 459 |
| 14,5 | 17 | 07 081 | 07 138 | 07 195 | 07 252 | 07 309 |
| 15,5 | 18 | 06 931 | 06 988 | 07 045 | 07 102 | 07 159 |
| 16,5 | 19 | 06 782 | 06 839 | 06 896 | 06 953 | 07 010 |
| 17,5 | 20 | 06 633 | 06 690 | 06 747 | 06 804 | 06 861 |
| 18,7 | 21 | 06 485 | 06 542 | 06 599 | 06 656 | 06 713 |
| 19,8 | 22 | 06 337 | 06 394 | 06 451 | 06 508 | 06 565 |
| 21,1 | 23 | 06 190 | 06 247 | 06 304 | 06 361 | 06 418 |
| 22,4 | 24 | 06 043 | 06 100 | 06 157 | 06 214 | 06 271 |
| 23,8 | 25 | 05 897 | 05 954 | 06 011 | 06 068 | 06 125 |
| 25,2 | 26 | 05 751 | 05 808 | 05 865 | 05 922 | 05 979 |
| 26,7 | 27 | 05 606 | 05 663 | 05 720 | 05 777 | 05 834 |
| 28,3 | 28 | 05 461 | 05 518 | 05 575 | 05 632 | 05 689 |
| 30,0 | 29 | 05 317 | 05 374 | 05 431 | 05 488 | 05 545 |
| 31,8 | 30 | 05 173 | 05 230 | 05 287 | 05 344 | 05 401 |
| 33,7 | 31 | 05 030 | 05 087 | 05 144 | 05 201 | 05 258 |
| 35,7 | 32 | 04 887 | 04 944 | 05 001 | 05 058 | 05 115 |
| 37,7 | 33 | 04 744 | 04 801 | 04 858 | 04 915 | 04 972 |
| 39,9 | 34 | 04 602 | 04 659 | 04 716 | 04 773 | 04 830 |
| 42,2 | 35 | 04 461 | 04 518 | 04 575 | 04 632 | 04 689 |
| $p_w$ | $t$ | 760 | 761 | 762 | 763 | 764 |

← $p$

| | 57 | 56 |
|---|---|---|
| 1 | 5,7 | 5,6 |
| 2 | 11,4 | 11,2 |
| 3 | 17,1 | 16,8 |
| 4 | 22,8 | 22,4 |
| 5 | 28,5 | 28,0 |
| 6 | 34,2 | 33,6 |
| 7 | 39,9 | 39,2 |
| 8 | 45,6 | 44,8 |
| 9 | 51,3 | 50,4 |

| | 153 | 152 |
|---|---|---|
| 1 | 15,3 | 15,2 |
| 2 | 30,6 | 30,4 |
| 3 | 45,9 | 45,6 |
| 4 | 61,2 | 60,8 |
| 5 | 76,5 | 76,0 |
| 6 | 91,8 | 91,2 |
| 7 | 107,1 | 106,4 |
| 8 | 122,4 | 121,6 |
| 9 | 137,7 | 136,8 |

| | 149 | 148 |
|---|---|---|
| 1 | 14,9 | 14,8 |
| 2 | 29,8 | 29,6 |
| 3 | 44,7 | 44,4 |
| 4 | 59,6 | 59,2 |
| 5 | 74,5 | 74,0 |
| 6 | 89,4 | 88,8 |
| 7 | 104,3 | 103,6 |
| 8 | 119,2 | 118,4 |
| 9 | 134,1 | 133,2 |

| | 145 | 144 |
|---|---|---|
| 1 | 14,5 | 14,4 |
| 2 | 29,0 | 28,8 |
| 3 | 43,5 | 43,2 |
| 4 | 58,0 | 57,6 |
| 5 | 72,5 | 72,0 |
| 6 | 87,0 | 86,4 |
| 7 | 101,5 | 100,8 |
| 8 | 116,0 | 115,2 |
| 9 | 130,5 | 129,6 |

← $p$

Erläuterungen zu Tafel 7 siehe Seite 211 und 213

## anderer Gase. — Gas-Reduktions-Tabelle

**Die Tafel 7 gibt die Mantissen der lg der Dichtewerte für $t^0$ und $p$ Torr**

| $p \rightarrow$ | 765 | 766 | 767 | 768 | 769 | $t$ | $p_w$ |
|---|---|---|---|---|---|---|---|
| | 08 892 | 08 949 | 09 006 | 09 062 | 09 119 | | 7,5 |
| | 08 737 | 08 794 | 08 851 | 08 907 | 08 964 | | 8,0 |
| | 08 583 | 08 640 | 08 697 | 08 753 | 08 810 | | 8,6 |
| | 08 429 | 08 486 | 08 543 | 08 599 | 08 656 | | 9,2 |
| | 08 275 | 08 332 | 08 389 | 08 445 | 08 502 | | 9,8 |
| | 08 122 | 08 179 | 08 236 | 08 292 | 08 349 | | 10,5 |
| | 07 970 | 08 027 | 08 084 | 08 140 | 08 197 | | 11,2 |
| | 07 818 | 07 875 | 07 932 | 07 988 | 08 045 | | 12,0 |
| | 07 667 | 07 724 | 07 781 | 07 837 | 07 894 | | 12,8 |
| | 07 516 | 07 573 | 07 630 | 07 686 | 07 743 | | 13,6 |
| | 07 366 | 07 423 | 07 480 | 07 536 | 07 593 | | 14,5 |
| | 07 216 | 07 273 | 07 330 | 07 386 | 07 443 | | 15,5 |
| | 07 067 | 07 124 | 07 181 | 07 237 | 07 294 | | 16,5 |
| | 06 918 | 06 975 | 07 032 | 07 088 | 07 145 | | 17,5 |
| | 06 770 | 06 827 | 06 884 | 06 940 | 06 997 | | 18,7 |
| | 06 622 | 06 679 | 06 736 | 06 792 | 06 849 | | 19,8 |
| | 06 475 | 06 532 | 06 589 | 06 645 | 06 702 | | 21,1 |
| | 06 328 | 06 385 | 06 442 | 06 498 | 06 555 | | 22,4 |
| | 06 182 | 06 239 | 06 296 | 06 352 | 06 409 | | 23,8 |
| | 06 036 | 06 093 | 06 150 | 06 206 | 06 263 | | 25,2 |
| | 05 891 | 05 948 | 06 005 | 06 061 | 06 118 | | 26,7 |
| | 05 746 | 05 803 | 05 860 | 05 916 | 05 973 | | 28,3 |
| | 05 602 | 05 659 | 05 716 | 05 772 | 05 829 | | 30,0 |
| | 05 458 | 05 515 | 05 572 | 05 628 | 05 685 | | 31,8 |
| | 05 315 | 05 372 | 05 429 | 05 485 | 05 542 | | 33,7 |
| | 05 172 | 05 229 | 05 286 | 05 342 | 05 399 | | 35,7 |
| | 05 029 | 05 086 | 05 143 | 05 199 | 05 256 | | 37,7 |
| | 04 887 | 04 944 | 05 001 | 05 057 | 05 114 | | 39,9 |
| | 04 746 | 04 803 | 04 860 | 04 916 | 04 973 | | 42,2 |
| $p \rightarrow$ | 765 | 766 | 767 | 768 | 769 | $t$ | $p_w$ |

| | 155 | 154 |
|---|---|---|
| 1 | 15,5 | 15,4 |
| 2 | 31,0 | 30,8 |
| 3 | 46,5 | 46,2 |
| 4 | 62,0 | 61,6 |
| 5 | 77,5 | 77,0 |
| 6 | 93,0 | 92,4 |
| 7 | 108,5 | 107,8 |
| 8 | 124,0 | 123,2 |
| 9 | 139,5 | 138,6 |

| | 151 | 150 |
|---|---|---|
| 1 | 15,1 | 15,0 |
| 2 | 30,2 | 30,0 |
| 3 | 45,3 | 45,0 |
| 4 | 60,4 | 60,0 |
| 5 | 75,5 | 75,0 |
| 6 | 90,6 | 90,0 |
| 7 | 105,7 | 105,0 |
| 8 | 120,8 | 120,0 |
| 9 | 135,9 | 135,0 |

| | 147 | 146 |
|---|---|---|
| 1 | 14,7 | 14,6 |
| 2 | 29,4 | 29,2 |
| 3 | 44,1 | 43,8 |
| 4 | 58,8 | 58,4 |
| 5 | 73,5 | 73,0 |
| 6 | 88,2 | 87,6 |
| 7 | 102,9 | 102,2 |
| 8 | 117,6 | 116,8 |
| 9 | 132,3 | 131,4 |

| | 143 | 142 |
|---|---|---|
| 1 | 14,3 | 14,2 |
| 2 | 28,6 | 28,4 |
| 3 | 42,9 | 42,6 |
| 4 | 57,2 | 56,8 |
| 5 | 71,5 | 71,0 |
| 6 | 85,8 | 85,2 |
| 7 | 100,1 | 99,4 |
| 8 | 114,4 | 113,6 |
| 9 | 128,7 | 127,8 |

Hilfstafel auf Seite 113

Barometerkorrektionen auf Seite 112

Erläuterungen zu Tafel 7 siehe Seite 211 und 213

## Volumetrische Bestimmung des Stickstoffs und

Die Normdichte des Stickstoffs (bei 0° C und 760 Torr) ist $\varrho_N = 0{,}0012505\ \mathrm{gcm^{-3}}$

| $p_w$ | $t$ | 770 | 771 | 772 | 773 | 774 |
|---|---|---|---|---|---|---|
| 7,5 | 7 | 09 175 | 09 231 | 09 288 | 09 344 | 09 400 |
| 8,0 | 8 | 09 020 | 09 076 | 09 133 | 09 189 | 09 245 |
| 8,6 | 9 | 08 866 | 08 922 | 08 979 | 09 035 | 09 091 |
| 9,2 | 10 | 08 712 | 08 768 | 08 825 | 08 881 | 08 937 |
| 9,8 | 11 | 08 558 | 08 614 | 08 671 | 08 727 | 08 783 |
| 10,5 | 12 | 08 405 | 08 461 | 08 518 | 08 574 | 08 630 |
| 11,2 | 13 | 08 253 | 08 309 | 08 366 | 08 422 | 08 478 |
| 12,0 | 14 | 08 101 | 08 157 | 08 214 | 08 270 | 08 326 |
| 12,8 | 15 | 07 949 | 08 005 | 08 062 | 08 118 | 08 174 |
| 13,6 | 16 | 07 798 | 07 854 | 07 911 | 07 967 | 08 023 |
| 14,5 | 17 | 07 648 | 07 704 | 07 761 | 07 817 | 07 873 |
| 15,5 | 18 | 07 498 | 07 554 | 07 611 | 07 667 | 07 723 |
| 16,5 | 19 | 07 349 | 07 405 | 07 462 | 07 518 | 07 574 |
| 17,5 | 20 | 07 200 | 07 256 | 07 313 | 07 369 | 07 425 |
| 18,7 | 21 | 07 052 | 07 108 | 07 165 | 07 221 | 07 277 |
| 19,8 | 22 | 06 904 | 06 960 | 07 017 | 07 073 | 07 129 |
| 21,1 | 23 | 06 757 | 06 813 | 06 870 | 06 926 | 06 982 |
| 22,4 | 24 | 06 611 | 06 667 | 06 724 | 06 780 | 06 836 |
| 23,8 | 25 | 06 465 | 06 521 | 06 578 | 06 634 | 06 690 |
| 25,2 | 26 | 06 219 | 06 375 | 06 432 | 06 488 | 06 544 |
| 26,7 | 27 | 06 174 | 06 230 | 06 287 | 06 343 | 06 399 |
| 28,3 | 28 | 06 029 | 06 085 | 06 142 | 06 198 | 06 254 |
| 30,0 | 29 | 05 885 | 05 941 | 05 998 | 06 054 | 06 110 |
| 31,8 | 30 | 05 741 | 05 797 | 05 854 | 05 910 | 05 966 |
| 33,7 | 31 | 05 598 | 05 654 | 05 711 | 05 767 | 05 823 |
| 35,7 | 32 | 05 455 | 05 511 | 05 568 | 05 624 | 05 680 |
| 37,7 | 33 | 05 312 | 05 368 | 05 425 | 05 481 | 05 537 |
| 39,9 | 34 | 05 170 | 05 226 | 05 283 | 05 339 | 05 395 |
| 42,2 | 35 | 05 029 | 05 085 | 05 142 | 05 198 | 05 254 |
| $p_w$ | $t$ | 770 | 771 | 772 | 773 | 774 |

← $p$

| | 57 | 56 |
|---|---|---|
| 1 | 5,7 | 5,6 |
| 2 | 11,4 | 11,2 |
| 3 | 17,1 | 16,8 |
| 4 | 22,8 | 22,4 |
| 5 | 28,5 | 28,0 |
| 6 | 34,2 | 33,6 |
| 7 | 39,9 | 39,2 |
| 8 | 45,6 | 44,8 |
| 9 | 51,3 | 50,4 |

| | 153 | 152 |
|---|---|---|
| 1 | 15,3 | 15,2 |
| 2 | 30,6 | 30,4 |
| 3 | 45,9 | 45,6 |
| 4 | 61,2 | 60,8 |
| 5 | 76,5 | 76,0 |
| 6 | 91,8 | 91,2 |
| 7 | 107,1 | 106,4 |
| 8 | 122,4 | 121,6 |
| 9 | 137,7 | 136,8 |

| | 149 | 148 |
|---|---|---|
| 1 | 14,9 | 14,8 |
| 2 | 29,8 | 29,6 |
| 3 | 44,7 | 44,4 |
| 4 | 59,6 | 59,2 |
| 5 | 74,5 | 74,0 |
| 6 | 89,4 | 88,8 |
| 7 | 104,3 | 103,6 |
| 8 | 119,2 | 118,4 |
| 9 | 134,1 | 133,2 |

| | 145 | 144 |
|---|---|---|
| 1 | 14,5 | 14,4 |
| 2 | 29,0 | 28,8 |
| 3 | 43,5 | 43,2 |
| 4 | 58,0 | 57,6 |
| 5 | 72,5 | 72,0 |
| 6 | 87,0 | 86,4 |
| 7 | 101,5 | 100,8 |
| 8 | 116,0 | 115,2 |
| 9 | 130,5 | 129,6 |

Barometerkorrektionen auf Seite 112 Hilfstafel auf Seite 113

Erläuterungen zu Tafel 7 siehe Seite 211 und 213

**anderer Gase. — Gas-Reduktions-Tabelle**

**Die Tafel 7 gibt die Mantissen der lg der Dichtewerte für $t^0$ und $p$ Torr**

| | 155 | 154 | 151 | 150 | 147 | 146 | 143 | 142 |
|---|---|---|---|---|---|---|---|---|
| 1 | 15,5 | 15,4 | 15,1 | 15,0 | 14,7 | 14,6 | 14,3 | 14,2 |
| 2 | 31,0 | 30,8 | 30,2 | 30,0 | 29,4 | 29,2 | 28,6 | 28,4 |
| 3 | 46,5 | 46,2 | 45,3 | 45,0 | 44,1 | 43,8 | 42,9 | 42,6 |
| 4 | 62,0 | 61,6 | 60,4 | 60,0 | 58,8 | 58,4 | 57,2 | 56,8 |
| 5 | 77,5 | 77,0 | 75,5 | 75,0 | 73,5 | 73,0 | 71,5 | 71,0 |
| 6 | 93,0 | 92,4 | 90,6 | 90,0 | 88,2 | 87,6 | 85,8 | 85,2 |
| 7 | 108,5 | 107,8 | 105,7 | 105,0 | 102,9 | 102,2 | 100,1 | 99,4 |
| 8 | 124,0 | 123,2 | 120,8 | 120,0 | 117,6 | 116,8 | 114,4 | 113,6 |
| 9 | 139,5 | 138,6 | 135,9 | 135,0 | 132,3 | 131,4 | 128,7 | 127,8 |

| $p \rightarrow$ | 775 | 776 | 777 | 778 | 779 | $t$ | $p_w$ |
|---|---|---|---|---|---|---|---|
| | 09 456 | 09 512 | 09 568 | 09 624 | 09 680 | 7 | 7,5 |
| | 09 301 | 09 357 | 09 413 | 09 469 | 09 525 | 8 | 8,0 |
| | 09 147 | 09 203 | 09 259 | 09 315 | 09 371 | 9 | 8,6 |
| | 08 993 | 09 049 | 09 105 | 09 161 | 09 217 | 10 | 9,2 |
| | 08 839 | 08 895 | 08 951 | 09 007 | 09 063 | 11 | 9,8 |
| | 08 686 | 08 742 | 08 798 | 08 854 | 08 910 | 12 | 10,5 |
| | 08 534 | 08 590 | 08 646 | 08 702 | 08 758 | 13 | 11,2 |
| | 08 382 | 08 438 | 08 494 | 08 550 | 08 606 | 14 | 12,0 |
| | 08 230 | 08 286 | 08 342 | 08 398 | 08 454 | 15 | 12,8 |
| | 08 079 | 08 135 | 08 191 | 08 247 | 08 303 | 16 | 13,6 |
| | 07 929 | 07 985 | 08 041 | 08 097 | 08 153 | 17 | 14,5 |
| | 07 779 | 07 835 | 07 891 | 07 947 | 08 003 | 18 | 15,5 |
| | 07 630 | 07 686 | 07 742 | 07 798 | 07 854 | 19 | 16,5 |
| | 07 481 | 07 537 | 07 593 | 07 649 | 07 705 | 20 | 17,5 |
| | 07 333 | 07 389 | 07 445 | 07 501 | 07 557 | 21 | 18,7 |
| | 07 185 | 07 241 | 07 297 | 07 353 | 07 409 | 22 | 19,8 |
| | 07 038 | 07 094 | 07 150 | 07 206 | 07 262 | 23 | 21,1 |
| | 06 892 | 06 948 | 07 004 | 07 060 | 07 116 | 24 | 22,4 |
| | 06 746 | 06 802 | 06 858 | 06 914 | 06 970 | 25 | 23,8 |
| | 06 600 | 06 656 | 06 712 | 06 768 | 06 824 | 26 | 25,2 |
| | 06 455 | 06 511 | 06 567 | 06 623 | 06 679 | 27 | 26,7 |
| | 06 310 | 06 366 | 06 422 | 06 478 | 06 534 | 28 | 28,3 |
| | 06 166 | 06 222 | 06 278 | 06 334 | 06 396 | 29 | 30,0 |
| | 06 022 | 06 078 | 06 134 | 06 190 | 06 246 | 30 | 31,8 |
| | 05 879 | 05 935 | 05 991 | 06 047 | 06 103 | 31 | 33,7 |
| | 05 736 | 05 792 | 05 848 | 05 904 | 05 960 | 32 | 35,7 |
| | 05 593 | 05 649 | 05 705 | 05 761 | 05 817 | 33 | 37,7 |
| | 05 451 | 05 507 | 05 563 | 05 619 | 05 675 | 34 | 39,9 |
| | 05 310 | 05 366 | 05 422 | 05 478 | 05 534 | 35 | 42,2 |
| $p \rightarrow$ | 775 | 776 | 777 | 778 | 779 | $t$ | $p_w$ |

Hilfstafel auf Seite 113

Barometerkorrektionen auf Seite 112

Erläuterungen zu Tafel 7 siehe Seite 211 und 213

## Volumetrische Bestimmung des Stickstoffs und

Die Normdichte des Stickstoffs (bei 0° C und 760 Torr) ist $\varrho_N = 0{,}0012505\ \mathrm{gcm^{-3}}$

Hilfstafel auf Seite 113

Barometerkorrektionen auf Seite 112

| $p_w$ | $t$ | 780 | 781 | 782 | 783 | 784 |
|---|---|---|---|---|---|---|
| 7,5 | 7 | 09 735 | 09 791 | 09 847 | 09 902 | 09 958 |
| 8,0 | 8 | 09 580 | 09 636 | 09 692 | 09 747 | 09 803 |
| 8,6 | 9 | 09 426 | 09 482 | 09 538 | 09 593 | 09 649 |
| 9,2 | 10 | 09 272 | 09 328 | 09 384 | 09 439 | 09 495 |
| 9,8 | 11 | 09 118 | 09 174 | 09 230 | 09 285 | 09 341 |
| 10,5 | 12 | 08 965 | 09 021 | 09 077 | 09 132 | 09 188 |
| 11,2 | 13 | 08 813 | 08 869 | 08 925 | 08 980 | 09 036 |
| 12,0 | 14 | 08 661 | 08 717 | 08 773 | 08 828 | 08 884 |
| 12,8 | 15 | 08 509 | 08 565 | 08 621 | 08 676 | 08 732 |
| 13,6 | 16 | 08 358 | 08 414 | 08 470 | 08 525 | 08 581 |
| 14,5 | 17 | 08 208 | 08 264 | 08 320 | 08 375 | 08 431 |
| 15,5 | 18 | 08 058 | 08 114 | 08 170 | 08 225 | 08 281 |
| 16,5 | 19 | 07 909 | 07 965 | 08 021 | 08 076 | 08 132 |
| 17,5 | 20 | 07 760 | 07 816 | 07 872 | 07 927 | 07 983 |
| 18,7 | 21 | 07 612 | 07 668 | 07 724 | 07 779 | 07 835 |
| 19,8 | 22 | 07 464 | 07 520 | 07 576 | 07 631 | 07 687 |
| 21,1 | 23 | 07 317 | 07 373 | 07 429 | 07 484 | 07 540 |
| 22,4 | 24 | 07 171 | 07 227 | 07 283 | 07 338 | 07 394 |
| 23,8 | 25 | 07 025 | 07 081 | 07 137 | 07 192 | 07 248 |
| 25,2 | 26 | 06 879 | 06 935 | 06 991 | 07 046 | 07 102 |
| 26,7 | 27 | 06 734 | 06 790 | 06 846 | 06 901 | 06 957 |
| 28,3 | 28 | 06 589 | 06 645 | 06 710 | 06 756 | 06 812 |
| 30,0 | 29 | 06 445 | 06 501 | 06 557 | 06 612 | 06 668 |
| 31,8 | 30 | 06 301 | 06 357 | 06 413 | 06 468 | 06 524 |
| 33,7 | 31 | 06 158 | 06 214 | 06 270 | 06 325 | 06 381 |
| 35,7 | 32 | 06 015 | 06 071 | 06 127 | 06 182 | 06 238 |
| 37,7 | 33 | 05 872 | 05 928 | 05 984 | 06 039 | 06 095 |
| 39,9 | 34 | 05 730 | 05 786 | 05 842 | 05 597 | 05 953 |
| 42,2 | 35 | 05 589 | 05 645 | 05 701 | 05 756 | 05 812 |
| $p_w$ | $t$ | 780 | 781 | 782 | 783 | 784 |

← $p$ →

| | 56 | 55 |
|---|---|---|
| 1 | 5,6 | 5,5 |
| 2 | 11,2 | 11,0 |
| 3 | 16,8 | 16,5 |
| 4 | 22,4 | 22,0 |
| 5 | 28,0 | 27,5 |
| 6 | 33,6 | 33,0 |
| 7 | 39,2 | 38,5 |
| 8 | 44,8 | 44,0 |
| 9 | 50,4 | 49,5 |

| | 153 | 152 |
|---|---|---|
| 1 | 15,3 | 15,2 |
| 2 | 30,6 | 30,4 |
| 3 | 45,9 | 45,6 |
| 4 | 61,2 | 60,8 |
| 5 | 76,5 | 76,0 |
| 6 | 91,8 | 91,2 |
| 7 | 107,1 | 106,4 |
| 8 | 122,4 | 121,6 |
| 9 | 137,7 | 136,8 |

| | 149 | 148 |
|---|---|---|
| 1 | 14,9 | 14,8 |
| 2 | 29,8 | 29,6 |
| 3 | 44,7 | 44,4 |
| 4 | 59,6 | 59,2 |
| 5 | 74,5 | 74,0 |
| 6 | 89,4 | 88,8 |
| 7 | 104,3 | 103,6 |
| 8 | 119,2 | 118,4 |
| 9 | 134,1 | 133,2 |

| | 145 | 144 |
|---|---|---|
| 1 | 14,5 | 14,4 |
| 2 | 29,0 | 28,8 |
| 3 | 43,5 | 43,2 |
| 4 | 58,0 | 57,6 |
| 5 | 72,5 | 72,0 |
| 6 | 87,0 | 86,4 |
| 7 | 101,5 | 100,8 |
| 8 | 116,0 | 115,2 |
| 9 | 130,5 | 129,6 |

← $p$

Erläuterungen zu Tafel 7 siehe Seite 211 und 213

## anderer Gase. — Gas-Reduktions-Tabelle

Die Tafel 7 gibt die Mantissen der lg der Dichtewerte für $t^0$ und $p$ Torr

| | $p \rightarrow$ | | 785 | 786 | 787 | 788 | 789 | $t$ | $p_w$ |
|---|---|---|---|---|---|---|---|---|---|
| | 155 | 154 | 10 013 | 10 068 | 10 123 | 10 179 | 10 234 | 7 | 7,5 |
| 1 | 15,5 | 15,4 | 09 858 | 09 913 | 09 968 | 10 024 | 10 079 | 8 | 8,0 |
| 2 | 31,0 | 30,8 | 09 704 | 09 759 | 09 814 | 09 870 | 09 925 | 9 | 8,6 |
| ↑ 3 | 46,5 | 46,2 | 09 550 | 09 605 | 09 660 | 09 716 | 09 771 | 10 | 9,2 |
| 4 | 62,0 | 61,6 | | | | | | | |
| 5 | 77,5 | 77,0 | | | | | | | |
| 6 | 93,0 | 92,4 | 09 396 | 09 451 | 09 506 | 09 562 | 09 617 | 11 | 9,8 |
| 7 | 108,5 | 107,8 | 09 243 | 09 298 | 09 353 | 09 409 | 09 464 | 12 | 10,5 |
| 8 | 124,0 | 123,2 | 09 091 | 09 146 | 09 201 | 09 257 | 09 312 | 13 | 11,2 |
| 9 | 139,5 | 138,6 | 08 939 | 08 994 | 09 049 | 09 105 | 09 162 | 14 | 12,0 |
| | 151 | 150 | 08 787 | 08 842 | 08 897 | 08 953 | 09 008 | 15 | 12,8 |
| 1 | 15,1 | 15,0 | | | | | | | |
| 2 | 30,2 | 30,0 | 08 636 | 08 691 | 08 746 | 08 802 | 08 857 | 16 | 13,6 |
| ↑ 3 | 45,3 | 45,0 | 08 486 | 08 541 | 08 596 | 08 652 | 08 707 | 17 | 14,5 |
| 4 | 60,4 | 60,0 | 08 336 | 08 391 | 08 446 | 08 502 | 08 557 | 18 | 15,5 |
| 5 | 75,5 | 75,0 | 08 187 | 08 242 | 08 297 | 08 353 | 08 408 | 19 | 16,5 |
| 6 | 90,6 | 90,0 | 08 038 | 08 093 | 08 148 | 08 204 | 08 259 | 20 | 17,5 |
| 7 | 105,7 | 105,0 | | | | | | | |
| 8 | 120,8 | 120,0 | | | | | | | |
| 9 | 135,9 | 135,0 | | | | | | | |
| | | | 07 890 | 07 945 | 08 000 | 08 056 | 08 111 | 21 | 18,7 |
| | 147 | 146 | 07 742 | 07 797 | 07 852 | 07 908 | 07 963 | 22 | 19,8 |
| 1 | 14,7 | 14,6 | 07 595 | 07 650 | 07 705 | 07 761 | 07 816 | 23 | 21,1 |
| 2 | 29,4 | 29,2 | 07 449 | 07 504 | 07 559 | 07 615 | 07 670 | 24 | 22,4 |
| ↑ 3 | 44,1 | 43,8 | 07 303 | 07 388 | 07 413 | 07 469 | 07 524 | 25 | 23,8 |
| 4 | 58,8 | 58,4 | | | | | | | |
| 5 | 73,5 | 73,0 | | | | | | | |
| 6 | 88,2 | 87,6 | 07 157 | 07 212 | 07 267 | 07 323 | 07 378 | 26 | 25,2 |
| 7 | 102,9 | 102,2 | 07 012 | 07 067 | 07 122 | 07 178 | 07 233 | 27 | 26,7 |
| 8 | 117,6 | 116,8 | 06 867 | 06 922 | 06 977 | 07 033 | 07 088 | 28 | 28,3 |
| 9 | 132,3 | 131,4 | 06 723 | 06 778 | 06 833 | 06 889 | 06 944 | 29 | 30,0 |
| | 143 | 142 | 06 579 | 06 634 | 06 689 | 06 745 | 06 800 | 30 | 31,8 |
| 1 | 14,3 | 14,2 | | | | | | | |
| 2 | 28,6 | 28,4 | | | | | | | |
| ↑ 3 | 42,9 | 42,6 | 06 436 | 06 491 | 06 546 | 06 602 | 06 657 | 31 | 33,7 |
| 4 | 57,2 | 56,8 | 06 293 | 06 348 | 06 403 | 06 459 | 06 514 | 32 | 35,7 |
| 5 | 71,5 | 71,0 | 06 150 | 06 205 | 06 260 | 06 316 | 06 371 | 33 | 37,7 |
| 6 | 85,8 | 85,2 | 06 008 | 06 063 | 06 118 | 06 174 | 06 229 | 34 | 39,9 |
| 7 | 100,1 | 99,4 | 05 867 | 05 922 | 05 977 | 06 033 | 06 088 | 35 | 42,2 |
| 8 | 114,4 | 113,6 | | | | | | | |
| 9 | 128,7 | 127,8 | | | | | | | |
| | $p \rightarrow$ | | 785 | 786 | 787 | 788 | 789 | $t$ | $p_w$ |

Hilfstafel auf Seite 113

Barometerkorrektionen auf Seite 112

Erläuterungen zu Tafel 7 siehe Seite 211 und 213

Tafel 7a

## Barometer-Korrektionen (in Torr)

**Von den abgelesenen Druckwerten (zwischen 670 und 790 Torr) abzuziehen**

| t (° C) | Skala von Glas | | | Skala von Messing | | | p ← |
|---|---|---|---|---|---|---|---|
| | 670 | 730 | 790 | 670 | 730 | 790 | |
| 7 | 0,8 | 0,9 | 0,95 | 0,75 | 0,85 | 0,9 | Korrektionen |
| 8 | 0,95 | 1,0 | 1,1 | 0,9 | 0,95 | 1,05 | |
| 9 | 1,05 | 1,15 | 1,25 | 1,0 | 1,05 | 1,15 | |
| 10 | 1,15 | 1,25 | 1,4 | 1,1 | 1,2 | 1,3 | |
| 11 | 1,35 | 1,4 | 1,5 | 1,2 | 1,3 | 1,4 | |
| 12 | 1,4 | 1,5 | 1,65 | 1,3 | 1,45 | 1,55 | |
| 13 | 1,5 | 1,65 | 1,8 | 1,4 | 1,55 | 1,65 | |
| 14 | 1,6 | 1,75 | 1,9 | 1,5 | 1,65 | 1,8 | |
| 15 | 1,75 | 1,9 | 2,05 | 1,65 | 1,8 | 1,9 | |
| 16 | 1,8 | 2,0 | 2,2 | 1,75 | 1,9 | 2,05 | |
| 17 | 1,95 | 2,15 | 2,3 | 1,85 | 2,0 | 2,2 | |
| 18 | 2,1 | 2,25 | 2,45 | 1,95 | 2,15 | 2,3 | |
| 19 | 2,2 | 2,4 | 2,6 | 2,1 | 2,25 | 2,45 | |
| 20 | 2,3 | 2,5 | 2,75 | 2,2 | 2,35 | 2,6 | |
| 21 | 2,45 | 2,65 | 2,85 | 2,3 | 2,5 | 2,7 | |
| 22 | 2,55 | 2,8 | 3,0 | 2,4 | 2,6 | 2,85 | |
| 23 | 2,65 | 2,9 | 3,15 | 2,5 | 2,75 | 2,95 | |
| 24 | 2,75 | 3,05 | 3,3 | 2,6 | 2,85 | 3,1 | |
| 25 | 2,9 | 3,15 | 3,4 | 2,7 | 2,95 | 3,2 | |
| 26 | 3,0 | 3,3 | 3,55 | 2,85 | 3,1 | 3,35 | |
| 27 | 3,1 | 3,4 | 3,7 | 2,95 | 3,2 | 3,45 | |
| 28 | 3,25 | 3,55 | 3,8 | 3,05 | 3,3 | 3,6 | |
| 29 | 3,35 | 3,65 | 3,95 | 3,15 | 3,45 | 3,7 | |
| 30 | 3,45 | 3,8 | 4,1 | 3,25 | 3,55 | 3,85 | |
| 31 | 3,6 | 3,9 | 4,2 | 3,4 | 3,65 | 3,95 | |
| 32 | 3,7 | 4,05 | 4,35 | 3,5 | 3,8 | 4,1 | |
| 33 | 3,8 | 4,15 | 4,5 | 3,6 | 3,9 | 4,2 | |
| 34 | 3,9 | 4,3 | 4,65 | 3,7 | 4,0 | 4,35 | |
| 35 | 4,05 | 4,4 | 4,75 | 3,8 | 4,15 | 4,5 | |

Erläuterungen zu Tafel 7a siehe Seite 213

# Tafel 8

## Hilfstafel zu Tafel 7

Nach E. Mohr [Ber. d. D. Chem. Ges. **54**, 2758 (1921)] muß bei der volumetrischen Stickstoffbestimmung, wenn der Stickstoffgehalt etwa 25% übersteigt, folgendermaßen verfahren werden.

Rundet man die Temperatur auf ganze Grade ab (s. S. 212), so ist für jeden zugefügten Zehntelgrad der Druck um A Zehntelmillimeter zu erhöhen, für jeden weggelassenen Zehntelgrad um A Zehntelmillimeter zu erniedrigen. Der Wert des „Abrundungsverhältnisses" A hängt von den gemessenen Werten von Druck und Temperatur ab. Die umstehende Tabelle a) (Seite 114) enthält die für beliebige Paare von Werten des Druckes und der Temperatur im Bereiche der Tafel 7 gültigen Abrundungsverhältnisse A.

Hat man aus der Tabelle a) den gesuchten A-Wert entnommen, so findet man die zu irgendeiner Temperatur-Abrundung gehörige Druck-Korrektion mit Hilfe der Tabelle b).

**b) Tabelle der Temperaturabrundungen und zugehörigen Druck-Korrektionen**

| Temperatur-Abrundung: | 0,1° | 0,2° | 0,3° | 0,4° | 0,5° | 0,6° | 0,7° | 0,8° | 0,9° |
|---|---|---|---|---|---|---|---|---|---|
| A = 2,2 | 0,2 | 0,4 | 0,7 | 0,9 | 1,1 | 1,3 | 1,5 | 1,8 | 2,0 |
| A = 2,3 | 0,2 | 0,5 | 0,7 | 0,9 | 1,2 | 1,4 | 1,6 | 1,8 | 2,1 |
| A = 2,4 | 0,2 | 0,5 | 0,7 | 1,0 | 1,2 | 1,4 | 1,7 | 1,9 | 2,2 |
| A = 2,5 | 0,3 | 0,5 | 0,8 | 1,0 | 1,3 | 1,5 | 1,8 | 2,0 | 2,3 |
| A = 2,6 | 0,3 | 0,5 | 0,8 | 1,0 | 1,3 | 1,6 | 1,8 | 2,1 | 2,3 |
| A = 2,7 | 0,3 | 0,5 | 0,8 | 1,1 | 1,4 | 1,6 | 1,9 | 2,2 | 2,4 |
| A = 2,8 | 0,3 | 0,6 | 0,8 | 1,1 | 1,4 | 1,7 | 2,0 | 2,2 | 2,5 |

Druck-Korrektion in Torr (gleichsinnig mit der Temperatur-Abrundung)

Erläuterungen zu Tafel 8 siehe Seite 214

# Tafel 8
## Hilfstafel zu Tafel 7

**a) Tabelle der A-Werte.** ($p$ = Druck in Torr)

Temperatur (°C) — Werte von A

| $p$ | Temperatur (°C): Wert von A |
|---|---|
| 670 | 7–12: 2,4; 13–24: 2,3; 25–35: 2,2 |
| 680 | 7–16: 2,4; 17–29: 2,3; 30–35: 2,2 |
| 690 | 7–8: 2,5; 9–20: 2,4; 21–33: 2,3; 34–35: 2,2 |
| 700 | 7–12: 2,5; 13–24: 2,4; 25–35: 2,3 |
| 710 | 7–16: 2,5; 17–29: 2,4; 30–35: 2,3 |
| 720 | 7–9: 2,6; 10–20: 2,5; 21–33: 2,4; 34–35: 2,3 |
| 730 | 7–13: 2,6; 14–24: 2,5; 25–35: 2,4 |
| 740 | 7–17: 2,6; 18–29: 2,5; 30–35: 2,4 |
| 750 | 7–10: 2,7; 11–21: 2,6; 22–33: 2,5; 34–35: 2,4 |
| 760 | 7–13: 2,7; 14–24: 2,6; 25–35: 2,5 |
| 770 | 7: 2,8; 8–17: 2,7; 18–28: 2,6; 29–35: 2,5 |
| 780 | 7–10: 2,8; 11–21: 2,7; 22–32: 2,6; 33–35: 2,5 |
| 790 | 7–14: 2,8; 15–25: 2,7; 26–35: 2,6 |

Erläuterungen zu Tafel 8 siehe Seite 214

## Volumetrische Bestimmung wichtiger Gase

Den lg des Gewichtes von *a* ccm eines der nachstehend aufgeführten Gase, gemessen bei $t^0$ und *p* Torr, erhält man, wenn man zum lg von *a* addiert den an entsprechender Stelle der Tafel 7 entnommenen lg und den zu dem fraglichen Gase gehörenden lg aus der letzten Spalte der hier folgenden Zusammenstellung. — Ist das Gas feucht gemessen, so ist bei der Ablesung des Druckes die Wasserdampftension abzuziehen, auch die Barometerablesung zu korrigieren, wie es in den Erläuterungen zu Tafel 7 angegeben ist.

| Gas | Formel | Litergewicht unter Normalverhältnissen | | Für die Reduktion mittels Tafel 7 | |
|---|---|---|---|---|---|
| | | g | lg | Faktor | lg |
| Acetylen | $C_2H_2$ | 1,1709 | 06 852 | 0,9365 | 97 144 |
| Ammoniak | $NH_3$ | 0,7714 | 88 728 | 0,6169 | 79 020 |
| Chlor | $Cl_2$ | 3,220 | 50 786 | 2,575 | 41 078 |
| Chlorwasserstoff | $HCl$ | 1,6391 | 21 461 | 1,3108 | 11 753 |
| Kohlendioxyd | $CO_2$ | 1,9768 | 29 597 | 1,5809 | 19 889 |
| Kohlenoxyd | $CO$ | 1,2500 | 09 691 | 0,9996 | 99 983 |
| Luft | — | 1,2929[1] | 11 157 | 1,0339 | 01 449 |
| Methan | $CH_4$ | 0,7168 | 85 540 | 0,5732 | 75 832 |
| Normalgas | $\frac{1}{32}O_2$ | 0,044615 | 64 948 | 0,03568 | 55 240 |
| Sauerstoff | $O_2$ | 1,42895 | 15 502 | 1,1427 | 05 794 |
| Schwefeldioxyd | $SO_2$ | 2,9263 | 46 632 | 2,3401 | 36 924 |
| Schwefelwasserstoff | $H_2S$ | 1,5392 | 18 730 | 1,2309 | 09 022 |
| Stickstoff | $N_2$ | 1,2505 | 09 708 | 1,0000 | 00 000 |
| Stickstoffoxyd | $NO$ | 1,3402 | 12 717 | 1,0718 | 03 009 |
| Stickstoffoxydul | $N_2O$ | 1,9780 | 29 623 | 1,5818 | 19 915 |
| Wasserstoff | $H_2$ | 0,089870 | 95 361 | 0,07187 | 85 653 |

[1]) Mittelwert (Schwankungen zwischen 1,2927 und 1,2933).

1 ccm ideales Gas vom Molekulargewicht *M* wiegt trocken bei dem Drucke *p* (in Torr) und der Temperatur *T* (in absoluter Zählung)

$$\frac{M \cdot 0{,}000044615 \cdot 273{,}16 \cdot p}{760 \cdot T} = M \cdot 0{,}00016036 \cdot \frac{p}{T} \text{ Gramm}$$

(lg 16036 = 20509).

Erläuterungen zu Tafel 9 siehe Seite 214

## Volumetrische Bestimmung gasentwickelnder Stoffe

Entwickelt ein Stoff durch eine Reaktion *a* ccm eines Gases, gemessen bei $t^0$ und *p* Torr, so erhält man den lg des Gewichtes *G* des gasentwickelnden Stoffes, wenn man zum lg von *a* addiert den der entsprechenden Stelle der Tafel 7 entnommenen lg und den zu dem fraglichen Stoffe gehörenden Umrechnungs-lg aus der letzten Spalte der hier folgenden Zusammenstellung. Ist das Gas feucht gemessen, so ist bei der Ablesung des Druckes die Wasserdampftension abzuziehen, auch kann die Barometerablesung korrigiert werden, wie es in den Erläuterungen zu Tafel 7 angegeben ist.

| Gemessenes Gas | Gesuchter Stoff | 1 ccm Gas (red.) entspr. vom gesuchten Stoff | | Umrechnungs-lg, zu addieren zum lg der Tafel 7 |
|---|---|---|---|---|
| | | mg | lg | |
| Acetylen | $CaC_2$ | 2,882 | 45 974 | 36 266 |
| | $H_2O$ | 1,620 | 20 964 | 11 256 |
| Methan | $H_2O$ | 0,8050 | 90 580 | 80 872 |
| Sauerstoff | $H_2O_2$[1]) | 1,519 | 18 153 | 08 445 |
| | $KMnO_4$[1]) | 2,823 | 45 065 | 35 357 |
| | $H_2O_2$[2]) | 3,038 | 48 256 | 38 548 |
| | $Na_2O_2$[2]) | 6,965 | 84 294 | 74 586 |
| Stickoxyd | $HNO_3$ | 2,814 | 44 938 | 35 230 |
| | $KNO_3$ | 4,516 | 65 473 | 55 765 |
| | N | 0,6256 | 79 631 | 69 923 |
| | $N_2O_5$ | 2,412 | 38 239 | 28 531 |
| | $NO_3$ | 2,769 | 44 238 | 34 530 |
| | $NH_4NO_3$ | 3,575 | 55 328 | 45 620 |
| | $NaNO_3$ | 3,796 | 57 937 | 48 229 |
| Wasserstoff | Al | 0,8014 | 90 387 | 80 679 |
| | Fe | 2,490 | 39 616 | 29 908 |
| | Mg | 1,084 | 03 504 | 93 796 |
| | Zn | 2,915 | 46 465 | 36 757 |

1) Umsetzung von Hydroperoxyd mit Permanganat.
2) Katalytische Zersetzung von Hydroperoxyd.

Erläuterungen zu Tafel 10 siehe Seite 217

# Tafel 11

## Molekulargewichtsbestimmung

### I. Durch Luftverdrängung (Victor Meyer)

#### A. Mithilfe des Molvolumens eines idealen Gases

$V_M = 22414$ ccm (0°, 760 Torr, 45° Breite).

$$M = \frac{22414 \cdot S \cdot 760 \cdot (273{,}16 + t)}{V \cdot p \cdot 273{,}16} = 62360 \cdot \frac{S \cdot (273{,}16 + t)}{V \cdot p}.$$

$$\lg M = 79491 + \lg S + \lg (273{,}16 + t) + (1 - \lg V) + (1 - \lg p).$$

$M$ = gesuchtes Molekulargewicht; $S$ = angewandte Substanz in Gramm; $t$ = Grade Celsius; $V$ = abgelesenes Luftvolum in ccm; $p$ = Gasdruck in Torr (berechnet aus dem Barometerstand nebst den Korrektionen für Feuchtigkeit, Barometerablesung und etwaige Niveaudifferenz der Absperrflüssigkeit).

#### B. Mithilfe der Stickstofftafel 7

$$M = \frac{28{,}016 \cdot S}{V \cdot \varrho_7}; \quad \lg M = 44741 + \lg S + (1 - \lg V) + (1 - \lg \varrho_7).$$

$\varrho_7$ = $\varrho$-Werte der Tafel 7, also $(1 - \lg \varrho_7)$ = dekadische Ergänzung der lg der Tafel 7; $M$, $S$ und $V$ wie unter A.

### II. Durch Gefrierpunktserniedrigung oder Siedepunktserhöhung

$$M = K \cdot \frac{S}{L} \cdot \frac{1}{\Delta}; \quad \lg M = \lg K + \lg S + (1 - \lg L) + (1 - \lg \Delta).$$

$M$ = gesuchtes Molekulargewicht; $K$ = Konstante des Lösungsmittels; $S$ = Gramm gelöster Substanz; $L$ = Gramm Lösungsmittel; $\Delta$ = Gefrierpunktserniedrigung bzw. Siedepunktserhöhung in Grad.

| Dichte bei 20° | Für Gefrierpunktserniedrigung: Lösungsmittel | Gefrp. | $\frac{K}{1000}$ | lg $K$ | Für Siedepunktserhöhung: Lösungsmittel | Sdp. | $\frac{K}{1000}$ | lg $K$ | Dichte bei 20° |
|---|---|---|---|---|---|---|---|---|---|
| 2,177 | Äthylenbromid | 9,98 | 12,5 | 4,0969 | Aceton | 56,1 | 1,73 | 3,2380 | 0,792 |
| 1,220 | Ameisensäure | 8,43 | 2,77 | 3,4425 | Äther | 34,6 | 2,16 | 3,3345 | 0,714 |
| 0,879 | Benzol | 5,4 | 5,10 | 3,7076 | Alkohol | 78,3 | 1,20 | 3,0792 | 0,789 |
| 2,890 | Bromoform | 9 | 14,4 | 4,1584 | Anilin | 184,4 | 3,69 | 3,5670 | 1,022 |
| — | Campher | 178 | 40 | 4,6021 | Benzol | 80,5 | 2,57 | 3,4099 | 0,879 |
| 0,778 | Cyclohexan | 6,2 | 20,2 | 4,3054 | Chloroform | 61,2 | 3,88 | 3,5888 | 1,483 |
| 1,049 | Eisessig | 16,65 | 3,9 | 3,5911 | Dioxan | 100,8 | 3,2 | 3,5052 | 1,033 |
| — | Exalton[1] | 65,6 | 21,3 | 4,3284 | Diphenyl | 254,9 | 7,06 | 3,8488 | — |
| — | Naphthalin | 80,1 | 6,89 | 3,8388 | Eisessig | 118,1 | 3,07 | 3,4871 | 1,049 |
| 1,203 | Nitrobenzol | 5,67 | 6,89 | 3,8382 | Essigsäureanhydrid | 139,6 | 3,53 | 3,5478 | 1,082 |
| — | Phenanthren | 100 | 12,0 | 4,0792 | Methylalkohol | 64,7 | 0,84 | 2,9243 | 0,792 |
| — | Phenol | 41 | 7,3 | 3,8633 | Naphthalin | 217,7 | 5,80 | 3,7634 | — |
| 1,68 | Phosphoroxychlorid | 1,3 | 7,57 | 3,8791 | Phenol | 180,5 | 3,60 | 3,5563 | — |
| | | | | | Schwefelkohlenstoff | 46,3 | 2,29 | 3,3598 | 1,263 |
| 0,998 | Wasser | 0,00 | 1,853 | 3,2679 | Tetrachlorkohlenst. | 76,8 | 4,88 | 3,6884 | 1,593 |
| — | Zinnbromid | 29,9 | 28,0 | 4,4472 | Wasser | 100,0 | 0,515 | 2,7118 | 0,998 |

[1]) Cyclopentadekanon.

Erläuterung zu Tafel 11 siehe Seite 218

# Bestimmung der Dichte ($\varrho_{t^0}$) einer Flüssigkeit durch Wägung in Luft

Hat man durch Wägung in Luft ermittelt, wieviel ein Hohlgefäß (Kolben, Pyknometer usw.) einerseits von der Versuchsflüssigkeit (Ergebnis: $G_f$ in Gramm) anderseits von Wasser (Ergebnis: $G_w$ in Gramm) bei gleicher Temperatur ($t^0$) faßt, so findet man durch Division das „Tauchgewichtsverhältnis" $\tau_L \frac{t^0}{t^0}$ (den für Wägung in Luft gültigen Wert) $= \frac{G_f}{G_w}$. Um daraus die Dichte $\varrho_{t^0}$ der Versuchsflüssigkeit, also den für das Vakuum gültigen Wert, zu finden, rechnet man zunächst $\tau_L \frac{t^0}{t^0}$ auf $\tau_L \frac{t^0}{4^0}$ um, indem man mit dem Werte der Dichte des Wassers bei der Versuchstemperatur $t^0$ (siehe die Tafel 13) multipliziert, und korrigiert dann für das Vakuum.

Letzteres geschieht durch Zuzählen von 1,2 Einheiten der 5. Dezimale auf je 0,01 Einheiten, um die das Tauchgewichtsverhältnis $\tau_L \frac{t^0}{4^0}$ kleiner ist als 1,00, und durch Abziehen des gleichen Betrages für je 0,01 Einheiten, um die es größer ist als 1,00.

Beispiel 1

Durch Auswägen wurde der Inhalt eines Kolbens, gefüllt mit der Versuchsflüssigkeit bei 15°, zu 40,3858 g bestimmt. Bei Füllung mit Wasser von 15° faßte der Kolben 50,4636 g. Dann ist:

$$\tau_L \frac{15^0}{15^0} = \frac{40{,}3858}{50{,}4636} = 0{,}80030;$$

$$\tau_L \frac{15^0}{4^0} = 0{,}80030 \cdot 0{,}999126 = 0{,}79960;$$

$$\varrho_{15^0} = 0{,}79960 + 20 \cdot 0{,}000012 = 0{,}79984.$$

Beispiel 2

In einem anderen Falle war der Inhalt an Versuchsflüssigkeit bei 20° 60,5836 g, an Wasser bei 20° 49,3643 g. Somit ist:

$$\tau_L \frac{20^0}{20^0} = \frac{60{,}5836}{49{,}3643} = 1{,}22728;$$

$$\tau_L \frac{20^0}{4^0} = 1{,}22728 \cdot 0{,}998230 = 1{,}22511;$$

$$\varrho_{20^0} = 1{,}22511 - 22{,}5 \cdot 0{,}000012 = 1{,}22484.$$

Die Korrektur von Tauchgewichtsverhältnissen auf das Vakuum (zur Bestimmung der Dichte) ist also immer dann erforderlich, wenn die Dichte mindestens bis auf die 4. Dezimale genau bestimmt werden soll (es sei denn, daß das Tauchgewichtsverhältnis nur um weniger als 0,05 von der Einheit abweicht).

Erläuterungen zu Tafel 12 siehe Seite 219

## Dichte des Wassers ($\varrho_w$) bei verschiedenen Temperaturen $t$(°C) nebst Logarithmen

| $t$ | $\varrho_w$ | lg $\varrho_w$ | $t$ | $\varrho_w$ | lg $\varrho_w$ |
|---|---|---|---|---|---|
| +0,0 | 0,999 868 | 999 9426 | 17,5 | 0,998 713 | 999 4407 |
| 0,5 | 899 | 9562 | 18,0 | 622 | 4012 |
| 1,0 | 927 | 9682 | 18,5 | 528 | 3603 |
| 1,5 | 950 | 9783 | 19,0 | 432 | 3185 |
| 2,0 | 968 | 9861 | 19,5 | 332 | 2750 |
| 2,5 | 982 | 9922 | 20,0 | 230 | 2306 |
| 3,0 | 992 | 9966 | 20,5 | 126 | 1854 |
| 3,5 | 998 | 9991 | 21,0 | 019 | 1388 |
| 4,0 | 1,000 000 | 000 0000 | 21,5 | 0,997 909 | 0910 |
| 4,5 | 0,999 998 | 999 9991 | 22,0 | 797 | 0422 |
| 5,0 | 992 | 9966 | 22,5 | 682 | 998 9922 |
| 5,5 | 982 | 9922 | 23,0 | 565 | 9412 |
| 6,0 | 968 | 9861 | 23,5 | 445 | 8889 |
| 6,5 | 951 | 9787 | 24,0 | 323 | 8358 |
| 7,0 | 929 | 9692 | 24,5 | 198 | 7814 |
| 7,5 | 904 | 9583 | 25,0 | 071 | 7260 |
| 8,0 | 876 | 9461 | 25,5 | 0,996 941 | 6694 |
| 8,5 | 844 | 9322 | 26,0 | 810 | 6124 |
| 9,0 | 808 | 9166 | 26,5 | 676 | 5540 |
| 9,5 | 769 | 8997 | 27,0 | 539 | 4943 |
| 10,0 | 727 | 8814 | 27,5 | 400 | 4337 |
| 10,5 | 681 | 8614 | 28,0 | 259 | 3723 |
| 11,0 | 632 | 8402 | 28,5 | 116 | 3099 |
| 11,5 | 580 | 8176 | 29,0 | 0,995 971 | 2467 |
| 12,0 | 525 | 7937 | 29,5 | 823 | 1821 |
| 12,5 | 466 | 7680 | 30,0 | 673 | 1167 |
| 13,0 | 404 | 7411 | 30,5 | 521 | 0504 |
| 13,5 | 339 | 7129 | 31,0 | 367 | 997 9832 |
| 14,0 | 271 | 6832 | 31,5 | 211 | 9151 |
| 14,5 | 200 | 6524 | 32,0 | 052 | 8458 |
| 15,0 | 126 | 6203 | 32,5 | 0,994 892 | 7760 |
| 15,5 | 050 | 5872 | 33,0 | 729 | 7048 |
| 16,0 | 0,998 970 | 5524 | 33,5 | 564 | 6328 |
| 16,5 | 887 | 5164 | 34,0 | 398 | 5602 |
| 17,0 | 801 | 4789 | 34,5 | 229 | 4865 |

Erläuterungen zu Tafel 13 siehe Seite 223

# Volumbestimmung durch Auswägen. Ia

Ein Glasgefäß von genau 1 Liter Inhalt bei $t^0$ faßt $w$ Gramm Wasser derselben Temperatur, mit Messinggewichten in Luft gewogen.

| $t$ | $w$ | lg $w$ | $t$ | $w$ | lg $w$ |
|---|---|---|---|---|---|
| 0 | 998,81 | 999 4833 | 17,2 | 997,71 | 999 0034 |
| 1 | 998,87 | 999 5090 | 17,4 | 997,67 | 998 9882 |
| 2 | 998,91 | 999 5268 | 17,6 | 997,64 | 998 9726 |
| 3 | 998,94 | 999 5373 | 17,8 | 997,60 | 998 9568 |
| 4 | 998,94 | 999 5407 | 18,0 | 997,56 | 998 9408 |
| 5 | 998,94 | 999 5373 | 18,2 | 997,53 | 998 9247 |
| 6 | 998,91 | 999 5268 | 18,4 | 997,49 | 998 9082 |
| 7 | 998,87 | 999 5099 | 18,6 | 997,45 | 998 8915 |
| 8 | 998,82 | 999 4868 | 18,8 | 997,41 | 998 8746 |
| 9 | 998,75 | 999 4572 | 19,0 | 997,37 | 998 8576 |
| 10 | 998,67 | 999 4220 | 19,2 | 997,33 | 998 8402 |
| 11 | 998,58 | 999 3807 | 19,4 | 997,29 | 998 8228 |
| 12 | 998,47 | 999 3341 | 19,6 | 997,25 | 998 8053 |
| 13 | 998,35 | 999 2811 | 19,8 | 997,21 | 998 7875 |
| 14 | 998,21 | 999 2232 | 20,0 | 997,17 | 998 7696 |
| 14,2 | 998,19 | 999 2111 | 20,2 | 997,13 | 998 7518 |
| 14,4 | 998,16 | 999 1989 | 20,4 | 997,09 | 998 7335 |
| 14,6 | 998,13 | 999 1862 | 20,6 | 997,05 | 998 7152 |
| 14,8 | 998,10 | 999 1732 | 20,8 | 997,00 | 998 6965 |
| 15,0 | 998,07 | 999 1601 | 21,0 | 996,96 | 998 6777 |
| 15,2 | 998,04 | 999 1470 | 21,2 | 996,92 | 998 6586 |
| 15,4 | 998,01 | 999 1336 | 21,4 | 996,87 | 998 6394 |
| 15,6 | 997,98 | 999 1201 | 21,6 | 996,83 | 998 6202 |
| 15,8 | 997,94 | 999 1062 | 21,8 | 996,78 | 998 6006 |
| 16,0 | 997,91 | 999 0923 | 22,0 | 996,74 | 998 5810 |
| 16,2 | 997,88 | 999 0779 | 22,2 | 996,69 | 998 5610 |
| 16,4 | 997,85 | 999 0635 | 22,4 | 996,65 | 998 5392 |
| 16,6 | 997,81 | 999 0488 | 22,6 | 996,60 | 998 5205 |
| 16,8 | 997,78 | 999 0339 | 22,8 | 996,55 | 998 5000 |
| 17,0 | 997,74 | 999 0187 | 23,0 | 996,51 | 998 4795 |

Ist das Volumen eines Glasgefäßes bei $t^0$ gleich $V_t$, so ist bei $t'^{\,0}$ das Volumen $V_{t'} = V_t\left(1 + \frac{t' - t}{40000}\right)$

Dichte des Quecksilbers siehe Seite 246

Erläuterungen zu Tafel 14 siehe Seite 223

## Volumbestimmung durch Auswägen. Ia

Ein Glasgefäß von genau 1 Liter Inhalt bei $t^0$ faßt $w$ Gramm Wasser derselben Temperatur, mit Messinggewichten in Luft gewogen.

| $t$ | $w$ | lg $w$ | $t$ | $w$ | lg $w$ |
|---|---|---|---|---|---|
| 23,2 | 996,46 | 998 4586 | 29,2 | 994,85 | 997 7580 |
| 23,4 | 996,41 | 998 4377 | 29,4 | 994,79 | 997 7323 |
| 23,6 | 996,36 | 998 4167 | 29,6 | 994,73 | 997 7061 |
| 23,8 | 996,31 | 998 3954 | 29,8 | 994,67 | 997 6799 |
| 24,0 | 996,26 | 998 3740 | 30,0 | 994,61 | 997 6537 |
| 24,2 | 996,21 | 998 3522 | 30,2 | 994,55 | 997 6275 |
| 24,4 | 996,16 | 998 3304 | 30,4 | 994,49 | 997 6008 |
| 24,6 | 996,11 | 998 3086 | 30,6 | 994,43 | 997 5738 |
| 24,8 | 996,06 | 998 2864 | 30,8 | 994,37 | 997 5467 |
| 25,0 | 996,01 | 998 2641 | 31,0 | 994,31 | 997 5196 |
| 25,2 | 995,96 | 998 2415 | 31,2 | 994,24 | 997 4925 |
| 25,4 | 995,91 | 998 2188 | 31,4 | 994,18 | 997 4650 |
| 25,6 | 995,86 | 998 1961 | 31,6 | 994,12 | 997 4375 |
| 25,8 | 995,80 | 998 1734 | 31,8 | 994,05 | 997 4100 |
| 26,0 | 995,75 | 998 1503 | 32,0 | 993,99 | 997 3820 |
| 26,2 | 995,70 | 998 1267 | 32,2 | 993,93 | 997 3540 |
| 26,4 | 995,64 | 998 1032 | 32,4 | 993,86 | 997 3261 |
| 26,6 | 995,59 | 998 0796 | 32,6 | 993,80 | 997 2977 |
| 26,8 | 995,53 | 998 0544 | 32,8 | 993,73 | 997 2693 |
| 27,0 | 995,48 | 998 0321 | 33,0 | 993,67 | 997 2409 |
| 27,2 | 995,42 | 998 0077 | 33,2 | 993,60 | 997 2120 |
| 27,4 | 995,37 | 997 9832 | 33,4 | 993,54 | 997 1832 |
| 27,6 | 995,31 | 997 9588 | 33,6 | 993,47 | 997 1544 |
| 27,8 | 995,26 | 997 9344 | 33,8 | 993,40 | 997 1246 |
| 28,0 | 995,20 | 997 9095 | 34,0 | 993,33 | 997 0953 |
| 28,2 | 995,14 | 997 8846 | 34,2 | 993,27 | 997 0660 |
| 28,4 | 995,08 | 997 8598 | 34,4 | 993,20 | 997 0367 |
| 28,6 | 995,03 | 997 8344 | 34,6 | 993,13 | 997 0070 |
| 28,8 | 994,97 | 997 8091 | 34,8 | 993,06 | 996 9768 |
| 29,0 | 994,91 | 997 7838 | 35,0 | 993,00 | 996 9471 |

Dichte des Quecksilbers siehe Seite 246

Ist das Volumen eines Glasgefäßes bei $t^0$ gleich $V_t$, so ist bei $t'^0$ das Volumen $V_{t'} = V_t\left(1 + \frac{t'-t}{40000}\right)$

Erläuterungen zu Tafel 14 siehe Seite 223

## Volumbestimmung durch Auswägen. Ib

Ein Glasgefäß von genau 1 Liter Inhalt bei $t^0$ faßt $q$ Gramm Quecksilber derselben Temperatur, mit Messinggewichten in Luft gewogen.

| $t$ | $q$ | lg $q$ |
|---|---|---|
| 0 | 13 596,2 | 133 4176 |
| 1 | 13 593,7 | 133 3377 |
| 2 | 13 591,2 | 133 2578 |
| 3 | 13 588,8 | 133 1811 |
| 4 | 13 586,3 | 133 1012 |
| 5 | 13 583,8 | 133 0313 |
| 6 | 13 581,4 | 132 9445 |
| 7 | 13 578,9 | 132 8646 |
| 8 | 13 576,4 | 132 7846 |
| 9 | 13 574,0 | 132 7078 |
| 10 | 13 571,5 | 132 6279 |
| 11 | 13 569,1 | 132 5510 |
| 12 | 13 566,6 | 132 4710 |
| 13 | 13 564,1 | 132 3910 |
| 14 | 13 561,7 | 132 3141 |
| 15 | 13 559,2 | 132 2341 |
| 16 | 13 556,8 | 132 1572 |
| 17 | 13 554,3 | 132 0771 |
| 18 | 13 551,9 | 132 0002 |
| 19 | 13 549,4 | 131 9200 |
| 20 | 13 547,0 | 131 8431 |
| 21 | 13 544,5 | 131 7630 |
| 22 | 13 542,0 | 131 6828 |
| 23 | 13 539,6 | 131 6059 |
| 24 | 13 537,1 | 131 5256 |
| 25 | 13 534,7 | 131 4487 |
| 26 | 13 532,2 | 131 3684 |
| 27 | 13 529,8 | 131 2914 |
| 28 | 13 527,3 | 131 2111 |
| 29 | 13 524,9 | 131 1341 |
| 30 | 13 522,4 | 131 0537 |

Ist das Volumen eines Glasgefäßes bei $t^0$ gleich $V_t$, so ist bei $t'^0$ das Volumen $V_{t'} = V_t\left(1 + \frac{t' - t}{40000}\right)$

Dichte des Quecksilbers siehe Seite 246

Erläuterungen zu Tafel 14 siehe Seite 223

## Volumbestimmung durch Auswägen. II

Ein Glasgefäß von genau 1 Liter Inhalt bei $20^0$ bzw. $28^0$ faßt, bei $t^0$ aufgefüllt, die Wassermengen $w_{20}$ bzw. $w_{28}$ Gramm, mit Messinggewichten in Luft gewogen.

| $t$ | $w_{20}$ | $w_{28}$ | $t$ | $w_{20}$ | $w_{28}$ |
|---|---|---|---|---|---|
| 0 | 998,31 | 998,11 | 17,2 | 997,64 | 997,44 |
| 1 | 998,40 | 998,20 | 17,4 | 997,61 | 997,41 |
| 2 | 998,46 | 998,26 | 17,6 | 997,58 | 997,38 |
| 3 | 998,51 | 998,31 | 17,8 | 997,55 | 997,35 |
| 4 | 998,54 | 998,34 | 18,0 | 997,51 | 997,31 |
| 5 | 998,56 | 998,36 | 18,2 | 997,48 | 997,28 |
| 6 | 998,56 | 998,36 | 18,4 | 997,45 | 997,25 |
| 7 | 998,55 | 998,35 | 18,6 | 997,42 | 997,22 |
| 8 | 998,52 | 998,32 | 18,8 | 997,38 | 997,18 |
| 9 | 998,48 | 998,28 | 19,0 | 997,35 | 997,15 |
| 10 | 998,42 | 998,22 | 19,2 | 997,31 | 997,11 |
| 11 | 998,35 | 998,15 | 19,4 | 997,28 | 997,08 |
| 12 | 998,27 | 998,07 | 19,6 | 997,24 | 997,04 |
| 13 | 998,17 | 997,97 | 19,8 | 997,21 | 997,01 |
| 14 | 998,06 | 997,86 | 20,0 | 997,17 | 996,97 |
| 14,2 | 998,04 | 997,84 | 20,2 | 997,14 | 996,94 |
| 14,4 | 998,02 | 997,82 | 20,4 | 997,10 | 996,90 |
| 14,6 | 997,99 | 997,79 | 20,6 | 997,06 | 996,86 |
| 14,8 | 997,97 | 997,77 | 20,8 | 997,02 | 996,82 |
| 15,0 | 997,94 | 997,74 | 21,0 | 996,99 | 996,79 |
| 15,2 | 997,92 | 997,72 | 21,2 | 996,95 | 996,75 |
| 15,4 | 997,89 | 997,69 | 21,4 | 996,91 | 996,71 |
| 15,6 | 997,87 | 997,67 | 21,6 | 996,87 | 996,67 |
| 15,8 | 997,84 | 997,64 | 21,8 | 996,83 | 996,63 |
| 16,0 | 997,81 | 997,61 | 22,0 | 996,79 | 996,59 |
| 16,2 | 997,78 | 997,58 | 22,2 | 996,75 | 996,55 |
| 16,4 | 997,76 | 997,56 | 22,4 | 996,71 | 996,51 |
| 16,6 | 997,73 | 997,53 | 22,6 | 996,66 | 996,46 |
| 16,8 | 997,70 | 997,50 | 22,8 | 996,62 | 996,42 |
| 17,0 | 997,67 | 997,47 | 23,0 | 996,58 | 996,38 |

Erläuterungen zu Tafel 14a siehe Seite 226

## Volumbestimmung durch Auswägen. II

Ein Glasgefäß von genau 1 Liter Inhalt bei 20⁰ bzw. 28⁰ faßt, bei $t^0$ aufgefüllt, die Wassermengen $w_{20}$ bzw. $w_{28}$ Gramm, mit Messinggewichten in Luft gewogen.

| $t$ | $w_{20}$ | $w_{28}$ | $t$ | $w_{20}$ | $w_{28}$ |
|---|---|---|---|---|---|
| 23,2 | 996,54 | 996,34 | 29,2 | 995,08 | 994,88 |
| 23,4 | 996,49 | 996,29 | 29,4 | 995,03 | 994,83 |
| 23,6 | 996,45 | 996,25 | 29,6 | 994,97 | 994,77 |
| 23,8 | 996,41 | 996,21 | 29,8 | 994,92 | 994,72 |
| 24,0 | 996,36 | 996,16 | 30,0 | 994,86 | 994,66 |
| 24,2 | 996,32 | 996,12 | 30,2 | 994,81 | 994,61 |
| 24,4 | 996,27 | 996,07 | 30,4 | 994,75 | 994,55 |
| 24,6 | 996,23 | 996,03 | 30,6 | 994,69 | 994,49 |
| 24,8 | 996,18 | 995,98 | 30,8 | 994,64 | 994,44 |
| 25,0 | 996,14 | 995,94 | 31,0 | 994,58 | 994,38 |
| 25,2 | 996,09 | 995,89 | 31,2 | 994,52 | 994,32 |
| 25,4 | 996,04 | 995,84 | 31,4 | 994,47 | 994,27 |
| 25,6 | 996,00 | 995,80 | 31,6 | 994,41 | 994,21 |
| 25,8 | 995,95 | 995,75 | 31,8 | 994,35 | 994,15 |
| 26,0 | 995,90 | 995,70 | 32,0 | 994,29 | 994,09 |
| 26,2 | 995,85 | 995,65 | 32,2 | 994,23 | 994,03 |
| 26,4 | 995,80 | 995,60 | 32,4 | 994,17 | 993,97 |
| 26,6 | 995,75 | 995,55 | 32,6 | 994,11 | 993,91 |
| 26,8 | 995,70 | 995,50 | 32,8 | 994,05 | 993,85 |
| 27,0 | 995,65 | 995,45 | 33,0 | 993,99 | 993,79 |
| 27,2 | 995,60 | 995,40 | 33,2 | 993,93 | 993,73 |
| 27,4 | 995,55 | 995,35 | 33,4 | 993,87 | 993,67 |
| 27,6 | 995,50 | 995,30 | 33,6 | 993,81 | 993,61 |
| 27,8 | 995,45 | 995,25 | 33,8 | 993,75 | 993,55 |
| 28,0 | 995,40 | 995,20 | 34,0 | 993,68 | 993,48 |
| 28,2 | 995,35 | 995,15 | 34,2 | 993,62 | 993,42 |
| 28,4 | 995,29 | 995,09 | 34,4 | 993,56 | 993,36 |
| 28,6 | 995,24 | 995,04 | 34,6 | 993,50 | 993,30 |
| 28,8 | 995,19 | 994,99 | 34,8 | 993,43 | 993,23 |
| 29,0 | 995,14 | 994,94 | 35,0 | 993,37 | 993,17 |

Erläuterungen zu Tafel 14a siehe Seite 226

# Maßanalytische Temperatur-Korrektionen

Umrechnung des Volumens von Wasser und Normallösungen in Glasgefäßen auf die Normaltemperatur von 20°

| Temperatur | Wasser- u. 0,1 n-Lösungen | n-HCl | n-Oxalsäure | n-$H_2SO_4$ | n-$HNO_3$ | n-$Na_2CO_3$ | n-NaOH |
|---|---|---|---|---|---|---|---|
| °C | Kubikzentimeter auf 1000 Kubikzentimeter | | | | | | |
| 5 | + 1,36 | + 2,23 | + 2,38 | + 3,24 | + 3,30 | + 3,32 | + 3,51 |
| 6 | 1,36 | 2,15 | 2,30 | 3,09 | 3,14 | 3,16 | 3,32 |
| 7 | 1,35 | 2,07 | 2,21 | 2,93 | 2,98 | 2,98 | 3,13 |
| 8 | 1,32 | 1,97 | 2,10 | 2,76 | 2,80 | 2,79 | 2,93 |
| 9 | 1,28 | 1,85 | 1,99 | 2,58 | 2,61 | 2,60 | 2,72 |
| 10 | 1,22 | 1,73 | 1,86 | 2,39 | 2,41 | 2,40 | 2,51 |
| 11 | 1,16 | 1,60 | 1,72 | 2,19 | 2,21 | 2,19 | 2,29 |
| 12 | 1,09 | 1,45 | 1,57 | 1,98 | 1,99 | 1,98 | 2,06 |
| 13 | 0,98 | 1,30 | 1,40 | 1,76 | 1,76 | 1,76 | 1,83 |
| 14 | 0,88 | 1,14 | 1,23 | 1,53 | 1,53 | 1,53 | 1,58 |
| 15 | 0,76 | 0,97 | 1,05 | 1,30 | 1,30 | 1,29 | 1,33 |
| 16 | 0,63 | 0,79 | 0,85 | 1,06 | 1,05 | 1,05 | 1,08 |
| 17 | 0,49 | 0,61 | 0,65 | 0,81 | 0,80 | 0,80 | 0,82 |
| 18 | 0,34 | 0,41 | 0,44 | 0,55 | 0,54 | 0,56 | 0,55 |
| 19 | 0,17 | 0,21 | 0,23 | 0,28 | 0,27 | 0,27 | 0,28 |
| 20 | 0 | 0 | 0 | 0 | 0 | 0 | 0 |
| 21 | − 0,19 | − 0,22 | − 0,24 | − 0,28 | − 0,28 | − 0,28 | − 0,29 |
| 22 | 0,38 | 0,44 | 0,49 | 0,56 | 0,57 | 0,56 | 0,59 |
| 23 | 0,59 | 0,67 | 0,75 | 0,85 | 0,87 | 0,85 | 0,90 |
| 24 | 0,80 | 0,91 | 1,02 | 1,15 | 1,17 | 1,15 | 1,21 |
| 25 | 1,03 | 1,17 | 1,29 | 1,46 | 1,48 | 1,46 | 1,52 |
| 26 | 1,26 | 1,43 | 1,57 | 1,78 | 1,80 | 1,77 | 1,84 |
| 27 | 1,51 | 1,70 | 1,85 | 2,11 | 2,13 | 2,09 | 2,17 |
| 28 | 1,76 | 1,92 | 2,14 | 2,45 | 2,46 | 2,41 | 2,50 |
| 29 | 1,99 | 2,26 | 2,44 | 2,79 | 2,80 | 2,75 | 2,87 |
| 30 | 2,30 | 2,55 | 2,77 | 3,13 | 3,14 | 3,09 | 3,19 |

Erläuterungen zu Tafel 15 siehe Seite 227

Tafel 16

# Dichte und Gehalt wässeriger Lösungen

## a) Schwefelsäure

Erläuterungen zu Tafel 16 siehe Seite 228

| Dichte $\varrho_{20°}$ | Gehalt | | Dichte $\varrho_{20°}$ | Gehalt | | Dichte $\varrho_{20°}$ | Gehalt | | Dichte $\varrho_{20°}$ | Gehalt | |
|---|---|---|---|---|---|---|---|---|---|---|---|
| | Gew. % | Mol/Liter | | Gew. % | Mol/Lit. | | Gew. % | Mol/Lit. | | Gew. % | Mol/Lit. |
| 1,000 | 0,2609 | 0,02660 | 1,235 | 32,01 | 4,031 | 1,470 | 57,36 | 8,598 | 1,705 | 78,06 | 13,57 |
| 1,005 | 0,9855 | 0,1010 | 1,240 | 32,61 | 4,123 | 1,475 | 57,84 | 8,699 | 1,710 | 78,49 | 13,69 |
| 1,010 | 1,731 | 0,1783 | 1,245 | 33,22 | 4,216 | 1,480 | 58,31 | 8,799 | 1,715 | 78,93 | 13,80 |
| 1,015 | 2,485 | 0,2595 | 1,250 | 33,82 | 4,310 | 1,485 | 58,78 | 8,899 | 1,720 | 79,37 | 13,92 |
| 1,020 | 3,242 | 0,3372 | 1,255 | 34,42 | 4,404 | 1,490 | 59,24 | 9,000 | 1,725 | 79,81 | 14,04 |
| 1,025 | 4,000 | 0,4180 | 1,260 | 35,01 | 4,498 | 1,495 | 59,70 | 9,100 | 1,730 | 80,25 | 14,16 |
| 1,030 | 4,746 | 0,4983 | 1,265 | 35,60 | 4,592 | 1,500 | 60,17 | 9,202 | 1,735 | 80,70 | 14,28 |
| 1,035 | 5,493 | 0,5796 | 1,270 | 36,19 | 4,686 | 1,505 | 60,62 | 9,303 | 1,740 | 81,16 | 14,40 |
| 1,040 | 6,237 | 0,6613 | 1,275 | 36,78 | 4,781 | 1,510 | 61,08 | 9,404 | 1,745 | 81,62 | 14,52 |
| 1,045 | 6,956 | 0,7411 | 1,280 | 37,36 | 4,876 | 1,515 | 61,54 | 9,506 | 1,750 | 82,09 | 14,65 |
| 1,050 | 7,704 | 0,8250 | 1,285 | 37,95 | 4,972 | 1,520 | 62,00 | 9,608 | 1,755 | 82,57 | 14,78 |
| 1,055 | 8,415 | 0,9054 | 1,290 | 38,53 | 5,068 | 1,525 | 62,45 | 9,711 | 1,760 | 83,06 | 14,90 |
| 1,060 | 9,129 | 0,9865 | 1,295 | 39,10 | 5,163 | 1,530 | 62,91 | 9,813 | 1,765 | 83,57 | 15,04 |
| 1,065 | 9,843 | 1,066 | 1,300 | 39,68 | 5,259 | 1,535 | 63,36 | 9,916 | 1,770 | 84,08 | 15,17 |
| 1,070 | 10,56 | 1,152 | 1,305 | 40,25 | 5,356 | 1,540 | 63,81 | 10,02 | 1,775 | 84,61 | 15,31 |
| 1,075 | 11,26 | 1,235 | 1,310 | 40,82 | 5,452 | 1,545 | 64,26 | 10,12 | 1,780 | 85,16 | 15,46 |
| 1,080 | 11,96 | 1,317 | 1,315 | 41,39 | 5,549 | 1,550 | 64,71 | 10,23 | 1,785 | 85,74 | 15,61 |
| 1,085 | 12,66 | 1,401 | 1,320 | 41,95 | 5,646 | 1,555 | 65,15 | 10,33 | 1,790 | 86,35 | 15,76 |
| 1,090 | 13,36 | 1,484 | 1,325 | 42,51 | 5,743 | 1,560 | 65,59 | 10,43 | 1,795 | 86,99 | 15,92 |
| 1,095 | 14,04 | 1,567 | 1,330 | 43,07 | 5,840 | 1,565 | 66,03 | 10,54 | 1,800 | 87,69 | 16,09 |
| 1,100 | 14,73 | 1,652 | 1,335 | 43,62 | 5,938 | 1,570 | 66,47 | 10,64 | 1,805 | 88,43 | 16,27 |
| 1,105 | 15,41 | 1,735 | 1,340 | 44,17 | 6,035 | 1,575 | 66,91 | 10,74 | 1,810 | 89,23 | 16,47 |
| 1,110 | 16,08 | 1,820 | 1,345 | 44,72 | 6,132 | 1,580 | 67,35 | 10,85 | 1,815 | 90,12 | 16,68 |
| 1,115 | 16,76 | 1,905 | 1,350 | 45,26 | 6,229 | 1,585 | 67,79 | 10,96 | 1,820 | 91,11 | 16,91 |
| 1,120 | 17,43 | 1,990 | 1,355 | 45,80 | 6,327 | 1,590 | 68,23 | 11,06 | 1,821 | 91,33 | 16,96 |
| 1,125 | 18,09 | 2,075 | 1,360 | 46,33 | 6,424 | 1,595 | 68,66 | 11,16 | 1,822 | 91,56 | 17,01 |
| 1,130 | 18,76 | 2,161 | 1,365 | 46,86 | 6,522 | 1,600 | 69,09 | 11,27 | 1,823 | 91,78 | 17,06 |
| 1,135 | 19,42 | 2,247 | 1,370 | 47,39 | 6,620 | 1,605 | 69,53 | 11,38 | 1,824 | 92,00 | 17,11 |
| 1,140 | 20,08 | 2,334 | 1,375 | 47,92 | 6,718 | 1,610 | 69,96 | 11,48 | 1,825 | 92,25 | 17,17 |
| 1,145 | 20,73 | 2,420 | 1,380 | 48,45 | 6,817 | 1,615 | 70,39 | 11,59 | 1,826 | 92,51 | 17,22 |
| 1,150 | 21,38 | 2,507 | 1,385 | 48,97 | 6,915 | 1,620 | 70,82 | 11,70 | 1,827 | 92,77 | 17,28 |
| 1,155 | 22,03 | 2,594 | 1,390 | 49,48 | 7,012 | 1,625 | 71,25 | 11,80 | 1,828 | 93,03 | 17,34 |
| 1,160 | 22,67 | 2,681 | 1,395 | 49,99 | 7,110 | 1,630 | 71,67 | 11,91 | 1,829 | 93,33 | 17,40 |
| 1,165 | 23,31 | 2,768 | 1,400 | 50,50 | 7,208 | 1,635 | 72,09 | 12,02 | 1,830 | 93,64 | 17,47 |
| 1,170 | 23,95 | 2,857 | 1,405 | 51,01 | 7,307 | 1,640 | 72,52 | 12,13 | 1,831 | 93,94 | 17,54 |
| 1,175 | 24,58 | 2,945 | 1,410 | 51,52 | 7,406 | 1,645 | 72,95 | 12,24 | 1,832 | 94,32 | 17,62 |
| 1,180 | 25,21 | 3,033 | 1,415 | 52,02 | 7,505 | 1,650 | 73,37 | 12,34 | 1,833 | 94,72 | 17,70 |
| 1,185 | 25,84 | 3,122 | 1,420 | 52,51 | 7,603 | 1,655 | 73,80 | 12,45 | | | |
| 1,190 | 26,47 | 3,211 | 1,425 | 53,01 | 7,702 | 1,660 | 74,22 | 12,56 | | | |
| 1,195 | 27,10 | 3,302 | 1,430 | 53,50 | 7,801 | 1,665 | 74,64 | 12,67 | | | |
| 1,200 | 27,72 | 3,391 | 1,435 | 54,00 | 7,901 | 1,670 | 75,07 | 12,78 | | | |
| 1,205 | 28,33 | 3,481 | 1,440 | 54,49 | 8,000 | 1,675 | 75,49 | 12,89 | | | |
| 1,210 | 28,95 | 3,572 | 1,445 | 54,97 | 8,099 | 1,680 | 75,92 | 13,00 | | | |
| 1,215 | 29,57 | 3,663 | 1,450 | 55,45 | 8,198 | 1,685 | 76,34 | 13,12 | | | |
| 1,220 | 30,18 | 3,754 | 1,455 | 55,93 | 8,297 | 1,690 | 76,77 | 13,23 | | | |
| 1,225 | 30,79 | 3,846 | 1,460 | 56,41 | 8,397 | 1,695 | 77,20 | 13,34 | | | |
| 1,230 | 31,40 | 3,938 | 1,465 | 56,89 | 8,497 | 1,700 | 77,63 | 13,46 | | | |

**Der Gehalt von Säuren höherer Dichte ist auf aräometrischem Wege nicht eindeutig bestimmbar.**

Tafel 16

## Dichte und Gehalt wässeriger Lösungen

### b) Salzsäure

| Dichte $\varrho_{20°}$ | Gehalt | | Dichte $\varrho_{20°}$ | Gehalt | | Dichte $\varrho_{20°}$ | Gehalt | |
|---|---|---|---|---|---|---|---|---|
| | Gew. % | Mol/Liter | | Gew. % | Mol/Liter | | Gew. % | Mol/Liter |
| 1,000 | 0,3600 | 0,09872 | 1,070 | 14,49$_5$ | 4,253 | 1,140 | 28,18 | 8,809 |
| 1,005 | 1,360 | 0,3748 | 1,075 | 15,48$_5$ | 4,565 | 1,145 | 29,17 | 9,159 |
| 1,010 | 2,364 | 0,6547 | 1,080 | 16,47 | 4,878 | 1,150 | 30,14 | 9,505 |
| 1,015 | 3,374 | 0,9391 | 1,085 | 17,45 | 5,192 | 1,155 | 31,14 | 9,863 |
| 1,020 | 4,388 | 1,227 | 1,090 | 18,43 | 5,509$_5$ | 1,160 | 32,14 | 10,22$_5$ |
| 1,025 | 5,408 | 1,520 | 1,095 | 19,41 | 5,829 | 1,165 | 33,16 | 10,59$_5$ |
| 1,030 | 6,433 | 1,817 | 1,100 | 20,39 | 6,150 | 1,170 | 34,18 | 10,97 |
| 1,035 | 7,464 | 2,118 | 1,105 | 21,36 | 6,472 | 1,175 | 35,20 | 11,34 |
| 1,040 | 8,490 | 2,421 | 1,110 | 22,33 | 6,796 | 1,180 | 36,23 | 11,73 |
| 1,045 | 9,510 | 2,725 | 1,115 | 23,29 | 7,122 | 1,185 | 37,27 | 12,11 |
| 1,050 | 10,52 | 3,029 | 1,120 | 24,25 | 7,449 | 1,190 | 38,32 | 12,50 |
| 1,055 | 11,52 | 3,333 | 1,125 | 25,22 | 7,782 | 1,195 | 39,37 | 12,90 |
| 1,060 | 12,51 | 3,638 | 1,130 | 26,20 | 8,118 | 1,198 | 40,00 | 13,14 |
| 1,065 | 13,50 | 3,944 | 1,135 | 27,18 | 8,459 | | | |

Erläuterungen zu Tafel 16 siehe Seite 228

Tafel 16

# Dichte und Gehalt wässeriger Lösungen

## c) Salpetersäure

| Dichte $\varrho_{20°}$ | Gehalt | | Dichte $\varrho_{20°}$ | Gehalt | | Dichte $\varrho_{20°}$ | Gehalt | |
|---|---|---|---|---|---|---|---|---|
| | Gew.-% | Mol/Liter | | Gew.-% | Mol/Liter | | Gew.-% | Mol/Liter |
| 1,000 | 0,3333 | 0,05231 | 1,190 | 31,47 | 5,943 | 1,380 | 62,70 | 13,73 |
| 1,005 | 1,255 | 0,2001 | 1,195 | 32,21 | 6,107 | 1,385 | 63,72 | 14,01 |
| 1,010 | 2,164 | 0,3468 | 1,200 | 32,94 | 6,273 | 1,390 | 64,74 | 14,29 |
| 1,015 | 3,073 | 0,4950 | 1,205 | 33,68 | 6,440 | 1,395 | 65,84 | 14,57 |
| 1,020 | 3,982 | 0,6445 | 1,210 | 34,41 | 6,607 | 1,400 | 66,97 | 14,88 |
| 1,025 | 4,883 | 0,7943 | 1,215 | 35,16 | 6,778 | 1,405 | 68,10 | 15,18 |
| 1,030 | 5,784 | 0,9454 | 1,220 | 35,93 | 6,956 | 1,410 | 69,23 | 15,49 |
| 1,035 | 6,661 | 1,094 | 1,225 | 36,70 | 7,135 | 1,415 | 70,39 | 15,81 |
| 1,040 | 7,530 | 1,243 | 1,230 | 37,48 | 7,315 | 1,420 | 71,63 | 16,14 |
| 1,045 | 8,398 | 1,393 | 1,235 | 38,25 | 7,497 | 1,425 | 72,86 | 16,47 |
| 1,050 | 9,259 | 1,543 | 1,240 | 39,02 | 7,679 | 1,430 | 74,09 | 16,81 |
| 1,055 | 10,12 | 1,694 | 1,245 | 39,80 | 7,863 | 1,435 | 75,35 | 17,16 |
| 1,060 | 10,97 | 1,845 | 1,250 | 40,58 | 8,049 | 1,440 | 76,71 | 17,53 |
| 1,065 | 11,81 | 1,997 | 1,255 | 41,36 | 8,237 | 1,445 | 78,07 | 17,90 |
| 1,070 | 12,65 | 2,148 | 1,260 | 42,14 | 8,426 | 1,450 | 79,43 | 18,28 |
| 1,075 | 13,48 | 2,301 | 1,265 | 42,92 | 8,616 | 1,455 | 80,88 | 18,68 |
| 1,080 | 14,31 | 2,453 | 1,270 | 43,70 | 8,808 | 1,460 | 82,39 | 19,09 |
| 1,085 | 15,13 | 2,605 | 1,275 | 44,48 | 9,001 | 1,465 | 83,91 | 19,51 |
| 1,090 | 15,95 | 2,759 | 1,280 | 45,27 | 9,195 | 1,470 | 85,50 | 19,95 |
| 1,095 | 16,76 | 2,913 | 1,285 | 46,06 | 9,394 | 1,475 | 87,29 | 20,43 |
| 1,100 | 17,58 | 3,068 | 1,290 | 46,85 | 9,590 | 1,480 | 89,07 | 20,92 |
| 1,105 | 18,39 | 3,224 | 1,295 | 47,63 | 9,789 | 1,485 | 91,13 | 21,48 |
| 1,110 | 19,19 | 3,381 | 1,300 | 48,42 | 9,990 | 1,490 | 93,49 | 22,11 |
| 1,115 | 20,00 | 3,539 | 1,305 | 49,21 | 10,19 | 1,495 | 95,46 | 22,65 |
| 1,120 | 20,79 | 3,696 | 1,310 | 50,00 | 10,39 | 1,500 | 96,73 | 23,02 |
| 1,125 | 21,59 | 3,854 | 1,315 | 50,85 | 10,61 | 1,501 | 96,98 | 23,10 |
| 1,130 | 22,38 | 4,012 | 1,320 | 51,71 | 10,83 | 1,502 | 97,23 | 23,18 |
| 1,135 | 23,16 | 4,171 | 1,325 | 52,56 | 11,05 | 1,503 | 97,49 | 23,25 |
| 1,140 | 23,94 | 4,330 | 1,330 | 53,41 | 11,27 | 1,504 | 97,74 | 23,33 |
| 1,145 | 24,71 | 4,489 | 1,335 | 54,27 | 11,49 | 1,505 | 97,99 | 23,40 |
| 1,150 | 25,48 | 4,649 | 1,340 | 55,13 | 11,72 | 1,506 | 98,25 | 23,48 |
| 1,155 | 26,24 | 4,810 | 1,345 | 56,04 | 11,96 | 1,507 | 98,50 | 23,56 |
| 1,160 | 27,00 | 4,970 | 1,350 | 56,95 | 12,20 | 1,508 | 98,76 | 23,63 |
| 1,165 | 27,76 | 5,132 | 1,355 | 57,87 | 12,44 | 1,509 | 99,01 | 23,71 |
| 1,170 | 28,51 | 5,293 | 1,360 | 58,78 | 12,68 | 1,510 | 99,26 | 23,79 |
| 1,175 | 29,25 | 5,455 | 1,365 | 59,69 | 12,93 | 1,511 | 99,52 | 23,86 |
| 1,180 | 30,00 | 5,618 | 1,370 | 60,67 | 13,19 | 1,512 | 99,77 | 23,94 |
| 1,185 | 30,74 | 5,780 | 1,375 | 61,69 | 13,46 | 1,513 | 100,0 | 24,01 |

Erläuterungen zu Tafel 16 siehe Seite 228

# Tafel 16

## Dichte und Gehalt wässeriger Lösungen

### d) Kaliumhydroxyd

| Dichte $\rho_{20°}$ | Gehalt Gew.-% | Gehalt Mol/Liter | Dichte $\rho_{20°}$ | Gehalt Gew.-% | Gehalt Mol/Liter | Dichte $\rho_{20°}$ | Gehalt Gew.-% | Gehalt Mol/Liter |
|---|---|---|---|---|---|---|---|---|
| 1,000 | 0,197 | 0,0351 | 1,180 | 19,35 | 4,07 | 1,360 | $36,73_5$ | $8,90_5$ |
| 1,005 | 0,743 | 0,133 | 1,185 | 19,86 | $4,19_5$ | 1,365 | 37,19 | 9,05 |
| 1,010 | $1,29_5$ | 0,233 | 1,190 | 20,37 | 4,32 | 1,370 | 37,65 | 9,19 |
| 1,015 | 1,84 | 0,333 | 1,195 | 20,88 | 4,45 | 1,375 | $38,10_5$ | 9,34 |
| 1,020 | 2,38 | $0,433_5$ | 1,200 | 21,38 | 4,57 | 1,380 | 38,56 | 9,48 |
| 1,025 | 2,93 | 0,536 | 1,205 | 21,88 | 4,70 | 1,385 | 39,01 | 9,63 |
| 1,030 | 3,48 | $0,639_5$ | 1,210 | 22,38 | 4,83 | 1,390 | 39,46 | 9,78 |
| 1,035 | 4,03 | 0,744 | 1,215 | 22,88 | $4,95_5$ | 1,395 | 39,92 | 9,93 |
| 1,040 | 4,58 | 0,848 | 1,220 | 23,38 | 5,08 | 1,400 | 40,37 | 10,07 |
| 1,045 | 5,12 | 0,954 | 1,225 | 23,87 | 5,21 | 1,405 | 40,82 | 10,22 |
| 1,050 | 5,66 | 1,06 | 1,230 | 24,37 | 5,34 | 1,410 | 41,26 | 10,37 |
| 1,055 | 6,20 | 1,17 | 1,235 | 24,86 | 5,47 | 1,415 | 41,71 | 10,52 |
| 1,060 | 6,74 | 1,27 | 1,240 | 25,36 | 5,60 | 1,420 | $42,15_5$ | 10,67 |
| 1,065 | 7,28 | 1,38 | 1,245 | 25,85 | 5,74 | 1,425 | 42,60 | 10,82 |
| 1,070 | 7,82 | 1,49 | 1,250 | 26,34 | 5,87 | 1,430 | 43,04 | 10,97 |
| 1,075 | 8,36 | 1,60 | 1,255 | 26,83 | 6,00 | 1,435 | 43,48 | 11,12 |
| 1,080 | 8,89 | 1,71 | 1,260 | 27,32 | $6,13_5$ | 1,440 | 43,92 | 11,28 |
| 1,085 | 9,43 | 1,82 | 1,265 | 27,80 | 6,27 | 1,445 | 44,36 | 11,42 |
| 1,090 | 9,96 | 1,94 | 1,270 | 28,29 | 6,40 | 1,450 | 44,79 | 11,58 |
| 1,095 | 10,49 | 2,05 | 1,275 | 28,77 | 6,54 | 1,455 | 45,23 | 11,73 |
| 1,100 | 11,03 | 2,16 | 1,280 | 29,25 | 6,67 | 1,460 | 45,66 | 11,88 |
| 1,105 | 11,56 | 2,28 | 1,285 | 29,73 | 6,81 | 1,465 | $46,09_5$ | 12,04 |
| 1,110 | 12,08 | 2,39 | 1,290 | 30,21 | 6,95 | 1,470 | 46,53 | 12,19 |
| 1,115 | 12,61 | 2,51 | 1,295 | 30,68 | 7,08 | 1,475 | 46,96 | 12,35 |
| 1,120 | 13,14 | 2,62 | 1,300 | 31,15 | 7,22 | 1,480 | 47,39 | 12,50 |
| 1,125 | 13,66 | 2,74 | 1,305 | 31,62 | 7,36 | 1,485 | 47,82 | 12,66 |
| 1,130 | 14,19 | 2,86 | 1,310 | 32,09 | 7,49 | 1,490 | 48,25 | 12,82 |
| 1,135 | $14,70_5$ | $2,97_5$ | 1,315 | 32,56 | 7,63 | 1,495 | $48,67_5$ | 12,97 |
| 1,140 | 15,22 | 3,09 | 1,320 | 33,03 | 7,77 | 1,500 | 49,10 | 13,13 |
| 1,145 | 15,74 | 3,21 | 1,325 | 33,50 | 7,91 | 1,505 | 49,53 | 13,29 |
| 1,150 | 16,26 | 3,33 | 1,330 | 33,97 | 8,05 | 1,510 | 49,95 | 13,45 |
| 1,155 | 16,78 | 3,45 | 1,335 | 34,43 | 8,19 | 1,515 | 50,38 | 13,60 |
| 1,160 | 17,29 | 3,58 | 1,340 | 34,90 | $8,33_5$ | 1,520 | 50,80 | 13,76 |
| 1,165 | 17,81 | 3,70 | 1,345 | 35,36 | 8,48 | 1,525 | 51,22 | 13,92 |
| 1,170 | 18,32 | 3,82 | 1,350 | 35,82 | 8,62 | 1,530 | 51,64 | 14,08 |
| 1,175 | 18,84 | $3,94_5$ | 1,355 | 36,28 | 8,76 | 1,535 | 52,05 | 14,24 |

Erläuterungen zu Tafel 16 siehe Seite 228

# Dichte und Gehalt wässeriger Lösungen

## e) Natriumhydroxyd

| Dichte $\varrho_{20°}$ | Gehalt Gew.-% | Gehalt Mol/Liter | Dichte $\varrho_{20°}$ | Gehalt Gew.-% | Gehalt Mol/Liter | Dichte $\varrho_{20°}$ | Gehalt Gew.-% | Gehalt Mol/Liter |
|---|---|---|---|---|---|---|---|---|
| 1,000 | 0,159 | 0,0398 | 1,180 | 16,44 | 4,850 | 1,360 | 33,06 | 11,24 |
| 1,005 | 0,602 | 0,151 | 1,185 | 16,89 | 5,004 | 1,365 | 33,54 | 11,45 |
| 1,010 | 1,04$_5$ | 0,264 | 1,190 | 17,34$_5$ | 5,160 | 1,370 | 34,03 | 11,65 |
| 1,015 | 1,49 | 0,378 | 1,195 | 17,80 | 5,317 | 1,375 | 34,52 | 11,86 |
| 1,020 | 1,94 | 0,494 | 1,200 | 18,25$_5$ | 5,476 | 1,380 | 35,01 | 12,08 |
| 1,025 | 2,39 | 0,611 | 1,205 | 18,71 | 5,636 | 1,385 | 35,50$_5$ | 12,29 |
| 1,030 | 2,84 | 0,731 | 1,210 | 19,16 | 5,796 | 1,390 | 36,00 | 12,51 |
| 1,035 | 3,29 | 0,851 | 1,215 | 19,62 | 5,958 | 1,395 | 36,49$_5$ | 12,73 |
| 1,040 | 3,74$_5$ | 0,971 | 1,220 | 20,07 | 6,122 | 1,400 | 36,99 | 12,95 |
| 1,045 | 4,20 | 1,097 | 1,225 | 20,53 | 6,286 | 1,405 | 37,49 | 13,17 |
| 1,050 | 4,65$_5$ | 1,222 | 1,230 | 20,98 | 6,451 | 1,410 | 37,99 | 13,39 |
| 1,055 | 5,11 | 1,347 | 1,235 | 21,44 | 6,619 | 1,415 | 38,49 | 13,61 |
| 1,060 | 5,56 | 1,474 | 1,240 | 21,90 | 6,788 | 1,420 | 38,99 | 13,84 |
| 1,065 | 6,02 | 1,602 | 1,245 | 22,36 | 6,958 | 1,425 | 39,49$_5$ | 14,07 |
| 1,070 | 6,47 | 1,731 | 1,250 | 22,82 | 7,129 | 1,430 | 40,00 | 14,30 |
| 1,075 | 6,93 | 1,862 | 1,255 | 23,27$_5$ | 7,302 | 1,435 | 40,51$_5$ | 14,53 |
| 1,080 | 7,38 | 1,992 | 1,260 | 23,73 | 7,475 | 1,440 | 41,03 | 14,77 |
| 1,085 | 7,83 | 2,123 | 1,265 | 24,19 | 7,650 | 1,445 | 41,55 | 15,01 |
| 1,090 | 8,28 | 2,257 | 1,270 | 24,64$_5$ | 7,824 | 1,450 | 42,07 | 15,25 |
| 1,095 | 8,74 | 2,391 | 1,275 | 25,10 | 8,000 | 1,455 | 42,59 | 15,49 |
| 1,100 | 9,19 | 2,527 | 1,280 | 25,56 | 8,178 | 1,460 | 43,12 | 15,74 |
| 1,105 | 9,64$_5$ | 2,664 | 1,285 | 26,02 | 8,357 | 1,465 | 43,64 | 15,98 |
| 1,110 | 10,10 | 2,802 | 1,290 | 26,48 | 8,539 | 1,470 | 44,17 | 16,23 |
| 1,115 | 10,55$_5$ | 2,942 | 1,295 | 26,94 | 8,722 | 1,475 | 44,69$_5$ | 16,48 |
| 1,120 | 11,01 | 3,082 | 1,300 | 27,41 | 8,906 | 1,480 | 45,22 | 16,73 |
| 1,125 | 11,46 | 3,224 | 1,305 | 27,87 | 9,092 | 1,485 | 45,75 | 16,98 |
| 1,130 | 11,92 | 3,367 | 1,310 | 28,33 | 9,278 | 1,490 | 46,27 | 17,23 |
| 1,135 | 12,37 | 3,510 | 1,315 | 28,80 | 9,466 | 1,495 | 46,80 | 17,49 |
| 1,140 | 12,83 | 3,655 | 1,320 | 29,26 | 9,656 | 1,500 | 47,33 | 17,75 |
| 1,145 | 13,28 | 3,801 | 1,325 | 29,73 | 9,847 | 1,505 | 47,85 | 18,00 |
| 1,150 | 13,73 | 3,947 | 1,330 | 30,20 | 10,04 | 1,510 | 48,38 | 18,26 |
| 1,155 | 14,18 | 4,095 | 1,335 | 30,67 | 10,23 | 1,515 | 48,90$_5$ | 18,52 |
| 1,160 | 14,64 | 4,244 | 1,340 | 31,14 | 10,43 | 1,520 | 49,44 | 18,78 |
| 1,165 | 15,09 | 4,395 | 1,345 | 31,62 | 10,63 | 1,525 | 49,97 | 19,05 |
| 1,170 | 15,54 | 4,545 | 1,350 | 32,10 | 10,83 | 1,530 | 50,50 | 19,31 |
| 1,175 | 15,99 | 4,697 | 1,355 | 32,58 | 11,03 | | | |

Erläuterungen zu Tafel 16 siehe Seite 228

# Dichte und Gehalt wässeriger Lösungen

## f) Ammoniak

| Dichte $\varrho_{20°}$ | Gehalt Gew.-% | Gehalt Mol/Liter | Dichte $\varrho_{20°}$ | Gehalt Gew.-% | Gehalt Mol/Liter | Dichte $\varrho_{20°}$ | Gehalt Gew.-% | Gehalt Mol/Liter |
|---|---|---|---|---|---|---|---|---|
| 0,998 | 0,0465 | 0,0273 | 0,958 | 9,87 | 5,55 | 0,918 | 21,50 | 11,59 |
| 0,996 | 0,512 | 0,299 | 0,956 | 10,40$_5$ | 5,84 | 0,916 | 22,12$_5$ | 11,90 |
| 0,994 | 0,977 | 0,570 | 0,954 | 10,95 | 6,13 | 0,914 | 22,75 | 12,21 |
| 0,992 | 1,43 | 0,834 | 0,952 | 11,49 | 6,42 | 0,912 | 23,39 | 12,52 |
| 0,990 | 1,89 | 1,10 | 0,950 | 12,03 | 6,71 | 0,910 | 24,03 | 12,84 |
| 0,988 | 2,35 | 1,36$_5$ | 0,948 | 12,58 | 7,00 | 0,908 | 24,68 | 13,16 |
| 0,986 | 2,82 | 1,63$_5$ | 0,946 | 13,14 | 7,29 | 0,906 | 25,33 | 13,48 |
| 0,984 | 3,30 | 1,91 | 0,944 | 13,71 | 7,60 | 0,904 | 26,00 | 13,80 |
| 0,982 | 3,78 | 2,18 | 0,942 | 14,29 | 7,91 | 0,902 | 26,67 | 14,12 |
| 0,980 | 4,27 | 2,46 | 0,940 | 14,88 | 8,21 | 0,900 | 27,33 | 14,44 |
| 0,978 | 4,76 | 2,73 | 0,938 | 15,47 | 8,52 | 0,898 | 28,00 | 14,76 |
| 0,976 | 5,25 | 3,01 | 0,936 | 16,06 | 8,83 | 0,896 | 28,67 | 15,08 |
| 0,974 | 5,75 | 3,29 | 0,934 | 16,65 | 9,13 | 0,894 | 29,33 | 15,40 |
| 0,972 | 6,25 | 3,57 | 0,932 | 17,24 | 9,44 | 0,892 | 30,00 | 15,71 |
| 0,970 | 6,75 | 3,84 | 0,930 | 17,85 | 9,75 | 0,890 | 30,68$_5$ | 16,04 |
| 0,968 | 7,26 | 4,12 | 0,928 | 18,45 | 10,06 | 0,888 | 31,37 | 16,36 |
| 0,966 | 7,77 | 4,41 | 0,926 | 19,06 | 10,37 | 0,886 | 32,09 | 16,69 |
| 0,964 | 8,29 | 4,69 | 0,924 | 19,67 | 10,67 | 0,884 | 32,84 | 17,05 |
| 0,962 | 8,82 | 4,98 | 0,922 | 20,27 | 10,97 | 0,882 | 33,59$_5$ | 17,40 |
| 0,960 | 9,34 | 5,27 | 0,920 | 20,88 | 11,28 | 0,880 | 34,35 | 17,75 |

Erläuterungen zu Tafel 16 siehe Seite 228

# Tafel 16

## Dichte und Gehalt wässeriger Lösungen

### g) Natriumcarbonat*)

| Dichte $\varrho_{20^\circ}$ | Gehalt | | Dichte $\varrho_{20^\circ}$ | Gehalt | | Dichte $\varrho_{20^\circ}$ | Gehalt | |
|---|---|---|---|---|---|---|---|---|
| | Gew.-% | Mol/Liter | | Gew.-% | Mol/Liter | | Gew.-% | Mol/Liter |
| 1,000 | 0,19 | 0,018 | 1,065 | 6,43 | 0,646 | 1,130 | 12,52 | 1,335 |
| 1,005 | 0,67 | 0,0635 | 1,070 | 6,90 | 0,696 | 1,135 | 13,00 | 1,392 |
| 1,010 | 1,14 | 0,109 | 1,075 | 7,38 | 0,748 | 1,140 | 13,45 | 1,446 |
| 1,015 | 1,62 | 0,155 | 1,080 | 7,85 | 0,800 | 1,145 | 13,90 | 1,501 |
| 1,020 | 2,10 | 0,202 | 1,085 | 8,33 | 0,853 | 1,150 | 14,35 | 1,557 |
| 1,025 | 2,57 | 0,248 | 1,090 | 8,80 | 0,905 | 1,155 | 14,75 | 1,607 |
| 1,030 | 3,05 | 0,296 | 1,095 | 9,27 | 0,958 | 1,160 | 15,20 | 1,663 |
| 1,035 | 3,54 | 0,346 | 1,100 | 9,75 | 1,012 | 1,165 | 15,60 | 1,714 |
| 1,040 | 4,03 | 0,395 | 1,105 | 10,22 | 1,065 | 1,170 | 16,03 | 1,769 |
| 1,045 | 4,50 | 0,444 | 1,110 | 10,68 | 1,118 | 1,175 | 16,45 | 1,823 |
| 1,050 | 4,98 | 0,493 | 1,115 | 11,14 | 1,172 | 1,180 | 16,87 | 1,878 |
| 1,055 | 5,47 | 0,544 | 1,120 | 11,60 | 1,226 | 1,185 | 17,30 | 1,934 |
| 1,060 | 5,95 | 0,595 | 1,125 | 12,05 | 1,279 | 1,190 | 17,70 | 1,987 |

*) Gewichtsprozente auf wasserfreies $Na_2CO_3$ bezogen.

Erläuterungen zu Tafel 16 siehe Seite 228

# Logarithmen der Werte von $\frac{n^2-1}{n^2+2}$

für Werte von $n$ zwischen 1,300 bis 1,699 mit Proportionalteilen für die 4. Dezimale

| n | 0 | 1 | 2 | 3 | 4 | 5 | 6 | 7 | 8 | 9 |
|---|---|---|---|---|---|---|---|---|---|---|
| 1,30 | 2718 | 2732 | 2745 | 2758 | 2771 | 2784 | 2797 | 2810 | 2823 | 2836 |
| 31 | 2849 | 2862 | 2874 | 2887 | 2900 | 2912 | 2925 | 2938 | 2950 | 2963 |
| 32 | 2975 | 2987 | 3000 | 3012 | 3024 | 3036 | 3048 | 3061 | 3073 | 3085 |
| 33 | 3097 | 3109 | 3120 | 3132 | 3144 | 3156 | 3168 | 3179 | 3191 | 3203 |
| 34 | 3214 | 3226 | 3237 | 3249 | 3260 | 3272 | 3283 | 3294 | 3305 | 3317 |
| 35 | 3328 | 3339 | 3350 | 3361 | 3372 | 3383 | 3394 | 3405 | 3416 | 3427 |
| 36 | 3438 | 3449 | 3460 | 3470 | 3481 | 3492 | 3502 | 3513 | 3524 | 3534 |
| 37 | 3545 | 3555 | 3566 | 3576 | 3586 | 3597 | 3607 | 3617 | 3628 | 3638 |
| 38 | 3648 | 3658 | 3668 | 3679 | 3689 | 3699 | 3709 | 3719 | 3729 | 3739 |
| 39 | 3748 | 3758 | 3768 | 3778 | 3788 | 3797 | 3807 | 3817 | 3827 | 3836 |
| 49 | 3846 | 3855 | 3865 | 3874 | 3884 | 3893 | 3903 | 3912 | 3922 | 3931 |
| 41 | 3940 | 3950 | 3959 | 3968 | 3977 | 3987 | 3996 | 4005 | 4014 | 4023 |
| 42 | 4032 | 4041 | 4050 | 4059 | 4068 | 4077 | 4086 | 4095 | 4104 | 4113 |
| 43 | 4122 | 4131 | 4139 | 4148 | 4157 | 4166 | 4174 | 4183 | 4191 | 4200 |
| 44 | 4209 | 4217 | 4226 | 4234 | 4243 | 4251 | 4260 | 4268 | 4277 | 4285 |
| 45 | 4293 | 4302 | 4310 | 4318 | 4327 | 4335 | 4343 | 4351 | 4359 | 4368 |
| 46 | 4376 | 4384 | 4392 | 4400 | 4408 | 4416 | 4424 | 4432 | 4440 | 4448 |
| 47 | 4456 | 4464 | 4472 | 4480 | 4488 | 4496 | 4503 | 4511 | 4519 | 4527 |
| 48 | 4534 | 4542 | 4550 | 4558 | 4565 | 4573 | 4580 | 4588 | 4596 | 4603 |
| 49 | 4611 | 4618 | 4626 | 4633 | 4641 | 4648 | 4656 | 4663 | 4671 | 4678 |
| 50 | 4685 | 4693 | 4700 | 4707 | 4715 | 4722 | 4729 | 4736 | 4744 | 4751 |
| 51 | 4758 | 4765 | 4772 | 4779 | 4787 | 4794 | 4801 | 4808 | 4815 | 4822 |
| 52 | 4829 | 4836 | 4843 | 4850 | 4857 | 4864 | 4871 | 4878 | 4884 | 4891 |
| 53 | 4898 | 4905 | 4912 | 4919 | 4925 | 4932 | 4939 | 4946 | 4953 | 4959 |
| 54 | 4966 | 4973 | 4979 | 4986 | 4993 | 4999 | 5006 | 5012 | 5019 | 5026 |
| 55 | 5032 | 5039 | 5045 | 5052 | 5058 | 5065 | 5071 | 5078 | 5084 | 5090 |
| 56 | 5097 | 5103 | 5110 | 5116 | 5122 | 5129 | 5135 | 5141 | 5147 | 5154 |
| 57 | 5160 | 5166 | 5173 | 5179 | 5185 | 5191 | 5197 | 5203 | 5210 | 5216 |
| 58 | 5222 | 5228 | 5234 | 5240 | 5246 | 5252 | 5258 | 5264 | 5270 | 5276 |
| 59 | 5282 | 5288 | 5294 | 5300 | 5306 | 5312 | 5318 | 5324 | 5330 | 5336 |
| 60 | 5342 | 5348 | 5353 | 5359 | 5365 | 5371 | 5377 | 5382 | 5388 | 5394 |
| 61 | 5400 | 5405 | 5411 | 5417 | 5423 | 5428 | 5434 | 5440 | 5445 | 5451 |
| 62 | 5456 | 5462 | 5468 | 5473 | 5479 | 5484 | 5490 | 5495 | 5501 | 5507 |
| 63 | 5512 | 5518 | 5523 | 5529 | 5534 | 5539 | 5545 | 5550 | 5556 | 5561 |
| 64 | 5567 | 5572 | 5577 | 5583 | 5588 | 5593 | 5599 | 5604 | 5609 | 5615 |
| 65 | 5620 | 5625 | 5630 | 5636 | 5641 | 5646 | 5651 | 5657 | 5662 | 5667 |
| 66 | 5672 | 5677 | 5683 | 5688 | 5693 | 5698 | 5703 | 5708 | 5713 | 5718 |
| 67 | 5724 | 5729 | 5734 | 5739 | 5744 | 5749 | 5754 | 5759 | 5764 | 5769 |
| 68 | 5774 | 5779 | 5784 | 5789 | 5794 | 5799 | 5804 | 5808 | 5813 | 5818 |
| 69 | 5823 | 5828 | 5833 | 5838 | 5843 | 5847 | 5852 | 5857 | 5862 | 5867 |

P. P.

| | 13 | 12 | 11 |
|---|---|---|---|
| 1 | 1,3 | 1,2 | 1,1 |
| 2 | 2,6 | 2,4 | 2,2 |
| 3 | 3,9 | 3,6 | 3,3 |
| 4 | 5,2 | 4,8 | 4,4 |
| 5 | 6,5 | 6,0 | 5,5 |
| 6 | 7,8 | 7,2 | 6,6 |
| 7 | 9,1 | 8,4 | 7,7 |
| 8 | 10,4 | 9,6 | 8,8 |
| 9 | 11,7 | 10,8 | 9,9 |

| | 10 | 9 | 8 |
|---|---|---|---|
| 1 | 1,0 | 0,9 | 0,8 |
| 2 | 2,0 | 1,8 | 1,6 |
| 3 | 3,0 | 2,7 | 2,4 |
| 4 | 4,0 | 3,6 | 3,2 |
| 5 | 5,0 | 4,5 | 4,0 |
| 6 | 6,0 | 5,4 | 4,8 |
| 7 | 7,0 | 6,3 | 5,6 |
| 8 | 8,0 | 7,2 | 6,4 |
| 9 | 9,0 | 8,1 | 7,2 |

| | 7 | 6 | 5 |
|---|---|---|---|
| 1 | 0,7 | 0,6 | 0,5 |
| 2 | 1,4 | 1,2 | 1,0 |
| 3 | 2,1 | 1,8 | 1,5 |
| 4 | 2,8 | 2,4 | 2,0 |
| 5 | 3,5 | 3,0 | 2,5 |
| 6 | 4,2 | 3,6 | 3,0 |
| 7 | 4,9 | 4,2 | 3,5 |
| 8 | 5,6 | 4,8 | 4,0 |
| 9 | 6,3 | 5,4 | 4,5 |

Erläuterungen zu Tafel 17 siehe Seite 228

# Tafel 18

## Löslichkeit wichtiger Stoffe bei 20°

| Stoff | Bodenkörper | % Bodenkörper | % Anhyd. | mol/l | $\varrho_{20^\circ}$ |
|---|---|---|---|---|---|
| Ammoniumcarbonat (käufl.) | $NH_4HCO_3$ / $NH_4CO_2NH_2$ | *20* | — | *1,36* | *1,07* |
| Ammoniumchlorid | $NH_4Cl$ | 27,1 | — | 5,45 | 1,075 |
| Ammoniumeisenalaun | $NH_4Fe(SO_4)_2 \cdot 12\,aq$ | *42,9* | *23,7* | *1,08* | *1,22* |
| Ammoniumferrosulfat | $(NH_4)_2Fe(SO_4)_2 \cdot 6\,aq$ | 29,3 | 21,2 | 0,889 | 1,19 |
| Ammoniumnitrat | $NH_4NO_3$ | 65,2 | — | 10,6 | 1,308 |
| *Ammoniumoxalat | $(NH_4)_2C_2O_4 \cdot aq$ | 4,862 | 4,246 | 0,349 | 1,0188 |
| Ammoniumsulfat | $(NH_4)_2SO_4$ | 43,0 | — | 4,06 | 1,247 |
| Bariumchlorid | $BaCl_2 \cdot 2\,aq$ | 30,9 | 26,3 | 1,62 | 1,28 |
| Bariumhydroxyd | $Ba(OH)_2 \cdot 8\,aq$ | 6,91 | 3,75 | 0,228 | 1,04 |
| *Bariumnitrat | $Ba(NO_3)_2$ | 8,268 | — | 0,338 | 1,0691 |
| *Bleichlorid | $PbCl_2$ | 0,971 | — | 0,0351 | 1,0070 |
| Bleinitrat | $Pb(NO_3)_2$ | 34,3 | — | 1,45 | 1,40 |
| Borsäure | $H_3BO_3$ | 4,75 | — | 0,780 | 1,015 |
| *Cadmiumsulfat | $CdSO_4 \cdot {}^8/_3\,aq$ | 53,42 | 43,42 | 3,367 | 1,6165 |
| Calciumchlorid | $CaCl_2 \cdot 6\,aq$ | 84,3 | 42,7 | 5,50 | 1,43 |
| Calciumhydroxyd | $Ca(OH)_2$ | 0,163 | — | 0,0220 | 1,001 |
| Calciumsulfat | $CaSO_4 \cdot 2\,aq$ | 0,258 | 0,204 | 0,0150 | 1,001 |
| Chromsäureanhydrid | $CrO_3$ | 62,6 | — | — | — |
| Eisen(II)-chlorid | $FeCl_2 \cdot 4\,aq$ | 63,8 | 40,7 | 4,78 | 1,49 |
| Eisen(III)-chlorid | $FeCl_3 \cdot 6\,aq$ | 79,8 | 47,9 | 4,49 | 1,52 |
| Eisen(II)-sulfat | $FeSO_4 \cdot 7\,aq$ | 38,43 | 21,00 | 1,693 | 1,225 |
| *Kalialaun | $KAl(SO_4)_2 \cdot 12\,aq$ | 10,43 | 5,677 | 0,231 | 1,0527 |
| Kaliumbicarbonat | $KHCO_3$ | 24,9 | — | 2,93 | 1,18 |
| *Kaliumbichromat | $K_2Cr_2O_7$ | 10,822 | — | 0,396 | 1,0768 |
| *Kaliumbromid | $KBr$ | 39,73 | — | 4,573 | 1,3701 |
| Kaliumcarbonat | $K_2CO_3 \cdot 2\,aq$ | 68,5 | 53,1 | 6,21 | 1,58 |
| *Kaliumchlorat | $KClO_3$ | 6,793 | — | 0,578 | 1,0420 |
| *Kaliumchlorid | $KCl$ | 25,58 | — | 4,028 | 1,1739 |
| *Kaliumchromat | $K_2CrO_4$ | 38,94 | — | 2,764 | 1,3785 |
| Kaliumferricyanid | $K_3Fe(CN)_6$ | 30,9 | — | 1,11 | 1,18 |
| Kaliumferrocyanid | $K_4Fe(CN)_6 \cdot 3\,aq$ | 22,6 | 19,7 | 0,621 | 1,16 |

Anmerkung: Die kursiv gedruckten Werte gelten für 15°

Erläuterungen zu Tafel 18 siehe Seite 228

## Löslichkeit wichtiger Stoffe bei 20°

| Stoff | Bodenkörper | % Bodenkörper | % Anhyd. | mol/l | $\rho_{20^0}$ |
|---|---|---|---|---|---|
| Kaliumhydroxyd | $KOH \cdot 2aq$ | 86,7 | 52,8 | 14,4 | 1,53 |
| *Kaliumjodat | $KJO_3$ | 7,478 | — | 0,372 | 1,0643 |
| Kaliumjodid | $KJ$ | 59,1 | — | 6,09 | 1,71 |
| Kaliumnitrat | $KNO_3$ | 24,1 | — | 2,76 | 1,16 |
| Kaliumnitrit | $KNO_2$ | 75,4 | — | 14,6 | 1,65 |
| *Kaliumperchlorat | $KClO_4$ | 1,647 | — | 0,120 | 1,0085 |
| *Kaliumpermanganat | $KMnO_4$ | 5,946 | — | 0,391 | 1,0397 |
| *Kaliumsulfat | $K_2SO_4$ | 9,91 | — | 0,614 | 1,0807 |
| *Kupfersulfat | $CuSO_4 \cdot 5aq$ | 27,06 | 17,30 | 1,297 | 1,1965 |
| Magnesiumchlorid | $MgCl_2 \cdot 6aq$ | 75,4 | 35,3 | 4,93 | 1,33 |
| Magnesiumsulfat | $MgSO_4 \cdot 7aq$ | 61,4 | 30,0 | 3,26 | 1,31 |
| *Mangansulfat | $MnSO_4 \cdot 5aq$ | 61,61 | 38,59 | 3,800 | 1,4866 |
| Natriumacetat | $NaC_2H_3O_2 \cdot 3aq$ | 52,6 | 31,7 | 4,52 | 1,17 |
| Natriumbicarbonat | $NaHCO_3$ | 8,76 | — | 1,13 | 1,08 |
| *Natriumcarbonat | $Na_2CO_3 \cdot 10aq$ | 48,65 | 18,02 | 2,030 | 1,1941 |
| *Natriumchlorid | $NaCl$ | 26,403 | — | 5,421 | 1,2001 |
| Natriumhydroxyd | $NaOH \cdot aq$ | 75,6 | 52,1 | 20,2 | 1,55 |
| Natriumnitrat | $NaNO_3$ | 46,8 | — | 7,60 | 1,38 |
| Natriumnitrit | $NaNO_2$ | 45,0 | — | 8,67 | 1,33 |
| *Natriumoxalat | $Na_2C_2O_4$ | 3,302 | — | 0,253 | 1,0255 |
| Natriumphosphat sec. | $Na_2HPO_4 \cdot 12aq$ | 21,5 | 8,52 | 0,648 | 1,08 |
| *Natriumsulfat | $Na_2SO_4 \cdot 10aq$ | 36,34 | 16,02 | 1,297 | 1,1501 |
| Natriumsulfit | $Na_2SO_3 \cdot 7aq$ | 40,7 | 20,35 | 1,94 | 1,20 |
| Natriumtetraborat | $Na_2B_4O_7 \cdot 10aq$ | 4,9 | 2,6 | 0,13 | 1,02 |
| Natriumthiosulfat | $Na_2S_2O_3 \cdot 5aq$ | 64,6 | 41,17 | 3,62 | 1,39 |
| *Oxalsäure | $H_2C_2O_4 \cdot 2aq$ | 11,68 | 8,34 | 0,962 | 1,0383 |
| *Quecksilberchlorid | $HgCl_2$ | 6,167 | — | 0,239 | 1,0518 |
| Silbernitrat | $AgNO_3$ | 68,3 | — | 8,76 | 2,18 |
| Strontiumchlorid | $SrCl_2 \cdot 6aq$ | 58,9 | 35,0 | 3,07 | 1,39 |
| Zinkchlorid | $ZnCl_2 \cdot 1,5aq$ | 94,1 | 78,6 | 12,0 | 2,08 |
| Zinksulfat | $ZnSO_4 \cdot 7aq$ | 62,9 | 35,3 | 3,21 | 1,47 |
| Zinn(II)-chlorid | $SnCl_2 \cdot 2aq$ | 86,3 | 72,5 | 7,92 | 2,07 |

Erläuterungen zu Tafel 18 siehe Seite 228

**Wheatstonesche Brücke. Logarithmen der Werte von a : (1000 — a) für a von 1 bis 999**

Die Kennziffer ist — 3 für a von 001 bis 009; — 2 für a von 010 bis 090; — 1 für a von 091 bis 499

| a | 0 | 1 | 2 | 3 | 4 | 5 | 6 | 7 | 8 | 9 |
|---|---|---|---|---|---|---|---|---|---|---|
| 00 | — | 00043 | 30190 | 47842 | 60380 | 70115 | 78076 | 84815 | 90658 | 95817 |
| 01 | 00436 | 04619 | 08442 | 11962 | 15225 | 18265 | 21112 | 23790 | 26316 | 28708 |
| 02 | 30980 | 33144 | 35208 | 37184 | 39076 | 40894 | 42641 | 44325 | 45949 | 47518 |
| 03 | 49035 | 50504 | 51927 | 53308 | 54650 | 55954 | 57222 | 58457 | 59660 | 60834 |
| 04 | 61979 | 63096 | 64188 | 65256 | 66299 | 67321 | 68321 | 69301 | 70260 | 71202 |
| 05 | 72125 | 73030 | 73919 | 74793 | 75650 | 76493 | 77322 | 78136 | 78928 | 79726 |
| 06 | 80502 | 81266 | 82019 | 82760 | 83490 | 84210 | 84919 | 85619 | 86309 | 86990 |
| 07 | 87662 | 88324 | 88978 | 89624 | 90262 | 90892 | 91514 | 92129 | 92736 | 93337 |
| 08 | 93930 | 94517 | 95097 | 95671 | 96238 | 96800 | 97355 | 97905 | 98449 | 98987 |
| 09 | 99520 | 00048 | 00570 | 01087 | 01600 | 02107 | 02610 | 03108 | 03602 | 04092 |
| 10 | 04576 | 05056 | 05532 | 06005 | 06472 | 06937 | 07397 | 07853 | 08306 | 08755 |
| 11 | 09200 | 09642 | 10081 | 10516 | 10947 | 11376 | 11801 | 12223 | 12641 | 13057 |
| 12 | 13470 | 13880 | 14287 | 14691 | 15092 | 15490 | 15886 | 16279 | 16669 | 17057 |
| 13 | 17442 | 17825 | 18205 | 18583 | 18958 | 19331 | 19703 | 20071 | 20437 | 20801 |
| 14 | 21163 | 21523 | 21880 | 22236 | 22589 | 22940 | 23289 | 23637 | 23982 | 24326 |
| 15 | 24667 | 25007 | 25344 | 25681 | 26015 | 26347 | 26678 | 27007 | 27335 | 27660 |
| 16 | 27984 | 28307 | 28628 | 28946 | 29263 | 29579 | 29894 | 30207 | 30519 | 30829 |
| 17 | 31137 | 31445 | 31750 | 32054 | 32357 | 32659 | 32958 | 33257 | 33555 | 33851 |
| 18 | 34146 | 34440 | 34732 | 35023 | 35313 | 35601 | 35889 | 36175 | 36460 | 36744 |
| 19 | 37026 | 37308 | 37589 | 37869 | 38146 | 38423 | 38700 | 38975 | 39250 | 39522 |
| 20 | 39794 | 40065 | 40335 | 40604 | 40872 | 41138 | 41405 | 41670 | 41933 | 42197 |
| 21 | 42459 | 42720 | 42981 | 43241 | 43499 | 43757 | 44013 | 44270 | 44525 | 44779 |
| 22 | 45033 | 45285 | 45537 | 45788 | 46039 | 46288 | 46537 | 46785 | 47031 | 47279 |
| 23 | 47524 | 47768 | 48013 | 48256 | 48499 | 48741 | 48982 | 49223 | 49463 | 49702 |
| 24 | 49940 | 50178 | 50415 | 50651 | 50887 | 51122 | 51357 | 51591 | 51823 | 52056 |
| 25 | 52288 | 52519 | 52750 | 52980 | 53209 | 53438 | 53667 | 53894 | 54122 | 54348 |
| 26 | 54574 | 54800 | 55024 | 55249 | 55472 | 55696 | 55918 | 56141 | 56362 | 56583 |
| 27 | 56804 | 57024 | 57244 | 57463 | 57681 | 57899 | 58117 | 58334 | 58550 | 58766 |
| 28 | 58983 | 59198 | 59413 | 59627 | 59841 | 60053 | 60267 | 60479 | 60691 | 60903 |
| 29 | 61114 | 61324 | 61535 | 61745 | 61955 | 62163 | 62372 | 62580 | 62788 | 62995 |
| 30 | 63202 | 63409 | 63615 | 63821 | 64026 | 64232 | 64436 | 64641 | 64844 | 65048 |
| 31 | 65251 | 65454 | 65656 | 65858 | 66061 | 66262 | 66463 | 66664 | 66865 | 67064 |
| 32 | 67264 | 67464 | 67663 | 67861 | 68060 | 68258 | 68456 | 68653 | 68850 | 69048 |
| 33 | 69244 | 69440 | 69636 | 69831 | 70028 | 70222 | 70417 | 70612 | 70806 | 71000 |
| 34 | 71194 | 71386 | 71580 | 71772 | 71966 | 72158 | 72350 | 72542 | 72733 | 72925 |
| 35 | 73116 | 73307 | 73496 | 73687 | 73877 | 74067 | 74256 | 74446 | 74634 | 74823 |
| 36 | 75012 | 75201 | 75389 | 75577 | 75764 | 75952 | 76139 | 76327 | 76513 | 76700 |
| 37 | 76886 | 77072 | 77258 | 77444 | 77630 | 77815 | 78001 | 78185 | 78370 | 78555 |
| 38 | 78739 | 78923 | 79107 | 79291 | 79475 | 79658 | 79842 | 80025 | 80208 | 80391 |
| 39 | 80573 | 80756 | 80939 | 81120 | 81303 | 81484 | 81666 | 81847 | 82028 | 82210 |
| 40 | 82391 | 82571 | 82753 | 82934 | 83113 | 83294 | 83474 | 83654 | 83834 | 84013 |
| 41 | 84193 | 84372 | 84552 | 84731 | 84910 | 85089 | 85268 | 85447 | 85626 | 85803 |
| 42 | 85982 | 86160 | 86338 | 86516 | 86695 | 86872 | 87050 | 87228 | 87404 | 87582 |
| 43 | 87760 | 87937 | 88113 | 88291 | 88467 | 88644 | 88821 | 88997 | 89173 | 89350 |
| 44 | 89526 | 89703 | 89879 | 90054 | 90231 | 90407 | 90582 | 90758 | 90934 | 91110 |
| 45 | 91285 | 91461 | 91636 | 91811 | 91987 | 92161 | 92336 | 92512 | 92687 | 92861 |
| 46 | 93037 | 93211 | 93386 | 93561 | 93736 | 93910 | 94085 | 94259 | 94434 | 94608 |
| 47 | 94782 | 94956 | 95131 | 95305 | 95479 | 95653 | 95828 | 96002 | 96176 | 96350 |
| 48 | 96524 | 96698 | 96872 | 97046 | 97220 | 97393 | 97568 | 97741 | 97915 | 98089 |
| 49 | 98263 | 98436 | 98611 | 98784 | 98958 | 99132 | 99305 | 99479 | 99653 | 99826 |
| a | 0 | 1 | 2 | 3 | 4 | 5 | 6 | 7 | 8 | 9 |

Erläuterungen zu Tafel 19 siehe Seite 229

## Wheatstonesche Brücke. Logarithmen der Werte von a: (1000 — a) für a von 1 bis 999

| a | 0 | 1 | 2 | 3 | 4 | 5 | 6 | 7 | 8 | 9 |
|---|---|---|---|---|---|---|---|---|---|---|
| 50 | 00000 | 00174 | 00347 | 00521 | 00695 | 00868 | 01042 | 01216 | 01389 | 01564 |
| 51 | 01737 | 01911 | 02085 | 02259 | 02432 | 02607 | 02780 | 02954 | 03128 | 03302 |
| 52 | 03476 | 03650 | 03824 | 03998 | 04172 | 04347 | 04521 | 04695 | 04869 | 05044 |
| 53 | 05218 | 05392 | 05566 | 05741 | 05915 | 06090 | 06264 | 06439 | 06614 | 06789 |
| 54 | 06963 | 07139 | 07313 | 07488 | 07664 | 07839 | 08013 | 08189 | 08364 | 08539 |
| 55 | 08715 | 08890 | 09066 | 09242 | 09418 | 09593 | 09769 | 09946 | 10121 | 10297 |
| 56 | 10474 | 10650 | 10827 | 11003 | 11179 | 11356 | 11533 | 11709 | 11887 | 12063 |
| 57 | 12240 | 12418 | 12596 | 12772 | 12950 | 13128 | 13305 | 13484 | 13662 | 13840 |
| 58 | 14018 | 14197 | 14374 | 14553 | 14732 | 14911 | 15090 | 15269 | 15448 | 15628 |
| 59 | 15807 | 15987 | 16166 | 16346 | 16526 | 16706 | 16887 | 17066 | 17247 | 17429 |
| 60 | 17609 | 17790 | 17972 | 18153 | 18334 | 18516 | 18697 | 18880 | 19061 | 19244 |
| 61 | 19427 | 19609 | 19792 | 19975 | 20158 | 20342 | 20525 | 20709 | 20893 | 21077 |
| 62 | 21261 | 21445 | 21630 | 21815 | 21999 | 22185 | 22370 | 22556 | 22742 | 22928 |
| 63 | 23114 | 23300 | 23487 | 23673 | 23861 | 24048 | 24236 | 24423 | 24611 | 24799 |
| 64 | 24988 | 25177 | 25366 | 25554 | 25744 | 25933 | 26123 | 26313 | 26504 | 26693 |
| 65 | 26884 | 27075 | 27267 | 27458 | 27650 | 27842 | 28034 | 28228 | 28420 | 28614 |
| 66 | 28806 | 29000 | 29194 | 29388 | 29583 | 29778 | 29972 | 30169 | 30364 | 30560 |
| 67 | 30756 | 30952 | 31150 | 31347 | 31544 | 31742 | 31940 | 32139 | 32337 | 32536 |
| 68 | 32736 | 32936 | 33135 | 33336 | 33537 | 33738 | 33939 | 34142 | 34344 | 34546 |
| 69 | 34749 | 34952 | 35156 | 35359 | 35564 | 35768 | 35974 | 36179 | 36385 | 36591 |
| 70 | 36798 | 37005 | 37212 | 37420 | 37628 | 37837 | 38045 | 38255 | 38465 | 38676 |
| 71 | 38886 | 39097 | 39309 | 39521 | 39733 | 39947 | 40159 | 40373 | 40587 | 40802 |
| 72 | 41017 | 41234 | 41450 | 41666 | 41883 | 42101 | 42319 | 42537 | 42756 | 42976 |
| 73 | 43196 | 43417 | 43638 | 43859 | 44082 | 44304 | 44528 | 44751 | 44976 | 45200 |
| 74 | 45426 | 45652 | 45878 | 46106 | 46333 | 46562 | 46791 | 47020 | 47250 | 47481 |
| 75 | 47712 | 47944 | 48177 | 48409 | 48643 | 48878 | 49113 | 49349 | 49585 | 49822 |
| 76 | 50060 | 50298 | 50537 | 50777 | 51018 | 51259 | 51501 | 51744 | 51987 | 52232 |
| 77 | 52476 | 52721 | 52969 | 53215 | 53463 | 53712 | 53961 | 54212 | 54463 | 54715 |
| 78 | 54967 | 55221 | 55475 | 55730 | 55987 | 56243 | 56501 | 56759 | 57019 | 57280 |
| 79 | 57541 | 57803 | 58067 | 58330 | 58595 | 58862 | 59128 | 59396 | 59665 | 59935 |
| 80 | 60206 | 60478 | 60750 | 61025 | 61300 | 61577 | 61854 | 62131 | 62411 | 62692 |
| 81 | 62974 | 63256 | 63540 | 63825 | 64111 | 64399 | 64687 | 64977 | 65268 | 65560 |
| 82 | 65854 | 66149 | 66445 | 66743 | 67042 | 67341 | 67643 | 67946 | 68250 | 68555 |
| 83 | 68863 | 69171 | 69481 | 69793 | 70106 | 70421 | 70737 | 71054 | 71372 | 71693 |
| 84 | 72016 | 72340 | 72667 | 72993 | 73322 | 73653 | 73985 | 74319 | 74656 | 74993 |
| 85 | 75333 | 75674 | 76018 | 76363 | 76711 | 77060 | 77411 | 77764 | 78120 | 78477 |
| 86 | 78837 | 79199 | 79563 | 79929 | 80297 | 80669 | 81042 | 81417 | 81795 | 82175 |
| 87 | 82558 | 82943 | 83331 | 83721 | 84114 | 84510 | 84908 | 85309 | 85713 | 86120 |
| 88 | 86530 | 86943 | 87359 | 87777 | 88199 | 88624 | 89053 | 89484 | 89919 | 90358 |
| 89 | 90800 | 91245 | 91694 | 92147 | 92603 | 93063 | 93528 | 93995 | 94468 | 94944 |
| 90 | 95424 | 95908 | 96398 | 96892 | 97390 | 97893 | 98400 | 98913 | 99430 | 99952 |
| 91 | 00480 | 01013 | 01551 | 02095 | 02645 | 03200 | 03762 | 04329 | 04903 | 05483 |
| 92 | 06070 | 06663 | 07264 | 07871 | 08486 | 09108 | 09738 | 10376 | 11022 | 11676 |
| 93 | 12338 | 13010 | 13691 | 14381 | 15081 | 15790 | 16510 | 17240 | 17981 | 18734 |
| 94 | 19498 | 20274 | 21062 | 21864 | 22678 | 23507 | 24350 | 25207 | 26081 | 26970 |
| 95 | 27875 | 28798 | 29740 | 30699 | 31679 | 32679 | 33701 | 34744 | 35812 | 36904 |
| 96 | 38021 | 39166 | 40340 | 41543 | 42778 | 44046 | 45350 | 46692 | 48073 | 49496 |
| 97 | 50965 | 52482 | 54051 | 55675 | 57359 | 59106 | 60924 | 62816 | 64792 | 66856 |
| 98 | 69020 | 71292 | 73684 | 76210 | 78888 | 81735 | 84275 | 88038 | 91558 | 95381 |
| 99 | 99564 | 04183 | 09342 | 15185 | 21924 | 29885 | 39620 | 52158 | 69810 | 99957 |

Die Kennziffer ist 0 für a von 500 bis 909; + 1 für a von 910 bis 990; + 2 für a von 991 bis 999

Erläuterungen zu Tafel 19 siehe Seite 229

# Elektrochemie

## A. Elektrochemische Äquivalente. Normalelemente

1 Coulomb (oder Amp.-Sec.) = 1,11800 mg Silber.

1 $F$ (Faraday) = 107,880 : 0,001 11800 ≈ 96 500 (lg = 98453) Coulomb.*)

### Elektrochemische Äquivalente

Ein Strom von 1 Ampere scheidet ab oder zersetzt:

| Stoff | | Formel | in 1 Sekunde | | in 1 Minute | |
|---|---|---|---|---|---|---|
| mg-Äquivalente | | — | 0,010363 | 01 547 | 0,62176 | 79 362 |
| Silber | mg | $Ag^{\cdot}$ | 1,11800 | 04 844 | 67,080 | 82 659 |
| Kupfer | mg | $Cu^{\cdot\cdot}$ | 0,3294 | 51 769 | 19,76 | 29 584 |
| Wasser | mg | $H_2O$ | 0,09335 | 97 010 | 5,601 | 74 825 |
| Knallgas (red. auf 0° und 760 Torr) | ccm | $O_2+2H_2$ | 0,1742 | 24 105 | 10,455 | 01 933 |
| Sauerstoff (red. auf 0° und 760 Torr) | ccm | $O_2$ | 0,05801 | 76 353 | 3,481 | 54 168 |
| Wasserstoff (red. auf 0° und 760 Torr) | ccm | $H_2$ | 0,1162 | 06 530 | 6,974 | 84 345 |
| | | | **in 1 Stunde** | | **in 1 Tag** | |
| g-Äquivalente | | — | 0,037305 | 57 177 | 0,89532 | 95 198 |
| Silber | g | $Ag^{\cdot}$ | 4,0248 | 60 475 | 96 595 | 98 495 |
| Kupfer | g | $Cu^{\cdot\cdot}$ | 1,186 | 07 399 | 28,46 | 45 420 |
| Wasser | g | $H_2O$ | 0,3360 | 52 640 | 8,065 | 90 661 |
| Knallgas (red. auf 0° und 760 Torr) | Liter | $O_2+2H_2$ | 0,6272 | 79 741 | 15,054 | 17 765 |
| Sauerstoff (red. auf 0° und 760 Torr) | Liter | $O_2$ | 0,2088 | 31 983 | 5,012 | 70 004 |
| Wasserstoff (red. auf 0° und 760 Torr) | Liter | $H_2$ | 0,4184 | 62 160 | 10,042 | 00 181 |

Erläuterungen zu Tafel 20 A siehe Seite 229

Normalelemente

Spannung des „Internationalen Weston-Elementes" (Cadmium-Normalelementes mit $CdSO_4 \cdot {}^8/_3 H_2O$ als Bodenkörper)[1])

$$= 1{,}01830 - 0{,}00004075\ (t - 20^0) - 0{,}0000009444\ (t - 20^0)^2 + 0{,}0000000098\ (t - 20^0)^3 \text{ Volt} \quad (t = 0^0 \text{ bis } 40^0).$$

Spannung des „Standard Weston-Elementes" (mit bei $4^0$ gesättigter $CdSO_4 \cdot {}^8/_3 H_2O$-Lösung)[1])

praktisch konstant = 1,0187 Volt (zwischen $10^0$ und $30^0$).

Spannung des „Standard Clark-Elementes" (mit $ZnSO_4 \cdot 7H_2O$ als Bodenkörper)[2])

$$= 1{,}4325 - 0{,}00119\ (t - 15^0) - 0{,}000007\ (t - 15^0)^2 \text{ Volt}.$$

[1]) Mit 12,5%igem Cadmiumamalgam. [2]) Mit 10%igem Zinkamalgam.

### Spannung des Internationalen Weston-Elementes

| $t$ | Volt | $t$ | Volt | $t$ | Volt | $t$ | Volt |
|---|---|---|---|---|---|---|---|
| 11° | 1,01874 | 16° | 1,01848 | 21° | 1,01826 | 26° | 1,01802 |
| 12° | 1,01868 | 17° | 1,01843 | 22° | 1,01822 | 27° | 1,01797 |
| 13° | 1,01863 | 18° | 1,01839 | 23° | 1,01817 | 28° | 1,01792 |
| 14° | 1,01858 | 19° | 1,01834 | 24° | 1,01812 | 29° | 1,01786 |
| 15° | 1,01853 | 20° | 1,01830 | 25° | 1,01807 | 30° | 1,01781 |

*) = 1608 Amp.-Min.

# Elektrochemie

## B. Potentialübersicht

### a) Potential-Diagramm für 20 °C

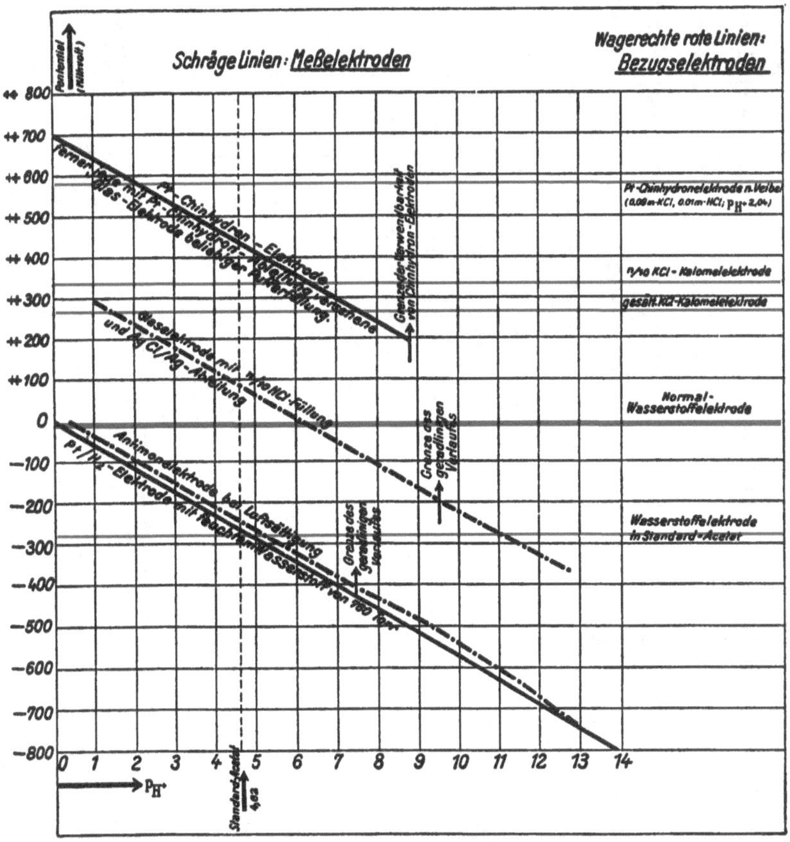


Zur Beachtung: Die Elektroden mit strichpunktierten Linien bedürfen im Anwendungsfalle einer genauen Nacheichung.

Erläuterungen zu Tafel 20 B siehe Seite 230

Tafel 20

# Elektrochemie

## B. Potentialübersicht

### b) Tabelle von Potentialdifferenzen

$E = \pi_A - \pi_B$ (in Millivolt) bei 20°C

| A ↓ B → | $H_2$ 0,0 | $H_2$ 2,04 | $H_2$ 4,62 | $H_2$ 7,00 | Ch[1]) 2,04 | Ch[1]) 4,62 | Kal ges. | Kal 3,5 m | Kal 1,0 m | Kal 0,1 m | Glas AgCl/4,62 | Sb 4,62 |
|---|---|---|---|---|---|---|---|---|---|---|---|---|
| $H_2$ 0,0 | 0 | +118,5 | +268,4 | +406,8 | −584,2 | −434,3 | −249,0 | −253,6 | −285,9 | −337,9 | − 81[2]) | +258[3]) |
| $H_2$ 2,04 | −118,5 | 0 | +149,9 | +288,3 | −702,7 | −552,8 | −367,5 | −372,1 | −404,4 | −456,4 | −199[2]) | +140[3]) |
| $H_2$ 4,62 | −268,4 | −149,9 | 0 | +138,4 | −852,6 | −702,7 | −517,4 | −522,0 | −554,3 | −606,3 | −349[2]) | − 10[3]) |
| $H_2$ 7,00 | −406,8 | −288,3 | −138,4 | 0 | −991,0 | −841,1 | −655,8 | −660,4 | −692,7 | −744,7 | −488[2]) | −149[3]) |
| Ch[1]) 2,04 | +584,2 | +702,7 | +852,6 | +991,0 | 0 | +149,9 | +335,2 | +330,6 | +298,3 | +246,3 | +503[2]) | +842[3]) |
| Ch[1]) 4,62 | +434,3 | +552,8 | +702,7 | +841,1 | −149,9 | 0 | +185,3 | +180,7 | +148,4 | + 96,4 | +353[2]) | +692[3]) |
| Kal ges. | +249,0 | +367,5 | +517,4 | +655,8 | −335,2 | −185,3 | 0 | − 4,6 | − 36,9 | − 88,9 | +168[2]) | +507[3]) |
| Kal 3,5 m | +253,6 | +372,1 | +522,0 | +660,4 | −330,6 | −180,7 | + 4,6 | 0 | − 32,3 | − 84,3 | +173[2]) | +512[3]) |
| Kal 1,0 m | +285,9 | +404,4 | +554,3 | +692,7 | −298,3 | −148,4 | + 36,9 | + 32,3 | 0 | − 52,0 | +205[2]) | +544[3]) |
| Kal 0,1 m | +337,9 | +456,4 | +606,3 | +744,7 | −246,3 | − 96,4 | + 88,9 | + 84,3 | + 52,0 | 0 | +257[2]) | +596[3]) |
| Glas AgCl 4,62 | + 81[2]) | +199[2]) | +349[2]) | +488[2]) | −503[2]) | −353[2]) | −168[2]) | −173[2]) | −205[2]) | −257[2]) | 0 | +339[3]) |
| Sb 4,62 | −258[3]) | −140[3]) | + 10[3]) | +149[3]) | −842[3]) | −692[3]) | −507[3]) | −512[3]) | −544[3]) | −596[3]) | −339[3]) | 0 |

[1]) Zugleich gültig für die Glaselektrode mit einer Füllung von Chinhydron in beliebiger Säurestufe mit Platinableitung. [2]) Unsicherheit: ± 2 Millivolt. [3]) Unsicherheit: ± 5 Millivolt.

In vorstehender Tabelle bedeuten: $H_2$ = die Wasserstoffelektrode in einer Lösung von der darunter angegebenen Stufe (0,0; 2,04 usw.) feucht, 760 Torr. — Ch = die Chinhydronelektrode (mit entsprechender Stufenbezeichnung). — Kal = die Kalomelelektrode in KCl-Lösung der angegebenen Konzentration. — Glas usw. = die Glaselektrode mit Ag/AgCl-Füllung in 0,1 n-HCl, eingetaucht in Standard-Acetat (Stufe 4,62). — Sb 4,62 = die Antimonelektrode in Standard-Acetat (Stufe 4,62), mit Luft gesättigt.

Als Lösung der Stufe 0,0 ist eine 2 n-Schwefelsäure, als Lösung der Stufe 2,04 die Veibelsche Lösung (für HCl 0,01 n, für KCl 0,09 m) angenommen. Standard-Acetat ist eine für Essigsäure und für Natriumacetat je 0,1 normale Lösung.

Erläuterungen zu Tafel 20 B siehe Seite 230

# Elektrochemie

## C. Bathmometrie

($p_{H^+}$-Messung = Stufenmessung = Messung von Säurestufen)

I. Berechnung von Säurestufen ($p_{H^+}$) aus den Potentialdifferenzen ($E$)[1] gegen die Kalomelelektroden mit 0,1 n-KCl ($E_{c\,0,1}$), 1 n-KCl ($E_{c\,1,0}$), 3,5 n-KCl ($E_{c\,3,5}$) und gesättigter KCl-Lösung ($E_{c\,ges.}$). $E$ (überall in Volt) ist positiv zu rechnen, wenn die Versuchselektrode den positiven Pol, negativ, wenn sie den negativen Pol der Kette bildet.

a) Die Versuchselektrode ist eine Wasserstoffelektrode.

$$p_{H^+} = \frac{-E_{c\,0,1} - H_{c\,0,1\,(t)}\,^{2)}}{0{,}0581 + 0{,}0002\,(t - 20)} = \frac{-E_{c\,1,0} - H_{c\,1,0\,(t)}}{0{,}0581 + 0{,}0002\,(t - 20)} = \frac{-E_{c\,3,5} - H_{c\,3,5\,(t)}}{0{,}0581 + 0{,}0002\,(t - 20)} = \frac{-E_{c\,ges.} - H_{c\,ges.\,(t)}}{0{,}0581 + 0{,}0002\,(t - 20)}$$

b) Die Versuchselektrode ist eine Chinhydronelektrode (nur für $p_{H^+} < 8$ verwendbar!).

$$p_{H^+} = \frac{-E_{c\,0,1} + Ch_{c\,0,1\,(t)}\,^{2)}}{0{,}0581 + 0{,}0002\,(t - 20)} = \frac{-E_{c\,1,0} + Ch_{c\,1,0\,(t)}}{0{,}0581 + 0{,}0002\,(t - 20)} = \frac{-E_{c\,3,5} + Ch_{c\,3,5\,(t)}}{0{,}0581 + 0{,}0002\,(t - 20)} = \frac{-E_{c\,ges.} + Ch_{c\,ges.\,(t)}}{0{,}0581 + 0{,}0002\,(t - 20)}.$$

---

[1] Es ist allgemein vorausgesetzt, daß Diffusionspotentiale (nach der unter VIII. gegebenen Vorschrift) bereits berücksichtigt sind, ferner, daß sich Versuchselektrode und Vergleichselektrode auf gleicher Temperatur befinden.

[2] Siehe Seite 143/144.

## Elektrochemie

### C. Bathmometrie

II. Berechnung von Säurestufen ($p_{H^+}$) aus den Potentialdifferenzen gegen Wasserstoffnormalelektroden ($E_h$). Nur für Messungen mit Wasserstoff-Versuchselektroden.

a) Messung gegen die Wasserstoffelektrode in Veibelscher Lösung (0,01 n-HCl + 0,09 n-KCl; $p_{H^+} = 2{,}04$).

$$p_{H^+} = \frac{-E_{h\,2,04}}{0{,}0581 + 0{,}0002\,(t - 20)} + 2{,}04\,.$$

b) Messung gegen die Wasserstoffelektrode im Standard-Acetat-Gemisch (0,1 n-HAc + 0,1 n-NaAc; $p_{H^+} = 4{,}62$).

$$p_{H^+} = \frac{-E_{h\,4,62}}{0{,}0581 + 0{,}0002\,(t - 20)} + 4{,}62\,.$$

III. Berechnung von Säurestufen ($p_{H^+}$) aus den Potentialdifferenzen ($E_{ch}$) von Chinhydron-Versuchselektroden gegen Chinhydron-Vergleichselektroden.

a) Messung gegen die Chinhydron-Vergleichselektrode nach Veibel ($p_{H^+} = 2{,}04$).

$$p_{H^+} = \frac{-E_{ch\,2,04}}{0{,}0581 + 0{,}0002\,(t - 20)} + 2{,}04\,.$$

b) Messung gegen die Chinhydron-Vergleichselektrode im Standard-Acetat-Gemisch ($p_{H^+} = 4{,}62$).

$$p_{H^+} = \frac{-E_{ch\,4,62}}{0{,}0581 + 0{,}0002\,(t - 20)} + 4{,}62\,.$$

IV. Berechnung von Säurestufen ($p_{H^+}$) aus den Potentialdifferenzen von Glas- oder Antimon-Elektroden gegen beliebige Vergleichselektroden.

Man rechnet mit Hilfe der Potentialtabelle (S. 140) die gemessene Potentialdifferenz auf eine solche der Versuchselektrode (Meßelektrode) gegen die gleiche Elektrode in Standard-Acetat aus und findet daraus die Säurestufe nach einem Verfahren analog IIb oder IIIb.

Näheres in den Erläuterungen.

V. Tabelle

der $H_{(t)}$- und $Ch_{(t)}$-Werte für die Methoden Ia und Ib sowie der allen Methoden gemeinsamen Nennerwerte $0{,}0581 + 0{,}0002\,(t - 20)$ (diese nebst Logarithmen) für Temperaturen zwischen 0° und 50°.

Erläuterungen zu Tafel 20 C siehe Seite 230

# Elektrochemie

## C. Bathmometrie

$H_{(t)}$-Werte

| t | KCl 0,1 n | KCl 1,0 n | KCl 3,5 n | KCl ges. | t | KCl 0,1 n | KCl 1,0 n | KCl 3,5 n | KCl ges. |
|---|---|---|---|---|---|---|---|---|---|
| 0° | 0,3376 | 0,2894 | — | 0,2603 | 26° | 0,3375 | 0,2844 | 0,2512 | 0,2451 |
| 1° | 0,3376 | 0,2892 | — | 0,2597 | 27° | 0,3374 | 0,2841 | 0,2508 | 0,2444 |
| 2° | 0,3376 | 0,2891 | — | 0,2592 | 28° | 0,3373 | 0,2839 | 0,2503 | 0,2438 |
| 3° | 0,3377 | 0,2889 | — | 0,2586 | 29° | 0,3372 | 0,2836 | 0,2499 | 0,2431 |
| 4° | 0,3377 | 0,2888 | — | 0,2581 | 30° | 0,3372 | 0,2834 | 0,2495 | 0,2425 |
| 5° | 0,3377 | 0,2886 | — | 0,2575 | 31° | 0,3371 | 0,2831 | 0,2491 | 0,2418 |
| 6° | 0,3378 | 0,2884 | — | 0,2570 | 32° | 0,3370 | 0,2827 | 0,2486 | 0,2412 |
| 7° | 0,3378 | 0,2883 | — | 0,2564 | 33° | 0,3369 | 0,2824 | 0,2482 | 0,2405 |
| 8° | 0,3378 | 0,2881 | — | 0,2559 | 34° | 0,3368 | 0,2820 | 0,2477 | 0,2399 |
| 9° | 0,3378 | 0,2880 | — | 0,2553 | 35° | 0,3367 | 0,2817 | 0,2473 | 0,2392 |
| 10° | 0,3379 | 0,2878 | 0,2569 | 0,2548 | 36° | 0,3366 | 0,2814 | 0,2468 | 0,2386 |
| 11° | 0,3379 | 0,2876 | 0,2566 | 0,2542 | 37° | 0,3365 | 0,2810 | 0,2464 | 0,2379 |
| 12° | 0,3379 | 0,2875 | 0,2563 | 0,2537 | 38° | 0,3364 | 0,2807 | 0,2459 | 0,2373 |
| 13° | 0,3380 | 0,2873 | 0,2560 | 0,2531 | 39° | 0,3362 | 0,2803 | 0,2454 | 0,2366 |
| 14° | 0,3380 | 0,2872 | 0,2557 | 0,2526 | 40° | 0,3360 | 0,2800 | 0,2449 | 0,2359 |
| 15° | 0,3380 | 0,2870 | 0,2554 | 0,2520 | 41° | 0,3358 | 0,2796 | 0,2444 | 0,2352 |
| 16° | 0,3381 | 0,2868 | 0,2551 | 0,2515 | 42° | 0,3356 | 0,2792 | 0,2439 | 0,2345 |
| 17° | 0,3381 | 0,2867 | 0,2548 | 0,2509 | 43° | 0,3355 | 0,2788 | 0,2433 | 0,2338 |
| 18° | 0,3380 | 0,2864 | 0,2544 | 0,2503 | 44° | 0,3353 | 0,2784 | 0,2428 | 0,2331 |
| 19° | 0,3380 | 0,2862 | 0,2541 | 0,2497 | 45° | 0,3351 | 0,2779 | 0,2423 | 0,2324 |
| 20° | 0,3379 | 0,2859 | 0,2536 | 0,2490 | 46° | 0,3350 | 0,2775 | 0,2418 | 0,2318 |
| 21° | 0,3378 | 0,2856 | 0,2532 | 0,2483 | 47° | 0,3348 | 0,2771 | 0,2413 | 0,2311 |
| 22° | 0,3378 | 0,2854 | 0,2528 | 0,2477 | 48° | 0,3346 | 0,2767 | 0,2407 | 0,2304 |
| 23° | 0,3377 | 0,2851 | 0,2524 | 0,2470 | 49° | 0,3344 | 0,2763 | 0,2402 | 0,2297 |
| 24° | 0,3377 | 0,2849 | 0,2520 | 0,2464 | 50° | 0,3342 | 0,2759 | 0,2397 | 0,2290 |
| 25° | 0,3376 | 0,2846 | 0,2516 | 0,2457 | | | | | |

$Ch_{(t)}$-Werte

| | | | | | | | | | |
|---|---|---|---|---|---|---|---|---|---|
| 0° | 0,3799 | 0,4281 | — | 0,4572 | 6° | 0,3753 | 0,4246 | — | 0,4561 |
| 1° | 0,3791 | 0,4275 | — | 0,4570 | 7° | 0,3745 | 0,4240 | — | 0,4559 |
| 2° | 0,3783 | 0,4269 | — | 0,4568 | 8° | 0,3738 | 0,4235 | — | 0,4557 |
| 3° | 0,3775 | 0,4264 | — | 0,4566 | 9° | 0,3730 | 0,4229 | — | 0,4555 |
| 4° | 0,3768 | 0,4258 | — | 0,4564 | 10° | 0,3722 | 0,4223 | 0,4532 | 0,4553 |
| 5° | 0,3760 | 0,4252 | — | 0,4562 | | | | | |

(Fortsetzung S. 144)

Erläuterungen zu Tafel 20 C siehe Seite 230

# Elektrochemie

## C. Bathmometrie

$Ch_{(t)}$-Werte

| $t$ | KCl | | | | $t$ | KCl | | | |
|---|---|---|---|---|---|---|---|---|---|
| | 0,1 n | 1,0 n | 3,5 n | ges. | | 0,1 n | 1,0 n | 3,5 n | ges. |
| 11° | 0,3714 | 0,4217 | 0,4528 | 0,4551 | 31° | 0,3574 | 0,4114 | 0,4454 | 0,4527 |
| 12° | 0,3707 | 0,4211 | 0,4523 | 0,4549 | 32° | 0,3567 | 0,4110 | 0,4451 | 0,4526 |
| 13° | 0,3699 | 0,4206 | 0,4519 | 0,4547 | 33° | 0,3561 | 0,4106 | 0,4448 | 0,4525 |
| 14° | 0,3691 | 0,4200 | 0,4514 | 0,4545 | 34° | 0,3555 | 0,4103 | 0,4446 | 0,4524 |
| 15° | 0,3683 | 0,4194 | 0,4510 | 0,4543 | 35° | 0,3549 | 0,4099 | 0,4443 | 0,4524 |
| 16° | 0,3675 | 0,4188 | 0,4505 | 0,4541 | 36° | 0,3543 | 0,4095 | 0,4441 | 0,4523 |
| 17° | 0,3668 | 0,4182 | 0,4501 | 0,4540 | 37° | 0,3536 | 0,4091 | 0,4437 | 0,4522 |
| 18° | 0,3662 | 0,4178 | 0,4498 | 0,4539 | 38° | 0,3530 | 0,4087 | 0,4435 | 0,4521 |
| 19° | 0,3655 | 0,4173 | 0,4494 | 0,4538 | 39° | 0,3524 | 0,4083 | 0,4432 | 0,4520 |
| 20° | 0,3648 | 0,4168 | 0,4491 | 0,4537 | 40° | 0,3519 | 0,4079 | 0,4430 | 0,4520 |
| 21° | 0,3641 | 0,4163 | 0,4487 | 0,4536 | 41° | 0,3513 | 0,4076 | 0,4428 | 0,4519 |
| 22° | 0,3634 | 0,4157 | 0,4483 | 0,4535 | 42° | 0,3508 | 0,4072 | 0,4426 | 0,4519 |
| 23° | 0,3628 | 0,4153 | 0,4481 | 0,4534 | 43° | 0,3501 | 0,4069 | 0,4423 | 0,4518 |
| 24° | 0,3621 | 0,4148 | 0,4477 | 0,4533 | 44° | 0,3496 | 0,4066 | 0,4421 | 0,4518 |
| 25° | 0,3614 | 0,4143 | 0,4473 | 0,4532 | 45° | 0,3490 | 0,4062 | 0,4419 | 0,4517 |
| 26° | 0,3608 | 0,4139 | 0,4471 | 0,4532 | 46° | 0,3485 | 0,4059 | 0,4417 | 0,4517 |
| 27° | 0,3601 | 0,4134 | 0,4467 | 0,4531 | 47° | 0,3479 | 0,4056 | 0,4415 | 0,4516 |
| 28° | 0,3595 | 0,4129 | 0,4465 | 0,4530 | 48° | 0,3474 | 0,4053 | 0,4412 | 0,4516 |
| 29° | 0,3588 | 0,4124 | 0,4461 | 0,4529 | 49° | 0,3468 | 0,4049 | 0,4410 | 0,4515 |
| 30° | 0,3581 | 0,4119 | 0,4458 | 0,4528 | 50° | 0,3463 | 0,4046 | 0,4408 | 0,4515 |

### Nennerwerte

| $t$ | Num | lg | $t$ | Num | lg | $t$ | Num | lg | $t$ | Num | lg |
|---|---|---|---|---|---|---|---|---|---|---|---|
| 0° | 0,0541 | 73320 | 13° | 0,0567 | 75358 | 26° | 0,0593 | 77305 | 39° | 0,0619 | 79169 |
| 1° | 0,0543 | 73480 | 14° | 0,0569 | 75511 | 27° | 0,0595 | 77452 | 40° | 0,0621 | 79309 |
| 2° | 0,0545 | 73640 | 15° | 0,0571 | 75664 | 28° | 0,0597 | 77597 | 41° | 0,0623 | 79449 |
| 3° | 0,0547 | 73799 | 16° | 0,0573 | 75815 | 29° | 0,0599 | 77743 | 42° | 0,0625 | 79588 |
| 4° | 0,0549 | 73957 | 17° | 0,0575 | 75967 | 30° | 0,0601 | 77887 | 43° | 0,0627 | 79727 |
| 5° | 0,0551 | 74115 | 18° | 0,0577 | 76118 | 31° | 0,0603 | 78032 | 44° | 0,0629 | 79865 |
| 6° | 0,0553 | 74273 | 19° | 0,0579 | 76268 | 32° | 0,0605 | 78176 | 45° | 0,0631 | 80003 |
| 7° | 0,0555 | 74429 | 20° | 0,0581 | 76418 | 33° | 0,0607 | 78319 | 46° | 0,0633 | 80140 |
| 8° | 0,0557 | 74586 | 21° | 0,0583 | 76567 | 34° | 0,0609 | 78462 | 47° | 0,0635 | 80277 |
| 9° | 0,0559 | 74741 | 22° | 0,0585 | 76716 | 35° | 0,0611 | 78604 | 48° | 0,0637 | 80414 |
| 10° | 0,0561 | 74896 | 23° | 0,0587 | 76864 | 36° | 0,0613 | 78689 | 49° | 0,0639 | 80550 |
| 11° | 0,0563 | 75051 | 24° | 0,0589 | 77012 | 37° | 0,0615 | 78852 | 50° | 0,0641 | 80686 |
| 12° | 0,0565 | 75205 | 25° | 0,0591 | 77159 | 38° | 0,0617 | 79029 | | | |

Erläuterungen zu Tafel 20 C siehe Seite 230

## C. Bathmometrie

### VI. Ionenprodukt des Wassers ($K'_W = a_{H^+} \cdot a_{OH^-}$), sowie Wert von $\sqrt{K'_W}$ ($= a_{H^+} = a_{OH^-}$ in neutraler Lösung) bei verschiedenen Temperaturen

| $t$ | $K'_W$ | $\sqrt{K'_W}$ | $t$ | $K'_W$ | $\sqrt{K'_W}$ |
|---|---|---|---|---|---|
| 0° | $10^{-14,89} = 0,13 \cdot 10^{-14}$ | $10^{-7,44} = 0,36 \cdot 10^{-7}$ | 32° | $10^{-13,66} = 2,19 \cdot 10^{-14}$ | $10^{-6,83} = 1,48 \cdot 10^{-7}$ |
| 5° | $10^{-14,68} = 0,21 \cdot 10^{-14}$ | $10^{-7,34} = 0,46 \cdot 10^{-7}$ | 33° | $10^{-13,63} = 2,35 \cdot 10^{-14}$ | $10^{-6,82} = 1,53 \cdot 10^{-7}$ |
| 10° | $10^{-14,45} = 0,36 \cdot 10^{-14}$ | $10^{-7,23} = 0,59 \cdot 10^{-7}$ | 34° | $10^{-13,60} = 2,51 \cdot 10^{-14}$ | $10^{-6,80} = 1,59 \cdot 10^{-7}$ |
| 15° | $10^{-14,24} = 0,58 \cdot 10^{-14}$ | $10^{-7,12} = 0,76 \cdot 10^{-7}$ | 35° | $10^{-13,57} = 2,71 \cdot 10^{-14}$ | $10^{-6,79} = 1,65 \cdot 10^{-7}$ |
| 16° | $10^{-14,20} = 0,63 \cdot 10^{-14}$ | $10^{-7,10} = 0,79 \cdot 10^{-7}$ | 36° | $10^{-13,54} = 2,92 \cdot 10^{-14}$ | $10^{-6,77} = 1,71 \cdot 10^{-7}$ |
| 17° | $10^{-14,17} = 0,68 \cdot 10^{-14}$ | $10^{-7,08} = 0,82 \cdot 10^{-7}$ | 37° | $10^{-13,51} = 3,13 \cdot 10^{-14}$ | $10^{-6,75} = 1,77 \cdot 10^{-7}$ |
| 18° | $10^{-14,13} = 0,74 \cdot 10^{-14}$ | $10^{-7,07} = 0,86 \cdot 10^{-7}$ | 38° | $10^{-13,48} = 3,35 \cdot 10^{-14}$ | $10^{-6,74} = 1,83 \cdot 10^{-7}$ |
| 19° | $10^{-14,10} = 0,79 \cdot 10^{-14}$ | $10^{-7,05} = 0,89 \cdot 10^{-7}$ | 39° | $10^{-13,45} = 3,59 \cdot 10^{-14}$ | $10^{-6,72} = 1,89 \cdot 10^{-7}$ |
| 20° | $10^{-14,07} = 0,86 \cdot 10^{-14}$ | $10^{-7,03} = 0,93 \cdot 10^{-7}$ | 40° | $10^{-13,42} = 3,80 \cdot 10^{-14}$ | $10^{-6,71} = 1,95 \cdot 10^{-7}$ |
| 21° | $10^{-14,03} = 0,93 \cdot 10^{-14}$ | $10^{-7,02} = 0,96 \cdot 10^{-7}$ | 50° | $10^{-13,25} = 5,6 \cdot 10^{-14}$ | $10^{-6,63} = 2,4 \cdot 10^{-7}$ |
| 22° | $10^{-14,00} = 1,00 \cdot 10^{-14}$ | $10^{-7,00} = 1,00 \cdot 10^{-7}$ | 60° | $10^{-12,90} = 12,6 \cdot 10^{-14}$ | $10^{-6,45} = 3,5 \cdot 10^{-7}$ |
| 23° | $10^{-13,96} = 1,10 \cdot 10^{-14}$ | $10^{-6,98} = 1,05 \cdot 10^{-7}$ | 70° | $10^{-12,68} = 21 \cdot 10^{-14}$ | $10^{-6,34} = 4,6 \cdot 10^{-7}$ |
| 24° | $10^{-13,92} = 1,19 \cdot 10^{-14}$ | $10^{-6,96} = 1,09 \cdot 10^{-7}$ | 80° | $10^{-12,47} = 34 \cdot 10^{-14}$ | $10^{-6,24} = 5,8 \cdot 10^{-7}$ |
| 25° | $10^{-13,90} = 1,27 \cdot 10^{-14}$ | $10^{-6,95} = 1,13 \cdot 10^{-7}$ | 90° | $10^{-12,28} = 52 \cdot 10^{-14}$ | $10^{-6,14} = 7,2 \cdot 10^{-7}$ |
| 26° | $10^{-13,86} = 1,38 \cdot 10^{-14}$ | $10^{-6,93} = 1,17 \cdot 10^{-7}$ | 100° | $10^{-12,13} = 74 \cdot 10^{-14}$ | $10^{-6,07} = 8,6 \cdot 10^{-7}$ |
| 27° | $10^{-13,82} = 1,50 \cdot 10^{-14}$ | $10^{-6,91} = 1,23 \cdot 10^{-7}$ | 120° | $10^{-11,90} = 125 \cdot 10^{-14}$ | $10^{-5,95} = 11 \cdot 10^{-7}$ |
| 28° | $10^{-13,79} = 1,62 \cdot 10^{-14}$ | $10^{-6,90} = 1,27 \cdot 10^{-7}$ | 140° | $10^{-11,75} = 180 \cdot 10^{-14}$ | $10^{-5,88} = 13 \cdot 10^{-7}$ |
| 29° | $10^{-13,76} = 1,76 \cdot 10^{-14}$ | $10^{-6,88} = 1,33 \cdot 10^{-7}$ | 160° | $10^{-11,60} = 250 \cdot 10^{-14}$ | $10^{-5,80} = 16 \cdot 10^{-7}$ |
| 30° | $10^{-13,72} = 1,89 \cdot 10^{-14}$ | $10^{-6,86} = 1,37 \cdot 10^{-7}$ | 180° | $10^{-11,50} = 320 \cdot 10^{-14}$ | $10^{-5,75} = 18 \cdot 10^{-7}$ |
| 31° | $10^{-13,69} = 2,04 \cdot 10^{-14}$ | $10^{-6,85} = 1,43 \cdot 10^{-7}$ | 200° | $10^{-11,40} = 400 \cdot 10^{-14}$ | $10^{-5,70} = 20 \cdot 10^{-7}$ |

Erläuterungen zu Tafel 20C siehe Seite 230

# Elektrochemie

## C. Bathmometrie

**VII.** Zusammenhang zwischen Säurestufe ($p_{H^+}$) und Wasserstoffionenaktivität ($a_{H^+}$).

$p_{H^+} = -\lg a_{H^+}$ (siehe die Erläuterungen, S. 231);
$a_{H^+} = {}^{10}\text{Num}\,(-p_{H^+})$.

Beispiel:

a) Gegeben $a_{H^+}$, gesucht $p_{H^+}$.

$$a_{H^+} = 2{,}5 \cdot 10^{-5}$$

$$\lg 2{,}5 \cdot 10^{-5} = 0{,}40 - 5 = -4{,}60$$

$$p_{H^+} = 4{,}60.$$

b) Gegeben $p_{H^+}$, gesucht $a_{H^+}$.

$$p_{H^+} = 7{,}35$$

$$a_{H^+} = \text{Num}\,(-7{,}35) = \text{Num}\,(0{,}65 - 8) = 4{,}5 \cdot 10^{-8}.$$

Regel: Gleichen Differenzen der Säurestufen ($p_{H^+}$) entsprechen gleiche Verhältnisse der Wasserstoffionenaktivitäten ($a_{H^+}$).

Beispiel:

| | | | | | | | |
|---|---|---|---|---|---|---|---|
| $p_{H^+}$: | 2,00 | | 2,30 | | 2,60 | | 2,90 |
| | | 0,30 | | 0,30 | | 0,30 | |
| $a_{H^+}$: | Num (− 2,00) | | Num (− 2,30) | | Num (− 2,60) | | Num (− 2,90) |
| = | Num (0,00 − 2) | | Num (0,70 − 3) | | Num (0,40 − 3) | | Num (0,10 − 3) |
| = | $1 \cdot 10^{-2}$ | | $5{,}0 \cdot 10^{-3}$ | | $2{,}5 \cdot 10^{-3}$ | | $1{,}25 \cdot 10^{-3}$ |
| = | $1/1$ | | $1/2$ | | $1/4$ | | $1/8$ |

Erläuterungen zu Tafel 20 C siehe Seite 230

# Elektrochemie

## C. Bathmometrie

### Umrechnungstabelle

für die Berechnung von $a_{H^+}$ aus $p_{H^+}$ und umgekehrt

| $p_{H^+}$ | 0 | 1 | 2 | 3 | 4 | 5 | 6 | 7 | 8 | 9 |
|---|---|---|---|---|---|---|---|---|---|---|
| 0 | 1,000 | 0,977 | 0,955 | 0,933 | 0,912 | 0,891 | 0,871 | 0,851 | 0,832 | 0,813 |
| 1 | 0,794 | 0,776 | 0,759 | 0,741 | 0,725 | 0,708 | 0,692 | 0,676 | 0,661 | 0,646 |
| 2 | 0,631 | 0,617 | 0,603 | 0,589 | 0,575 | 0,562 | 0,550 | 0,537 | 0,525 | 0,513 |
| 3 | 0,501 | 0,490 | 0,479 | 0,468 | 0,457 | 0,447 | 0,437 | 0,427 | 0,417 | 0,407 |
| 4 | 0,398 | 0,389 | 0,380 | 0,372 | 0,363 | 0,355 | 0,347 | 0,339 | 0,331 | 0,324 |
| 5 | 0,316 | 0,309 | 0,302 | 0,295 | 0,288 | 0,282 | 0,275 | 0,269 | 0,263 | 0,257 |
| 6 | 0,251 | 0,245 | 0,240 | 0,234 | 0,229 | 0,224 | 0,219 | 0,214 | 0,209 | 0,204 |
| 7 | 0,200 | 0,195 | 0,191 | 0,186 | 0,182 | 0,178 | 0,174 | 0,170 | 0,166 | 0,162 |
| 8 | 0,158 | 0,155 | 0,151 | 0,148 | 0,145 | 0,141 | 0,138 | 0,135 | 0,132 | 0,129 |
| 9 | 0,126 | 0,123 | 0,120 | 0,117 | 0,115 | 0,112 | 0,110 | 0,107 | 0,105 | 0,102 |

Die schwarzen Zahlen der Tabelle geben die Aktivitätswerte an, die den Bruchteilen der $p_{H^+}$-Werte (in Abstufungen von 0,01) entsprechen; zu ihnen tritt als Faktor eine Zehnerpotenz, deren negativen Exponenten die ganzen Einheiten (vor dem Komma stehenden Ziffern) der Säurestufe bilden.

Beispiele: Für $p_{H^+} = 3{,}56$ ist $a_{H^+} = 0{,}275 \cdot 10^{-3}$, oder umgekehrt: für $a_{H^+} = 0{,}525 \cdot 10^{-6}$ ist $p_{H^+} = 6{,}28$.

**VIII.** Ausschaltung von Diffusions-(Flüssigkeits-) Potentialen an der Berührungsstelle zweier verschiedener wässeriger Elektrolytlösungen.

Es ist zweifelhaft geworden, ob die früher übliche Art der Ausschaltung zum Ziele führt.

Erläuterungen zu Tafel 20 C siehe Seite 230

## Elektrochemie

### C. Bathmometrie

Es hat sich daher immer mehr der Brauch eingebürgert, grundsätzlich mit einer gesättigten KCl-Lösung als Zwischenlösung (Brücke) zu arbeiten und den etwa verbleibenden Rest des Diffusionspotentials zu vernachlässigen.

Anderseits wird empfohlen, Diffusionspotentiale nach dem Verfahren von P. Henderson [Z. f. physik. Chem. **59**, 118 (1907); **63**, 325 (1908)] durch Rechnung zu eliminieren.

Für den Fall, daß eine Brücke aus gesättigter KCl-Lösung benutzt wird, hat A. Airola ein Verfahren zur Berechnung des verbleibenden Diffusionspotentials angegeben [siehe Y. Kauko und H. Elo, Z. f. physik. Chem. (A) **184**, 216 (1939)].

In jedem Falle muß bei der Mitteilung von Messungsergebnissen klar gesagt werden, ob und wie das Diffusionspotential ausgeschaltet worden ist.

### D. Puffergemische nach Sörensen und nach Clark

für Säurestufen von $p_{H^+} = 1{,}10$ bis $p_{H^+} = 12{,}90$ in Abstufungen von 0,01 Einheiten, gültig für 20° C.

#### I. Pufferlösungen

1. Salzsäure 0,1 n.
2. Glykokoll 0,1 n (7,505 g Glykokoll + 5,85 g Natriumchlorid im Liter).
3. Kaliumbiphthalat, 0,2 m (40,836 g im Liter).
4. Natriumcitrat, 0,1 m (21,008 g Citronensäure-Monohydrat + 200 ccm n-Natronlauge im Liter).
5. Natronlauge 0,1 n und 0,2 n.
6. Primäres Kaliumphosphat $^1/_{15}$ m (9,078 g $KH_2PO_4$ im Liter).
7. Sekundäres Natriumphosphat $^1/_{15}$ m (11,876 g $Na_2HPO_4 \cdot 2\ H_2O$ im Liter).
8. Natriumborat 0,2 m (12,404 g Borsäure + 100 ccm n-Natronlauge im Liter).

Überall sind reinste Materialien („zu Enzymstudien nach Sörensen" bzw. „nach Clark und Lubs") zu verwenden.

Erläuterungen zu Tafel 20D siehe Seite 233

# Elektrochemie

## D. Puffergemische nach Sörensen und nach Clark

### II. Gemische

#### a) Salzsäure-Glykokoll

Prozente Glykokoll im Gemisch

| $p_{H^+}$ | 0 | 1 | 2 | 3 | 4 | 5 | 6 | 7 | 8 | 9 |
|---|---|---|---|---|---|---|---|---|---|---|
| 1,1 | 5,7 | 6,6 | 7,5 | 8,4 | 9,3 | 10,2 | 11,1 | 12,0 | 12,8 | 13,7 |
| 2 | 14,6 | 15,4 | 16,2 | 17,0 | 17,8 | 18,6 | 19,4 | 20,2 | 21,0 | 21,8 |
| 3 | 22,6 | 23,2 | 23,9 | 24,5 | 25,2 | 25,8 | 26,4 | 27,0 | 27,7 | 28,3 |
| 4 | 28,9 | 29,4 | 30,0 | 30,5 | 31,1 | 31,6 | 32,0 | 32,5 | 32,9 | 33,4 |
| 5 | 33,8 | 34,2 | 34,6 | 35,0 | 35,4 | 35,8 | 36,2 | 36,7 | 37,1 | 37,6 |
| 6 | 38,0 | 38,4 | 38,7 | 39,1 | 39,4 | 39,8 | 40,2 | 40,6 | 40,9 | 41,3 |
| 7 | 41,7 | 42,1 | 42,4 | 42,8 | 43,1 | 43,5 | 43,9 | 44,2 | 44,6 | 44,9 |
| 8 | 45,3 | 45,6 | 46,0 | 46,3 | 46,7 | 47,0 | 47,4 | 47,8 | 48,1 | 48,5 |
| 9 | 48,9 | 49,2 | 49,5 | 49,8 | 50,1 | 50,4 | 50,7 | 51,0 | 51,3 | 51,6 |
| 2,0 | 51,9 | 52,2 | 52,5 | 52,8 | 53,1 | 53,4 | 53,7 | 54,0 | 54,3 | 54,6 |
| 1 | 54,9 | 55,2 | 55,4 | 55,7 | 55,9 | 56,2 | 56,5 | 56,7 | 57,0 | 57,3 |
| 2 | 57,6 | 57,9 | 58,2 | 58,4 | 58,7 | 59,0 | 59,3 | 59,5 | 59,8 | 60,0 |
| 3 | 60,3 | 60,6 | 61,0 | 61,3 | 61,7 | 62,0 | 62,3 | 62,6 | 63,0 | 63,3 |
| 4 | 63,6 | 63,9 | 64,2 | 64,5 | 64,8 | 65,1 | 65,4 | 65,7 | 66,0 | 66,3 |
| 5 | 66,6 | 66,9 | 67,2 | 67,5 | 67,8 | 68,1 | 68,4 | 68,7 | 69,0 | 69,3 |
| 6 | 69,6 | 69,9 | 70,2 | 70,5 | 70,8 | 71,1 | 71,4 | 71,8 | 72,1 | 72,5 |
| 7 | 72,8 | 73,1 | 73,4 | 73,8 | 74,1 | 74,4 | 74,7 | 75,0 | 75,4 | 75,7 |
| 8 | 76,0 | 76,3 | 76,6 | 77,0 | 77,3 | 77,6 | 77,9 | 78,2 | 78,6 | 78,9 |
| 9 | 79,2 | 79,5 | 79,8 | 80,1 | 80,4 | 80,7 | 81,0 | 81,3 | 81,5 | 81,8 |
| 3,0 | 82,1 | 82,4 | 82,7 | 82,9 | 83,2 | 83,5 | 83,8 | 84,0 | 84,3 | 84,5 |
| 1 | 84,8 | 85,0 | 85,3 | 85,5 | 85,8 | 86,0 | 86,2 | 86,4 | 86,7 | 86,9 |
| 2 | 87,1 | 87,3 | 87,5 | 87,8 | 88,0 | 88,2 | 88,4 | 88,6 | 88,8 | 89,0 |
| 3 | 89,2 | 89,4 | 89,6 | 89,7 | 89,9 | 90,1 | 90,3 | 90,5 | 90,6 | 90,8 |
| 4 | 91,0 | 91,2 | 91,3 | 91,5 | 91,6 | 91,8 | 91,9 | 92,1 | 92,2 | 92,4 |
| 5 | 92,5 | — | — | — | — | — | — | — | — | — |

Erläuterungen zu Tafel 20 D siehe Seite 233

# Elektrochemie

## D. Puffergemische nach Sörensen und nach Clark

### II. Gemische

#### b) Salzsäure-Natriumcitrat

Prozente Natriumcitrat im Gemisch

| $p_{H^+}$ | 0 | 1 | 2 | 3 | 4 | 5 | 6 | 7 | 8 | 9 |
|---|---|---|---|---|---|---|---|---|---|---|
| 1,1 | 4,8 | 5,6 | 6,4 | 7,1 | 7,8 | 8,4 | 9,0 | 9,6 | 10,1 | 10,6 |
| 2 | 11,1 | 11,6 | 12,1 | 12,5 | 13,0 | 13,5 | 14,0 | 14,5 | 14,9 | 15,4 |
| 3 | 15,9 | 16,2 | 16,6 | 16,9 | 17,3 | 17,6 | 17,9 | 18,3 | 18,6 | 19,0 |
| 4 | 19,3 | 19,6 | 19,9 | 20,2 | 20,5 | 20,8 | 21,1 | 21,4 | 21,6 | 21,9 |
| 5 | 22,2 | 22,4 | 22,7 | 22,9 | 23,2 | 23,4 | 23,6 | 23,9 | 24,1 | 24,4 |
| 6 | 24,6 | 24,8 | 25,0 | 25,2 | 25,4 | 25,6 | 25,8 | 26,0 | 26,1 | 26,3 |
| 7 | 26,5 | 26,7 | 26,9 | 27,0 | 27,2 | 27,4 | 27,6 | 27,7 | 27,9 | 28,0 |
| 8 | 28,2 | 28,3 | 28,5 | 28,6 | 28,8 | 28,9 | 29,0 | 29,1 | 29,3 | 29,4 |
| 9 | 29,5 | 29,6 | 29,7 | 29,9 | 30,0 | 30,1 | 30,2 | 30,3 | 30,4 | 30,5 |
| 2,0 | 30,6 | 30,7 | 30,8 | 31,0 | 31,1 | 31,2 | 31,3 | 31,4 | 31,5 | 31,6 |
| 1 | 31,7 | 31,8 | 31,9 | 31,9 | 32,0 | 32,1 | 32,2 | 32,3 | 32,4 | 32,5 |
| 2 | 32,6 | 32,7 | 32,8 | 32,9 | 33,0 | 33,1 | 33,2 | 33,3 | 33,4 | 33,5 |
| 3 | 33,6 | 33,7 | 33,8 | 33,8 | 33,9 | 34,0 | 34,1 | 34,2 | 34,3 | 34,4 |
| 4 | 34,5 | 34,6 | 34,7 | 34,8 | 34,9 | 35,0 | 35,1 | 35,2 | 35,2 | 35,3 |
| 5 | 35,4 | 35,5 | 35,6 | 35,7 | 35,8 | 35,9 | 36,0 | 36,1 | 36,2 | 36,3 |
| 6 | 36,4 | 36,5 | 36,6 | 36,7 | 36,8 | 36,9 | 37,0 | 37,1 | 37,1 | 37,2 |
| 7 | 37,3 | 37,4 | 37,5 | 37,6 | 37,7 | 37,8 | 37,9 | 38,0 | 38,1 | 38,2 |
| 8 | 38,3 | 38,4 | 38,5 | 38,6 | 38,7 | 38,8 | 38,9 | 39,0 | 39,1 | 39,2 |
| 9 | 39,3 | 39,4 | 39,5 | 39,6 | 39,7 | 39,8 | 39,9 | 40,0 | 40,1 | 40,2 |
| 3,0 | 40,3 | 40,4 | 40,5 | 40,7 | 40,8 | 40,9 | 41,0 | 41,1 | 41,3 | 41,4 |
| 1 | 41,5 | 41,6 | 41,7 | 41,8 | 41,9 | 42,0 | 42,1 | 42,3 | 42,4 | 42,6 |
| 2 | 42,7 | 42,8 | 42,9 | 43,1 | 43,2 | 43,3 | 43,4 | 43,6 | 43,7 | 43,9 |
| 3 | 44,0 | 44,1 | 44,3 | 44,4 | 44,6 | 44,7 | 44,8 | 45,0 | 45,1 | 45,3 |
| 4 | 45,4 | 45,5 | 45,7 | 45,8 | 46,0 | 46,1 | 46,2 | 46,4 | 46,5 | 46,7 |
| 5 | 46,8 | 47,0 | 47,1 | 47,3 | 47,4 | 47,6 | 47,8 | 47,9 | 48,1 | 48,2 |
| 6 | 48,4 | 48,6 | 48,8 | 48,9 | 49,1 | 49,3 | 49,5 | 49,6 | 49,8 | 49,9 |
| 7 | 50,1 | 50,3 | 50,5 | 50,6 | 50,8 | 51,0 | 51,2 | 51,4 | 51,5 | 51,7 |
| 8 | 51,9 | 52,1 | 52,3 | 52,5 | 52,7 | 52,9 | 53,1 | 53,3 | 53,4 | 53,6 |
| 9 | 53,8 | 54,0 | 54,2 | 54,5 | 54,7 | 54,9 | 55,1 | 55,3 | 55,6 | 55,8 |
| 4,0 | 56,0 | 56,3 | 56,5 | 56,8 | 57,0 | 57,3 | 57,5 | 57,8 | 58,0 | 58,3 |
| 1 | 58,5 | 58,7 | 59,0 | 59,2 | 59,5 | 59,7 | 60,0 | 60,3 | 60,5 | 60,8 |
| 2 | 61,1 | 61,4 | 61,7 | 62,0 | 62,3 | 62,6 | 62,9 | 63,3 | 63,6 | 64,0 |
| 3 | 64,3 | 64,7 | 65,1 | 65,4 | 65,7 | 66,0 | 66,4 | 66,8 | 67,1 | 67,5 |
| 4 | 67,9 | 68,3 | 68,7 | 69,0 | 69,4 | 69,8 | 70,2 | 70,6 | 71,1 | 71,5 |
| 5 | 71,9 | 72,4 | 72,9 | 73,4 | 73,9 | 74,4 | 74,9 | 75,4 | 75,9 | 76,4 |
| 6 | 76,9 | 77,4 | 78,0 | 78,5 | 79,1 | 79,6 | 80,1 | 80,6 | 81,2 | 81,7 |
| 7 | 82,2 | 82,8 | 83,3 | 83,9 | 84,4 | 85,0 | 85,6 | 86,2 | 86,6 | 87,4 |
| 8 | 88,0 | 88,7 | 89,4 | 90,0 | 90,7 | 91,4 | 92,2 | 93,1 | 93,9 | 94,8 |
| 9 | 95,6 | 96,3 | 97,1 | 97,8 | 98,5 | 99,3 | 100,0 | — | — | — |

Erläuterungen zu Tafel 20D siehe Seite 233

# Elektrochemie

## D. Puffergemische nach Sörensen und nach Clark

### II. Gemische

#### c) Kaliumbiphthalat-Salzsäure

ccm 0,2 n-HCl, die mit 50,0 ccm 0,2 m-Biphthalat zu vermischen und mit Wasser auf 200 ccm aufzufüllen sind

| $p_{H^+}$ | 0 | 1 | 2 | 3 | 4 | 5 | 6 | 7 | 8 | 9 |
|---|---|---|---|---|---|---|---|---|---|---|
| 2,2 | 46,60 | 46,25 | 45,90 | 45,55 | 45,20 | 44,85 | 44,50 | 44,15 | 43,80 | 43,45 |
| 3 | 43,10 | 42,75 | 42,40 | 42,05 | 41,70 | 41,35 | 41,00 | 40,65 | 40,30 | 39,95 |
| 4 | 39,60 | 39,27 | 38,94 | 38,61 | 38,28 | 37,95 | 37,62 | 37,29 | 36,96 | 36,63 |
| 5 | 36,30 | 35,97 | 35,64 | 35,31 | 34,98 | 34,65 | 34,32 | 33,99 | 33,66 | 33,33 |
| 6 | 33,00 | 32,67 | 32,34 | 32,01 | 31,68 | 31,35 | 31,02 | 30,69 | 30,36 | 30,03 |
| 7 | 29,70 | 29,38 | 29,06 | 28,74 | 28,42 | 28,10 | 27,78 | 27,46 | 27,14 | 26,82 |
| 8 | 26,50 | 26,19 | 25,88 | 25,57 | 25,26 | 24,95 | 24,64 | 24,33 | 24,02 | 23,71 |
| 9 | 23,40 | 23,10 | 22,80 | 22,50 | 22,20 | 21,90 | 21,60 | 21,30 | 21,00 | 20,70 |
| 3,0 | 20,40 | 20,11 | 19,82 | 19,53 | 19,24 | 18,95 | 18,66 | 18,37 | 18,08 | 17,79 |
| 1 | 17,50 | 17,22 | 16,94 | 16,66 | 16,39 | 16,12 | 15,85 | 15,58 | 15,32 | 15,06 |
| 2 | 14,80 | 14,54 | 14,28 | 14,02 | 13,77 | 13,52 | 13,27 | 13,02 | 12,78 | 12,54 |
| 3 | 12,30 | 12,06 | 11,82 | 11,58 | 11,34 | 11,10 | 10,86 | 10,63 | 10,40 | 10,17 |
| 4 | 9,95 | 9,73 | 9,51 | 9,29 | 9,08 | 8,87 | 8,66 | 8,45 | 8,25 | 8,05 |
| 5 | 7,85 | 7,65 | 7,45 | 7,26 | 7,08 | 6,90 | 6,72 | 6,54 | 6,36 | 6,18 |
| 6 | 6,00 | 5,83 | 5,66 | 5,49 | 5,32 | 5,15 | 4,98 | 4,81 | 4,64 | 4,47 |
| 7 | 4,30 | 4,13 | 3,96 | 3,79 | 3,62 | 3,45 | 3,29 | 3,13 | 2,97 | 2,81 |
| 8 | 2,65 | — | — | — | — | — | — | — | — | — |

Erläuterungen zu Tafel 20 D siehe Seite 233

# Elektrochemie

## D. Puffergemische nach Sörensen und nach Clark

### II. Gemische

#### d) Kaliumbiphthalat-Natronlauge

ccm 0,2 n-Natronlauge, die mit 50,0 ccm 0,2 m-Biphthalat zu vermischen und mit Wasser auf 200 ccm aufzufüllen sind

| $p_{H^+}$ | 0 | 1 | 2 | 3 | 4 | 5 | 6 | 7 | 8 | 9 |
|---|---|---|---|---|---|---|---|---|---|---|
| 4,0 | 0,40 | 0,57 | 0,73 | 0,90 | 1,06 | 1,23 | 1,39 | 1,56 | 1,72 | 1,89 |
| 1 | 2,05 | 2,22 | 2,38 | 2,55 | 2,71 | 2,88 | 3,04 | 3,21 | 3,37 | 3,54 |
| 2 | 3,70 | 3,87 | 4,04 | 4,21 | 4,39 | 4,57 | 4,75 | 4,93 | 5,12 | 5,31 |
| 3 | 5,50 | 5,69 | 5,88 | 6,07 | 6,27 | 6,47 | 6,67 | 6,87 | 7,08 | 7,29 |
| 4 | 7,50 | 7,71 | 7,92 | 8,13 | 8,34 | 8,55 | 8,77 | 8,99 | 9,21 | 9,43 |
| 5 | 9,65 | 9,88 | 10,12 | 10,36 | 10,61 | 10,86 | 11,11 | 11,37 | 11,63 | 11,89 |
| 6 | 12,15 | 12,42 | 12,69 | 12,96 | 13,23 | 13,50 | 13,77 | 14,04 | 14,31 | 14,58 |
| 7 | 14,85 | 15,13 | 15,41 | 15,69 | 15,97 | 16,25 | 16,54 | 16,83 | 17,12 | 17,41 |
| 8 | 17,70 | 17,99 | 18,28 | 18,57 | 18,87 | 19,17 | 19,47 | 19,77 | 20,08 | 20,39 |
| 9 | 20,70 | 21,02 | 21,34 | 21,66 | 21,98 | 22,30 | 22,61 | 22,92 | 23,23 | 23,54 |
| 5,0 | 23,85 | 24,16 | 24,47 | 24,78 | 25,09 | 25,40 | 25,71 | 26,02 | 26,33 | 26,64 |
| 1 | 26,95 | 27,25 | 27,55 | 27,85 | 28,15 | 28,45 | 28,75 | 29,05 | 29,35 | 29,65 |
| 2 | 29,95 | 30,25 | 30,55 | 30,85 | 31,14 | 31,43 | 31,72 | 32,01 | 32,29 | 32,57 |
| 3 | 32,85 | 33,12 | 33,39 | 33,66 | 33,92 | 34,18 | 34,44 | 34,70 | 34,95 | 35,20 |
| 4 | 35,45 | 35,69 | 35,93 | 36,17 | 36,41 | 36,65 | 36,88 | 37,11 | 37,34 | 37,57 |
| 5 | 37,80 | 38,02 | 38,23 | 38,44 | 38,65 | 38,86 | 39,06 | 39,26 | 39,46 | 39,66 |
| 6 | 39,85 | 40,04 | 40,22 | 40,40 | 40,57 | 40,74 | 40,91 | 41,07 | 41,23 | 41,39 |
| 7 | 41,55 | 41,70 | 41,85 | 42,00 | 42,15 | 42,30 | 42,44 | 42,58 | 42,72 | 42,86 |
| 8 | 43,00 | 43,14 | 43,28 | 43,42 | 43,55 | 43,68 | 43,81 | 43,94 | 44,06 | 44,18 |
| 9 | 44,30 | 44,42 | 44,54 | 44,66 | 44,78 | 44,90 | 45,01 | 45,12 | 45,23 | 45,34 |
| 6,0 | 45,45 | 45,55 | 45,65 | 45,75 | 45,85 | 45,95 | 46,04 | 46,13 | 46,22 | 46,31 |
| 1 | 46,40 | 46,48 | 46,55 | 46,62 | 46,68 | 46,74 | 46,80 | 46,85 | 46,90 | 46,95 |
| 2 | 47,00 | — | — | — | — | — | — | — | — | — |

Erläuterungen zu Tafel 20D siehe Seite 233

# Elektrochemie

## D. Puffergemische nach Sörensen und nach Clark

### II. Gemische

e) Natriumcitrat-Natronlauge
Prozente Natronlauge (0,1 n) im Gemisch

| $p_H$+ | 0 | 1 | 2 | 3 | 4 | 5 | 6 | 7 | 8 | 9 |
|---|---|---|---|---|---|---|---|---|---|---|
| 4,9 | — | — | — | — | — | — | 0,0 | 0,9 | 1,8 | 2,7 |
| 5,0 | 3,6 | 4,3 | 5,0 | 5,6 | 6,3 | 7,0 | 7,5 | 8,1 | 8,6 | 9,2 |
| 1 | 9,7 | 10,2 | 10,8 | 11,3 | 11,9 | 12,4 | 12,9 | 13,4 | 13,9 | 14,4 |
| 2 | 14,9 | 15,4 | 15,9 | 16,5 | 17,0 | 17,5 | 17,9 | 18,3 | 18,8 | 19,2 |
| 3 | 19,6 | 20,0 | 20,4 | 20,8 | 21,2 | 21,6 | 22,0 | 22,4 | 22,9 | 23,3 |
| 4 | 23,7 | 24,1 | 24,5 | 24,9 | 25,3 | 25,7 | 26,1 | 26,5 | 26,9 | 27,3 |
| 5 | 27,7 | 28,0 | 28,4 | 28,7 | 29,1 | 29,4 | 29,7 | 30,0 | 30,4 | 30,7 |
| 6 | 31,0 | 31,3 | 31,6 | 31,9 | 32,2 | 32,5 | 32,8 | 33,1 | 33,4 | 33,7 |
| 7 | 34,0 | 34,3 | 34,5 | 34,8 | 35,0 | 35,3 | 35,5 | 35,8 | 36,0 | 36,2 |
| 8 | 36,4 | 36,6 | 36,8 | 37,1 | 37,3 | 37,5 | 37,7 | 37,9 | 38,1 | 38,3 |
| 9 | 38,5 | 38,7 | 38,9 | 39,1 | 39,3 | 39,5 | 39,7 | 39,9 | 40,0 | 40,2 |
| 6,0 | 40,4 | 40,6 | 40,8 | 41,0 | 41,2 | 41,4 | 41,5 | 41,6 | 41,7 | 41,9 |
| 1 | 42,0 | 42,1 | 42,3 | 42,4 | 42,6 | 42,7 | 42,8 | 43,0 | 43,1 | 43,3 |
| 2 | 43,4 | 43,5 | 43,6 | 43,8 | 44,0 | 44,1 | 44,2 | 44,3 | 44,4 | 44,5 |
| 3 | 44,6 | 44,7 | 44,8 | 44,9 | 45,0 | 45,1 | 45,2 | 45,3 | 45,3 | 45,4 |
| 4 | 45,5 | 45,6 | 45,7 | 45,7 | 45,8 | 45,9 | 46,0 | 46,1 | 46,1 | 46,2 |
| 5 | 46,3 | 46,4 | 46,5 | 46,5 | 46,6 | 46,7 | 46,8 | 46,8 | 46,9 | 46,9 |
| 6 | 47,0 | 47,1 | 47,1 | 47,2 | 47,2 | 47,3 | 47,3 | 47,4 | 47,4 | 47,5 |

Erläuterungen zu Tafel 20 D siehe Seite 233

# Elektrochemie

## D. Puffergemische nach Sörensen und nach Clark

### II. Gemische

#### f) Primäres Kaliumphosphat-sekundäres Natriumphosphat

Prozente sekundäres Natriumphosphat im Gemisch

| $p_H$+ | 0 | 1 | 2 | 3 | 4 | 5 | 6 | 7 | 8 | 9 |
|---|---|---|---|---|---|---|---|---|---|---|
| 4,8 | 0,35 | 0,37 | 0,39 | 0,41 | 0,43 | 0,45 | 0,48 | 0,51 | 0,54 | 0,57 |
| 9 | 0,60 | 0,63 | 0,66 | 0,69 | 0,72 | 0,75 | 0,79 | 0,83 | 0,87 | 0,91 |
| 5,0 | 0,95 | 0,99 | 1,03 | 1,07 | 1,11 | 1,15 | 1,19 | 1,23 | 1,27 | 1,31 |
| 1 | 1,35 | 1,39 | 1,43 | 1,47 | 1,51 | 1,55 | 1,60 | 1,65 | 1,70 | 1,75 |
| 2 | 1,80 | 1,85 | 1,90 | 1,95 | 2,00 | 2,05 | 2,10 | 2,15 | 2,20 | 2,25 |
| 3 | 2,30 | 2,37 | 2,44 | 2,51 | 2,58 | 2,65 | 2,72 | 2,79 | 2,86 | 2,93 |
| 4 | 3,00 | 3,09 | 3,18 | 3,27 | 3,36 | 3,45 | 3,54 | 3,63 | 3,72 | 3,81 |
| 5 | 3,90 | 3,99 | 4,08 | 4,17 | 4,26 | 4,35 | 4,46 | 4,57 | 4,68 | 4,79 |
| 6 | 4,90 | 5,02 | 5,14 | 5,26 | 5,38 | 5,50 | 5,65 | 5,80 | 5,90 | 6,05 |
| 7 | 6,20 | 6,35 | 6,50 | 6,70 | 6,85 | 7,00 | 7,20 | 7,35 | 7,55 | 7,70 |
| 8 | 7,90 | 8,10 | 8,25 | 8,45 | 8,60 | 8,80 | 9,00 | 9,20 | 9,40 | 9,60 |
| 9 | 9,80 | 10,0 | 10,2 | 10,4 | 10,6 | 10,8 | 11,1 | 11,3 | 11,6 | 11,8 |
| 6,0 | 12,1 | 12,4 | 12,7 | 12,9 | 13,2 | 13,5 | 13,8 | 14,1 | 14,4 | 14,7 |
| 1 | 15,0 | 15,3 | 15,7 | 16,0 | 16,4 | 16,7 | 17,0 | 17,4 | 17,7 | 18,1 |
| 2 | 18,4 | 18,7 | 19,1 | 19,4 | 19,8 | 20,1 | 20,5 | 20,9 | 21,3 | 21,7 |
| 3 | 22,1 | 22,5 | 22,9 | 23,4 | 23,8 | 24,2 | 24,6 | 25,1 | 25,5 | 26,0 |
| 4 | 26,4 | 26,9 | 27,3 | 27,8 | 28,2 | 28,7 | 29,2 | 29,7 | 30,3 | 30,8 |
| 5 | 31,3 | 31,9 | 32,4 | 33,0 | 33,5 | 34,1 | 34,7 | 35,3 | 36,0 | 36,6 |
| 6 | 37,2 | 37,8 | 38,3 | 38,9 | 39,4 | 40,0 | 40,6 | 41,2 | 41,8 | 42,4 |
| 7 | 43,0 | 43,6 | 44,2 | 44,8 | 45,4 | 46,0 | 46,6 | 47,3 | 47,9 | 48,6 |
| 8 | 49,2 | 49,8 | 50,4 | 51,0 | 51,6 | 52,2 | 52,8 | 53,4 | 54,0 | 54,6 |
| 9 | 55,2 | 55,8 | 56,4 | 56,9 | 57,5 | 58,1 | 58,7 | 59,3 | 60,0 | 60,6 |
| 7,0 | 61,2 | 61,8 | 62,4 | 63,1 | 63,7 | 64,3 | 64,8 | 65,4 | 65,9 | 66,5 |
| 1 | 67,0 | 67,6 | 68,1 | 68,7 | 69,2 | 69,8 | 70,4 | 70,9 | 71,5 | 72,0 |
| 2 | 72,6 | 73,2 | 73,7 | 74,3 | 74,8 | 75,4 | 75,9 | 76,3 | 76,8 | 77,2 |
| 3 | 77,7 | 78,1 | 78,6 | 79,0 | 79,5 | 79,9 | 80,3 | 80,7 | 81,0 | 81,4 |
| 4 | 81,8 | 82,1 | 82,5 | 82,8 | 83,2 | 83,5 | 83,8 | 84,2 | 84,5 | 84,9 |
| 5 | 85,2 | 85,5 | 85,9 | 86,2 | 86,6 | 86,9 | 87,2 | 87,5 | 87,9 | 88,2 |
| 6 | 88,5 | 88,8 | 89,1 | 89,3 | 89,6 | 89,9 | 90,2 | 90,4 | 90,7 | 90,9 |
| 7 | 91,2 | 91,4 | 91,7 | 91,9 | 92,2 | 92,4 | 92,6 | 92,9 | 93,1 | 93,4 |
| 8 | 93,6 | 93,8 | 94,0 | 94,2 | 94,4 | 94,6 | 94,8 | 95,0 | 95,1 | 95,3 |
| 9 | 95,5 | 95,6 | 95,8 | 95,9 | 96,1 | 96,2 | 96,3 | 96,5 | 96,6 | 96,8 |
| 8,0 | 96,9 | — | — | — | — | — | — | — | — | — |

Erläuterungen zu Tafel 20 D siehe Seite 233

# Elektrochemie

## D. Puffergemische nach Sörensen und nach Clark

### II. Gemische

#### g) Salzsäure-Natriumborat

Prozente Natriumborat im Gemisch

| $p_{H^+}$ | 0 | 1 | 2 | 3 | 4 | 5 | 6 | 7 | 8 | 9 |
|---|---|---|---|---|---|---|---|---|---|---|
| 7,7 | — | 52,5 | 52,6 | 52,7 | 52,8 | 52,9 | 53,0 | 53,1 | 53,2 | 53,3 |
| 8 | 53,4 | 53,5 | 53,6 | 53,7 | 53,85 | 53,95 | 54,1 | 54,25 | 54,4 | 54,55 |
| 9 | 54,65 | 54,75 | 54,85 | 55,0 | 55,1 | 55,25 | 55,35 | 55,5 | 55,6 | 55,75 |
| 8,0 | 55,85 | 56,0 | 56,1 | 56,25 | 56,35 | 56,5 | 56,6 | 56,75 | 56,9 | 57,0 |
| 1 | 57,15 | 57,25 | 57,4 | 57,5 | 57,65 | 57,8 | 57,95 | 58,1 | 58,3 | 58,45 |
| 2 | 58,65 | 58,8 | 59,0 | 59,2 | 59,4 | 59,6 | 59,8 | 60,0 | 60,2 | 60,45 |
| 3 | 60,7 | 60,95 | 61,15 | 61,4 | 61,6 | 61,85 | 62,05 | 62,3 | 62,5 | 62,7 |
| 4 | 62,95 | 63,2 | 63,45 | 63,65 | 63,9 | 64,1 | 64,35 | 64,55 | 64,8 | 65,0 |
| 5 | 65,25 | 65,5 | 65,75 | 66,05 | 66,3 | 66,6 | 66,9 | 67,2 | 67,5 | 67,75 |
| 6 | 68,0 | 68,25 | 68,55 | 68,8 | 69,1 | 69,4 | 69,7 | 70,0 | 70,4 | 70,8 |
| 7 | 71,2 | 71,6 | 72,0 | 72,4 | 72,8 | 73,2 | 73,6 | 74,0 | 74,5 | 75,0 |
| 8 | 75,5 | 76,0 | 76,5 | 77,0 | 77,5 | 78,0 | 78,5 | 79,0 | 79,5 | 80,0 |
| 9 | 80,5 | 81,0 | 81,5 | 82,0 | 82,5 | 83,0 | 83,5 | 84,0 | 84,5 | 85,0 |
| 9,0 | 85,6 | 86,25 | 86,9 | 87,5 | 88,1 | 88,75 | 89,4 | 90,0 | 91,6 | 91,25 |
| 1 | 91,9 | 92,5 | 93,1 | 93,75 | 94,4 | 95,0 | 95,6 | 96,25 | 96,9 | 97,5 |
| 2 | 98,1 | 98,75 | 99,4 | 100,0 | — | — | — | — | — | — |

Erläuterungen zu Tafel 20 D siehe Seite 233

## Elektrochemie

### D. Puffergemische nach Sörensen und nach Clark

#### II. Gemische

##### h) Natriumborat-Natronlauge

Prozente Natronlauge im Gemisch

| $p_{H^+}$ | 0 | 1 | 2 | 3 | 4 | 5 | 6 | 7 | 8 | 9 |
|---|---|---|---|---|---|---|---|---|---|---|
| 9,2 | — | — | — | 0,72 | 2,16 | 3,60 | 4,90 | 6,05 | 7,10 | 8,05 |
| 3 | 8,90 | 9,60 | 10,3 | 11,0 | 11,7 | 12,4 | 13,0 | 13,6 | 14,2 | 14,8 |
| 4 | 15,4 | 16,0 | 16,6 | 17,2 | 17,7 | 18,2 | 18,8 | 19,4 | 20,0 | 20,5 |
| 5 | 21,0 | 21,6 | 22,2 | 22,8 | 23,4 | 23,9 | 24,5 | 25,1 | 25,7 | 26,3 |
| 6 | 26,8 | 27,4 | 28,0 | 28,6 | 29,2 | 29,8 | 30,3 | 30,8 | 31,3 | 31,8 |
| 7 | 32,3 | 32,8 | 33,3 | 33,7 | 34,1 | 34,5 | 34,9 | 35,3 | 35,7 | 36,0 |
| 8 | 36,3 | 36,6 | 36,9 | 37,2 | 37,5 | 37,7 | 38,0 | 38,3 | 38,6 | 38,8 |
| 9 | 39,0 | 39,3 | 39,6 | 39,8 | 40,0 | 40,2 | 40,4 | 40,6 | 40,8 | 40,9 |
| 10,0 | 41,0 | 41,2 | 41,4 | 41,6 | 41,8 | 41,9 | 42,1 | 42,3 | 42,5 | 42,6 |
| 1 | 42,7 | 42,9 | 43,1 | 43,2 | 43,3 | 43,4 | 43,6 | 43,7 | 43,8 | 43,9 |
| 2 | 44,0 | 44,2 | 44,3 | 44,4 | 44,5 | 44,6 | 44,8 | 44,9 | 45,0 | 45,1 |
| 3 | 45,2 | 45,4 | 45,5 | 45,6 | 45,7 | 45,8 | 45,9 | 46,0 | 46,1 | 46,2 |
| 4 | 46,3 | 46,4 | 46,5 | 46,6 | 46,7 | 46,8 | 46,9 | $46{,}9_5$ | $47{,}0_5$ | 47,1 |
| 5 | 47,2 | 47,3 | $47{,}3_5$ | $47{,}4_5$ | 47,5 | 47,6 | 47,7 | $47{,}7_5$ | $47{,}8_5$ | 47,9 |
| 6 | 48,0 | $48{,}0_5$ | 48,1 | 48,2 | $48{,}2_5$ | 48,3 | $48{,}3_5$ | 48,4 | 48,5 | $48{,}5_5$ |
| 7 | 48,6 | $48{,}6_5$ | 48,7 | $48{,}7_5$ | 48,8 | $48{,}8_5$ | 48,9 | $48{,}9_5$ | 49,0 | $49{,}0_5$ |
| 8 | 49,1 | $49{,}1_5$ | 49,2 | 49,2 | $49{,}2_5$ | 49,3 | $49{,}3_5$ | 49,4 | 49,4 | $49{,}4_5$ |
| 9 | 49,5 | $49{,}5_5$ | 49,6 | 49,6 | $49{,}6_5$ | 49,7 | $49{,}7_5$ | 49,8 | 49,8 | $49{,}8_5$ |
| 11,0 | 49,9 | $49{,}9_5$ | $49{,}9_5$ | 50,0 | — | — | — | — | — | — |

Erläuterungen zu Tafel 20 D siehe Seite 233

# Elektrochemie

## D. Puffergemische nach Sörensen und nach Clark

### II. Gemische

#### i) Glykokoll-Natronlauge

Prozente Natronlauge im Gemisch

| $p_{H^+}$ | 0 | 1 | 2 | 3 | 4 | 5 | 6 | 7 | 8 | 9 |
|---|---|---|---|---|---|---|---|---|---|---|
| 8,5 | — | — | — | 5,00 | 5,11 | 5,22 | 5,33 | 5,44 | 5,56 | 5,68 |
| 6 | 5,80 | 5,92 | 6,04 | 6,16 | 6,28 | 6,41 | 6,54 | 6,68 | 6,82 | 6,96 |
| 7 | 7,10 | 7,24 | 7,38 | 7,52 | 7,66 | 7,81 | 7,96 | 8,12 | 8,28 | 8,44 |
| 8 | 8,60 | 8,77 | 8,94 | 9,12 | 9,30 | 9,48 | 9,66 | 9,84 | 10,02 | 10,21 |
| 9 | 10,4 | 10,6 | 10,8 | 11,0 | 11,2 | 11,4 | 11,6 | 11,8 | 12,0 | 12,2 |
| 9,0 | 12,4 | 12,6 | 12,8 | 13,0 | 13,2 | 13,4 | 13,6 | 13,8 | 14,0 | 14,3 |
| 1 | 14,6 | 14,8 | 15,1 | 15,3 | 15,6 | 15,8 | 16,0 | 16,3 | 16,5 | 16,8 |
| 2 | 17,0 | 17,2 | 17,4 | 17,6 | 17,9 | 18,2 | 18,5 | 18,8 | 19,1 | 19,4 |
| 3 | 19,7 | 19,9 | 20,1 | 20,3 | 20,5 | 20,8 | 21,1 | 21,4 | 21,7 | 22,0 |
| 4 | 22,3 | 22,5 | 22,8 | 23,1 | 23,4 | 23,7 | 24,0 | 24,3 | 24,6 | 24,9 |
| 5 | 25,2 | 25,4 | 25,6 | 25,9 | 26,2 | 26,5 | 26,8 | 27,1 | 27,4 | 27,7 |
| 6 | 28,0 | 28,3 | 28,6 | 28,9 | 29,2 | 29,5 | 29,8 | 30,1 | 30,4 | 30,7 |
| 7 | 31,0 | 31,3 | 31,6 | 31,9 | 32,2 | 32,5 | 32,8 | 33,1 | 33,4 | 33,6 |
| 8 | 33,8 | 34,1 | 34,4 | 34,7 | 35,0 | 35,2 | 35,4 | 35,6 | 35,8 | 36,0 |
| 9 | 36,2 | 36,5 | 36,7 | 36,9 | 37,1 | 37,3 | 37,5 | 37,7 | 37,9 | 38,1 |
| 10,0 | 38,3 | 38,5 | 38,7 | 38,9 | 39,1 | 39,3 | 39,5 | 39,7 | 39,9 | 40,05 |
| 1 | 40.2 | 40,4 | 40,55 | 40,7 | 40,9 | 41,05 | 41,2 | 41,4 | 41,55 | 41,75 |
| 2 | 41,9 | 42,05 | 42,2 | 42,4 | 42,55 | 42,7 | 42,85 | 43,0 | 43,2 | 43,35 |
| 3 | 43,5 | 43,65 | 43,75 | 43,9 | 44,0 | 44,15 | 44,3 | 44,4 | 44,55 | 44,7 |
| 4 | 44,8 | 44,9 | 45,0 | 45,1 | 45,2 | 45,3 | 45,4 | 45,5 | 45,6 | 45,7 |
| 5 | 45,8 | 45,9 | 46,0 | 46,05 | 46,15 | 46,25 | 46,35 | 46,45 | 46,5 | 46,6 |
| 6 | 46,7 | 46,75 | 46,85 | 46,9 | 47,0 | 47,05 | 47,1 | 47,2 | 47,25 | 47,35 |
| 7 | 47,4 | 47,45 | 47,5 | 47,6 | 47,65 | 47,7 | 47,75 | 47,8 | 47,9 | 47,95 |
| 8 | 48,0 | 48,05 | 48,1 | 48,15 | 48,2 | 48,25 | 48,3 | 48,35 | 48,4 | 48,45 |
| 9 | 48,5 | 48,55 | 48,6 | 48,6 | 48,65 | 48,7 | 48,75 | 48,8 | 48,8 | 48,85 |
| 11,0 | 48,9 | 48,95 | 49,0 | 49,05 | 49,1 | 49,15 | 49,15 | 49,2 | 49,25 | 49,3 |
| 1 | 49,35 | 49,4 | 49,45 | 49,5 | 49,55 | 49,6 | 49,6 | 49,65 | 49,7 | 49,75 |
| 2 | 49,8 | 49,85 | 49,9 | 49,9 | 49,95 | 50,0 | 50,05 | 50,1 | 50,1 | 50,15 |
| 3 | 50,2 | 50,25 | 50,3 | 50,3 | 50,35 | 50,4 | 50,45 | 50,5 | 50,5 | 50,55 |
| 4 | 50,6 | 50,65 | 50,7 | 50,7 | 50,75 | 50,8 | 50,85 | 50,9 | 50,9 | 50,95 |
| 5 | 51,0 | 51,05 | 51,1 | 51,1 | 51,15 | 51,2 | 51,25 | 51,3 | 51,3 | 51,35 |
| 6 | 51,4 | 51,45 | 51,5 | 51,55 | 51,6 | 51,65 | 51,75 | 51,8 | 51,85 | 51,9 |
| 7 | 51,95 | 52,0 | 52,1 | 52,15 | 52,2 | 52,25 | 52,35 | 52,4 | 52,45 | 52,55 |
| 8 | 52,6 | 52,7 | 52,75 | 52,85 | 52,9 | 53,0 | 53,1 | 53,15 | 53,25 | 53,3 |
| 9 | 53,4 | 53,5 | 53,6 | 53,7 | 53,8 | 53,9 | 54,0 | 54,1 | 54,2 | 54,3 |
| 12,0 | 54,45 | 54,6 | 54,75 | 54,85 | 55,0 | 55,15 | 55,25 | 55,4 | 55,55 | 55,65 |
| 1 | 55,8 | 55,95 | 56,1 | 56,3 | 56,45 | 56,6 | 56,75 | 56,9 | 57,1 | 57,25 |
| 2 | 57,4 | 57,6 | 57,8 | 58,0 | 58,2 | 58,4 | 58,6 | 58,8 | 59,0 | 59,2 |
| 3 | 59,4 | 59,65 | 59,9 | 60,1 | 60,35 | 60,6 | 60,85 | 61,1 | 61,3 | 61,55 |
| 4 | 61,8 | 62,2 | 62,5 | 62,9 | 63,2 | 63,6 | 64,0 | 64,3 | 64,7 | 65,0 |
| 5 | 65,4 | 65,9 | 66,3 | 66,8 | 67,2 | 67,7 | 68,2 | 68,6 | 69,1 | 69,5 |
| 6 | 70,0 | 70,5 | 71,0 | 71,5 | 72,0 | 72,5 | 73,0 | 73,5 | 74,0 | 74,5 |
| 7 | 75,0 | 75,6 | 76,2 | 76,8 | 77,4 | 78,0 | 78,6 | 79,2 | 79,8 | 80,4 |
| 8 | 81,0 | 81,6 | 82,3 | 83,1 | 84,0 | 84,9 | 85,8 | 86,7 | 87,7 | 88,8 |
| 9 | 90,0 | — | — | — | — | — | — | — | — | — |

Erläuterungen zu Tafel 20 D siehe Seite 233

# Elektrochemie

## E. Aktivität und Aktivitätskoeffizient

### Ionale Konzentration und Ionenstärke

Die ionale Konzentration einer beliebigen Elektrolytlösung ist gegeben durch

$$\Gamma = \Sigma\, c_i\, n_i^2\,, \tag{1}$$

die Ionenstärke durch

$$I = \frac{\Gamma}{2} = \frac{1}{2}\Sigma\, c_i\, n_i^2\,, \tag{2}$$

worin $c_i$ die Konzentration, $n_i$ die Wertigkeit einer Ionenart bedeutet. Die Summation hat sich auf alle in der Lösung anwesenden Ionenarten zu erstrecken.

Für einen einfachen Elektrolyten der Gesamtkonzentration $c$, der zum Bruchteil $\alpha$ gespalten ist (wahrer Dissoziationsgrad), geht (1) über in

$$\Gamma = \alpha \cdot c \cdot \Sigma\, z_i\, n_i^2 = \alpha \cdot c \cdot w\,. \tag{3}$$

Darin ist $z_i$ die Anzahl der Ionen einer Art, die von jeder Molekel gebildet werden können.

In der folgenden Tabelle sind die Werte von $w = \Sigma\, z_i\, n_i^2$ für verschiedene Elektrolyttypen wiedergegeben:

| $z_+$ | $z_-$ | $n_+$ | $n_-$ | Beispiel | $w$ |
|---|---|---|---|---|---|
| 1 | 1 | 1 | 1 | KCl | 2 |
| 1 | 2 | 2 | 1 | $CaCl_2$ | 6 |
| 2 | 1 | 1 | 2 | $Na_2SO_4$ | |
| 1 | 1 | 2 | 2 | $MgSO_4$ | 8 |
| 1 | 3 | 3 | 1 | $LaCl_3$ | 12 |
| 3 | 1 | 1 | 3 | $K_3[Fe(CN)_6]$ | |
| 1 | 4 | 4 | 1 | $Th(NO_3)_4$ | 20 |
| 4 | 1 | 1 | 4 | $K_4[Fe(CN)_6]$ | |
| 2 | 3 | 3 | 2 | $Al_2(SO_4)_3$ | 30 |
| 3 | 2 | 2 | 3 | $Ca_3[Fe(CN)_6]_2$ | |

Erläuterungen zu Tafel 20 E siehe Seite 234

# Elektrochemie

## E. Aktivität und Aktivitätskoeffizient

Aus den Werten von $w$ erhält man gemäß (3) durch Multiplikation mit $\alpha \cdot c$ (bzw. bei starken Elektrolyten, für die in mäßigen Konzentrationen der Dissoziationsgrad $\alpha$ annähernd 1 ist, durch Multiplikation mit $c$ allein) die ionale Konzentration $\Gamma$.

Für Gemische einfacher Elektrolyte ergibt sich die ionale Gesamtkonzentration additiv aus den für die einzelnen Bestandteile (wie geschildert) erhaltenen ionalen Teilkonzentrationen. Dies gilt selbstverständlich nur dann, wenn in der Mischung keine Umsetzung zwischen den einzelnen Ionen erfolgt ist, was bei Anwesenheit nur starker Elektrolyte praktisch immer angenommen werden darf. Bei Gegenwart schwacher Elektrolyte besteht u. U. die Möglichkeit, die eingetretene Umsetzung zu berücksichtigen (Beispiel: Gemische von HCl und Natriumacetat).

### Rechenbeispiel

Die ionale Gesamtkonzentration einer Lösung, die an $NaNO_3$ 0,36 m, an $Na_2SO_4$ 0,05 m und an $MgSO_4$ 0,14 m ist, errechnet sich (die Dissoziationsgrade durchweg zu 1 angenommen) zu

$$\Gamma = 0{,}36 \cdot 2 + 0{,}05 \cdot 6 + 0{,}14 \cdot 8 = 2{,}14\,,$$

die Ionenstärke somit zu

$$I = \frac{\Gamma}{2} = \frac{2{,}14}{2} = 1{,}07\,.$$

Über die Anwendung der Begriffe ionale Konzentration und Ionenstärke vgl. die Erläuterungen.

Erläuterungen zu Tafel 20 E siehe Seite 234

Tafel

# Indikatoren, optische

## A. Zusammenstellung

### a) Indikatoren für die

| Nr. | Name | Formel | Mol.-Gew. |
|---|---|---|---|
| 1 | Kresolrot (2. Umschl.) | $(C_6H_3CH_3OH)_2CC_6H_4SO_3$ | 382,4 |
| 2 | Tropäolin OO | $C_6H_5N\overset{4}{H}C_6H_4\overset{1}{N}_2\overset{1}{C}_6H_4\overset{4}{S}O_2Na$ | 375,4 |
| 3 | Metanilgelb | $C_6H_5N\overset{4}{H}C_6H_4\overset{1}{N}_2\overset{1}{C}_6H_4\overset{3}{S}O_3Na$ | 375,4 |
| 4 | Thymolblau (2. Umschl.) | $(C_6H_2\overset{2}{C}H_3C_3\overset{5}{H}_7\overset{4}{O}H)_2CC_6H_4SO_3$ | 466,6 |
| 5 | Methylgelb | $(CH_3)_2NC_6H_4N_2C_6H_5$ | 225,3 |
| 6 | Methylorange | $(CH_3)_2NC_6H_4N_2C_6H_4SO_3Na \cdot 4\,H_2O$ | 399,4 |
| 7 | β-Dinitrophenol | $C_6H_3OH(NO_2)_2$ 1 : 2 : 6 | 184,1 |
| 8 | Bromphenolblau | $(C_6H_2\overset{4}{O}H\overset{3,5}{B}r_2)_2CC_6H_4SO_3$ | 670,0 |
| 9 | α-Dinitrophenol | $C_6H_3OH(NO_2)_2$ 1 : 2 : 4 | 184,1 |
| 10 | Bromkresolgrün | $(C_6HC\overset{2}{H}_3\overset{4}{O}H\overset{3,5}{B}r_2)_2CC_6H_4SO_3$ | 698,0 |
| 11 | γ-Dinitrophenol | $C_6H_3OH(NO_2)_2$ 1 : 2 : 5 | 184,1 |
| 12 | Chlorphenolrot | $(C_6H_3\overset{4}{O}H\overset{3}{C}l)_2CC_6H_4SO_3$ | 423,3 |
| 13 | Bromkresolpurpur | $(C_6H_2CH_3\overset{4}{O}H\overset{5}{B}r)_2CC_6H_4SO_3$ | 540,2 |
| 14 | p-Nitrophenol | $C_6H_4OHNO_2$ 1 : 4 | 139,2 |
| 15 | Bromthymolblau | $(C_6H\overset{2}{C}H_3C_3\overset{5}{H}_7\overset{4}{O}H\overset{3}{B}r)_2CC_6H_4SO_3$ | 624,4 |
| 16 | Phenolrot | $(C_6H_4OH)_2CC_6H_4SO_3$ | 354,4 |
| 17 | Kresolrot (1. Umschl.) | $(C_6H_3\overset{3}{C}H_3\overset{4}{O}H)_2CC_6H_4SO_3$ | 382,4 |
| 18 | m-Nitrophenol | $C_6H_4OHNO_2$ 1 : 3 | 139,1 |
| 19 | m-Kresolpurpur (1. Umschl.) | $(C_6H_3\overset{2}{C}H_3\overset{4}{O}H)_2CC_6H_4SO_3$ | 382,4 |
| 20 | p-Xylenolblau (1. Umschl.) | $(C_6H_2(\overset{2,5}{C}H_3)_2\overset{4}{O}H)_2CC_6H_4SO_3$ | 410,5 |
| 21 | Thymolblau (1. Umschl.) | $(C_6H_2\overset{2}{C}H_3C_3\overset{5}{H}_7\overset{4}{O}H)_2CC_6H_4SO_3$ | 466,6 |
| 22 | β-Naphtholviolett | $C_{10}H_4\overset{2}{O}H(\overset{3,6}{S}O_3Na)_2\overset{1\,1}{N}_2C_6H_4\overset{4}{N}O_2$ | 497,4 |
| 23 | Alizaringelb R S | $\overset{4}{N}O_2\overset{3}{S}O_3NaC_6H_3\overset{1}{N}_2\overset{1}{C}_6H_3\overset{4}{O}HC\overset{3}{O}_2H \cdot H_2O$ | 390,3 |
| 24 | Salicylgelb (Alizaringelb GG) | $\overset{2}{N}O_2C_6H_4\overset{1}{N}_2\overset{1}{C}_6H_3\overset{4}{O}H\overset{3}{C}O_2Na$ | 309,2 |
| 25 | Tropäolin O (Resorcingelb) | $(\overset{4,2}{O}H)_2C_6H_3\overset{1}{N}_2\overset{1}{C}_6H_4\overset{4}{S}O_3Na$ | 316,2 |

Erläuterungen zu Tafel 21 siehe Seite 239

| lg Mol.-Gew. | Grenzfarben[1]) obere | Grenzfarben[1]) untere | Halbwertstufe[4]) (bei Ionenstärke 0,1 u. Zimmertemp.) $p_H+{}^1/_2$ | Salzfehler: $\Delta p_H+{}^1/_2$ beim Übergang zur Ionenstärke 0,5 | Nr. |
|---|---|---|---|---|---|
| 58 263 | rot (6,8) | gelb (2,4) | 1,15 | — | 1 |
| 57 449 | rot (6,8) | gelb (2,7) | 1,51 | — | 2 |
| 57 449 | rot (6,4) | gelb (2,6) | 1,53 | — | 3 |
| 66 894 | rot (3,7) | gelb (1,5) | 1,52 | — | 4 |
| 35 276 | rot (3,5) | gelb (2,1) | 3,31 | 0,05 | 5 |
| 60 141 | rot (4,9) | orangegelb (2,7) | 3,40 | ca. 0 | 6 |
| 26 505 | farblos | gelb[2]) | 3,56 | — | 7 |
| 82 607 | gelb (2,6) | blau (8,2) | 3,87 | − 0,1 | 8 |
| 26 505 | farblos | gelb[2]) | (3,90) | − 0,1 | 9 |
| 84 386 | gelb (1,8) | blau (4,1) [3]) | 4,67 | − 0,2 | 10 |
| 26 505 | farblos | gelb[2]) | (5,10) | − 0,1 | 11 |
| 62 665 | gelb | rot (5,9) | 6,01 | − 0,1 | 12 |
| 73 255 | gelb (2,5) | purpur (6,8) | 6,12 | − 0,2 | 13 |
| 14 333 | farblos | gelb[2]) | (7,0) | — | 14 |
| 79 546 | gelb (1,8) | blau (4,1) | 7,07 | − 0,2 | 15 |
| 54 949 | gelb (2,4) | rot (6,8) | 7,74 | − 0,2 | 16 |
| 58 263 | gelb (2,4) | rot (7,0) | 8,12 | − 0,2 | 17 |
| 14 333 | farblos | gelb[2]) | (8,26) | − 0,1 | 18 |
| 58 263 | gelb | purpur | (8,32) | — | 19 |
| 61 331 | gelb | blau | 8,76 | — | 20 |
| 66 894 | gelb (1,5) | blau (3,5) | 8,89 | — | 21 |
| 69 671 | orangegelb | violett | 10,67 | − 0,29 | 22 |
| 59 140 | gelb | braunrot | 10,90 | − 0,33 | 23 |
| 49 024 | hellgelb | dunkelorange | 11,07 | — | 24 |
| 49 996 | gelb | braunrot | 12,11 | − 0,17 | 25 |

[1]) Die in Klammer stehenden Zahlen geben die relative (molare) Farbstärke an. [2]) Absorptionsmaximum im UV. [3]) Der Name Bromkresolgrün ist nicht glücklich gewählt. [4]) Die in Klammern gesetzten Werte entstammen fremden Messungen, die übrigen den Messungen des Marburger Instituts.

# Indikatoren, optische Bathmometrie, Kolorimetrie

## A. Zusammenstellung wichtiger Indikatoren

### b) Indikatoren für sonstige Zwecke

(Maßanalyse u. dergl.)

| Nr. | Name | Formel | Grenzfarben o/u | $p_{H^{+1/2}}$ |
|---|---|---|---|---|
| 1 | Methylrot (wasserlöslich) | $C_{15}H_{14}O_2N_3Na$ | rot/gelb | 4,88 |
| 2 | Neutralrot | $C_{15}H_{16}N_4Cl$ | rot/gelb | (7,4) |
| 3 | α-Naphtholphthalein | $C_{28}H_{18}O_4$ | orange/blau | 7,91 |
| 4 | α-Naphtholorange (Tropäolin ooo) | $C_{10}H_{11}O_4N_2SNa$ | gelbgrün/graurosa | (8,27) |
| 5 | Phenoltetrachlorphthalein | $C_{20}H_{10}O_4Cl_4$ | farblos/kirschrot | 8,55 |
| 6 | Phenolphthalein | $C_{20}H_{14}O_4$ | farblos/rot | 9,50 |
| 7 | p-Xylenolphthalein[1]) | $C_{24}H_{22}O_4$ | farblos blau | 9,65 |
| 8 | Nitramin | $C_7H_5O_8N_5$ | farblos/orangebraun | (ca. 12) |

## B. Optische Bathmometrie

Zeigt in einer Versuchslösung, deren Säurestufe ($p_{H^+}$) gemessen werden soll, ein einwertiger Indikator mit der Halbwertstufe $p_{H^{+1/2}}$ den Umschlagsgrad $\alpha$, d. h. befindet er sich zu $100\,\alpha\,\%$ in der unteren („alkalischen") Grenzform, so gilt die Beziehung

$$p_{H^+} = p_{H^{+1/2}} + \Delta p_{H^+} ,$$

worin

$$\Delta p_{H^+} = \lg \frac{\alpha}{1 - \alpha}$$

ist, oder

$$\alpha = \frac{\mathrm{Num}\,\Delta p_{H^+}}{1 + \mathrm{Num}\,\Delta p_{H^+}} .$$

Um bei gemessenem $\alpha$ (Ergebnis einer Messung im Mischfarbenkolorimeter — am besten bei monochromatischer Beleuchtung —

[1]) Ersatz für das zu schwer lösliche Thymolphthalein.

Erläuterungen zu Tafel 21 siehe Seite 239

oder im Spektralphotometer usw.) den zugehörigen Wert von $\Delta p_{H^+}$ zu ermitteln, bedient man sich am besten einer Tabelle, die $\Delta p_{H^+}$ als Funktion von $\alpha$ (oder umgekehrt) enthält. Die folgende Tabelle gibt eine solche Zusammenstellung der Werte von

$$\frac{\text{Num}\,\Delta p_{H^+}}{1 + \text{Num}\,\Delta p_{H^+}} = \alpha$$

für Werte von $\Delta p_{H^+}$ zwischen $-3{,}00$ und $+3{,}00$ in Abstufungen von 0,01. Den $\alpha$-Werten ist 0, vorgesetzt zu denken. Man geht also mit dem gemessenen $\alpha$-Werte in die Tabelle ein und sucht das zugehörige $\Delta p_{H^+}$ auf. Dieses liefert in Verbindung mit der Halbwertstufe des Indikators, die man der Tabelle der Indikatoren (Abschnitt A, a) entnimmt, die gesuchte Säurestufe der Lösung.

Beispiel. Gemessen $\alpha = 43{,}7\% = 0{,}437$;

$$\Delta p_{H^+} = -0{,}11 \;;$$

$$p_{H^+} = p_{H^+{}^1/_2} - 0{,}11 \;.$$

Der gewählte Indikator sei Bromthymolblau ($p_{H^+{}^1/_2} = 7{,}07$); mithin ist

$$p_{H^+} = 7{,}07 - 0{,}11 = 6{,}96 \;.$$

Erläuterungen zu Tafel 21 siehe Seite 239

# Indikatoren, optische Bathmometrie, Kolorimetrie

## B. Optische Bathmometrie

Tabelle der Werte von $\alpha = \frac{\mathrm{Num}\, \Delta p_{H+}}{1 + \mathrm{Num}\, \Delta p_{H+}}$ für Werte von $\Delta p_{H+}$ zwischen − 3,00 und + 3,00 in Abstufungen von 0,01

### a) Negative Werte von $\Delta p_{H+}$

| $\Delta p_H$ | 9 | 8 | 7 | 6 | 5 | 4 | 3 | 2 | 1 | 0 |
|---|---|---|---|---|---|---|---|---|---|---|
| − 3,0 | | | | | | | | | | 0010 |
| − 2,9 | 0010 | 0011 | 0011 | 0011 | 0011 | 0012 | 0012 | 0012 | 0013 | 0013 |
| − 2,8 | 0013 | 0014 | 0014 | 0014 | 0014 | 0015 | 0015 | 0015 | 0016 | 0016 |
| − 2,7 | 0016 | 0017 | 0017 | 0017 | 0018 | 0018 | 0019 | 0019 | 0020 | 0020 |
| − 2,6 | 0020 | 0021 | 0021 | 0022 | 0022 | 0023 | 0024 | 0024 | 0025 | 0025 |
| − 2,5 | 0026 | 0026 | 0027 | 0028 | 0028 | 0029 | 0030 | 0030 | 0031 | 0032 |
| − 2,4 | 0033 | 0033 | 0034 | 0035 | 0035 | 0036 | 0037 | 0038 | 0039 | 0040 |
| − 2,3 | 0041 | 0042 | 0043 | 0043 | 0045 | 0046 | 0046 | 0048 | 0049 | 0050 |
| − 2,2 | 0051 | 0052 | 0054 | 0055 | 0056 | 0057 | 0059 | 0060 | 0061 | 0063 |
| − 2,1 | 0064 | 0065 | 0067 | 0069 | 0070 | 0072 | 0074 | 0075 | 0077 | 0079 |
| − 2,0 | 0081 | 0083 | 0084 | 0087 | 0089 | 0091 | 0092 | 0094 | 0097 | 0099 |
| − 1,9 | 0101 | 0104 | 0106 | 0109 | 0111 | 0114 | 0117 | 0119 | 0122 | 0125 |
| − 1,8 | 0127 | 0130 | 0133 | 0136 | 0139 | 0142 | 0146 | 0149 | 0153 | 0156 |
| − 1,7 | 0160 | 0163 | 0167 | 0171 | 0175 | 0179 | 0183 | 0187 | 0192 | 0196 |
| − 1,6 | 0200 | 0205 | 0209 | 0214 | 0219 | 0224 | 0229 | 0234 | 0240 | 0245 |
| − 1,5 | 0251 | 0256 | 0262 | 0268 | 0274 | 0280 | 0287 | 0293 | 0300 | 0307 |
| − 1,4 | 0313 | 0320 | 0328 | 0335 | 0343 | 0350 | 0358 | 0366 | 0375 | 0383 |
| − 1,3 | 0391 | 0400 | 0409 | 0418 | 0428 | 0437 | 0447 | 0457 | 0467 | 0477 |
| − 1,2 | 0488 | 0499 | 0510 | 0521 | 0533 | 0544 | 0556 | 0568 | 0581 | 0593 |
| − 1,1 | 0606 | 0619 | 0633 | 0647 | 0661 | 0676 | 0690 | 0705 | 0720 | 0736 |
| − 1,0 | 0752 | 0768 | 0784 | 0800 | 0818 | 0836 | 0853 | 0872 | 0890 | 0909 |
| − 0,9 | 0928 | 0948 | 0968 | 0988 | 1009 | 1030 | 1052 | 1073 | 1096 | 1118 |
| − 0,8 | 1141 | 1165 | 1189 | 1213 | 1238 | 1263 | 1289 | 1315 | 1341 | 1368 |
| − 0,7 | 1396 | 1423 | 1452 | 1481 | 1510 | 1540 | 1570 | 1601 | 1632 | 1663 |
| − 0,6 | 1695 | 1728 | 1761 | 1795 | 1829 | 1864 | 1899 | 1935 | 1971 | 2008 |
| − 0,5 | 2045 | 2083 | 2119 | 2159 | 2199 | 2239 | 2279 | 2320 | 2361 | 2403 |
| − 0,4 | 2445 | 2488 | 2531 | 2575 | 2619 | 2664 | 2709 | 2755 | 2801 | 2847 |
| − 0,3 | 2894 | 2942 | 2991 | 3039 | 3087 | 3137 | 3187 | 3237 | 3288 | 3339 |
| − 0,2 | 3390 | 3442 | 3494 | 3546 | 3599 | 3652 | 3706 | 3760 | 3814 | 3868 |
| − 0,1 | 3923 | 3978 | 4033 | 4089 | 4145 | 4201 | 4257 | 4314 | 4370 | 4428 |
| − 0,0 | 4484 | 4541 | 4598 | 4656 | 4713 | 4770 | 4827 | 4885 | 4943 | 5000 |

Erläuterungen zu Tafel 21 siehe Seite 239

# Indikatoren, optische Bathmometrie, Kolorimetrie

## B. Optische Bathmometrie

Tabelle der Werte von $\alpha = \frac{\text{Num}\, \Delta p_H+}{1 + \text{Num}\, \Delta p_H+}$ für Werte von $\Delta p_H+$ zwischen − 3,00 und + 3,00 in Abstufungen von 0,01

b) Positive Werte von $\Delta p_H+$

| $\Delta p_H+$ | 0 | 1 | 2 | 3 | 4 | 5 | 6 | 7 | 8 | 9 |
|---|---|---|---|---|---|---|---|---|---|---|
| +0,0 | 5000 | 5058 | 5115 | 5173 | 5230 | 5287 | 5345 | 5402 | 5459 | 5516 |
| +0,1 | 5573 | 5630 | 5686 | 5743 | 5799 | 5855 | 5911 | 5967 | 6022 | 6077 |
| +0,2 | 6132 | 6186 | 6240 | 6294 | 6348 | 6401 | 6454 | 6506 | 6558 | 6610 |
| +0,3 | 6661 | 6713 | 6763 | 6813 | 6863 | 6913 | 6962 | 7010 | 7058 | 7106 |
| +0,4 | 7153 | 7199 | 7245 | 7292 | 7336 | 7381 | 7425 | 7469 | 7512 | 7555 |
| +0,5 | 7597 | 7639 | 7680 | 7721 | 7761 | 7801 | 7841 | 7881 | 7918 | 7955 |
| +0,6 | 7992 | 8029 | 8065 | 8101 | 8136 | 8171 | 8205 | 8239 | 8272 | 8305 |
| +0,7 | 8337 | 8368 | 8399 | 8430 | 8460 | 8490 | 8519 | 8548 | 8577 | 8604 |
| +0,8 | 8632 | 8659 | 8685 | 8711 | 8737 | 8762 | 8787 | 8811 | 8835 | 8859 |
| +0,9 | 8882 | 8904 | 8927 | 8949 | 8970 | 8991 | 9012 | 9032 | 9052 | 9072 |
| +1,0 | 9091 | 9110 | 9128 | 9147 | 9164 | 9182 | 9201 | 9216 | 9232 | 9248 |
| +1,1 | 9264 | 9280 | 9295 | 9310 | 9324 | 9339 | 9353 | 9367 | 9381 | 9394 |
| +1,2 | 9407 | 9419 | 9432 | 9444 | 9456 | 9467 | 9479 | 9490 | 9501 | 9512 |
| +1,3 | 9523 | 9533 | 9543 | 9553 | 9563 | 9572 | 9582 | 9591 | 9600 | 9609 |
| +1,4 | 9617 | 9625 | 9634 | 9642 | 9650 | 9657 | 9665 | 9672 | 9680 | 9687 |
| +1,5 | 9694 | 9700 | 9707 | 9713 | 9720 | 9726 | 9732 | 9738 | 9744 | 9750 |
| +1,6 | 9755 | 9761 | 9766 | 9771 | 9776 | 9781 | 9786 | 9791 | 9795 | 9800 |
| +1,7 | 9804 | 9809 | 9813 | 9817 | 9821 | 9825 | 9829 | 9833 | 9837 | 9840 |
| +1,8 | 9844 | 9847 | 9851 | 9854 | 9858 | 9861 | 9864 | 9867 | 9870 | 9873 |
| +1,9 | 9876 | 9879 | 9881 | 9884 | 9887 | 9889 | 9892 | 9894 | 9896 | 9899 |
| +2,0 | 9901 | 9903 | 9906 | 9908 | 9910 | 9912 | 9914 | 9916 | 9918 | 9920 |
| +2,1 | 9921 | 9923 | 9925 | 9926 | 9928 | 9930 | 9931 | 9933 | 9935 | 9936 |
| +2,2 | 9937 | 9939 | 9940 | 9942 | 9943 | 9944 | 9945 | 9947 | 9948 | 9949 |
| +2,3 | 9950 | 9951 | 9953 | 9954 | 9955 | 9956 | 9957 | 9958 | 9958 | 9959 |
| +2,4 | 9960 | 9961 | 9962 | 9963 | 9964 | 9965 | 9966 | 9966 | 9967 | 9968 |
| +2,5 | 9968 | 9969 | 9970 | 9971 | 9971 | 9972 | 9973 | 9973 | 9974 | 9975 |
| +2,6 | 9975 | 9976 | 9976 | 9977 | 9977 | 9978 | 9978 | 9979 | 9979 | 9980 |
| +2,7 | 9980 | 9981 | 9981 | 9981 | 9982 | 9982 | 9983 | 9983 | 9984 | 9984 |
| +2,8 | 9984 | 9985 | 9985 | 9985 | 9986 | 9986 | 9986 | 9986 | 9987 | 9987 |
| +2,9 | 9987 | 9988 | 9988 | 9988 | 9989 | 9989 | 9989 | 9989 | 9990 | 9990 |
| +3,0 | 9990 | | | | | | | | | |

Erläuterungen zu Tafel 21 siehe Seite 239

# Indikatoren, optische Bathmometrie, Kolorimetrie

## C. Redox-Bathmometrie und Redox-Indikatoren

### a) Redox-Bathmometrie

Sowie man aus elektromotorischen Kräften von Ketten, in denen die eine Elektrode eine Wasserstoff- oder Chinhydronelektrode, die andere eine geeignete Normalelektrode ist, die Säurestufe ($p_{H^+}$) der an einer der erstgenannten Elektroden wirksamen Lösung bestimmen kann (siehe die Tafel 20 C), läßt sich aus elektromotorischen Kräften auch das Mischungsverhältnis zweier Stoffe ermitteln, die durch Oxydation (oder Reduktion) ineinander übergeführt werden können und miteinander ein (sich genügend schnell einstellendes) Gleichgewicht bilden, dessen Lage das Potential einer in diese Mischung eingetauchten (unangreifbaren) Elektrode bestimmt.

Nennt man Normalzustand des Systems einen solchen, in dem die beiden Reagentien in gleicher molarer Konzentration vorhanden sind, der Übergang reduziert $\rightleftharpoons$ oxydiert also zu 50% stattgefunden hat, und nennt man das ihm entsprechende Potential das Normalpotential des Redox-Systems (bestimmt durch die Potentialdifferenz $E_{0^1/_2}$ gegen die Normal-Wasserstoffelektrode, d. h. Wasserstoff von 1 Atm. Druck in 2 n-$H_2SO_4$), so ergibt sich aus der Abweichung des Systempotentials vom Normalpotential auch die Abweichung des Systemzustandes vom Normalzustande. Für diese Beziehungen gilt die der bathmometrischen Formel (S. 162) analoge Formel

$$\Delta\pi = k \cdot \lg \frac{\alpha}{1-\alpha},$$

in der $\Delta\pi$ die Abweichung vom Normalpotential (gleich der Abweichung der gemessenen EMK von $E_{0^1/_2}$) bedeutet, $\alpha$ den Bruchteil des gesamten Redox-Systems, der sich in oxydierter Form befindet, und $k$ eine Größe, deren Wert von der elektrochemischen Wertigkeit des Redox-Überganges abhängt. Ist das Redox-System einwertig (wie z. B. das System $Fe^{++} \rightleftharpoons Fe^{+++} + \ominus$), so besitzt $k$ den Wert 0,0581 Volt (bei 20°), und es ergibt sich

$$\lg \frac{\alpha}{1-\alpha} = \frac{\Delta\pi\,(\text{Volt})}{0{,}0581\,(\text{Volt})},$$

Erläuterungen zu Tafel 21 siehe Seite 239

# Indikatoren, optische Bathmometrie, Kolorimetrie

## C. Redox-Bathmometrie und Redox-Indikatoren

ein Ausdruck, der für den Normalzustand ($\alpha = 0{,}5$) natürlich den Wert $\Delta\pi = 0$ liefert. Bei $n$-wertigem Redox-Übergange geht $k$ in $\frac{0{,}0581 \text{ Volt}}{n}$ über.

Bei vielen Redox-Systemen ist das Potential nicht nur vom Verhältnis $\frac{[\text{Red}]}{[\text{Ox}]}$ abhängig, sondern ebenso auch von der Säurestufe. Es sind das Fälle, bei denen an dem Übergange auch Wasserstoff- (oder Hydroxyl-) Ion beteiligt ist. Ein Beispiel dafür ist das Gleichgewicht.

$$MnO_4^- + 8\,H^+ \rightleftharpoons Mn^{++} + 4\,H_2O - 5\ominus\,.$$

Bei solchen Redox-Systemen gehört zur Definition des Normalpotentials ($E_{0^1/_2}$) auch die Angabe der Säurestufe ($p_{H^+}$), in der bei diesem Potential der Umwandlungsgrad ($\alpha$) gleich 0,5 ist.

Die Stufenempfindlichkeit ist von Fall zu Fall, je nach der Art der Beteiligung von $H^+$ oder $OH^-$, verschieden.

Wird die Säurestufe ($p_{H^+}$) festgelegt, so läßt sich aus der Abweichung des gemessenen $E$ vom für die festgelegte Säurestufe geltenden $E_{0^1/_2}$ bei bekanntem Werte von $k$ der Zahlenwert von $\lg \frac{\alpha}{1-\alpha}$ und daraus mit Hilfe der Tabelle auf S. 164/165 der Wert von

$$\alpha = \frac{\text{Num}\left(\lg \frac{\alpha}{1-\alpha}\right)}{1 + \text{Num}\left(\lg \frac{\alpha}{1-\alpha}\right)}$$

ermitteln, d. h. es ergibt sich so aus dem gemessenen Elektrodenpotential der Oxydations- (Reduktions-) Zustand des Redox-Systems an der Elektrode. Dieses Verfahren entspricht methodisch der elektrischen Bathmometrie ($p_{H^+}$-Messung).

Es gibt nun solche Redox-Systeme, bei denen sich reduzierter und oxydierter Stoff in auffallender Weise durch ihre Farbe unterscheiden und außerdem die Umwandlung mit solcher Schnelligkeit sich dem in der Lösung herrschenden Redox-Potential anpaßt, daß man von einem Redox-Farbumschlag (entsprechend dem Farb-

Erläuterungen zu Tafel 21 siehe Seite 239

umschlage der azidimetrischen Indikatoren) sprechen kann. Derartige zweifarbige Redox-Systeme heißen Redox-Indikatoren.

Sie werden gekennzeichnet durch ihr Normalpotential, also das Redox-Potential, bei dem ihr Umwandlungsgrad (und damit ihr Farbumschlag) den Wert $\alpha = 0{,}5$ zeigt. In diesem Falle wird das Normalpotential durch die EMK gegen eine ganz bestimmte Normalelektrode, nämlich die Wasserstoffelektrode in 2 n-$H_2SO_4$ als Elektrolyt ($p_{H^+} = 0$), festgelegt. Unter $E_{0^1/_2}$ ist bei Redox-Indikatoren also stets die so definierte EMK zu verstehen.

Wegen der Säurestufen-Empfindlichkeit, die auch bei Redox-Indikator-Systemen beobachtet wird, ist dabei stets die Säurestufe anzugeben, für die der Normalzustand gilt. Es ist also $E_{0^1/_2}$ die EMK einer Kette, an deren einer Elektrode sich als Potentialbildner der Redox-Indikator in der angegebenen Säurestufe befindet, während die andere Elektrode von der n-Wasserstoffelektrode dargestellt wird.

Eine Zusammenstellung gebräuchlicher Redox-Indikatoren bringt die Tabelle auf Seite 170.

Die in der letzten Spalte aufgeführten Werte von $p_{rH^1/_2}$ haben folgende Bedeutung.

Zu jedem beliebigen Werte einer gegen eine n-Wasserstoffelektrode gemessenen EMK kann man eine Wasserstoffelektrode solcher Art finden, daß sie, mit der n-Wasserstoffelektrode kombiniert, eine mit der gemessenen gleiche EMK ergeben würde, d. h. man kann den Druck (in Atmosphären) berechnen, den der Wasserstoff einer solchen Elektrode aufweisen müßte, um mit einer Lösung der gleichen Säurestufe (wie in der Versuchslösung) gegen die n-Wasserstoffelektrode (von Atmosphärendruck) die betreffende EMK zu ergeben.

Die so gefundenen Druckwerte sind je nach Vorzeichen und Größe der gemessenen EMK kleiner oder größer als 1 Atmosphäre, gewöhnlich kleiner, zum Teil außerordentlich klein (nur als Rechengrößen zu betrachten).

Man verfährt darum hier analog wie bei der Kennzeichnung der azidimetrischen Reaktion (Messung der $a_{H^+}$), wo man aus praktischen

Gründen den Begriff der Säurestufe ($p_{H^+} = -\lg a_{H^+}$) anwendet. Hier gibt man also nicht den Wasserstoff-Gasdruck $p$ selbst an, sondern ebenfalls seinen negativ genommenen Logarithmus. Hat man also einen Wasserstoffdruck von $\frac{1}{1000} = 10^{-3}$ Atmosphären berechnet, so kennzeichnet man ihn durch die Zahl $-\lg 10^{-3} = +3$. Bei einem Drucke von $3 \cdot 10^{-5}$ Atmosphären ergäbe sich der Wert $-\lg (3 \cdot 10^{-5}) = -(0{,}48 - 5) = +4{,}52$. Für diesen logarithmischen Ausdruck wird die Bezeichnung Redox-Stufe und das Symbol $p_{rH}$[1]) vorgeschlagen. Das Symbol $p_{rH^{1/2}}$ bedeutet dann natürlich die Halbwert-Redox-Stufe eines Redox-Indikators und besitzt für diese Klasse von Stoffen als charakteristische Stoffkonstante etwa die gleiche Bedeutung, wie die Halbwertsstufe der azidimetrischen Indikatoren.

Ein exaktes System der optischen Redox-Bathmometrie (Redox-Stufen-Messung) fehlt noch. Ihm stellen sich noch gewisse technische Schwierigkeiten in den Weg. Insbesondere fehlt noch ein brauchbares System von „Redox-Puffermischungen". Doch ist zu hoffen, daß diese Lücken in absehbarer Zeit geschlossen werden können. Das Gebiet erscheint jedenfalls sehr entwicklungsfähig.

---

[1]) Bisher noch in der Form $rH$ oder $r_H$ gebräuchlich. Diese von ihrem Autor (W. M. Clark) selbst wieder aufgegebene Form ist meines Erachtens nicht logisch richtig gebildet, weil man ihr die Bedeutung einer logarithmischen Funktion nicht ansicht.

Erläuterungen zu Tafel 21 siehe Seite 239

# Indikatoren, optische Bathmometrie, Kolorimetrie

## C. Redox-Indikatoren

### b) Redox-Indikatoren

| Nr. | Name | Gebrauchsfertige Lösung | Farbe red./ox. | $E_{0^{1}/_{2}}$ (Volt) bei 20° | | $p_{rH^{1}/_{2}}$ |
|---|---|---|---|---|---|---|
| 1 | Neutralrot | 0,05% in Alkohol 60% | farblos/rot | − 0,32 | in einer Lösung von $p_{H^+} = 7$ | 3 |
| 2 | Safranin T | 0,05% in Wasser | farblos/rot | − 0,29 | | 4 |
| 3 | Indigodisulfonat | 0,05% in Wasser | gelblich/blau | − 0,11 | | 10 |
| 4 | Indigotrisulfonat | 0,05% in Wasser | gelblich/blau | − 0,07 | | $11^{1}/_{2}$ |
| 5 | Indigotetrasulfonat | 0,05% in Wasser | gelblich/blau | − 0,03 | | 13 |
| 6 | Methylenblau | 0,05% in Wasser | farblos/blau | + 0,01 | | $14^{1}/_{2}$ |
| 7 | Thionin | 0,05% in Alkohol 60% | farblos/violett | + 0,06 | | 16 |
| 8 | Toluylenblau | 0,05% in Alkohol 60% | farblos/blauviolett | + 0,11 | | 18 |
| 9 | Thymol-indophenol | 0,02% in Alkohol 60% | farblos/blau¹) | + 0,18 | | 20 |
| 10 | m-Kresol-indophenol | 0,02% in Alkohol 60% | farblos/blau²) | + 0,21 | | $21^{1}/_{2}$ |
| 11 | 2,6-Dichlor-indophenol | 0,02% in Wasser | farblos/blau | + 0,23 | | 22 |
| 12 | Porphyrindin*) | — | blau/farblos | + 0,81 | | 42 |
| 13 | Porphyrexid*) | — | rot/farblos | + 0,97 | | $47^{1}/_{2}$ |
| 14 | 2,4-Diamino-diphenylamin*) | — | farblos/rot | + 0,70 | in 1 n-$H_2SO_4$ | 25 |
| 15 | p-Nitro-diphenylamin*) | — | farblos/violett | + 1,06 | | 37 |
| 16 | Ferroin (o-Phenanthrolin-Ferrosalz) | $^{1}/_{40}$ molar in Wasser | rot/bläulich | + 1,14 | | 40 |
| 17 | Nitro-ferroin (Nitrophenanthrolin-Ferrosalz)*) | — | rot/bläulich | + 1,25 | | 44 |
| 18 | Acetylamino-diphenylamin*) | — | farblos/blaugrün | + 0,69 | in 2 n-$H_2SO_4$ | 24 |
| 19 | Diphenylbenzidin*) | — | farblos/violett | + 0,76 ± 0,1 | | 26 ± 3 |
| 20 | Diphenylamin-sulfosäure | 0,05% in Wasser | farblos/violett | + 0,83 | | $28^{1}/_{2}$ |
| 21 | Diphenylbenzidin-sulfosäure*) | — | farblos/violett | + 0,87 ± 0,1 | | 30 ± 3 |
| 22 | Porphyridin*) | — | blau/farblos | + 1,2 | | $41^{1}/_{2}$ |
| 23 | Porphyrexid*) | — | rot/farblos | + 1,34 | | 46 |

¹) In Lösung mit $p_{H^+} < 9$ rötlich. ²) In Lösung mit $p_{H^+} < 8{,}5$ rötlich.
*) Vorläufig in Deutschland noch nicht handelsüblich.

Erläuterungen zu Tafel 21 siehe Seite 239

## Indikatoren, optische Bathmometrie, Kolorimetrie

### D. Kolorimetrie

Bei Verwendung des „Absolutkolorimeters" mit einer „Graulösung" vom Extinktionsmodul 0,500 oder einer geeichten Graukeileinrichtung als Lichtschwächungsmittel läßt sich die kolorimetrische Messung ohne spezielle Vergleichslösung durchführen[1]). Eine einzige Urmessung an dem zu ermittelnden farbigen Stoffe liefert die Grundlage für alle späteren Messungen an beliebigen Lösungen des gleichen Stoffes (unter Verwendung des gleichen monochromatischen Lichtes wie bei der Urmessung).

Durch Anwendung der „Methode der abgestimmten Schichthöhe" läßt sich erreichen, daß man **den Gehalt der Versuchslösung an dem gesuchten Stoffe unmittelbar an der Kolorimeterskala** (auf der Seite der Graulösung oder der Graukeileinrichtung) **ablesen kann.**

Verfahren:

Eine Lösung (Urlösung) von $a$ g/l des farbigen Stoffes entspreche in 1 cm Schichthöhe einer Schichthöhe von $b$ cm Graulösung (oder deren Graukeiläquivalent); der Extinktionsmodul, d. h. die für 1 cm Schichthöhe gültige Extinktion, der Urlösung ist also $0{,}500 \cdot b = \frac{b}{2}$ (Urmessung). Ferner:

0,5 cm einer Lösung von $a$ g/l entsprechen $\frac{b}{2}$ cm Graulösung;

0,5 cm einer Lösung von 1 g/l entsprechen $\frac{b}{2a}$ cm Graulösung;

0,5 cm einer Lösung von $x$ g/l entsprechen $\frac{x \cdot b}{2a}$ cm Graulösung;

$\frac{a}{b}$ cm einer Lösung von $x$ g/l entsprechen $x$ cm Graulösung.

[1]) Näheres bei A. Thiel, Absolutkolorimetrie (Walter de Gruyter u. Co., Berlin 1939).

Erläuterungen zu Tafel 21 siehe Seite 239

## Indikatoren, optische Bathmometrie, Kolorimetrie

### D. Kolorimetrie

Verwendet man also zur Messung der Versuchslösung eine Schichthöhe von $\frac{a}{b}$ cm, so kann man den Gehalt der Lösung (in Gramm pro Liter) unmittelbar (in cm) an der Graulösungsskala (Graukeilskala) des Kolorimeters ablesen. $\frac{a}{b}$ heißt die abgestimmte Schichthöhe.

Selbstverständlich kann man den Gehalt der Lösungen auch in anderen Einheiten als g/l ausdrücken (z. B. in mg/100 $cm^3$); die Wahl der Einheit wird sich nach praktischen Gesichtspunkten richten (unbeschadet der grundsätzlichen Festsetzungen von S. 15/16).

Beispiel:

1 cm einer Lösung von 2,5 g/l entspricht 4,0 cm Graulösung (Urmessung).

Die abgestimmte Schichthöhe ist $\frac{2,5}{4,0} = 0,625$ cm.

0,625 cm einer Lösung von $x$ g/l entsprechen $x$ cm Graulösung

Erläuterungen zu Tafel 21 siehe Seite 239

# Thermochemie

## A. Thermometrische Fixpunkte

Die im folgenden aufgeführten Fixpunkte sind teils solche erster teils solche zweiter Ordnung. Letztere sind durch ein Sternchen gekennzeichnet; sie dienen nicht zur unmittelbaren Festlegung der Temperaturskale.

Der normale Schmelzpunkt des Eises bezieht sich, wie alle anderen Schmelzpunkte (Smp.), Erstarrungspunkte (Ep.) und Umwandlungspunkte (Up.), auf den Druck der normalen Atmosphäre von 760 Torr, gemessen bei der Dichte des Quecksilbers 13,595 $gcm^{-3}$ und der Schwerebeschleunigung von 980,665 $cms^{-2}$. Bei den Siedepunkten (Sdp. und Sublimationspunkten (Sbp.) ist der Einfluß des Druckes ($p$ in Torr) durch Interpolationsformeln berücksichtigt, die zwischen 680 und 780 Torr (bei Naphthalin und Benzophenon zwischen 750 und 760 Torr) gelten.

Fixpunkte (°C):

| | | | | |
|---|---|---|---|---|
| 1. Sdp. | von | $O_2$ | : | $-183{,}00 + 0{,}0126\,(p-760) - 0{,}0000065\,(p-760)^2$ |
| 2. Sbp. | „ | $CO_2$ | : | $-78{,}50 + 0{,}01595\,(p-760) - 0{,}000011\,(p-760)^2$ |
| 3. Smp. | „ | Hg | : | $-38{,}87$ |
| 4. Smp. | „ | $H_2O$ | : | $0{,}000$ |
| *5. Up. | „ | $Na_2SO_4 \cdot 10\,H_2O$ | : | $+32{,}38$ |
| 6. Sdp. | „ | $H_2O$ | : | $+100{,}000 + 0{,}0367\,(p-760) - 0{,}000023\,(p-760)^2$ |
| *7. Sdp. | „ | $C_{10}H_8$ | : | $+217{,}9_6 + 0{,}058\,(p-760)$ |
| *8. Ep. | „ | Sn | : | $+231{,}8_5$ |
| *9. Sdp. | „ | $(C_6H_5)_2CO$ | : | $+305{,}9 + 0{,}063\,(p-760)$ |
| *10. Ep. | „ | Cd | : | $+320{,}9$ |
| *11. Ep. | „ | Zn | : | $+419{,}4_5$ |
| 12. Sdp. | „ | S | : | $+444{,}60 + 0{,}0909\,(p-760) - 0{,}000048\,(p-760)^2$ |
| *13. Ep. | „ | Sb | : | $+630{,}5$ |
| 14. Ep. | „ | Ag | : | $+960{,}5$ |
| 15. Smp. | „ | Au | : | $+1063$ |
| *16. Ep. | „ | Cu | : | $+1083$ |
| *17. Smp. | „ | Pd | : | $+1557$ |
| *18. Smp. | „ | Pt | : | $+1770$ |
| *19. Smp. | „ | W | : | $+3400$ |

Erläuterungen zu Tafel 22 siehe Seite 240

# Thermochemie

## B. Fadenkorrektionen für Quecksilberthermometer

Wenn der Faden eines Quecksilberthermometers, das $t_1{}^0$ anzeigt, um $n$ Grade aus dem Raume mit der zu messenden Temperatur herausragt, so ist die Angabe des Thermometers zu niedrig, falls die Außentemperatur niedriger ist als die Innentemperatur (im entgegengesetzten Falle zu hoch). Die anzubringende Korrektion ($k$) läßt sich aus der Differenz zwischen $t_1$ und der in Höhe der Mitte des herausragenden Fadenteils zu messenden Außentemperatur (Angabe eines dort angebrachten Hilfsthermometers: $t_2{}^0$) nach der Formel $k^0 = n \cdot (t_1 - t_2) \cdot \alpha$ berechnen. Der Koeffizient $\alpha$ hängt von der Art des Thermometerglases und von der Konstruktion des Thermometers (ob Stabthermometer oder Einschlußthermometer) ab.

Für Jenaer Normalglas $59^{\text{III}}$ hat $\alpha$ zwischen $0^0$ und $400^0$ bei Stabthermometern den Wert 0,000168, bei Einschlußthermometern den Wert 0,000158. Bei Thermometern beider Arten aus Jenaer Glas $16^{\text{III}}$ kann man zwischen $-30^0$ und $+100^0$ mit dem gemeinsamen Werte $\alpha = 0{,}000156$ rechnen.

Die Tabelle auf Seite 175/176 enthält die ausgerechneten Korrektionen (in $^0$C) für Thermometer aus dem Glase $59^{\text{III}}$; die kursiv gedruckten Zahlen gelten für Einschlußthermometer, die anderen für Stabthermometer. Das Vorzeichen von $k$ richtet sich nach demjenigen von $t_1 - t_2$.

Erläuterungen zu Tafel 22 siehe Seite 240

# Thermochemie

## B. Fadenkorrektionen für Quecksilberthermometer

Korrektionen $k$ (°C)

| $n$ (°C) | $t_1 - t_2$ (°C) 40 | 60 | 80 | 100 | 120 | 140 | 160 | 180 | 200 | 220 | 240 | 260 | 280 | 300 | 320 | 340 | 360 | 380 | $n$ (°C) |
|---|---|---|---|---|---|---|---|---|---|---|---|---|---|---|---|---|---|---|---|
| 20 | 0,1<br>*0,1* | 0,2<br>*0,2* | 0,3<br>*0,3* | 0,3<br>*0,3* | 0,4<br>*0,4* | 0,5<br>*0,4* | 0,5<br>*0,5* | 0,6<br>*0,6* | 0,7<br>*0,6* | 0,7<br>*0,7* | 0,8<br>*0,8* | 0,9<br>*0,8* | 0,9<br>*0,9* | 1,0<br>*0,9* | 1,1<br>*1,0* | 1,1<br>*1,1* | 1,2<br>*1,1* | 1,3<br>*1,2* | 20 |
| 40 | 0,3<br>*0,3* | 0,4<br>*0,4* | 0,5<br>*0,5* | 0,7<br>*0,6* | 0,8<br>*0,8* | 0,9<br>*0,9* | 1,1<br>*1,0* | 1,2<br>*1,1* | 1,3<br>*1,3* | 1,5<br>*1,4* | 1,6<br>*1,5* | 1,7<br>*1,6* | 1,9<br>*1,8* | 2,0<br>*1,9* | 2,1<br>*2,0* | 2,3<br>*2,1* | 2,4<br>*2,3* | 2,6<br>*2,4* | 40 |
| 60 | 0,4<br>*0,4* | 0,6<br>*0,6* | 0,8<br>*0,8* | 1,0<br>*0,9* | 1,2<br>*1,1* | 1,4<br>*1,3* | 1,6<br>*1,5* | 1,8<br>*1,7* | 2,0<br>*1,9* | 2,2<br>*2,1* | 2,4<br>*2,3* | 2,6<br>*2,5* | 2,8<br>*2,7* | 3,0<br>*2,8* | 3,2<br>*3,0* | 3,4<br>*3,2* | 3,6<br>*3,4* | 3,8<br>*3,6* | 60 |
| 80 | | 0,8<br>*0,8* | 1,1<br>*1,0* | 1,3<br>*1,3* | 1,6<br>*1,5* | 1,9<br>*1,8* | 2,1<br>*2,0* | 2,4<br>*2,3* | 2,7<br>*2,5* | 3,0<br>*2,8* | 3,2<br>*3,0* | 3,5<br>*3,3* | 3,8<br>*3,5* | 4,0<br>*3,8* | 4,3<br>*4,0* | 4,6<br>*4,3* | 4,8<br>*4,5* | 5,1<br>*4,8* | 80 |
| 100 | | | 1,3<br>*1,3* | 1,7<br>*1,6* | 2,0<br>*1,9* | 2,4<br>*2,2* | 2,7<br>*2,5* | 3,0<br>*2,8* | 3,4<br>*3,2* | 3,7<br>*3,5* | 4,0<br>*3,8* | 4,4<br>*4,1* | 4,7<br>*4,4* | 5,0<br>*4,7* | 5,4<br>*5,1* | 5,7<br>*5,4* | 6,0<br>*5,7* | 6,4<br>*6,0* | 100 |
| 120 | | | | 2,0<br>*1,9* | 2,4<br>*2,3* | 2,8<br>*2,7* | 3,2<br>*3,0* | 3,6<br>*3,4* | 4,0<br>*3,8* | 4,4<br>*4,2* | 4,8<br>*4,5* | 5,2<br>*4,9* | 5,6<br>*5,3* | 6,0<br>*5,7* | 6,4<br>*6,1* | 6,9<br>*6,4* | 7,3<br>*6,8* | 7,7<br>*7,2* | 120 |
| 140 | | | | | 2,8<br>*2,7* | 3,3<br>*3,1* | 3,8<br>*3,5* | 4,2<br>*4,0* | 4,7<br>*4,4* | 5,2<br>*4,9* | 5,6<br>*5,3* | 6,1<br>*5,7* | 6,6<br>*6,2* | 7,1<br>*6,6* | 7,5<br>*7,1* | 8,0<br>*7,5* | 8,5<br>*8,0* | 8,9<br>*8,4* | 140 |
| 160 | | | | | | 3,8<br>*3,5* | 4,3<br>*4,0* | 4,8<br>*4,5* | 5,4<br>*5,1* | 5,9<br>*5,6* | 6,4<br>*6,1* | 7,0<br>*6,6* | 7,5<br>*7,1* | 8,1<br>*7,6* | 8,6<br>*8,1* | 9,1<br>*8,6* | 9,7<br>*9,1* | 10,2<br>*9,6* | 160 |
| 180 | | | | | | | 4,8<br>*4,5* | 5,4<br>*5,1* | 6,0<br>*5,7* | 6,6<br>*6,3* | 7,3<br>*6,8* | 7,9<br>*7,4* | 8,5<br>*8,0* | 9,1<br>*8,5* | 9,7<br>*9,1* | 10,3<br>*9,7* | 10,9<br>*10,2* | 11,5<br>*10,8* | 180 |
| 200 | Stabthermometer<br>*Einschlußthermometer* | | | | | | | 6,0<br>*5,7* | 6,7<br>*6,3* | 7,4<br>*6,9* | 8,1<br>*7,6* | 8,7<br>*8,2* | 9,4<br>*8,8* | 10,1<br>*9,5* | 10,7<br>*10,1* | 11,4<br>*10,7* | 12,1<br>*11,4* | 12,8<br>*12,0* | 200 |

Erläuterungen zu Tafel 22 siehe Seite 240

# Thermochemie

## B. Fadenkorrektionen für Quecksilberthermometer

Korrektionen $k$ (°C)

| $n$ | $t_1 - t_2$ (°C) | | | | | | | | | | | | | | | | | | $n$ |
|---|---|---|---|---|---|---|---|---|---|---|---|---|---|---|---|---|---|---|---|
| (°C) | 40 | 60 | 80 | 100 | 120 | 140 | 160 | 180 | 200 | 220 | 240 | 260 | 280 | 300 | 320 | 340 | 360 | 380 | (°C) |
| 220 | | | | | | | | | 7,4<br>*6,9* | 8,1<br>*7,6* | 8,9<br>*8,3* | 9,6<br>*9,0* | 10,3<br>*9,7* | 11,1<br>*10,4* | 11,8<br>*11,1* | 12,6<br>*11,8* | 13,3<br>*12,5* | 14,0<br>*13,2* | 220 |
| 240 | | | | | | | | | | 8,9<br>*8,3* | 9,7<br>*9,1* | 10,5<br>*9,9* | 11,3<br>*10,6* | 12,1<br>*11,4* | 12,9<br>*12,1* | 13,7<br>*12,9* | 14,5<br>*13,6* | 15,3<br>*14,4* | 240 |
| 260 | | | | | | | | | | | 10,5<br>*9,9* | 11,4<br>*10,7* | 12,2<br>*11,5* | 13,1<br>*12,3* | 14,0<br>*13,1* | 14,8<br>*14,0* | 15,7<br>*14,8* | 16,6<br>*15,6* | 260 |
| 280 | | | | | | | | | | | | 12,2<br>*11,5* | 13,2<br>*12,4* | 14,1<br>*13,3* | 15,0<br>*14,1* | 16,0<br>*15,0* | 16,9<br>*15,9* | 17,9<br>*16,8* | 280 |
| 300 | | | | | | | | | | | | | 14,1<br>*13,3* | 15,1<br>*14,2* | 16,1<br>*15,2* | 17,1<br>*16,1* | 18,1<br>*17,1* | 19,1<br>*18,0* | 300 |
| 320 | | | | | | | | | | | | | | 16,1<br>*15,2* | 17,2<br>*16,2* | 18,3<br>*17,2* | 19,3<br>*18,2* | 20,4<br>*19,2* | 320 |
| 340 | | | | | | | | | | | | | | | 18,3<br>*17,2* | 19,4<br>*18,3* | 20,6<br>*19,3* | 21,7<br>*20,4* | 340 |
| 360 | | | | | | | | | | | | | | | | 20,6<br>*19,3* | 21,8<br>*20,5* | 23,0<br>*21,6* | 360 |
| 380 | | | | | | | | | | | | | | | | | 23,0<br>*21,6* | 24,2<br>*22,8* | 380 |
| 400 | Stabthermometer<br>*Einschlußthermometer* | | | | | | | | | | | | | | | | | 25,5<br>*24,0* | 400 |

Erläuterungen zu Tafel 22 siehe Seite 240

## Thermochemie

### C. Umrechnung von Graden Fahrenheit (°F) in Grade Celsius (°C)

| °F | °C | °F | °C | °F | °C | °F | °C |
|---|---|---|---|---|---|---|---|
| − 50 | − 45,6 | − 10 | − 23,3 | + 30 | − 1,2 | + 70 | + 21,1 |
| − 49 | − 45,0 | − 9 | − 22,8 | + 31 | − 0,6 | + 71 | + 21,7 |
| − 48 | − 44,4 | − 8 | − 22,2 | + 32 | ± 0 | + 72 | + 22,2 |
| − 47 | − 43,9 | − 7 | − 21,7 | + 33 | + 0,6 | + 73 | + 22,8 |
| − 46 | − 43,3 | − 6 | − 21,1 | + 34 | + 1,1 | + 74 | + 23,3 |
| − 45 | − 42,8 | − 5 | − 20,6 | + 35 | + 1,7 | + 75 | + 23,9 |
| − 44 | − 42,2 | − 4 | − 20,0 | + 36 | + 2,2 | + 76 | + 24,4 |
| − 43 | − 41,7 | − 3 | − 19,4 | + 37 | + 2,8 | + 77 | + 25,0 |
| − 42 | − 41,1 | − 2 | − 18,9 | + 38 | + 3,3 | + 78 | + 25,6 |
| − 41 | − 40,6 | − 1 | − 18,3 | + 39 | + 3,9 | + 79 | + 26,1 |
| − 40 | − 40,0 | ± 0 | − 17,8 | + 40 | + 4,4 | + 80 | + 26,7 |
| − 39 | − 39,4 | + 1 | − 17,2 | + 41 | + 5,0 | + 81 | + 27,2 |
| − 38 | − 38,9 | + 2 | − 16,7 | + 42 | + 5,6 | + 82 | + 27,8 |
| − 37 | − 38,3 | + 3 | − 16,1 | + 43 | + 6,1 | + 83 | + 28,3 |
| − 36 | − 37,8 | + 4 | − 15,6 | + 44 | + 6,7 | + 84 | + 28,9 |
| − 35 | − 37,2 | + 5 | − 15,0 | + 45 | + 7,2 | + 85 | + 29,4 |
| − 34 | − 36,7 | + 6 | − 14,4 | + 46 | + 7,8 | + 86 | + 30,0 |
| − 33 | − 36,1 | + 7 | − 13,9 | + 47 | + 8,3 | + 87 | + 30,6 |
| − 32 | − 35,6 | + 8 | − 13,3 | + 48 | + 8,9 | + 88 | + 31,1 |
| − 31 | − 35,0 | + 9 | − 12,8 | + 49 | + 9,4 | + 89 | + 31,7 |
| − 30 | − 34,4 | + 10 | − 12,2 | + 50 | + 10,0 | + 90 | + 32,2 |
| − 29 | − 33,9 | + 11 | − 11,7 | + 51 | + 10,6 | + 91 | + 32,8 |
| − 28 | − 33,3 | + 12 | − 11,1 | + 52 | + 11,1 | + 92 | + 33,3 |
| − 27 | − 32,8 | + 13 | − 10,6 | + 53 | + 11,7 | + 93 | + 33,9 |
| − 26 | − 32,2 | + 14 | − 10,0 | + 54 | + 12,2 | + 94 | + 34,4 |
| − 25 | − 31,7 | + 15 | − 9,4 | + 55 | + 12,8 | + 95 | + 35,0 |
| − 24 | − 31,1 | + 16 | − 8,9 | + 56 | + 13,3 | + 96 | + 35,6 |
| − 23 | − 30,6 | + 17 | − 8,3 | + 57 | + 13,9 | + 97 | + 36,1 |
| − 22 | − 30,0 | + 18 | − 7,8 | + 58 | + 14,4 | + 98 | + 36,7 |
| − 21 | − 29,4 | + 19 | − 7,2 | + 59 | + 15,0 | + 99 | + 37,2 |
| − 20 | − 28,9 | + 20 | − 6,7 | + 60 | + 15,6 | + 100 | + 37,8 |
| − 19 | − 28,3 | + 21 | − 6,1 | + 61 | + 16,1 | + 101 | + 38,3 |
| − 18 | − 27,8 | + 22 | − 5,6 | + 62 | + 16,7 | + 102 | + 38,9 |
| − 17 | − 27,2 | + 23 | + 5,0 | + 63 | + 17,2 | + 103 | + 39,4 |
| − 16 | − 26,7 | + 24 | − 4,4 | + 64 | + 17,8 | + 104 | + 40,0 |
| − 15 | − 26,1 | + 25 | − 3,9 | + 65 | + 18,3 | + 105 | + 40,6 |
| − 14 | − 25,6 | + 26 | − 3,3 | + 66 | + 18,9 | + 106 | + 41,1 |
| − 13 | − 25,0 | + 27 | − 2,8 | + 67 | + 19,4 | + 107 | + 41,7 |
| − 12 | − 24,4 | + 28 | − 2,2 | + 68 | + 20,0 | + 108 | + 42,2 |
| − 11 | − 23,9 | + 29 | − 1,7 | + 69 | + 20,6 | + 109 | + 42,8 |

Fortsetzung auf S. 178

Erläuterungen zu Tafel 22 siehe Seite 240

# Thermochemie

## C. Umrechnung von Graden Fahrenheit (°F) in Grade Celsius (°C)

| °F | °C | °F | °C | °F | °C | °F | °C |
|---|---|---|---|---|---|---|---|
| + 110 | + 43,3 | + 150 | + 65,6 | + 190 | + 87,8 | + 230 | + 110,0 |
| + 111 | + 43,9 | + 151 | + 66,1 | + 191 | + 88,3 | + 231 | + 110,6 |
| + 112 | + 44,4 | + 152 | + 66,7 | + 192 | + 88,9 | + 232 | + 111,1 |
| + 113 | + 45,0 | + 153 | + 67,2 | + 193 | + 89,4 | + 233 | + 111,7 |
| + 114 | + 45,6 | + 154 | + 67,8 | + 194 | + 90,0 | + 234 | + 112,2 |
| + 115 | + 46,1 | + 155 | + 68,3 | + 195 | + 90,6 | + 235 | + 112,8 |
| + 116 | + 46,7 | + 156 | + 68,9 | + 196 | + 91,1 | + 236 | + 113,3 |
| + 117 | + 47,2 | + 157 | + 69,4 | + 197 | + 91,7 | + 237 | + 113,9 |
| + 118 | + 47,8 | + 158 | + 70,0 | + 198 | + 92,2 | + 238 | + 114,4 |
| + 119 | + 48,3 | + 159 | + 70,6 | + 199 | + 92,8 | + 239 | + 115,0 |
| + 120 | + 48,9 | + 160 | + 71,1 | + 200 | + 93,3 | + 240 | + 115,6 |
| + 121 | + 49,4 | + 161 | + 71,7 | + 201 | + 93,9 | + 241 | + 116,1 |
| + 122 | + 50,0 | + 162 | + 72,2 | + 202 | + 94,4 | + 242 | + 116,7 |
| + 123 | + 50,6 | + 163 | + 72,8 | + 203 | + 95,0 | + 243 | + 117,2 |
| + 124 | + 51,1 | + 164 | + 73,3 | + 204 | + 95,6 | + 244 | + 117,8 |
| + 125 | + 51,7 | + 165 | + 73,9 | + 205 | + 96,1 | + 245 | + 118,3 |
| + 126 | + 52,2 | + 166 | + 74,4 | + 206 | + 96,7 | + 246 | + 118,9 |
| + 127 | + 52,8 | + 167 | + 75,0 | + 207 | + 97,2 | + 247 | + 119,4 |
| + 128 | + 53,3 | + 168 | + 75,6 | + 208 | + 97,8 | + 248 | + 120,0 |
| + 129 | + 53,9 | + 169 | + 76,1 | + 209 | + 98,3 | + 249 | + 120,6 |
| + 130 | + 54,4 | + 170 | + 76,7 | + 210 | + 98,9 | + 250 | + 121,1 |
| + 131 | + 55,0 | + 171 | + 77,2 | + 211 | + 99,4 | + 275 | + 135,0 |
| + 132 | + 55,6 | + 172 | + 77,8 | + 212 | + 100,0 | + 300 | + 148,9 |
| + 133 | + 56,1 | + 173 | + 78,3 | + 213 | + 100,6 | + 325 | + 162,8 |
| + 134 | + 56,7 | + 174 | + 78,9 | + 214 | + 101,1 | + 350 | + 176,7 |
| + 135 | + 57,2 | + 175 | + 79,4 | + 215 | + 101,7 | + 356 | + 180,0 |
| + 136 | + 57,8 | + 176 | + 80,0 | + 216 | + 102,2 | + 375 | + 190,6 |
| + 137 | + 58,3 | + 177 | + 80,6 | + 217 | + 102,8 | + 400 | + 204,4 |
| + 138 | + 58,9 | + 178 | + 81,1 | + 218 | + 103,3 | + 450 | + 232,2 |
| + 139 | + 59,4 | + 179 | + 81,7 | + 219 | + 103,9 | + 500 | + 260,0 |
| + 140 | + 60,0 | + 180 | + 82,2 | + 220 | + 104,4 | + 550 | + 287,8 |
| + 141 | + 60,6 | + 181 | + 82,8 | + 221 | + 105,0 | + 600 | + 315,5 |
| + 142 | + 61,1 | + 182 | + 83,3 | + 222 | + 105,6 | + 650 | + 343,3 |
| + 143 | + 61,7 | + 183 | + 83,9 | + 223 | + 106,1 | + 700 | + 371,1 |
| + 144 | + 62,2 | + 184 | + 84,4 | + 224 | + 106,7 | + 750 | + 399,9 |
| + 145 | + 62,8 | + 185 | + 85,0 | + 225 | + 107,2 | + 800 | + 426,7 |
| + 146 | + 63,3 | + 186 | + 85,6 | + 226 | + 107,8 | + 850 | + 454,5 |
| + 147 | + 63,9 | + 187 | + 86,1 | + 227 | + 108,3 | + 900 | + 482,2 |
| + 148 | + 64,4 | + 188 | + 86,7 | + 228 | + 108,9 | + 950 | + 510,0 |
| + 149 | + 65,0 | + 189 | + 87,2 | + 229 | + 109,4 | + 1000 | + 537,8 |

Fortsetzung von Seite 177

Erläuterungen zu Tafel 22 siehe Seite 240

# Thermochemie

## D. Berechnung chemischer Gleichgewichte aus thermochemischen Daten

Wenn eine umkehrbare Reaktion

$$\nu_1 S_1 + \nu_2 S_2 + \ldots \rightleftharpoons \nu_1' S_1' + \nu_2' S_2' + \ldots$$

vorliegt, deren Reaktionswärme und Reaktionsentropie für Raumtemperatur bekannt sind, so läßt sich die Lage des Gleichgewichts für jede Temperatur mindestens näherungsweise berechnen.

Bezeichnet man die im Gleichgewicht vorhandenen Partialdrucke der Reaktionsteilnehmer $S_1$, $S_2 \ldots$, $S_1'$, $S_2' \ldots$ mit $p_1$, $p_2 \ldots$, $p_1'$, $p_2' \ldots$ (in Atm.), so ergibt sich die Gleichgewichtskonstante

$$K_p = \frac{(p_1')^{\nu_1'} \cdot (p_2')^{\nu_2'} \ldots}{(p_1)^{\nu_1} \cdot (p_2)^{\nu_2} \ldots}$$

für die Temperatur $T$ ($^0$ K) aus der Gleichung

$$\lg K_p = -\frac{\mathfrak{H}_\vartheta}{4{,}573 \cdot T} + \frac{\mathfrak{S}_\vartheta}{4{,}573} + \frac{a}{4{,}573} \cdot F\left(\frac{T}{\vartheta}\right). \qquad (1)$$

Hierin bedeutet:

$\vartheta$ = die Raumtemperatur, meist 25° C, in absoluter Zählung;

$\mathfrak{H}_\vartheta$ = die Reaktionswärme bei konstantem Druck und Raumtemperatur $\vartheta$, aufgenommene Wärme beim Ablauf von links nach rechts positiv gerechnet;

$\mathfrak{S}_\vartheta$ = die Reaktionsentropie bei atmosphärischem Druck und Raumtemperatur $\vartheta$. Man ermittelt sie aus den in Tabellenwerken (z. B. Landolt-Börnsteins Tabellen, 2. und 3. Erg.-Bd., Tab. 330 B) zusammengestellten Normalentropien $s$ der Einzelstoffe nach der Formel

$$\mathfrak{S} = \Sigma \nu s = -\nu_1 s_1 - \nu_2 s_2 - \ldots + \nu_1' s_1' + \nu_2' s_2' + \ldots; \qquad (2)$$

$a$ = einen Ausdruck für die Änderung der Wärmekapazität des Systems infolge der Reaktion, über den weiter unten genaueres gesagt wird;

$F\left(\frac{T}{\vartheta}\right)$ = eine Temperaturfunktion, deren Wert für $\vartheta = 298{,}16^0$ K (25° C) und $T$-Werte zwischen 300 und 5000° K, durch 4,573 geteilt, in folgender Tabelle aufgeführt sind:

Erläuterungen zu Tafel 22 siehe Seite 240

# Thermochemie

## D. Berechnung chemischer Gleichgewichte aus thermochemischen Daten

Tabelle der Funktion $\frac{1}{4{,}573} \cdot F\left(\frac{T}{\vartheta}\right)$ für $\vartheta = 298{,}16\,^0\mathrm{K}$ und $T$-Werte von 300 bis 5000° K

| $T$ (°K) | $\frac{1}{4{,}573} \cdot F\left(\frac{T}{\vartheta}\right)$ | $T$ (°K) | $\frac{1}{4{,}573} \cdot F\left(\frac{T}{\vartheta}\right)$ |
|---|---|---|---|
| 300 | 0,000 | 2300 | $0{,}256_5$ |
| 400 | $0{,}008_5$ | 2400 | $0{,}264_5$ |
| 500 | $0{,}025_0$ | 2500 | $0{,}272_5$ |
| 600 | $0{,}043_0$ | 2600 | $0{,}280_0$ |
| 700 | $0{,}061_0$ | 2700 | $0{,}287_5$ |
| 800 | $0{,}078_5$ | 2800 | $0{,}294_5$ |
| 900 | $0{,}095_5$ | 2900 | $0{,}301_0$ |
| 1000 | $0{,}111_0$ | 3000 | $0{,}308_0$ |
| 1100 | $0{,}126_5$ | 3100 | $0{,}314_5$ |
| 1200 | $0{,}140_0$ | 3200 | $0{,}320_5$ |
| 1300 | $0{,}153_5$ | 3300 | $0{,}327_0$ |
| 1400 | $0{,}166_0$ | 3400 | $0{,}332_5$ |
| 1500 | $0{,}178_0$ | 3500 | $0{,}338_5$ |
| 1600 | $0{,}189_5$ | 3600 | $0{,}344_0$ |
| 1700 | $0{,}200_5$ | 3700 | $0{,}349_5$ |
| 1800 | $0{,}210_5$ | 3800 | $0{,}355_0$ |
| 1900 | $0{,}220_5$ | 3900 | $0{,}360_5$ |
| 2000 | $0{,}230_0$ | 4000 | $0{,}365_5$ |
| 2100 | $0{,}239_0$ | 4500 | $0{,}389_5$ |
| 2200 | $0{,}248_0$ | 5000 | $0{,}411_0$ |

Die Genauigkeit, mit der man nach Formel (1) den $K_p$-Wert berechnet, hängt, außer von der Genauigkeit der $\mathfrak{H}$ und $\mathfrak{S}$, von der Art der $a$-Bestimmung ab.

Ist über die spezifische Wärme auch nur eines der Reaktionsteilnehmer nichts bekannt, oder ist nur eine geringe Genauigkeit beabsichtigt, so setzt man $a = 0$ („1. Näherung“).

Wird eine höhere Genauigkeit angestrebt, und sind die spezifischen Wärmen bei Raumtemperatur oder Mittelwerte zwischen 20 und 100° C angebbar, so setzt man für $a$ den Wert

$$\Sigma \nu c = -\nu_1 c_1 - \nu_2 c_2 \ldots + \nu_1' c_1' + \nu_2' c_2' + \ldots \qquad (3)$$

bei Raumtemperatur ein. In diesem Ausdrucke bedeuten die $c$ die molaren spezifischen Wärmen der Reaktionsteilnehmer bei kon-

Erläuterungen zu Tafel 22 siehe Seite 240

## Thermochemie

### D. Berechnung chemischer Gleichgewichte aus thermochemischen Daten

stantem Druck. Man rechnet mit diesem konstanten $a$-Wert bis zu beliebigen Temperaturen $T$ („2. Näherung").

Ist die Temperaturabhängigkeit der $c$ und daher auch von $\Sigma \nu c$ bekannt und wird hohe Genauigkeit erwünscht, so bildet man Mittelwerte von $\Sigma \nu c$ für folgende Temperaturabschnitte:

$\overline{\Sigma \nu c}^{300,600}$ von Raumtemperatur bis 600° K,

$\overline{\Sigma \nu c}^{600,1200}$ von 600 bis 1200° K,

$\overline{\Sigma \nu c}^{1200,2400}$ von 1200 bis 2400° K.

Als Mittelwert kann bei stetigem Verlauf der $c$-Kurven der $\Sigma \nu c$-Wert der mittleren Temperatur des betreffenden Abschnitts, also 450 bzw. 900 bzw. 1800° K, dienen. Anderenfalls ist es am bequemsten, die $c$ oder $\Sigma \nu c$ in Abhängigkeit von $T$ als Kurven aufzutragen und nach Augenmaß Mittelwerte für die betreffenden Abschnitte zu bilden. Man berechnet weiter folgende $a$-Werte:

$$\left.\begin{aligned} a_{300,600} &= \overline{\Sigma \nu c}^{300,600} \\ a_{300,1200} &= \tfrac{1}{2}\left(\overline{\Sigma \nu c}^{300,600} + \overline{\Sigma \nu c}^{600,1200}\right) \\ a_{300,2400} &= \tfrac{1}{3}\left(\overline{\Sigma \nu c}^{300,600} + \overline{\Sigma \nu c}^{600,1200} + \overline{\Sigma \nu c}^{1200,2400}\right). \end{aligned}\right\} \quad (4)$$

Je nachdem, in welches Temperaturgebiet die Berechnungstemperatur $T$ fällt, setzt man nun in Formel (1) wechselnde $a$-Werte ein, und zwar

| | |
|---|---|
| für $T =$ 300 bis 450° K | $a_{300} = \Sigma \nu c$ für Raumtemperatur, |
| für $T =$ 450 bis 550° K | den Mittelwert von $a_{300}$ und $a_{300,600}$, |
| für $T =$ 550 bis 1100° K | $a_{300,600}$, |
| für $T =$ 1100 bis 1500° K | den Mittelwert von $a_{300,600}$ und $a_{300,1200}$, |
| für $T =$ 1500 bis 2600° K | $a_{300,1200}$, |
| für $T =$ 2600 bis 3400° K | den Mittelwert von $a_{300,1200}$ und $a_{300,2400}$, |
| für $T >$ 3400° K | $a_{300,2400}$ |

(„3. Näherung").

Rechenbeispiele in den Erläuterungen, S. 240.

Erläuterungen zu Tafel 22 siehe Seite 240

# Tafel 23

## Einheits- und Formelzeichen

### I. Einheitszeichen

A. Maßeinheiten

| | | | | | |
|---|---|---|---|---|---|
| Meter | m | Liter | l | Tonne | t |
| Kilometer | km | Hektoliter | hl | Gramm | g |
| Dezimeter | dm | Deziliter | dl | Kilogramm | kg |
| Zentimeter | cm | Zentiliter | cl | Dezigramm | dg |
| Millimeter | mm | Milliliter | ml | Zentigramm | cg |
| Mikron[1]) | $\mu$ | Kubikmeter | $m^3$ | Milligramm | mg |
| Ar | a | Kubikdezimeter | $dm^3$ | Stunde | h |
| Hektar | ha | Kubikzentimeter | $cm^3$ | Minute | m |
| Quadratmeter | $m^2$ | Kubikmillimeter | $mm^3$ | " (alleinstehend) | min |
| Quadratkilometer | $km^2$ | Celsiusgrad | ° | Sekunde | s |
| Quadratdezimeter | $dm^2$ | Kalorie[2]) | cal | Uhrzeit: Zeichen erhöht (z. B. $3^h\,15^m\,20^s$) | |
| Quadratzentimeter | $cm^2$ | Kilokalorie[3]) | kcal | Umdrehung | U |
| Quadratmillimeter | $mm^2$ | | | | |
| Ampere | A | Siemens[4]) | S | Watt | W |
| Volt | V | Coulomb | C | Farad | F |
| Ohm | $\Omega$ | Joule | J | Henry | H |
| Amperestunde | Ah | Megawatt | MW | Kilovoltampere | kVA |
| Milliampere | mA | Mikrofarad | $\mu$F | Kilowattstunde | kWh |
| Kilowatt | kW | Megohm | M$\Omega$ | | |

[1]) $1\,\mu = 0{,}001$ mm. [2]) Statt Grammkalorie. [3]) Statt Kilogrammkalorie (oder großer Kalorie), früher Cal geschrieben. [4]) $S = \frac{1}{\Omega}$.

### I. Einheitszeichen

B. Vorsätze zur Bezeichnung von Vielfachen und von Teilen der Einheiten

| | | | |
|---|---|---|---|
| T | Tera[1]) $= 10^{12}$ | d | Dezi- $= 10^{-1}$ |
| G | Giga-[2]) $= 10^9$ | c | Zenti- $= 10^{-2}$ |
| M | Mega- $= 10^6$ | m | Milli- $= 10^{-3}$ |
| k | Kilo- $= 10^3$ | $\mu$ | Mikro- $= 10^{-6}$ |
| h | Hekto- $= 10^2$ | n | Nano-[3]) $= 10^{-9}$ |
| D | Deka- $= 10^1$ | p | Pico[4]) $= 10^{-12}$ |

[1]) Von τέρας = Ungeheuer. [2]) Von γίγας = Riese.
[3]) Von νάννος = Zwerg. [4]) Von piccolo = winzig.

Erläuterungen zu Tafel 23 siehe Seite 242

# Einheits- und Formelzeichen

## II. Formelzeichen

### Länge, Fläche, Raum, Winkel

- $l$ Länge
- $r$ Halbmesser
- $h$ Durchmesser
- $\lambda$ Wellenlänge
- $h$ Höhe
- $s$ Weglänge
- $\varepsilon$ Relative Dehnung ($\Delta l/l$)
- $\mu$ Verhältnis der Querkürzung zur Längsdehnung (Poissonsche Zahl)
- $\gamma$ Schiebung (Gleitung)
- $F$ Fläche (Querschnitt, Oberfläche)
- $\alpha$, $\beta$, $\gamma$ Winkel
- $\varphi$ Voreilwinkel, Phasenverschiebung
- $\omega$ Raumwinkel
- $V$ Rauminhalt, Volumen

### Masse

- $m$ Masse
- $\varrho$ Dichte
- $v$ Räumigkeit (spezifisches Volumen, $V/m$)
- $J$ Trägheitsmoment $\left(\int r^2\,ds,\ \int r^2\,dF \text{ oder } \int r^2\,dm\right)$
- $A$ Atomgewicht
- $M$ Molekulargewicht
- $n$ Wertigkeit
- $N$ Allgemeine Loschmidtsche Konstante (Avogadrosche Konstante)
- $c$ Konzentration
- $v$ Verdünnung
- $D$ Diffusionszahl

### Zeit

- $t$ Zeit (Zeitpunkt oder Zeitdauer)
- $T$ Periodendauer
- $T$ Zeitkonstante
- $n$ Umlaufzahl, Drehzahl (Zahl der Umdrehungen in der Zeiteinheit)
- $n$ Schwingungszahl (in der Zeiteinheit)
- $f$ Frequenz (bei Wechselgrößen)
- $\omega$ Kreisfrequenz ($2\pi f$)
- $v$ Geschwindigkeit
- $b$ Beschleunigung
- $g$ Fallbeschleunigung
- $\omega$ Winkelgeschwindigkeit

### Kraft und Druck

- $P$ Kraft
- $M$ Moment einer Kraft (Kraft × Hebelarm)
- $D$ Richtvermögen ($P/s$ oder $M/\alpha$)
- $p$ Druck (Kraft durch Fläche)
- $b$ Barometerstand
- $\sigma$ Zug- oder Druckspannung (Normalspannung)
- $\tau$ Schubspannung, Scherspannung
- $\gamma$ Oberflächenspannung
- $E$ Elastizitätsmodul
- $G$ Schubmodul
- $\alpha$ Dehnungszahl(Spanndehne, $1/E$)
- $\beta$ Schubzahl (Spannschub, $1/G$)
- $\mu$ Reibungszahl
- $\eta$ Zähigkeit (gewöhnliche)

Erläuterungen zu Tafel 23 siehe Seite 242

Tafel 23

# Einheits- und Formelzeichen

## Temperatur

| | |
|---|---|
| $t$ Temperatur, vom Eispunkt aus | $\alpha$ Längsausdehnungszahl $[(d\,l/d\,t):l_0]$ |
| $\vartheta$ Temperatur beim Zusammentreffen mit Zeit | $\gamma$ Raumausdehnungszahl $[(d\,V/d\,t):V_0]$ |
| $T$ Temperatur, absolute | |

## Wärmemenge, Arbeit, Energie

| | |
|---|---|
| $Q$ Wärmemenge | $c_p$ Spezifische Wärme bei konstantem Druck |
| $A$ Arbeit | $c_v$ Spezifische Wärme bei konstantem Volumen |
| $W$ Energie | $\varkappa$ Verhältnis der spezifischen Wärmen $(c_p/c_v)$ |
| $l$ Latente Wärme | $S$ Entropie |
| $q$ Reaktionswärme | $N$ Leistung $(A/t)$ |
| $r$ Verdampfungswärme | $R$ Gaskonstante |
| $H$ Heizwert $(W/m$ oder $W/V)$ | $\eta$ Wirkungsgrad |
| $J$ Arbeitswert der Kalorie | |
| $c$ Spezifische Wärme | |

## Elektrizität und Magnetismus

| | |
|---|---|
| $Q$ Elektrizitätsmenge | $\mathfrak{H}$ Magnetische Feldstärke |
| $e$ Elementarladung | $V$ Magnetische Spannung |
| $F$ Äquivalentladung | $\Lambda$ Magnetischer Leitwert |
| $\sigma$ Flächendichte der elektrischen Ladung | $\mathfrak{w}$ Windungszahl |
| $\mathfrak{E}$ Elektrische Feldstärke | $\mathfrak{B}$ Magnetische Induktion |
| $U$ Elektrische Spannung | $\mu$ Permeabilität $(\mathfrak{B}/\mathfrak{H})$ |
| $E$ Elektromotorische Kraft | $\Phi$ Magnetischer Induktionsfluß |
| $I$ Elektrische Stromstärke | $\mathfrak{J}$ Magnetisierungsstärke $(\mathfrak{B} - \mu_0\,\mathfrak{H})$ |
| $R$ Elektrischer Widerstand | $\varkappa$ Magnetische Aufnahmefähigkeit (Suszeptibilität) $(\mathfrak{J}/\mathfrak{H})$ |
| $\varrho$ Spezifischer elektrischer Widerstand | $\mathfrak{m}$ Magnetisches Moment |
| $G$ Elektrischer Leitwert $(1/R)$ | $L$ Induktivität (Koeffizient der Selbstinduktion) |
| $\varkappa$ Elektrische Leitfähigkeit $(1/\varrho)$ | $M$ Gegeninduktivität (Gegenseitiger Induktionskoeffizient) |
| $\Lambda$ Äquivalent-Leitfähigkeit | $\mathfrak{S}$ Poyntingscher Vektor (Strahlungsdichte) |
| $\alpha$ Dissoziationsgrad | |
| $\mathfrak{D}$ Verschiebung | |
| $\varepsilon$ Elektrisierungszahl | |
| $C$ Elektrische Kapazität | |

## Licht

| | |
|---|---|
| $c$ Lichtgeschwindigkeit | $E$ Beleuchtungsstärke (einer beleuchteten Fläche, $\Phi/F$) |
| $n$ Brechungszahl eines Stoffes gegen Luft | $B$ Leuchtdichte (einer leuchtenden Fläche, $I/F$) |
| $f$ Brennweite | $I$ Lichtstärke $(\Phi/\omega)$ |
| $\Phi$ Lichtstrom $(I\,\omega)$ | |

Erläuterungen zu Tafel 23 siehe Seite 242

## Einheits- und Formelzeichen

### III. Einige mathematische Zeichen

| Zeichen | Schreib- und Sprechweise | Erläuterung |
|---|---|---|
| % | Hundertstel, vom Hundert (Prozent) | |
| ‰ | Tausendstel, vom Tausend (Promille) | |
| / | in 1, für 1, auf 1, je, pro | |
| ... | bis | Drei Punkte auf der Zeile. Z. B. 12 ... 25 bedeutet 12 bis 25. Die Grenzen gelten als eingeschlossen; soll die obere oder untere Grenze ausgeschlossen sein, so ist dies besonders anzugeben. |
| , · | Komma; Punkt | Dezimalzeichen; Komma unten oder Punkt oben. Zur Gruppenabteilung bei größeren Zahlen sind weder Komma noch Punkt, sondern Zwischenräume zu verwenden. |
| + | plus, mehr, und | |
| − | minus, weniger | |
| · × | mal, multipliziert mit | Der Punkt steht auf halber Zeilenhöhe. Das Multiplikationszeichen darf weggelassen werden. |
| : / − | geteilt durch | In Formeln ist im allgemeinen für die Division der waagerechte Strich zu benutzen; die Zeichen : und / nur zur Raumersparnis. |

Erläuterungen zu Tafel 23 siehe Seite 242

## Einheits- und Formelzeichen

| Zeichen | Schreib- und Sprechweise | Erläuterung |
|---|---|---|
| $=$ | gleich | |
| $\equiv$ | identisch gleich | |
| $\neq$ | nicht gleich, ungleich | |
| $\not\equiv$ | nicht identisch gleich | |
| $\approx$ | angenähert, nahezu gleich (rund, etwa) | |
| $<$ | kleiner als | |
| $>$ | größer als | |
| $\ll$ | klein gegen | von anderer Größenordnung. |
| $\gg$ | groß gegen | |
| $\leqq$ | kleiner oder gleich, höchstens gleich | |
| $\geqq$ | größer oder gleich, mindestens gleich | |
| $\infty$ | unendlich | |
| $\sqrt{\ }$ $\sqrt{\quad}$ $\sqrt{\quad}\vert$ | Wurzel aus | Das Zeichen erhält einen oben angesetzten waagerechten Strich, an dessen Ende noch ein kurzer senkrechter Strich angesetzt werden kann. |
| log<br>$^a\log$<br>lg<br>ln | Logarithmus<br>Logarithmus zur Basis $a$<br>Briggscher Logarithmus<br>natürlicher Logarithmus | $\lg x = {}^{10}\log x$<br>$\ln x = {}^{e}\log x$ |
| $^\circ$<br>$'$<br>$''$ | Grad<br>Minute<br>Sekunde | $1^\circ = 60'$<br>$1' = 60''$<br>Beispiel: $32^\circ\, 15'\, 13{,}42''$ |

Erläuterungen zu Tafel 23 siehe Seite 242

## Fehlerrechnung

### A. Grundlagen

Wenn $n$ Messungen derselben Größe die Ergebnisse $m_1$, $m_2$, $m_3$ usw. geliefert haben und alle Einzelmessungen untereinander gleichwertig sind, so daß keine einen Vorzug vor den übrigen verdient, dann ist der wahrscheinlichste Wert der gemessenen Größe:

der Mittelwert, $M = \frac{m_1 + m_2 + \ldots m_n}{n}$ (arithemtisches Mittel).

Die Abweichungen der einzelnen Messungsergebnisse von diesem Mittelwerte heißen:

die Einzelfehler, $f_1 = m_1 - M$; $f_2 = m_2 - M$ usw.
(diese sind teils positiv teils negativ).

Summe der Fehlerquadrate: $\Sigma(f^2) = f_1^2 + f_2^2 + \ldots f_n^2$
(alle Fehlerquadrate sind natürlich positiv).

Dann ist:

der mittlere Fehler der Einzelmessung $f_m = \sqrt{\frac{\Sigma(f^2)}{n-1}}$,

der mittlere Fehler des Mittelwertes $F_m = \sqrt{\frac{\Sigma(f^2)}{n(n-1)}}$,

der wahrscheinliche Fehler der Einzelmessung

$$f_w = 0{,}6745 \cdot f_m \approx 2/3 \cdot f_m,$$

der wahrscheinliche Fehler des Mittelwertes

$$F_w = 0{,}6745 \cdot F_m \approx 2/3 \cdot F_m.$$

Darstellung des Endergebnisses $E$:
$E_m = M \pm F_m$ (Endergebnis ist: $M$ mit einem mittleren Fehler von $\pm F_m$) oder $E_w = M \pm F_w$ (Endergebnis ist: $M$ mit einem wahrscheinlichen Fehler von $\pm F_w$). Die gebräuchlichere Darstellung ist die durch $E_m$.

Die vorstehenden Festsetzungen gelten nur für die zufälligen Fehler, die das Einzelergebnis bald zu groß, bald zu klein erscheinen lassen, nicht aber für die durch bestimmte, immer in demselben Sinne wirksame Mängel der Meßmethode bedingten, einseitigen methodischen Fehler und ebensowenig für die in der etwaigen Neigung des Beobachters, immer in demselben Sinne etwas falsch zu messen, begründeten persönlichen Fehler. Die letztgenannten beiden Fehlerquellen müssen in geeigneter Weise unschädlich gemacht werden.

Wenn einzelnen Messungsergebnissen gegenüber den übrigen ein abweichendes, größeres oder kleineres „Gewicht" beigelegt werden muß, weil ihre Zuverlässigkeit aus triftigen Gründen (strenge Kritik!)

Erläuterungen zu Tafel 24 siehe Seite 243

**Fehlerrechnung** (Fortsetzung)

größer oder geringer erscheint, so ist das betreffende Einzelergebnis bei der Mittelbildung und ebenso bei der Berechnung des Fehlerquadrats mit einem Faktor $p$, der das „Gewicht" darstellt, multipliziert einzusetzen. Dementsprechend ist dann auch anstatt $n$ die Summe aller Werte $p$, also der Ausdruck $\Sigma(p) = p_1 + p_2 + \dots p_n$, einzuführen, wobei für Ergebnisse „normalen" Gewichtes $p = 1$ gilt.

Bezüglich der Beurteilung des Einflusses der eigentlichen Messungsfehler auf das Ergebnis von Rechnungen, denen die Messungsergebnisse zugrunde gelegt werden, sowie des Eingehens der Fehler verschiedener gemessener Größen in das Ergebnis einer sich auf diese Größen stützenden Berechnung (zusammengesetzte Fehler) und bezüglich der Aufsuchung einer solchen Anordnung bei der Messung, daß der „relative Fehler" des Rechnungsergebnisses (Verhältnis des Fehlers zur Größe selbst) ein Minimum wird, muß hier auf die ausführliche Behandlung in Sonderwerken verwiesen werden (z. B. Kohlrausch, Praktische Physik; Ostwald-Luther-Drucker, Hand- u. Hilfsbuch; Nernst-Schoenflies, Mathematische Behandlung der Naturwissenschaften).

## B. Sonderfälle[1])

Bedeuten $A_m$, $B_m$ und $C_m$ Mittelwerte (im Sinne von $M$ im Abschnitt A) und $a_m$, $b_m$ und $c_m$ ihre mittleren Fehler (im Sinne von $F_m$ im Abschnitt A), so daß die Endergebnisse die Form annehmen:

$$E_m(A) = A_m \pm a_m,$$
$$E_m(B) = B_m \pm b_m,$$
$$E_m(C) = C_m \pm c_m,$$

so sind die Endergebnisse für die Summen, Differenzen, Produkte und Quotienten [$E_m$ (Summe usw.)]:

$$E_m(A+B) = A_m + B_m \pm \sqrt{a_m^2 + b_m^2},$$
$$E_m(A+B+C) = A_m + B_m + C_m \pm \sqrt{a_m^2 + b_m^2 + c_m^2},$$
$$E_m(A-B) = A_m - B_m \pm \sqrt{a_m^2 + b_m^2},$$
$$E_m(A \cdot B) = A_m \cdot B_m \pm \sqrt{B_m^2 \cdot a_m^2 + A_m^2 \cdot b_m^2},$$
$$E_m(A \cdot B \cdot C) = A_m \cdot B_m \cdot C_m \pm \sqrt{B_m^2 \cdot C_m^2 \cdot a_m^2 + A_m^2 \cdot C_m^2 \cdot b_m^2 + A_m^2 \cdot B_m^2 \cdot c_m^2},$$
$$E_m\left(\frac{A}{B}\right) = \frac{A_m}{B_m} \pm \frac{1}{B_m^2}\sqrt{B_m^2 \cdot a_m^2 + A_m^2 \cdot b_m^2}.$$

[1]) Nach G. Fenner, Die Naturwissensch. **19**, 310 (1931).

Erläuterungen zu Tafel 24 siehe Seite 243

## Ausgleichrechnung

### „Methode der kleinsten (Summe der Fehler-) Quadrate"

Gegeben ist eine Reihe von Wertepaaren, welche die Abhängigkeit einer Größe ($y$) von einer anderen ($x$) tabellarisch darstellen, z. B. Angaben für die Dichte einer Lösung als Funktion ihrer Konzentration. Es soll die Gleichung für die allgemeine Beziehung $y = f(x)$ aufgestellt werden. Die Aufgabe muß so gelöst werden, daß die nach der aufgestellten Gleichung aus zugehörigen $x$ berechneten Werte von $y$ den tatsächlich gefundenen im Mittel möglichst nahekommen, oder daß sich bei graphischer Darstellung die Kurve der berechneten Werte den gefundenen Punkten möglichst eng anschmiegt. Hierzu dient die **Ausgleichrechnung**. Möglichst weitgehende Übereinstimmung zwischen Rechnung und Versuch ist dann vorhanden, wenn die Summe der Quadrate der Differenzen zwischen je zwei zusammengehörigen Werten der beiden Reihen (berechnet und gemessen) ein Minimum ist. Dieser Bedingung hat also die aufzustellende Gleichung zu genügen.

Die für den Chemiker in Betracht kommenden Gesetzmäßigkeiten sind meist so einfacher Art, daß ihre Gleichungen höchstens zweiten Grades sind, d. h. also von der allgemeinen Form

$$y = a + b\,x + c\,x^2 .$$

Hier bedeuten $x$ und $y$ die voneinander abhängigen, experimentell bestimmbaren Größen, während $a$, $b$ und $c$ Konstanten sind, die durch die Ausgleichrechnung ermittelt werden sollen.

Es mögen $n$ Messungen vorliegen, welche die Werte $y_1$ bis $y_n$ der einen Größe als zugeordnet den Werten $x_1$ bis $x_n$ der anderen Größe geliefert haben. Dann gilt:

$$\begin{aligned} y_1 &= a + b\,x_1 + c\,x_1^2 \\ y_2 &= a + b\,x_2 + c\,x_2^2 \\ &\vdots \\ y_n &= a + b\,x_n + c\,x_n^2 . \end{aligned}$$

Auf der linken Seite stehen die gemessenen, auf der rechten die aus der aufgestellten Gleichung berechenbaren Werte von $y$ (die Werte von $x$ dienen als Grundlage). Die Differenzen $y_1 - a - b\,x_1 - c\,x_1^2$ bis $y_n - a - b\,x_n - c\,x_n^2$ sind dann die

Erläuterungen zu Tafel 25 siehe Seite 244

## Ausgleichrechnung (Fortsetzung)

Einzelabweichungen zwischen gemessenen und berechneten Werten von $y$, und die Summe ihrer Quadrate soll ein Minimum sein:

$$\Sigma (y - a - b x - c x^2)^2 = \text{Minimum}.$$

Das ist dann erfüllt, wenn die partiellen Differentialquotienten der Fehlerquadratsumme nach $a$, $b$ und $c$ Null sind, d. h. wenn die Gleichungen erfüllt sind:

$$\frac{\partial \Sigma (y - a - b x - c x^2)^2}{\partial a} = -2 \Sigma (y - a - b x - c x^2) = 0$$

$$\frac{\partial \Sigma (y - a - b x - c x^2)^2}{\partial b} = -2 \Sigma [x \cdot (y - a - b x - c x^2)] = 0$$

$$\frac{\partial \Sigma (y - a - b x - c x^2)^2}{\partial c} = -2 \Sigma [x^2 \cdot (y - a - b x - c x^2)] = 0.$$

Bei $n$ Beobachtungen ($\Sigma a$ also $= n a$) ergibt nun eine einfache Umformung und Division durch $-2$ die weiteren Gleichungen

$$\Sigma y = n a + b \cdot \Sigma x + c \cdot \Sigma x^2 \qquad \text{(I)}$$

$$\Sigma x y = a \cdot \Sigma x + b \cdot \Sigma x^2 + c \cdot \Sigma x^3 \qquad \text{(II)}$$

$$\Sigma x^2 y = a \cdot \Sigma x^2 + b \cdot \Sigma x^3 + c \cdot \Sigma x^4. \qquad \text{(III)}$$

Aus diesen lassen sich durch Einsetzung der beobachteten Werte für $x$ und $y$ die Konstanten $a$, $b$ und $c$ berechnen (siehe das Beispiel unter den Erläuterungen, Seite 244).

Ist die Beziehung zwischen den Größen $x$ und $y$ linear (ersten Grades), d. h. durch die Gleichung

$$y = a + b x$$

darstellbar, so ist die Bedingung zu erfüllen, daß

$$\Sigma (y - a - b x)^2 = \text{Minimum},$$

und man gelangt durch partielle Differentiation nach $a$ und nach $b$ sowie zweckmäßige Umformung zu den Gleichungen

$$a = \frac{\Sigma x \cdot \Sigma x y - \Sigma x^2 \cdot \Sigma y}{(\Sigma x)^2 - n \cdot \Sigma x^2} \quad \text{und} \quad b = \frac{\Sigma x \cdot \Sigma y - n \cdot \Sigma x y}{(\Sigma x)^2 - n \cdot \Sigma x^2}.$$

Hierbei muß die Zahlenrechnung meist auf eine ziemlich hohe Stellenzahl genau ausgeführt werden, weil die beiden Glieder im Zähler wie im Nenner vielfach bis in die Dezimalen gleich sind.

In allen Fällen erleichtert man sich die Rechnung wesentlich, wenn man für $x$ ganzzahlige Werte wählt (siehe das Beispiel, Seite 244).

Erläuterungen zu Tafel 25 siehe Seite 244

## Rechenhilfen

### A. Mischungsregel

Zur Berechnung der Mengenverhältnisse, in denen man zwei Lösungen desselben Stoffes von gegebenen Konzentrationen (Fall a) oder eine Lösung mit reinem Lösungsmittel (Fall b) mischen muß, um eine Lösung der gewünschten Konzentration zu erhalten, kann man folgendes einfache Schema benutzen.

Gegeben seien a) Lösungen von 96% und von 75% Gehalt; gewünscht wird eine Lösung von 80% Gehalt; b) eine Lösung von 96% Gehalt und reines Lösungsmittel (0% Gehalt); gewünscht wird eine Lösung von 40% Gehalt.

a) 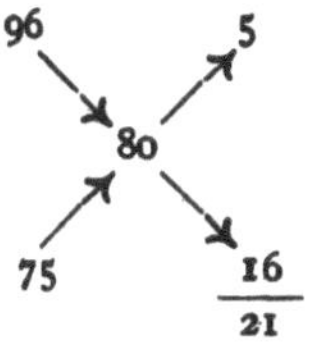


b) 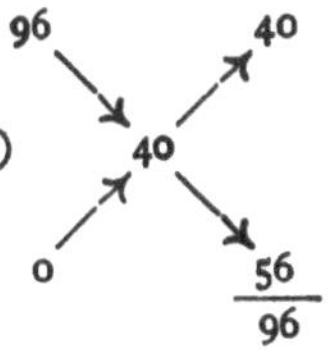


Es sind zu vermischen:

a) 5 Teile 96%ige Lösung mit 16 Teilen 75%iger Lösung;
b) 40 Teile 96%ige Lösung mit 56 Teilen Lösungsmittel.

„Teile" bedeuten hierbei Gewichtsteile (Massenteile), wenn der Gehalt der Lösungen in Gewichtsprozenten (Massenprozenten), dagegen Raumteile, wenn er in Volumprozenten angegeben ist.

Das Verfahren bedarf keiner weiteren Erläuterung. Es läßt sich sinngemäß auch auf die Herstellung von Lösungen bestimmter Dichte anwenden.

---

### B. Umrechnung von Molprozenten in Gewichtsprozente und umgekehrt

Molekulargewichte: $A, B, C$;
Molprozente: $a, b, c$;
Gewichtsprozente: $p, q, r$.

Erläuterungen zu Tafel 26 siehe Seite 245

**Rechenhilfen** (Fortsetzung)

1. Molprozente in Gewichtsprozente:

a) 2 Stoffe.

$$p = \frac{a - 100\,\frac{A}{B}}{100 - a\left(1 - \frac{A}{B}\right)}; \quad q = 100 - p.$$

b) 3 Stoffe.

$$p = \frac{100\,aA}{\Sigma}; \quad q = \frac{100\,bB}{\Sigma}; \quad r = \frac{100\,cC}{\Sigma}$$

$$(\Sigma = aA + bB + cC).$$

2. Gewichtsprozente in Molprozente:

a) 2 Stoffe.

$$a = \frac{100\,p}{p + q\cdot\frac{A}{B}}; \quad b = \frac{100\,q\cdot\frac{A}{B}}{p + q\cdot\frac{A}{B}}.$$

b) 3 Stoffe.

$$a = \frac{100\,p}{A\Sigma'}; \quad b = \frac{100\,q}{B\Sigma'}; \quad c = \frac{100\,r}{C\Sigma'}$$

$$\left(\Sigma' = \frac{p}{A} + \frac{q}{B} + \frac{r}{C}\right).$$

---

## C. Abgleichungs- oder Differenz-Verfahren

Viele Berechnungen lassen sich wesentlich vereinfachen durch Anwendung der elementaren Überlegung, daß der Wert eines Quotienten unverändert bleibt, wenn man Zähler und Nenner in demselben Maße vergrößert oder verkleinert. Man verfährt dabei am besten so, daß man den Zähler oder den Nenner in zweckmäßiger Weise abrundet und den anderen Bestandteil des Quotienten in demselben Verhältnis erändert, so daß das Ergebnis im Kopfe

Erläuterungen zu Tafel 26 siehe Seite 245

ausgerechnet werden kann. Ein paar Beispiele werden das Verfahren sofort klar machen.

1. Ein Pyknometer faßt 99,93 g Wasser und 130,74 g einer Lösung, deren Tauchgewichtsverhältnis ($\tau_L$; s. Tafel 12) gemessen werden soll. Das Verfahren gestaltet sich hier folgendermaßen:

$$\tau_L = \frac{130{,}74}{99{,}93} = \frac{130{,}74 + x}{99{,}93 + 0{,}07} = \frac{130{,}74 + 0{,}07 \cdot \frac{1{,}3}{1{,}0}}{100{,}00}$$

$$= \frac{130{,}74 + 0{,}09}{100{,}00} = 1{,}3083\,.$$

In einem zweiten Falle mögen die Gewichte sein:

100,17 g Wasser und 97,34 g Lösung. Berechnung:

$$\tau_L = \frac{97{,}34}{100{,}17} = \frac{97{,}34 - x}{100{,}17 - 0{,}17} = \frac{97{,}34 - 0{,}17 \cdot 0{,}97}{100{,}00}$$

$$= \frac{97{,}34 - 0{,}165}{100{,}00} = 0{,}9717\,.$$

2.[1]) Ein zu untersuchender Stoff, z. B. Salmiak, möge bei 100,0% Reingehalt 34,25 ccm einer Silberlösung verbrauchen. Wenn die gleiche (willkürlich gewählte) Menge der Analysensubstanz 33,75 ccm derselben Silberlösung verbraucht, so ist der Gehalt der Substanz an Salmiak

$$x = \frac{33{,}75}{34{,}25} \cdot 100{,}0 = \frac{34{,}25 - 0{,}50}{34{,}25} \cdot 100{,}0$$

$$= \left(1 - \frac{0{,}50}{34{,}25}\right) \cdot 100{,}0 = 100{,}0 - \left(3 \times 0{,}50\right) = 98{,}5\,\%\,.$$

[1]) Näheres über diese Art von Untersuchungen siehe bei G. Bruhns, Chem.-Ztg. **47**, 725 (1923).

Erläuterungen zu Tafel 26 siehe Seite 245

## Rechenhilfen (Fortsetzung)

### D. Lösung quadratischer Gleichungen:

$$x^2 + a x + b = 0; \quad x = -\frac{1}{2} a \pm \sqrt{\left(\frac{a}{2}\right)^2 - b}.$$

---

### E. Lösung kubischer Gleichungen:

$$x^3 + a x^2 + b x + c = 0.$$

Man setze $p = b - \frac{1}{3} a^2$ und $q = 2\left(\frac{a}{3}\right)^3 - \frac{1}{3} a b + c$, ferner

$$y = \sqrt[3]{-\frac{q}{2} \pm \sqrt{\left(\frac{p}{3}\right)^3 + \left(\frac{q}{2}\right)^2}} + \sqrt[3]{-\frac{q}{2} \mp \sqrt{\left(\frac{p}{3}\right)^3 + \left(\frac{q}{2}\right)^2}},$$

so ist

$$x = y - \frac{1}{3} a.$$

Wird $\left(\frac{p}{3}\right)^3 + \left(\frac{q}{2}\right)^2$ negativ, $\sqrt{\left(\frac{p}{3}\right)^3 + \left(\frac{q}{2}\right)^2}$ also imaginär, so setzt man

$$\sin 3\varepsilon = 4q : \left(-\frac{4}{3}p\right)^{3/2}$$

und

$$r = \left(-\frac{4}{3}p\right)^{1/2};$$

dann ist

$$y_1 = r \sin \varepsilon; \; y_2 = r \sin(60^0 - \varepsilon); \; y_3 = -r \sin(60^0 + \varepsilon).$$

---

### F. Häufig gebrauchte Zahlenwerte:

| | | |
|---|---|---|
| $\pi = 3{,}141\,592\,65$ | $\pi^2 = 9{,}869\,6023$ | $\sqrt{\pi} = 1{,}772\,4539$ |
| $\lg \pi = 0{,}497\,1499$ | $\lg \pi^2 = 0{,}994\,2997$ | $\lg \sqrt{\pi} = 0{,}248\,5749$ |

Basis des natürlichen Logarithmensystems

$e = 2{,}718\,2818\ldots$; $\quad \lg e = 0{,}434\,2945.$

$\ln x = \frac{\lg x}{\lg e} = 2{,}302\,5851 \cdot \lg x$; $\quad \lg 2{,}302\,5851 = 0{,}362\,2157.$

Umrechnung eines in Graden ausgedrückten Winkels in Bogenmaß geschieht durch Multiplikation mit $2\pi/360 = 0{,}017\,453$; $\lg 0{,}017453 = 24188$.

Erläuterungen zu Tafel 26 siehe Seite 245

# Häufig gebrauchte Einheiten und Konstanten

## Einheiten

Einheit der Kraft: 1 dyn = $1{,}01972 \cdot 10^{-3}$ Grammgewicht.

Einheit der Energie:

1 erg = $1{,}01972 \cdot 10^{-3}$ cm Grammgewicht = $1{,}019762 \cdot 10^{-8}$ kgm = = $0{,}9995 \cdot 10^{-7}$ Wattsekunden (= Joule) = $2{,}3887 \cdot 10^{-8}$ cal (15°).

Einh. d. Leistung: 1 erg/sec = $0{,}9995 \cdot 10^{-7}$ Watt = $1{,}360 \cdot 10^{-10}$ Pferdestärken.

| | | |
|---|---|---|
| 1 Coulomb | = $3 \cdot 10^{9}$ el.-stat. Einh. | = $10^{-1}$ el.-magn. Einh. |
| 1 Volt | ≈ $^1/_3 \cdot 10^{-2}$ el.-stat. Einh. | = $1{,}0005 \cdot 10^{8}$ el.-magn. Einh. |
| 1 Ampere | = $3 \cdot 10^{9}$ el.-stat. Einh. | = $10^{-1}$ el.-magn. Einh. |
| 1 Ohm | ≈ $^1/_9 \cdot 10^{-11}$ el.-stat. Einh. | = $1{,}0005 \cdot 10^{9}$ el.-magn. Einh. |

## Konstanten

Allgemeine Gravitationskonstante $G = 6{,}67 \cdot 10^{-8}\ \mathrm{cm^3\ g^{-1}\ s^{-2}}$.

Normale Schwerkraft (im Meeresniveau und unter 45° Breite) $g = 980{,}665$ dyn; Abnahme um je 0,0003086 dyn bei einer Erhebung um je 1 m über den Meeresspiegel. lg 980,665 = 99 1 5207.

Lichtgeschwindigkeit im Vakuum: $c = 2{,}998 \cdot 10^{10}\ \mathrm{cm\ s^{-1}}$ (lg = 47683).

1 Atmosphäre = 760 Torr (= mm Quecksilber) = $1{,}0333 \cdot 10^{3}$ Grammgewicht $\mathrm{cm^{-2}}$ = $1{,}0133 \cdot 10^{6}\ \mathrm{dyn\ cm^{-2}}$.

1 Literatmosphäre = $1{,}0133 \cdot 10^{9}$ dyn cm = $1{,}0128 \cdot 10^{2}$ J (Joule) = 24,205 cal (15°).

Mechanisches Wärmeäquivalent: 1 cal (15°) = $4{,}186 \cdot 10^{7}$ erg = 4,184 Ws (= J) = 0,4269 kgm.

Spezifische (latente) Schmelzwärme des Eises (bei 0°) = 79,6 cal/g.

Spezifische (latente) Verdampfungswärme des Wassers (bei 100°) = 539 cal/g.

Allgemeine Gaskonstante:

$R = 8{,}313 \cdot 10^{7}$ erg/°C = 0,8477 kgm/°C = 0,08204 Literatm./°C = 
lg $R$ = 91976   92824   91403

= 1,986 cal/°C = 8,309 J/°C.
29798   91955

Elektrochemische Konstante:

$$\frac{R}{F} = \frac{8{,}309\ \text{Voltcoulomb}}{96\,500\ \text{Coulomb} \cdot {}^0\text{C}} = 8{,}610 \cdot 10^{-5}\ \text{Volt}/{}^0\text{C};\quad \lg 8{,}610 = 93\,502.$$

$$R \cdot \ln x = 4{,}573 \cdot \lg x\ (\text{cal}/{}^0\text{C});\quad \lg 4{,}573 = 66\,020.$$

$$\frac{R}{F} \cdot \ln x = 1{,}983 \cdot 10^{-4} \cdot \lg x\ (\text{Volt}/{}^0\text{C});\quad \lg 1{,}983 = 29\,724.$$

$$F = 96\,500\ \text{Coulomb} = \frac{96\,500}{4{,}184}\ \text{cal/Volt} = 23\,064\ \text{cal/Volt}.\quad \lg 23\,064 = 36\,294.$$

Anzahl der Molekeln in 1 cm³ eines idealen Gases unter Normalbedingungen $L = 2{,}69 \cdot 10^{19}$ (Loschmidtsche Zahl).

Anzahl der Molekeln in 1 Mol eines Gases $N = 6{,}02 \cdot 10^{23}$ (Avogadrosche Zahl; Avogadrosche Konstante; Allgemeine Loschmidtsche Konstante).

Molvolum eines idealen Gases bei 0° C (= 273,16° absolut) und 760 Torr unter 45° Breite = 22414 cm³; lg 22414 = 35052.

Masse des Wasserstoffatoms = $1{,}674 \cdot 10^{-24}$ g.

Ladung des Elektrons $e = 4{,}80 \cdot 10^{-10}$ el.-stat. Einh. = $1{,}674 \cdot 10^{-20}$ el.-magn. Einh.

Verhältnis $\frac{\text{Ladung}}{\text{Masse}}$ des Elektrons $\frac{e}{m} = 5{,}274 \cdot 10^{17}$ el.-stat. Einh. = $1{,}759 \cdot 10^{7}$ el.-magn. Einh.

Ruhemasse $m_0$ des Elektrons = $9{,}108 \cdot 10^{-28}$ g.

Plancksches Wirkungsquantum $h = (6{,}62 \pm 0{,}01) \cdot 10^{-27}$ erg sec.

Boltzmannsche Entropiekonstante $k = \frac{R}{N} = 1{,}38 \cdot 10^{-16}$ erg/°C.

Erläuterungen zu Tafel 27 siehe Seite 245

# ERLÄUTERUNGEN
## zu den vorstehenden Tafeln

Tafel 1

### Atomgewichte der Elemente nebst deren Logarithmen

Die Tafel enthält die Atomgewichte der mit genügend sicherem Ergebnis stöchiometrisch untersuchten Elemente.

Wie ersichtlich, sind diese Atomgewichte bald mit einer, bald mit mehreren Dezimalstellen wiedergegeben. Dieser Wechsel ist jedoch nicht willkürlich, es entspricht vielmehr die Anzahl der aufgenommenen Dezimalstellen der Sicherheit, mit der die Atomgewichte der einzelnen Elemente als bekannt gelten dürfen. Die aus den vorliegenden Bestimmungen berechneten Zahlen sind nämlich mit so vielen Dezimalstellen angeführt, daß die Unsicherheit einige wenige Einheiten der letzten Stelle nicht übersteigt.

Es ist also z. B. keineswegs gleichgültig, ob wir das Atomgewicht des Fluors 19,0 oder 19,00 oder 19,000 schreiben; nur die Zahl 19,00 entspricht dem wirklichen Stande unseres Wissens.

Tafel 2

### Gewichte und Logarithmen häufig gebrauchter Atome, Atomgruppen, Molekeln und Äquivalente (sowie niederer Multipla)

Bei der Ausführung chemischer Rechnungen wird man sich in den weitaus meisten Fällen mit Vorteil der Logarithmen bedienen, und zwar wird eine kleine, fünfstellige Tafel, wie sie weiter hinten abgedruckt ist, fast immer genügen. Oft genügt schon die vierstellige Tafel.

Ganz abgesehen von dem bedeutenden Zeitverluste verleitet das Rechnen ohne Benutzung von Logarithmen nur zu oft zum Begehen grundsätzlicher Fehler; denn da das Multiplizieren und Dividieren mit vier- und fünfstelligen Zahlen ohne Benutzung von Tafeln recht unbequem ist, so findet man häufig, daß z. B. das

Atomgewicht des Chlors gleich 35,5 statt 35,37 (alten Stils) gesetzt wird. Derselbe Chemiker aber, der diesen Fehler von 0,37% begeht, würde es mit ungeheuchelter Entrüstung zurückweisen, wenn man ihm zumutete, er solle gelegentlich der Chlorbestimmung bei dem Chlorsilber die $\frac{1}{10}$-Milligramme nicht mit der peinlichsten Sorgfalt auswägen — und doch entsprechen diese mit soviel Gewissenhaftigkeit bestimmten Größen nur einem Hundertstel, oder höchstens einigen wenigen Hundertsteln von Prozenten der fraglichen Maßzahl.

Sehr vielfach findet man weiter, daß in einer Rechnung durcheinander bald abgerundete, bald möglichst genaue Zahlen verwendet werden. So wird bei der Berechnung der theoretischen Zusammensetzung einer organischen Verbindung für das Verhältnis H : O der Wert 1 : 16 benutzt, der Wasserstoffgehalt des bei der Verbrennung erhaltenen Wassers aber ohne Bedenken einer Tafel entnommen, die z. B. auf Grund des Verhältnisses H : O = 1,01 : 16 berechnet wurde. Rechnet man dann nach solchen, allerdings meist unbewußten Verstößen die Analysen auf 2 oder, wie gewisse Rechenkünstler unter Mißbrauch der Geduld des Papieres es gar fertig bringen, auf 3 Dezimalen aus, so heißt das mit Zahlen spielen, sich und anderen ganz falsche Vorstellungen von der Zuverlässigkeit der gewonnenen Resultate beibringen.

Derartige Verstöße werden nun vollständig unmöglich gemacht, wenn man sich bei allen Rechnungen stets der vorstehenden Tafeln bedient. Die Verleitung zu unangebrachten Abkürzungen z. B. fällt dann vollständig fort, da der Logarithmus der vierstelligen Zahl gerade so rasch abgeschrieben ist, wie derjenige der zweistelligen.

Bei der Bildung von Molekulargewichten ist auf die Anzahl der zulässigen Dezimalen zu achten.

Für Silberchlorat z. B. können wir das Molekulargewicht ohne weiteres durch Addition der Atomgewichte berechnen:

$$
\begin{aligned}
Ag &= 107{,}880 \\
Cl &= 35{,}457 \\
O_3 &= 48{,}000 \\
\hline
AgClO_3 &= 191{,}337
\end{aligned}
$$

Wir sind berechtigt, hier drei Dezimalen zu setzen; denn die Atomgewichte aller in der Verbindung vorkommenden Elemente sind mit einer dieser Stellenzahl entsprechenden Genauigkeit bekannt.

Wollten wir aber z. B. für Bariumchlorid rechnen:

$$\begin{array}{rl} Ba = & 137{,}36 \\ Cl_2 = & 70{,}914 \\ 2\,H_2O = & 36{,}0324 \\ \hline BaCl_2 \cdot 2\,H_2O = & 244{,}3064, \end{array}$$

so wäre dies gänzlich verkehrt, da ja die Unsicherheit der zweiten Dezimale von 137,36 für Ba auch in die zweite Dezimale der Summe übergeht. Wir haben also zu setzen

$$BaCl_2 \cdot 2\,H_2O = 244{,}31;$$

denn das Molekulargewicht darf nur mit so vielen Dezimalen benutzt werden, als deren das am wenigsten genau bekannte darin enthaltene Atomgewicht aufweist.

Bei der Anordnung der die Molekeln oder Atomgruppen zusammensetzenden Atome ist in der Tafel die Regel befolgt, daß bei Elektrolyten zunächst der elektropositive Bestandteil gesetzt ist, also z. B. $K_2 \mid SO_4$; $H_2 \mid SO_4$; $K \mid OH$. Innerhalb der einzelnen Ionen stehen die das Gerippe der Gruppe bildenden Atome an erster Stelle; z. B. $SO_4$; $PtCl_6$; $Fe(CN)_6$; $NH_4$ usw. Doppelsalze sind bei den positiveren der positiven Ionen zu suchen, z. B. $(NH_4)_2Fe(SO_4)_2 \cdot 6\,H_2O$.

Die Zahlenwerte der Tafel 2 werden — sofern dafür nicht die Tafel 5 heranzuziehen ist — mit Nutzen zur Berechnung der **Ausbeute** bei präparativen Arbeiten verwendet werden können. Diese Art von Berechnung ist zwar an sich recht einfach; doch lehrt die Erfahrung, daß ein Hinweis auf die zweckmäßigste Form des Ansatzes nicht überflüssig ist.

Es sei $A$ das Gewicht der Ausgangssubstanz, die im Unterschuß angewandt wird, $M_A$ ihr Molekulargewicht, $R$ das gefundene Gewicht des erhaltenen Reaktionsproduktes und $R_t$ das theoretisch zu erwartende Gewicht dieses Stoffes; letzteres berechnet sich aus der Reaktionsgleichung, die auf $x\,M_A$ als äquivalente Menge $y\,M_R$ ($M_R$ = Molekulargewicht des Reaktionsproduktes) ergibt, zu $R_t = \frac{A \cdot y M_R}{x\,M_A}$. Somit ist die Ausbeute in Prozenten der theoretischen

$$X = \frac{R}{R_t} \cdot 100 = \frac{R \cdot x M_A}{A \cdot y M_R} \cdot 100\,\% .$$

Wenn z. B. aus 50 g Braunstein Manganpyrophosphat ($Mn_2P_2O_7$) hergestellt und dabei eine Menge von 75 g $Mn_2P_2O_7$ erhalten wird, so ist die Ausbeute, weil 1 $Mn_2P_2O_7$ aus 2 $MnO_2$ entsteht, mithin $x = 2$ und $y = 1$ ist,

$$X = \frac{75 \cdot 100}{R_t} = \frac{75 \cdot 2 \cdot 86{,}93}{50 \cdot 1 \cdot 283{,}82} \cdot 100 = 92\,\% .$$

($\lg X = \lg R + \lg x + \lg M_A - \lg A - \lg y - \lg M_R + 2$; siehe auch die Erläuterungen zu Tafel 5. Der dort aufgeführte „Faktor" $F$ entspricht dem obenerwähnten Äquivalenzverhältnis $\frac{y M_R}{x M_A}$).

## Tafel 3

### Höhere Multipla einiger Atom- und Molekelgewichte nebst den dazu gehörenden Logarithmen

Diese Tafel wird hauptsächlich bei der Berechnung der Zusammensetzung von organischen Verbindungen und von Mineralien dienlich sein.

Bei der Bildung der höheren Multipla der Atomgewichte ist die Anzahl der zulässigen Dezimalstellen wohl zu beachten. Ist z. B. H = 1,0081, so ist für $H_{11}$ nicht ohne weiteres 11 · 1,0081 = 11,0891 zu setzen, es ist vielmehr auf 11,089 abzurunden (siehe die Vorbemerkungen), weil ja die Unsicherheit der vierten Dezimale in H = 1,0081 durch die Multiplikation mit 11 in die dritte Dezimale vorgerückt ist. Hierbei ist angenommen, daß die „Unsicherheit" überall eine Einheit der letzten aufgeführten Dezimalstelle beträgt. Das ist zweifellos nur der Mindestbetrag der „Unsicherheit"; aber eine weitergehende Unterscheidung von Element zu Element muß vorläufig als unangebracht erscheinen.

## Tafel 4

### A. Maßanalytische Äquivalentgewichte nebst Logarithmen

Wie der Kopf der Tafel angibt, gelten die gefundenen Substanzmengen in Milligramm, wenn die verbrauchte Meßflüssigkeit in Kubikzentimetern ausgedrückt wird, jedoch in Gramm, wenn sie in Litern gemessen wird. Das Ergebnis ist natürlich in beiden Fällen dasselbe. Denn wenn man z. B. findet, daß eine Salzsäurelösung 15,0 ccm 0,1 n-Natronlauge verbraucht, so ergibt sich nach der erstgenannten Ausdrucksweise eine Menge von 3,6465 mg · 15,0 = 54,698 mg HCl, nach der letztgenannten eine solche von 3,6465 g · 0,0150 = 0,054698 g, d. h. ebensoviel.

Vielfach, insbesondere in Industrielaboratorien, wird statt mit Lösungen bestimmter Normalität mit solchen von anderweitig normiertem Gehalte titriert. Die Umrechnung derartiger empirischer Gehalte auf Normalitäten ist an der Hand der Tafel 4 sehr einfach auszuführen. Im übrigen liefert die Titration einer beliebigen Menge „Urtitersubstanz" mit der „einzustellenden" Meßlösung die Normalität der letzteren nach folgender Beziehung.

Es mögen $s$ Gramm Urtitersubstanz vom Äquivalentgewicht $a$ eine Menge von $v$ ccm Meßlösung verbrauchen. Die angewandte Substanz entspricht, da sie $s/a$ val = 1000 $s/a$ mval ausmacht, 1000 $s/a$ ccm einer genau 1,0 n-Meßlösung oder 10000 $s/a$ ccm einer genau 0,1 n-Meßlösung. Ist die verbrauchte Lösungsmenge $v$ größer als dieser Betrag, so ist die Meßlösung verdünnter (im entgegengesetzten Falle konzentrierter) als 1,0 n bzw. 0,1 n. Ihr Titer ist demnach $\frac{1000\,s}{a \cdot v} \times 1{,}0$ n oder, was dasselbe ist, $\frac{10000\,s}{a \cdot v} \times 0{,}1$ n. Der Wert $\frac{1000\,s}{a \cdot v}$ oder $\frac{10000\,s}{a \cdot v}$ (je nachdem, ob man eine annähernd 1,0 n- oder annähernd 0,1 n-Lösung usw. hergestellt hat) wird als „Faktor" der Lösung bezeichnet und zweckmäßig nebst seinem Logarithmus auf der Vorratsflasche der Meßlösung vermerkt. $a$ wird der Tafel 2 oder — als zehnter Teil — der Tafel 4 entnommen.

## B. Korrektionen für den Luftauftrieb bei genauen Wägungen

Die in den Erläuterungen zu den Tafeln 14 und 14a eingehend besprochene Reduktion der Wägungen auf den leeren Raum kommt für Zwecke der gewöhnlichen Gewichtsanalyse überhaupt nicht in Betracht. Derartige Korrektionen liegen innerhalb der normalen Versuchsfehler, zumal da sich die Dichten der auf die Waage gebrachten Stoffe im allgemeinen nicht sehr stark unterscheiden. Dagegen ist die Genauigkeit mancher maßanalytischen Methoden doch so groß, daß sich bei Präzisionsarbeiten — die dann natürlich auch dementsprechend hohe Anforderungen an die Genauigkeit der Geräte und die ganze Methodik stellen — die Ausschaltung des Luftauftriebes empfiehlt. Für solche Zwecke ist die Abteilung B der Tafel 4 bestimmt. Mit ihrer Hilfe kann man leicht feststellen, wieviel Einstellsubstanz man in Luft abwägen muß, um für das Vakuum genau richtige Mengen abzumessen. Sind doch Atomgewichte und Molekulargewichte stets für Vakuumwägung berechnet.

Die Tabelle enthält unter $\Delta$ die Korrektionen (in Promille), die man an dem gewünschten Vakuumgewicht anbringen muß, falls die Dichte der Versuchssubstanz (Spalte mit $\varrho$) gegeben ist, um bei dem Wägen in Luft so viel Substanz abzuwägen, daß diese im Vakuum das gewünschte Gewicht besitzt. Die Abstufung der Dichtewerte ist so eng genommen, daß man für dazwischenliegende Dichten die zugehörige Korrektion leicht durch Interpolieren ermitteln kann.

Alle Korrektionen gelten für eine Luftdichte von 0,00120 g $cm^{-3}$. Bezüglich der Herleitung sei auf die Erläuterungen zu den Tafeln 14 und 14a verwiesen.

## C. Maßanalytische Äquivalentgewichte („Luftgewichte“) nebst Logarithmen

Für eine Reihe maßanalytisch wichtiger Stoffe (Titersubstanzen) sind die sich nach Tafel 4 B ergebenden „Luftgewichte“ fertig ausgerechnet in der Tafel 4 C vereinigt. Die bisher unbekannten Dichtewerte der unter Nr. 4, 8 und 11 (12) aufgeführten Stoffe sind von den Herren H. Heinrich und H. Winkelmann erstmalig bestimmt worden.

Bei der Benutzung der Luftgewichte in der Maßanalyse ist grundsätzlich folgendes zu beachten. Man erhält auf diese Weise Lösungen deren Gehalt den wahren, d. h. für das Vakuum geltenden Äquivalentgewichten entspricht. Man kann damit also durch Titration auch andere Lösungen nach „Vakuumgehalt“ einstellen und schließlich den Gehalt einer Versuchssubstanz an einem bestimmten Stoffe in Vakuumgewicht auf eine gegebene Substanzmenge, z. B. in „Vakuum-Val“ pro Liter, ermitteln.

Diese Möglichkeit ist vor allem für die Analyse von Lösungen (Wässern usw.) von Bedeutung, deren Gehalt in val/Liter (oder dgl.) angegeben werden soll. Muß man die Substanz selbst abwägen, wie das bei allen Substanzen in fester Form der Fall ist, so muß natürlich auch bei der Substanz das Vakuumgewicht zugrunde gelegt werden, d. h. man muß das in Luft ermittelte Substanzgewicht auf das Vakuum umrechnen (siehe die Erläuterungen zu Tafel 14 u. 14a) oder von der Substanz in Luft nur so viel abwägen wie dem gewünschten Vakuumgewichte der Substanz entspricht (siehe die Tafel 4 B). Hierzu benötigt man natürlich die Kenntnis der Dichte der Substanz.

## Tafel 5

## Analytische und stöchiometrische „Faktoren" nebst Logarithmen

Bei dem Berechnen von Analysen war es früher vielfach üblich, zunächst aus vorhandenen, meist recht umfangreichen Tafelwerken (z. B. dem von Kohlmann und Frerichs) zu entnehmen, wieviel von einem gesuchten Stoffe in einem gewogenen Niederschlage oder dergleichen enthalten ist, bzw. ihm entspricht. Von dieser Zahl erst gelangte man dann zu der gesuchten Prozentzahl.

Weit schneller aber und eleganter erreicht man das Ziel bei ausschließlich logarithmischer Rechnung[1]) unter Benutzung der in Tafel 5 gegebenen „Faktoren". Der „Faktor" $\boldsymbol{F}$ ist diejenige Zahl, mit welcher man das Gewicht eines erhaltenen Niederschlages $\boldsymbol{N}$ (oder dergl.) multiplizieren muß, um aus ihm das Gewicht $\boldsymbol{B}$ eines seiner Bestandteile (oder einer sonst mit ihm durch irgendeine Gleichung verknüpften Substanz) zu erhalten.

Der „Faktor" ist also das Äquivalenzverhältnis der gefundenen und der gesuchten Verbindung, $\boldsymbol{N} \cdot \boldsymbol{F} = \boldsymbol{B}$.

Ist $\boldsymbol{S}$ die für die Analyse abgewogene Substanzmenge und $\boldsymbol{P}$ der Prozentgehalt der Substanz an dem zu bestimmenden Bestandteile, so gilt die Beziehung

$$\boldsymbol{P} = 100 \cdot \frac{\boldsymbol{B}}{\boldsymbol{S}} = 100 \cdot \frac{\boldsymbol{N} \cdot \boldsymbol{F}}{\boldsymbol{S}};$$

es ist also

$$\lg \boldsymbol{P} = \lg \boldsymbol{N} + \lg \boldsymbol{F} - \lg \boldsymbol{S}.$$

[1]) Zum Kapitel „Rechnen" vgl. Ostwald-Luther, Physikochemische Messungen, S. 1—28.

Die 2, welche als lg 100 eigentlich noch hinzukommen müßte, lassen wir, wie überhaupt alle Kennziffern, einfach fort; wir dürfen dies, weil wir ja nie im Zweifel darüber sein können, ob das schließliche Resultat etwa 0,71 ... oder 7,1 ... oder aber 71,... lauten muß.

Der lg $S$ wird nicht nachträglich von der erst gebildeten Summe lg $N$ + lg $F$ subtrahiert, sondern wir addieren direkt zu lg $N$ + lg $F$ die „dekadische Ergänzung" von lg $S$, die sich bei einiger Übung ebenso rasch aus der Logarithmentafel abschreiben läßt wie der Logarithmus selbst. Also ist schließlich

$$\lg P = \lg N + \lg F + (1 - \lg S).$$

Die ganze Prozentberechnung reduziert sich demnach auf das Abschreiben von 3 Logarithmen, Bilden der Summe und Aufschlagen des Numerus.

Das folgende Beispiel enthält die gesamten für die Analyse einer komplizierteren organischen Substanz erforderlichen Daten und Rechnungen. Es soll dem Anfänger zeigen, wie die Rechnung mit größter Zeitersparnis und unter Vermeidung jeder unnötigen Schreiberei auszuführen ist:

| | | | | |
|---|---|---|---|---|
| 0,2314 g | Substanz | gaben | 0,4063 g $CO_2$ und 0,0806 g $H_2O$ |
| 0,1921 g | „ | „ | 0,0497 g AgCl (Best. von Cl) |
| 0,2131 g | „ | „ | 0,0554 g AgCl ( „ „ Ag) |
| 0,3251 g | „ | „ | 21,6 ccm $N_2$; $p = 748$ Torr; $t = 12^0$. |

| | C | H | Cl | Ag | N | O |
|---|---|---|---|---|---|---|
| lg $N$ = | 60885 | 90634 | 69636 | 74351 | 33445 | |
| lg $F$ = | 43599 | 04887 | 39334 | 87658 | 07146 | |
| 1 − lg $S$ = | 63564 | 63564 | 71647 | 67142 | 48798 | |
| lg $P$ = | 68048 | 59085 | 80617 | 29151 | 89389 | 15836[1]) |
| lg d. Atomgew. = | 07954 | 00350 | 54970 | 03294 | 14638 | 20412 |
| Differ. = | 60094 | 58735 | 25647 | 25857 | 74751 | 95424 |
| kleinste Differ. = | 25647 | 25647 | 25647 | 25647 | 25647 | 25647 |
| Differ. = | 34447 | 33088 | 00000 | 00210 | 49104 | 69777 |
| Atomverhältn. = | 22,1 : | 21,4 : | 1,0 : | 1,0 : | 3,1 : | 5,0 |

[1]) $P_O + P_H + P_{Cl} + P_{Ag} + P_N$ ist 47,9 + 3,9 + 6,4 + 19,6 + 7,8 = 85,6, also $P_O$ = 14,4 als Ergänzung zu 100, mithin lg $P_O$ = 15836.

Wahrscheinlichste Formel: $C_{22}H_{21}ClAgN_3O_5$

| | | | | |
|---|---|---|---|---|
| $C_{22}$ = 264,22 = | 47,97%; | gefunden ist | 47,9 | } 85,6% |
| $H_{21}$ = 21,170 = | 3,84%; | „ „ | 3,9 | |
| Cl = 35,457 = | 6,44%; | „ „ | 6,4 | |
| Ag = 107,880 = | 19,59%; | „ „ | 19,6 | |
| $N_3$ = 42,024 = | 7,63%; | „ „ | 7,8 | |
| $O_5$ = 80,000 = | 14,53%; | (aus d. Differ.) | 14,4 | |
| $M$ = 550,75 = | 100,00% | | | |

| | $C_{22}$ | $H_{21}$ | Cl | Ag | $N_3$ | $O_5$ |
|---|---|---|---|---|---|---|
| lg d. Atomsumm. = | 42196 | 32572 | 54970 | 03294 | 62350 | 90309 |
| 1 − lg $M$ = | 25903 | 25903 | 25903 | 25903 | 25903 | 25903 |
| lg $P$ = | 68099 | 58475 | 80873 | 29197 | 88253 | 16212 |

Die Bedeutung der vorstehenden Zahlenreihen ist die folgende: In den ersten vier Zeilen finden sich die experimentellen Daten verzeichnet, welche die Analyse ergab. Die gefundenen Gewichte $N$ an Kohlendioxyd, Wasser, Chlorsilber usw. sollen uns den Prozentgehalt $P$ der analysierten Substanz an Kohlenstoff, Wasserstoff, Chlor usw. liefern, was in der oben geschilderten Weise durch Multiplikation mit den betreffenden Faktoren $F$ und durch Division mit den angewandten Substanzmengen erreicht wird. Die nächsten drei Zeilen enthalten die für diese Rechnungen erforderlichen Logarithmen in einer ohne Erklärung verständlichen Anordnung; ihre Summen bilden die Logarithmen der durch die Analyse gefundenen Prozente $P$.

Bietet uns nun z. B. die Herstammung der analysierten Substanz oder dergleichen genügende Anhaltspunkte, um eine Formel für die Verbindung aufzustellen, so können wir ohne weiteres die Numeri zu lg $P$ aufschlagen und sie mit den theoretisch geforderten in der weiter unten gegebenen Weise des Vergleichs wegen zusammenstellen.

Wissen wir aber noch nichts Näheres über die Zusammensetzung der untersuchten Verbindung, so haben die gefundenen Prozentzahlen zunächst noch keinen direkten Wert für uns, sie können aber zur Aufstellung einer empirischen Formel für die analysierte Substanz benutzt werden, zu welchem Zwecke die Rechnung in der oben angedeuteten Weise fortgesetzt wird.

Die quantitative Zusammensetzung einer Verbindung ist bedingt durch die Anzahl und durch das Gewicht der in ihrer Molekel vorkommenden Atome, die Prozentzahlen erscheinen deshalb als Produkte aus den bekannten Atomgewichten und den unbekannten, zu ermittelnden Indizes der Atome, multipliziert mit einem konstanten, ebenfalls unbekannten Faktor; also z. B. $P_C = 12{,}010 \cdot x \cdot k$; $P_H = 1{,}0081 \cdot y \cdot k$; $P_{Cl} = 35{,}457 \cdot z \cdot k$; usw.[1])

Um die Produkte $x \cdot k$; $y \cdot k$; $z \cdot k$ zu ermitteln, müssen wir deshalb zunächst die Prozentzahlen durch die in ihnen enthaltenen Atomgewichte dividieren, deren Logarithmen zu diesem Zweck unter die lg $P$ geschrieben werden, so daß durch Subtraktion die Logarithmen der Produkte $x \cdot k$; $y \cdot k$; $z \cdot k$ erscheinen. Diese Produkte sind hier der Reihe nach

3,99; 3,87; 0,18; 0,56; 0,90; —

eine recht unübersichtliche Zahlenreihe, mit der wir nichts anfangen können.

Die Unübersichtlichkeit dieser Zahlen rührt nun daher, daß sie noch den gemeinsamen Faktor $k$ enthalten, der im allgemeinen ein echter oder auch ein unechter Bruch sein wird. Wir können aber diesen Faktor zu Eins, bzw. zu einer anderen, ganzen, im allgemeinen kleinen Zahl machen dadurch, daß wir alle Produkte durch das kleinste dividieren; wir schlagen deshalb die fraglichen Produkte gar nicht erst auf, sondern subtrahieren sofort von allen Logarithmen den kleinsten[2]) unter ihnen — wie es oben geschehen ist. Dadurch verwandelt sich die Reihe der Produkte in

22,1; 21,4; 1,0; 1,0; 3,1; 5,0,

und wir werden mit der Annahme kaum fehlgehen, daß der Faktor $k$ in dieser Reihe gleich Eins geworden ist, daß wir als wahrscheinlichste Formel für die untersuchte Verbindung also zu schreiben haben

$$C_{22}H_{21}ClAgN_3O_5.$$

Um diese Formel auf ihre Zulässigkeit zu prüfen, berechnen wir nun noch die prozentische Zusammensetzung, welche eine derartige Verbindung theoretisch haben soll, um dann die errechneten Zahlen mit den wirklich gefundenen zu vergleichen. Der Weg, auf

[1]) $P_C$; $P_H$; $P_{Cl}$ usw. bedeuten die Prozente Kohlenstoff, Wasserstoff, Chlor usw.

[2]) Wobei natürlich die Kennziffer zu berücksichtigen ist!

dem dieses Ziel mit möglichst wenig Aufwand an Raum und Zeit erreicht wird, ist aus der obigen Aufstellung ohne weiteres ersichtlich, besonders aber ist auf die Anordnung der erforderlichen Logarithmen zu achten.

Da die Abweichungen der gefundenen Prozentzahlen von den errechneten die erfahrungsmäßig zulässigen Beträge in keinem Falle überschreiten, wie die Nebeneinanderstellung der Zahlen übersichtlich erkennen läßt, so war die Aufstellung der obigen Formel berechtigt.

Die ganze Verrechnung des so umfangreichen experimentellen Materials machte keine Multiplikation oder Division erforderlich; ohne Zuhilfenahme von Tabellen und Logarithmen hätten wir für die Rechnung wohl die zehnfache Zeit aufwenden müssen.

Es fragt sich nun weiter, wie weit die experimentellen Daten verrechnet werden sollen, wieviel Dezimalstellen bei der Angabe der Prozentzahlen zulässig sind. Weiter oben war als Grundsatz aufgestellt worden, daß die Zahl der Stellen stets der Genauigkeit des mitgeteilten Ergebnisses entsprechen soll, indem die vorletzte Ziffer noch als zuverlässig, die letzte aber schon als unsicher gelten darf[1]).

Nun ist Erfahrungstatsache, daß bei mehrfacher Ausführung einer Analyse durch einen Analytiker mittlerer Leistungsfähigkeit und bei Anwendung von Methoden, die mit Fehlerquellen mittlerer Größe behaftet sind, dann die erste Dezimale der erhaltenen Prozentzahlen[2]) um einige Einheiten zu schwanken pflegt. Diese erste Dezimale ist deshalb schon unsicher und somit die einzige, welche bei einmaliger Ausführung der Analyse aufgenommen werden darf; eine zweite Dezimale ist nicht nur wertlos, sie ist sogar entschieden zu verwerfen, weil sie geeignet ist, falsche Vorstellungen von der Zuverlässigkeit des analytischen Resultates zu erwecken[3]).

Numeri und Logarithmen der „Faktoren" stimmen manchmal nicht genau überein. Dies rührt von der Abrundung des Numerus her; maßgebend ist überall der Logarithmus, der ja allgemein zur genauen Berechnung benutzt wird, während der Numerus nur für Überschlagsrechnungen gebraucht wird.

---

[1]) Es ist hierüber Näheres nachzulesen in Ostwald-Luther, Physikochemische Messungen.

[2]) Wenn die Prozentzahlen etwa zwischen 10 und 50 liegen.

[3]) Siehe auch die Vorbemerkungen S. 14.

## Tafel 6

### Berechnung „indirekter" Analysen

Durch die „indirekte" Analyse wird die quantitative Zusammensetzung eines Substanzgemisches ermittelt, ohne daß eine Trennung und gesonderte Wägung einzelner Bestandteile oder Umwandlungsprodukte solcher Bestandteile ausgeführt wird. Man nimmt vielmehr mit dem qualitativ bekannten Gemisch als Ganzem gewisse, zweckmäßig gewählte Umwandlungen vor und errechnet dann die quantitative Zusammensetzung aus den beobachteten Massenänderungen.

Ein Gemisch bestehe z. B. aus Verbindungen mit den Molekulargewichten $M_x$; $M_y$; $M_z$ ..., und zwar soll die abgewogene Menge $G$ desselben sich zusammensetzen aus $x$ Gramm der ersten Verbindung, $y$ Gramm der zweiten, $z$ Gramm der dritten ... Dies gibt uns die erste Beziehung

$$x + y + z \ldots = G. \qquad (1)$$

Nun nehmen wir mit dieser abgewogenen Menge $G$ eine Umwandlung vor, infolge deren der erste Bestandteil in eine Verbindung mit dem Molekulargewicht $M_{x'}$; der zweite mit $M_{y'}$; der dritte mit $M_{z'}$ ... übergeht (wobei aber nicht alle Molekulargewichte sich zu ändern brauchen, vielmehr z. B. $M_{x'} = M_x$ sein kann).

Ist das zu bestimmende Gesamtgewicht des Umwandlungsproduktes $G'$, so haben wir die zweite Beziehung

$$x \frac{M_{x'}}{M_x} + y \frac{M_{y'}}{M_y} + z \frac{M_{z'}}{M_z} \ldots = G'. \qquad (2)$$

Bei der Aufstellung dieser Gleichung ist natürlich die Äquivalenz der Molekeln wohl zu beachten.

Ein analoger, dritter Prozeß liefert uns die dritte Beziehung

$$x \frac{M_{x''}}{M_x} + y \frac{M_{y''}}{M_y} + z \frac{M_{z''}}{M_z} \ldots = G''. \qquad (3)$$

Wie bekannt, brauchen wir zur Berechnung der Analyse ebenso viele voneinander unabhängige Gleichungen, als Unbekannte, hier verschiedene Verbindungen in dem Gemisch, vorkommen.

Das Vorstehende mag hier noch an einigen Beispielen näher erläutert werden.

Aufgabe: Die quantitative Zusammensetzung eines aus Chlorkalium und aus Bromkalium bestehenden Gemisches soll auf indirektem Wege ermittelt werden.

Lösung 1: Durch Überführung des Gemisches in Kaliumsulfat. Die abgewogene Menge $G$ des Substanzgemisches bestehe aus $x$ Gramm Chlorkalium und $y$ Gramm Bromkalium, das daraus erhaltene Sulfat aber wiege $G'$ Gramm. Setzen wir der Kürze halber KCl für $M_{KCl}$; KBr für $M_{KBr}$ usw., so haben wir die beiden Beziehungen

$$x + y = G, \tag{1}$$

$$x\frac{K_2SO_4}{2\,KCl} + y\frac{K_2SO_4}{2\,KBr} = G'. \tag{2}$$

Für (2) schreiben wir

$$x + y\frac{KCl}{KBr} = G'\frac{2\,KCl}{K_2SO_4}. \tag{3}$$

Mit Hilfe von Tafel 2 können wir sehr bequem den Wert der in (3) mit $y$ und $G'$ verbundenen Faktoren berechnen:

| | | | |
|---|---|---|---|
| | | lg 2 | = 30103 |
| lg KCl | = 87251 | lg KCl | = 87251 |
| 1 − lg KBr | = 92438 | 1 − lg $K_2SO_4$ | = 75878 |
| | 79689 | | 93232 |
| Numerus: | 0,62646 | Numerus: | 0,85570 |

Diese Werte in (3) eingesetzt:

$$x + 0{,}62646\,y = 0{,}85570\,G', \tag{4}$$

welche Gleichung von (1) subtrahiert

$$y = \frac{G - 0{,}85570\,G'}{0{,}37354}$$

ergibt. Wird nun $y$, das Bromkalium, in Prozenten ausgedrückt, so erhalten wir

$$\text{Prozente Bromkalium} = y\cdot\frac{100}{G}$$

$$= \frac{100}{0{,}37354} - \frac{0{,}85570}{0{,}37354}\cdot 100\,\frac{G'}{G}$$

$$= 267{,}71 - 229{,}07\,\frac{G'}{G}.$$

Lösung 2: Durch Überführung des Gemisches in Halogensilber. Indem wir ganz analog vorgehen wie oben, erhalten wir

$$x + y = G, \qquad (1)$$

$$x \frac{\mathrm{AgCl}}{\mathrm{KCl}} + y \frac{\mathrm{AgBr}}{\mathrm{KBr}} = G', \qquad (2)$$

$$x + y \frac{\mathrm{KCl}}{\mathrm{KBr}} \cdot \frac{\mathrm{AgBr}}{\mathrm{AgCl}} = G' \frac{\mathrm{KCl}}{\mathrm{AgCl}}. \qquad (3)$$

| | |
|---|---|
| lg KCl = 87251 | |
| lg AgBr = 27369 | |
| 1 − lg KBr = 92438 | lg KCl = 87251 |
| 1 − lg AgCl = 84364 | 1 − lg AgCl = 84364 |
| 91422 | 71615 |
| Numerus: 0,82077 | Numerus: 0,52018 |

$$x + 0{,}82077\, y = 0{,}52018\, G', \qquad (4)$$

$$y = \frac{G - 0{,}52018\, G'}{0{,}17923}.$$

$$\text{Prozente Bromkalium} = y \cdot \frac{100}{G}$$

$$= \frac{100}{0{,}17923} - \frac{0{,}52018}{0{,}17923} \cdot 100 \frac{G'}{G}$$

$$= 557{,}94 - 290{,}23 \frac{G'}{G}.$$

Lösung 3: Durch Überführung des Gemisches in Chlorsilber. Wir haben

$$x + y = G, \qquad (1)$$

$$x \frac{\mathrm{AgCl}}{\mathrm{KCl}} + y \frac{\mathrm{AgCl}}{\mathrm{KBr}} = G', \qquad (2)$$

$$x + y \frac{\mathrm{KCl}}{\mathrm{KBr}} = G' \frac{\mathrm{KCl}}{\mathrm{AgCl}}. \qquad (3)$$

| | |
|---|---|
| lg KCl = 87251 | lg KCl = 87251 |
| 1 − lg KBr = 92438 | 1 − lg AgCl = 84364 |
| 79689 | 71615 |
| Numerus: 0,62646 | Numerus: 0,52018 |

$$x + 0{,}62646\, y = 0{,}52018\, G', \qquad (4)$$

$$y = \frac{G - 0{,}52018\, G'}{0{,}37354},$$

$$\text{Prozente Bromkalium} = y \cdot \frac{100}{G}$$

$$= \frac{100}{0{,}37354} - \frac{0{,}52018}{0{,}37354} \cdot 100 \frac{G'}{G}$$

$$= 267{,}71 - 139{,}25 \frac{G'}{G}.$$

In analoger Weise läßt sich der Prozentgehalt jedes Gemisches an einem Bestandteil ($y$) ausdrücken durch eine Gleichung der Form

$$y = a + b \cdot \frac{G'}{G},$$

worin $a$ und $b$ abwechselnd sowohl positiv als auch negativ sein können.

In Tafel 6 finden sich für häufiger vorkommende „indirekte" Analysen diese Faktoren $a$ und $b$ nebst den Logarithmen für $b$ zusammengestellt.

Bei der Wahl eines „indirekten" Analysenverfahrens wird man sich die Frage vorlegen müssen, wovon in jedem einzelnen Falle die Genauigkeit einer solchen Bestimmungsmethode abhängt. Diese richtet sich nun einerseits nach der Art der auszuführenden Operationen und der Sicherheit, mit der stöchiometrisch scharf definierte Umsetzungen erzielt werden, andererseits nach den stöchiometrischen Zahlenbeziehungen. Je größer der in der Tafel 6 aufgeführte Koeffizient $b$ ist, desto ungenauer ist rein rechnerisch das Verfahren. Denn wenn man bei konstantem Werte von $G$ den Wert $G'$ z. B. um $^1/_{1000}$ verändert, so ändert sich der Prozentgehalt $y$ an dem Bestandteile $Y$ um rund $2\%$, falls $KCl + NaCl$ in die Sulfate umgewandelt werden, dagegen nur um rund $0{,}2\%$, falls $AgCl$ das Reaktionsprodukt ist. Man kann allgemein sagen, daß der prozentische Fehler der Ermittlung von $G'$, mit $^1/_{100}$ des Wertes von $b$ multipliziert, der Größenordnung nach (die exakte

Beziehung ist ziemlich verwickelt) den Fehler des gefundenen Prozentgehaltes $y$ der Substanz an dem Bestandteil $Y$ ausdrückt. Es ist zweckmäßig, sich diesen Zusammenhang von vornherein klarzumachen, um die rechnerischen Eigentümlichkeiten einer Methode gegenüber ihren technischen Vorzügen und Nachteilen richtig abzuwägen.

Tafel 7 (und 7a)

## Volumetrische Bestimmung des Stickstoffs und anderer Gase. Gasreduktions-Tabelle

Von allen Analysen, in deren Verlauf Stoffe aus gemessenem Gasvolumen berechnet werden, ist die Stickstoffbestimmung die bei weitem häufigste. Deshalb ist die Tafel 7 so berechnet, daß die in ihr mitgeteilten Zahlen für Stickstoff ohne weiteres gelten, während für jedes andere Gas noch je ein lg zu addieren ist (siehe Erläuterungen zu Tafel 9).

Die Dichte des trockenen Stickstoffs bei 0° C und 760 Torr (die „Normdichte") ist nach Lord Rayleigh und W. Ramsay[1])

$$\varrho_N = 0{,}0012505 \text{ g cm}^{-3} = 1{,}2505 \text{ mg cm}^{-3}.$$

Bei anderen Temperaturen ($t$) und Drucken ($p$) ist daher die Dichte allgemein ($\varrho$)

$$\varrho = 1{,}2505 \frac{1}{1+\alpha t} \cdot \frac{p}{760} \text{ mg cm}^{-3}.$$

Hierin hat $\alpha$, der Ausdehnungskoeffizient, den Wert[2]) $0{,}003670 t^{-1}$.

Die Logarithmen dieser Werte $\varrho$ finden sich (ohne Kennziffern!) in der Tafel 7 zusammengestellt für Temperaturen von 7° bis 35° und für Drucke von 670 bis 789 Torr. — Es ist also, wenn

$P$ die gesuchten Prozente Stickstoff
$V$ das abgelesene Volumen in Kubikzentimetern und
$S$ die abgewogene Substanz in Gramm bedeutet,

---

[1]) Vgl. Zeitschr. f. physik. Chem. **16**, 346 (1895). Durch die neuesten Untersuchungen bestätigt, vgl. Landolt-Börnstein, 5. Aufl. und Ergänzungsbände dazu.

[2]) Der Ausdehnungskoeffizient des Stickstoffs unterscheidet sich also merklich von dem eines idealen Gases, 0,0036608 (= 1/273,16).

$$P = \frac{V \cdot \varrho}{1000\, S} \cdot 100$$

und

$$\lg P = \lg V + \lg \varrho + (1 - \lg S)^{1)}.$$

Es wäre nicht zweckmäßig, die Tafel direkt für feuchten, d. h. mit dem Dampfe von reinem Wasser gesättigten Stickstoff zu berechnen, da sie dann für Stickstoff, der trocken über Quecksilber aufgefangen ist, sowie für andere Zwecke unbrauchbar wäre. Die Tafel 7 ist demgegenüber eine Universaltafel. Sie ist zunächst zwar für die Berechnung trockenen Stickstoffs bestimmt, sie kann aber auch ohne weiteres für die Berechnung feuchten Stickstoffs und aller anderen Gase, trocken oder feucht, benutzt werden. Zum Trocknen hat Bunsen das Auffangen des feuchten Stickstoffs über 50%iger Kalilauge empfohlen, da er dann als praktisch trocken angesehen werden dürfe. Diese Voraussetzung genügt aber höheren Ansprüchen an die Genauigkeit der Bestimmung nicht[2]). Man muß daher, falls man völlige Trockenheit erzielen will, den Stickstoff (und sonstige Gase) mit einem der üblichen zuverlässigen Trockenmittel behandeln und über Quecksilber auffangen.

Am bequemsten ist es aber, Gase (auch Stickstoff) zur Abmessung über Wasser aufzufangen und die Dampftension des Wassers von dem Drucke, unter dem sich das Gas befindet, abzuziehen. Die Werte der Wasserdampftension für die Temperaturen 7°C bis 35°C sind unter $p_w$ neben den Zahlenreihen der Tafel 7 zu finden. Ist also z. B. Stickstoff über Wasser bei 13° und 755 Torr abgesperrt, so sucht man in der Tabelle den Wert für 13° und 755 — 11,2 Torr oder 13° und 744 Torr, also 06761, auf.

In der Regel wird die Tafel ohne jede Interpolation benutzt werden können, d. h. es wird genügen, ganze Grade und ganze Millimeter abzulesen. Rundet man z. B. 13,5° und 745,5 mm auf 13° und 746 mm ab, so begeht man dadurch einen maximalen

---

[1]) Siehe auch Seite 203.

[2]) Bei 0°C beträgt der Dampfdruck einer 51,7%igen Kalilauge immerhin noch 1,5 Torr, also fast 1/3 des Dampfdruckes reinen Wassers (4,6 Torr), vgl. Landolt-Börnstein, Physikalisch-chemische Tabellen, 5. Aufl., S. 1382.

Abrundungsfehler (Abrundung maximal und beidemal im selben Sinne wirkend) und bekommt statt 100 Stickstoff 100,24. Man würde also z. B. in einer Substanz statt 10,00% Stickstoff finden 10,02% oder statt 20,00% deren 20,05. Das sind aber Fehler, die weit innerhalb der sonstigen Fehlergrenzen liegen[1]). Wer dennoch zu interpolieren wünscht, wird hierin wesentlich durch die den Tafeln angefügten Differenzentäfelchen unterstützt werden.

Die Korrektionen der Barometerablesungen an Glas- oder Messingskala gibt die Tafel 7a.

Zwischen 11° und 21° lassen sich, wie L. Zechmeister (Chem.-Ztg. **52** [1928], 887) gefunden hat, die Korrektionen für Feuchtigkeit und für Barometerablesung an Skalen beider Arten mit völlig genügender Genauigkeit höchst einfach in der Weise zusammenfassen, daß man im ganzen so viele Millimeter am Druck abzieht, wie die Temperatur Celsiusgrade beträgt. Hierbei ist vorausgesetzt, daß Wasser als Sperrflüssigkeit benutzt wird.

Diese leicht zu merkende Regel wird sich in vielen Fällen mit Nutzen verwenden lassen.

## Tafel 7 als Gasreduktionstabelle

Die Tafel 7 kann nun auch noch als Gasreduktionstabelle für beliebige, trockene oder feuchte, d. h. über Wasser abgesperrte (oder sonstwie bei der Versuchstemperatur mit Wasserdampf gesättigte) Gase benutzt werden. 1 ccm Stickstoff wiegt 0,001 2505 g; der lg dieser Zahl ist 09708. Subtrahiert man diesen lg von dem entsprechenden durch den herrschenden Druck und die herrschende Temperatur bestimmten lg der Tafel 7, so hat man den lg der Zahl, mit welcher man das abgelesene Gasvolum multiplizieren muß, um es bei Trockenheit auf 0° C und 760 Torr zu reduzieren; ist das Gas feucht, so ist beim Ablesen des Druckes der Wasserdampfdruck abzuziehen. In jedem Falle ist die Barometerablesung zu korrigieren, wie oben angegeben.

Man führt hiernach die Reduktion des bei $t^0$ und $p$ Torr Druck feucht oder trocken abgelesenen Volums aus, indem man zueinander addiert

---

[1]) Bei stickstoffreicheren Verbindungen empfiehlt sich das Rechenverfahren von E. Mohr (siehe die Tafel 8 auf Seite 113).

den lg des abgelesenen Volumens in ccm,
den entsprechenden lg der Tafel 7,
die Zahl 90292 als dekadische Ergänzung zu 09708.

Beispiel: Das Volumen einer über Wasser abgesperrten Gasmenge wurde bei $t = 20^0$ und einem Barometerstand von $b =$ 756,0 Torr, abgelesen am Barometer mit Glasskala, zu 47,30 ccm ermittelt. Wie groß ist das Volumen, reduziert auf Trockenheit, 760 Torr und $0^0$?

Die Korrektion für Feuchtigkeit ist 17,5 Torr, für die Barometerablesung 2,6 Torr, also ist der Teildruck des Gases $p =$ 756,0 − 17,5 − 2,6 = 735,9 Torr.

Weiter ist

| | |
|---|---|
| lg 47,30 | = 67486 |
| lg Tafel 7 ($20^0$, 736 Torr) | = 05240 |
| Dekad. Ergänzung zu 09708 | = 90292 |
| | 63018 |

Der Numerus von 63018 ist 4268, also ist das reduzierte Gasvolumen 42,68 ccm.

Tafel 8

Der Inhalt dieser Tafel bedarf keiner weiteren Erläuterung.

## Tafel 9

## Volumetrische Bestimmung wichtiger Gase

Die Tafel 7 kann auch zur Berechnung des Gewichtes anderer Gase benutzt werden, deren Volumen bei $t^0$ und $b$ Torr, feucht oder trocken, gemessen wurde. Nach dem Avogadroschen Satze wiegt 1 ccm eines Gases vom Molekulargewicht $M$ innerhalb der Gültigkeit der Gasgesetze $M$ mal soviel wie 1 ccm des unter gleichen Bedingungen stehenden Normalgases vom Molekulargewicht 1.

Man erhält demnach den lg des Gewichtes von $a$ ccm des Gases vom Molekulargewicht $M$, gemessen bei $t^0$ und $b$ Torr, indem man zueinander addiert

den lg von $a$ (abgelesen in ccm),
den entsprechenden lg der Tafel 7,
den lg von $M$,
die Zahl (Mantisse) 55240.

Die Zahl 55240 ist als Differenz von 64948 und 09708, d. h. der lg der Norm-Litergewichte von Normalgas (0,044615 g) und von Stickstoff (1,2505 g), der lg, welcher das Gewicht eines Stickstoffvolumens auf das Gewicht des gleichen, unter gleichen Bedingungen gemessenen Volumens Normalgas reduziert. Ist das Gas feucht gemessen, so ist beim Ablesen des Druckes der Dampfdruck des Wassers abzuziehen, auch ist die Barometerablesung zu korrigieren, wie in den Erläuterungen zu Tafel 7 angegeben ist.

Beispiel: Wieviel wiegen 37,1 ccm Wasserstoff, gemessen bei $23^0$ und 763 Torr über Wasser?

Es ist $p = 763 - 21{,}1 - 2{,}9 = 739$ Torr, da für Wasserdampfdruck 21,1, für Barometerkorrektion 2,9, zusammen 24,0 Torr, vom Barometerstand, $b = 763$ Torr, abzuziehen sind. Es ist nun

| | |
|---|---|
| lg *a* oder 37,1 | = 56937 |
| lg der Tafel 7 | = 04973 |
| lg *M* oder 2,0162 | = 30453 |
| Reduktion auf Normalgas | = 55240 |
| | 47603 |

Der Numerus hierzu ist 29925. Die Stellung des Kommas ergibt eine Überschlagsrechnung. Da nach Tafel 9 1 ccm Normalgas 0,044615 mg wiegt, Wasserstoff ($M \approx 2$) rund das Doppelte, so müssen 37 ccm Wasserstoff rund $0{,}04 \cdot 2 \cdot 37$ oder etwa 3 mg wiegen. Die berechnete Zahl kann demnach nur 2,99 mg sein, nicht etwa 29,9 oder 0,299 mg. Mehr als drei Stellen dürfen nicht geschrieben werden, also nicht etwa 2,9925 mg, da das abgelesene Volumen ebenfalls nur mit drei Stellen angegeben ist, auch sonstige Unsicherheiten (Druckmessung) keine größere Genauigkeit verbürgen.

Fast ebenso bequem kommt man zum Ziele durch Benutzung der in Tafel 9 unten angegebenen Formel für das Gewicht von 1 ccm eines idealen Gases vom Molekulargewichte $M$:

$$\text{Gewicht} = M \,.\, 0{,}00016036 \cdot \frac{p}{T}\,\text{Gramm.}$$

Es sind zu addieren bei $a$ ccm Gas:

| | |
|---|---|
| lg $a$ oder 37,1 | = 56937 |
| lg $M$ oder 2,0162 | = 30453 |
| lg 0,000 160 36 | = 20509 |
| lg $p$ oder 739 | = 86864 |
| 1 — lg ($T$ oder 296,16) | = 52847 |
| | 47610 |

Der kleine Unterschied im Endlogarithmus gegenüber der vorher ausgeführten Rechnung rührt davon her, daß sich der Ausdehnungskoeffizient des Stickstoffs, der den Zahlen der Tafel 7 zugrunde liegt, um eine Kleinigkeit von dem eines idealen Gases, der bei vorstehender Berechnungsart benutzt ist, unterscheidet (vgl. S. 211 Fußnote 2). Wenn man ganz streng verfahren wollte, müßte man natürlich bei jedem einzelnen Gase mit dessen individuellem Ausdehnungskoeffizienten und unter Berücksichtigung seiner sonstigen Abweichungen vom Verhalten eines idealen Gases rechnen. Doch sind derartige Komplikationen angesichts der normalen Versuchsfehler gasometrischer Bestimmungen überflüssig.

Dagegen weicht bei vielen der wichtigsten und am häufigsten gemessenen Gase das Molvolumen schon unter Normalbedingungen so beträchtlich von demjenigen eines idealen Gases ab, daß die wie oben ausgeführte Berechnung des Gewichtes aus dem Volumen unter Zugrundelegung des Avogadroschen Satzes unerlaubt große Fehler ergibt. Deshalb sind für diese Gase aus den empirischen Litergewichten Faktoren berechnet, deren lg in der letzten Spalte der Tafel 9 zu finden sind; diese Zahl ist statt der beiden letzten lg der Rechnung von Seite 215 einzusetzen, wie es im Vordruck der Tafel 9 angegeben ist.

Beispiel: Wieviel wiegen 43,7 ccm Stickoxyd, gemessen bei 17° und $b$ = 757 Torr über Wasser?

Es ist $p = 757 - 14{,}5 - 2{,}2 = 740$ Torr, da als Dampfdruck des Wassers 14,5 Torr, als Barometerkorrektion 2,2 Torr, zusammen 16,7 oder rund 17 Torr, abzuziehen sind. Es ist nun

| | |
|---|---|
| lg $V$ (oder 43,7 ccm) | = 64048 |
| lg der Tafel 7 | = 05923 |
| lg der Tafel 9 | = 03009 |
| | 72980 |

Der Numerus ist 5368, das Gewicht demnach 53,7 mg, da nach Tafel 9 1 ccm des Gases rund 1,3 mg wiegt, 43 ccm demnach rund 50 mg wiegen müssen.

Tafel 10

## Volumetrische Bestimmung gasentwickelnder Stoffe

Entwickelt ein Stoff nach einer stöchiometrischen Gleichung ein Gas, so ist das Gewicht des entwickelnden Stoffes nach dieser Gleichung aus dem Gewichte des entwickelten Gases berechenbar. Letzteres Gas wird nun aber nicht gewogen, vielmehr wird sein Volumen bei $t^0$ und $p$ Torr, feucht oder trocken, in ccm gemessen. Man ermittelt deshalb mit Hilfe der Tafeln 7 und 9 aus dem Volumen sein Gewicht und multipliziert dieses mit dem Äquivalentverhältnis des entwickelnden Stoffes und des entwickelten Gases. Den lg der Tafel 9 und den lg des Äquivalentverhältnisses wird man ein für allemal zu einem Umrechnungs-lg zusammenziehen. Die letzteren sind für eine Anzahl wichtiger Fälle in der letzten Spalte der Tafel 10 aufgeführt.

Aus vorstehendem ergibt sich die der Tafel 10 vorgedruckte Anleitung zur Benutzung der Tafel.

Beispiel 1: 0,250 g Zinkstaub gaben 79,6 ccm Wasserstoff, gemessen über Wasser bei 20° und 742 Torr Barometerstand. Wieviel Prozent metallisches Zink enthält der Zinkstaub?

Korrektion für Feuchtigkeit 17,5 Torr, für Barometerablesung 2,6 Torr, also $p = 742 - 17{,}5 - 2{,}6 = 722$ Torr. Um das gefundene Zink in Prozenten des Zinkstaubes auszudrücken, ist durch das Gewicht des verwandten Zinkstaubes zu dividieren, zu dem gefundenen lg also noch die dekadische Ergänzung des lg von 0,250 zu addieren. Es ist

| | |
|---|---|
| lg $V$ (oder 79,6 ccm) | = 90091 |
| lg der Tafel 7 | = 04406 |
| lg der Tafel 10 | = 36757 |
| 1 — lg 0,250 | = 60206 |
| | 91460 |

Der Numerus ist 82148. Der Zinkstaub enthält demnach 82,1 (nicht 82,148!) % Zink. Die Stellung des Kommas ergibt sich aus der Angabe der Tafel 10, daß 1 ccm Wasserstoff etwa 2,9 mg Zink entspricht, 80 ccm also etwa 0,23 g. Es sind demnach rund $100 \cdot \frac{0,23}{0,25} = 82,1$ und nicht 8,22% Zink gefunden worden.

Beispiel 2: 0,1487 g Chilesalpeter gaben 37,1 ccm Stickoxyd, gemessen bei $b = 767$ Torr und 13° über Wasser. Wieviel Prozent Stickstoff enthält der Chilesalpeter?

Es berechnet sich der Druck zu $p = 767 - 11,2 - 1,7 = 754$ Torr. Es ergibt sich

| | |
|---|---|
| lg 37,1 | = 56937 |
| lg Tafel 7 | = 07341 |
| lg Tafel 10 | = 69923 |
| 1 — lg 0,1487 | = 82769 |
| | 16970 |

Der Numerus ist 1478. Folglich enthält der Chilesalpeter (wie eine Überschlagsrechnung mit Hilfe der Numeri der Tafel 10 ergibt) 14,8% Stickstoff. Chemisch reines Natriumnitrat verlangt 16,48% Stickstoff.

Diese Beispiele zeigen, wie außerordentlich einfach und elegant durch Benutzung der Tafeln 7 und 10 die sonst so zeitraubenden und schwerfälligen Berechnungen derartiger Analysen werden.

## Tafel 11

## Molekulargewichtsbestimmung

### I. M.-G.-Bestimmung durch Luftverdrängung (V. Meyer)

B. Um die Stickstofftafel 7 für die Reduktion des Gasvolums benutzen zu können, ist das gesuchte Molekulargewicht auf das des Stickstoffs (28,016) bezogen. Wenn die Verdampfungsbirne mit einem trockenen Gase gefüllt war, so ist vom Barometerstande natürlich die ganze Wasserdampftension und die Barometerkorrektion abzuziehen. Ist die Birne (wie es in der Regel der Fall ist) mit

„gewöhnlicher“ Luft gefüllt, so ist es im Hinblick auf die sonstigen Fehlerquellen der Methode meist ausreichend, etwa die halbe Wasserdampftension abzuziehen.

**Beispiel:** 0,0891 g Acetamid gaben 37,3 ccm Luft, gemessen über Wasser bei 19° und $b = 763$ Torr. Die Birne war mit gewöhnlicher, also etwa halb mit Wasserdampf gesättigter Luft gefüllt. Wie groß wurde das Molekulargewicht des Acetamids gefunden?

Es ist $p = 763 - \frac{1}{2} \cdot 16{,}5 - 2{,}4 = 752{,}3$ Torr.

| | |
|---|---|
| lg 28,016 | = 4474 |
| lg 0,0891 | = 9499 |
| 1 — lg 37,3 | = 4283 |
| 1 — lg der Tafel 7 | = 9365 |
| | 7621 |

Der Numerus von 7621 ist 5782, also das Molekulargewicht $M = 57{,}8$ (nicht 57,82!). Die Formel des Acetamids, $C_2H_5NO$, verlangt $M = 59{,}05$. Es wurde hier mit vierstelligen lg gerechnet, was mehr als ausreichend ist.

### II. M.-G.-Bestimmung durch Gefrierpunktserniedrigung oder Siedepunktserhöhung

Die angegebene Formel für die Herleitung des Molekulargewichtes gelöster Stoffe aus der Verschiebung des Gefrierpunktes und des Siedepunktes des Lösungsmittels durch die Gegenwart des gelösten Stoffes gilt nur für genügend kleine Konzentrationen. Steigt die Konzentration über das zulässige Maß, so macht sich das in einem „Gang“ der Ergebnisse bemerkbar.

In günstigen Fällen lassen sich richtige und praktisch konstante Molekulargewichte aus der Gefrierpunktserniedrigung nach einer strengeren, aber wesentlich verwickelteren Formel berechnen [siehe W. Prahl, Angew. Chem. **52**, 481 (1939)].

## Tafel 12

## Bestimmung der Dichte ($\varrho_{t^0}$) einer Flüssigkeit durch Wägung in Luft

Die Begriffe Dichte und spezifisches Gewicht werden vielfach immer noch als gleichbedeutend betrachtet und behandelt. In Wirklichkeit bedeuten Dichte und spezifisches Gewicht aber etwas durchaus Verschiedenes, wenn auch ihre Zahlenwerte oft praktisch (oder sogar exakt) gleich sind. Eine klare Auseinandersetzung erscheint daher notwendig.

Dichte (oder spezifische Masse) ist die Masse der Raumeinheit (Volumeneinheit) eines Körpers, d. h. die Masse der gesetzlichen Raumeinheit, des Milliliters (1 ml = 1,00003 ccm), in Gramm.

Da die Masse unabhängig vom Ort auf der Erde (oder im Weltraume) ist, so ist es auch die Dichte eines bestimmten Körpers bei unveränderten Zustandsbedingungen (Temperatur und Druck). Man sollte den Begriff der Dichte darum nur in dem vorstehend gegebenen strengen Sinne benutzen und seine Eindeutigkeit nicht durch abwandelnde Zusätze (wahr, scheinbar, absolut, relativ), welche Gelegenheit zu Irrtümern und Unklarheiten geben, gefährden. Es gibt für einen und denselben (homogenen) Körper bei bestimmter Temperatur und bestimmtem Druck nur eine Dichte, und diese hat die Dimension $\frac{\text{Masse}}{\text{Volumen}}$. Die Temperatur, für die ein bestimmter Dichtewert gilt, wird rechts unten neben das Formelzeichen für Dichte, $\varrho$, gesetzt; die Bezeichnung $\varrho_{20^0}$ bedeutet also: Dichte bei 20° Celsius. Eine Angabe des Druckes erübrigt sich bei allen flüssigen und festen Körpern, falls der Druck nur wenig vom normalen Atmosphärendrucke abweicht. Bei Gasen ist dagegen stets auch eine Druckangabe erforderlich.

Die Bestimmung der Masse erfolgt im allgemeinen durch Messung des ihr proportionalen Gewichts, d. h. der Kraft, mit der ein Körper auf seine Unterlage drückt. Diese Kraft ist bedingt durch die Kraft der Erdanziehung (Schwere) und durch die ihr entgegenwirkenden Auftriebskräfte, die mit zunehmender Dichte des umgebenden Mediums zunehmen und im Falle gleicher Dichte von Körper und umgebendem Medium die Wirkung der Schwere völlig aufheben, so daß der Körper auf eine Unterlage überhaupt nicht mehr drückt, sondern über ihr schwebt (Archimedisches Prinzip). Auf diesen Beziehungen beruhen bekanntlich die Auftriebsmethoden der Dichtemessung (Senkkörpermethode, Aräometrie).

Hieraus ergibt sich, daß das Gewicht eines Körpers (im Gegensatze zu seiner Masse) von der auf der Erde — und erst recht im Weltraume — örtlich verschiedenen Größe der Schwerkraft und von der veränderlichen Dichte des umgebenden Mediums, im allgemeinen der Luft, abhängig, d. h. also veränderlich ist. Die von der Ortsabhängigkeit der Schwerkraft herrührende Veränderlichkeit des Gewichts läßt sich **für die Zwecke der Massenbestimmung** durch das übliche Verfahren der Wägung ausschalten, weil hier der zu wägende Körper und die benutzten Gewichtsstücke in gleicher Weise von einer Veränderung der Schwerkraft betroffen werden. Bei anderen Wägemethoden, etwa bei Benutzung einer Federwaage, bleibt dagegen die Veränderlichkeit der Schwerkraft wirksam.

In allen Fällen aber macht sich der Einfluß der Auftriebskräfte bemerkbar, wenn — wie gewöhnlich — die Gewichtsbestimmung nicht im Vakuum, sondern einfach in Luft erfolgt und die Raumerfüllung des zu wägenden Körpers (wie meist) eine andere ist als die der Gewichtsstücke. Bei der Wägung auf der Hebelwaage erscheint ein Körper, dessen Dichte kleiner ist als die der Gewichtsstücke, gegenüber seinem Vakuumgewichte um so leichter, je dichter die Luft, d. h. je höher der Luftdruck, je niedriger die Temperatur und je trockener die Luft ist.

Nur der von der Auftriebswirkung befreite und auf eine mittlere Schwerkraft reduzierte Wert des Gewichts kann im strengen Sinne **numerisch** gleich der Masse des gewogenen Körpers gesetzt werden. Hierauf ist bei der Ableitung der Dichte eines Körpers aus den Ergebnissen von Wägungen in Luft zu achten.

**Spezifisches Gewicht** bedeutet nach streng wissenschaftlichem Sprachgebrauche das **Gewicht** der **Raumeinheit** (ml) eines Körpers, also die Kraft, mit der 1 ml des Körpers auf seine Unterlage drückt. Die Dimension des spezifischen Gewichts ist also $\frac{\text{Gewicht}}{\text{Volumen}}$, d. h. $\frac{\text{Kraft}}{\text{Volumen}}$, unterscheidet sich mithin von derjenigen der Dichte um den Faktor Beschleunigung (Kraft = Masse mal Beschleunigung). Als Seitenstück zur Bezeichnung „**Dichte**" hat der AEF (Ausschuß für Einheiten und Formelgrößen) für das spezifische Gewicht die Bezeichnung „**Wichte**" empfohlen, welche die Analogie der beiden Größen augenfällig ausdrückt[1]).

Was in der Praxis der technisch-wissenschaftlichen Messung als „spezifisches Gewicht" bestimmt wird, ist in Wirklichkeit gar

---

[1]) 5. Sonderdruck des AEF, Abdruck aus der Elektrotechnischen Zeitschrift, S. 15, Julius Springer, Berlin 1937.

nicht dieses selbst, sondern eine dimensionslose (absolute, unbenannte) Verhältniszahl, welche angibt, wie sich das Gewicht eines Körpers zu dem Gewichte eines gleichen Volumens eines Vergleichskörpers (Bezugskörpers) verhält. Als Vergleichskörper dient allgemein die vielseitige Normalsubstanz Wasser. Als Vergleichsgewicht wird das des Wassers entweder bei der gleichen Temperatur eingesetzt, bei der auch der Körper gewogen wurde, oder aber das des Wassers im Zustande maximaler Dichte, d. h. bei $4^0$ C. So sind Angaben entstanden, wie „Spezifisches Gewicht bei $t^0$, bezogen auf Wasser von $t^0$": $d\frac{t^0}{t^0}$ oder „Spezifisches Gewicht bei $t^0$, bezogen auf Wasser von $4^0$" : $d\frac{t^0}{4^0}$.

Durch die Angabe „bezogen auf Wasser von $t^0$" ($t \gtreqless 4$) wird dargetan, daß hier grundsätzlich keine spezifische, d. h. für die Raumeinheit geltende Größe vorliegt, sondern ein Wert, der sich im allgemeinen auf einen anderen Raum als das ml bezieht (auch 1 g Wasser von $4^0$ nimmt übrigens, wenn es in Luft gewogen wird, einen von 1 ml etwas abweichenden Raum ein).

Es ist daher nicht richtig, derartige Angaben auch weiterhin noch unter der Bezeichnung „spezifisches Gewicht usw." zu bringen. Man wird vielmehr korrekterweise ihre Bedeutung als Verhältniszahlen scharf hervorheben müssen und ihnen daher die Bezeichnung „Tauchgewichtsverhältnis"[1]) — mit einer Angabe der Temperaturen von Körper und Vergleichskörper (Wasser) — beizulegen haben (Formelzeichen $\tau$). Es soll dadurch angedeutet werden, daß man zu diesen Verhältniszahlen durch Wägung gelangt, und zwar durch Wägung in Luft, was dadurch ausgedrückt wird, daß ein darauf bezüglicher Index ($L$) beigefügt wird.

Das Tauchgewichtsverhältnis für eine Flüssigkeit (der häufigste Fall) wird in der Regel so bestimmt, daß man durch Wägung feststellt, wieviel ein Hohlgefäß (Meßkolben, Pyknometer) einmal von der Versuchsflüssigkeit und zum andern von Wasser faßt, und zwar aus praktischen Gründen bei der gleichen Temperatur ($t^0$). Wieviel Wasser von $4^0$ dasselbe Gefäß fassen würde, wird durch Umrechnung

[1]) Das „Tauchgewicht" unterscheidet sich von dem für das Vakuum geltenden „Gewicht" um den „Auftrieb".

(auf Grund der Dichten des Wassers bei $t^0$ und bei $4^0$) ermittelt (siehe die Tafel 13).

Es wird folgende Bezeichnungsweise angewandt:

| Begriff | Formelzeichen |
|---|---|
| Tauchgewichtsverhältnis für $\frac{t^0}{t^0}$ (bestimmt in Luft) | $\tau_L \frac{t^0}{t^0}$ |
| Tauchgewichtsverhältnis für $\frac{t^0}{4^0}$ (bestimmt in Luft) | $\tau_L \frac{t^0}{4^0}$ |

Aus dem Tauchgewichtsverhältnis $\tau_L \frac{t^0}{4^0}$ läßt sich durch Reduktion auf das Vakuum die Dichte des Versuchskörpers, der Wert $\varrho_{t^0}$, berechnen (siehe Tafel 12).

Der Unterschied zwischen Dichte $\varrho_{t^0}$ und Tauchgewichtsverhältnis $\tau_L \frac{t^0}{4^0}$ spielt nur bei genaueren Messungen eine Rolle (von der 4. Dezimale an). Für alle roheren Dichtebestimmungen (bis zur 3. Dezimale) darf man ohne merklichen Fehler auf die Umrechnung von Tauchgewichtsverhältnissen auf Vakuumwerte verzichten und praktisch $\tau_L \frac{t^0}{4^0} = \varrho_{t^0}$ setzen.

Die Bezeichnung „spezifisches Gewicht" kommt in diesem Buche nicht vor.

## Tafel 13

### Dichte des Wassers ($\varrho_w$) bei verschiedenen Temperaturen ($t^0$ C) nebst Logarithmen

Diese Tafel gibt die Unterlagen für die nach Tafel 12 vorzunehmende Umrechnung von $\tau_L \frac{t^0}{t^0}$ auf $\tau_L \frac{t^0}{4^0}$ und weiterhin auf die Dichte $\varrho_{t^0}$.

## Tafel 14 und 14a

### Volumbestimmung durch Auswägen

Die Tafel 14 wird angewendet, wenn der Inhalt von Pyknometern, Pipetten, Meßflaschen oder Büretten durch Auswägen mit Wasser oder Quecksilber bestimmt werden soll.

Hierbei dient als Volumeneinheit das „wahre Liter". Über die Bedeutung dieser Größe herrscht erfahrungsgemäß noch vielfach nicht genügende Klarheit. Sie sei daher hier kurz erläutert. Das „wahre Liter" ist der Raum, den 1 kg reinstes Wasser (im Vakuum gewogen) bei $4^0$ C einnimmt; er ist nur um wenige Hunderttausendstel größer als 1 $dm^3$ ($\approx$ 1,00003 $dm^3$). In demselben Verhältnis ist also auch das Milliliter (1 ml = 0,001 l) größer als das Kubikzentimeter. In der Praxis wird jedoch hierauf keine Rücksicht genommen und mit Kubikzentimetern gerechnet, wo, streng genommen, Milliliter gemeint sind, also 1 $cm^3$ = 0,001 l gesetzt (siehe auch Seite 220). Der Unterschied ist ja auch für die meisten Zwecke bedeutungslos.

Das wahre Liter, also ein an sich unveränderlicher Raum, wird für physikalische und chemische Zwecke gewöhnlich in Glasgefäßen festgelegt. Um die Messung bequemer zu gestalten, wird die Volumenbestimmung meist nicht bei $4^0$, der Temperatur größter Dichte des Wassers, sondern bei höheren Temperaturen, z. B. $15^0$, $17{,}5^0$, $20^0$ oder $28^0$, ausgeführt. Wegen der Wärmeausdehnung des Glases, die den Rauminhalt eines Glasgefäßes um etwa $^1/_{40000}$ seines Wertes für jedes Grad Temperaturerhöhung vergrößert, sitzt der Eichstrich am Halse eines gegebenen Meßkolbens um so tiefer, je höher die Temperatur ist, für die das Gerät geeicht wurde.

Die Volumenbestimmung geschieht durch Auswägen mit Wasser oder mit Quecksilber und zwar aus praktischen Gründen nicht im luftleeren Raume, sondern in Luft. Hierbei ist also der Luftauftrieb einerseits des zu wägenden Körpers, andererseits der Gewichtsstücke in Rechnung zu stellen. Ein Körper vom Gewichte $G$ und der Dichte $\varrho_1$ erleidet in Luft von der Dichte $\delta$ einen Auftrieb von $\frac{G \cdot \delta}{\varrho_1}$ Gramm, während für die Gewichtsstücke bei einer Dichte $\varrho_2$ der Auftrieb $\frac{G \cdot \delta}{\varrho_2}$ Gramm beträgt. Der Körper erscheint also bei der Wägung in Luft um $G \cdot \delta \cdot \left(\frac{1}{\varrho_1} - \frac{1}{\varrho_2}\right)$ Gramm zu leicht. Die Werte der Tafel 14 sind unter der Voraussetzung berechnet, daß mit Messinggewichten ($\varrho_2 = 8{,}4$) in Luft von der Dichte 0,00120 gewogen wird. Unter diesen Umständen nimmt bei der Auswägung mit Wasser ($\varrho_1 = 1{,}00$) das Produkt aus $\delta$ und dem Klammerausdrucke den Wert

+ 0,00106 und beim Auswägen mit Quecksilber ($\varrho_1 = 13{,}5$) den Wert — 0,00005 an. Das Quecksilber erscheint also im Gegensatze zum Wasser bei der Wägung in Luft gegenüber dem Vakuumwerte zu schwer, falls mit Messinggewichten (wie üblich) gewogen wird.

Die der Tafel 14 zugrunde gelegte Luftdichte von 0,00120 gilt für trockene Luft bei einem Drucke von 760 Torr und bei einer Temperatur von 21°. Die Tafelwerte für Auswägung mit Wasser erniedrigen sich um eine Einheit der letzten Dezimale, wenn der Luftdruck um 7 Torr zunimmt und erhöhen sich um ebensoviel, wenn die Temperatur um 3° steigt, oder wenn die Luft bei unverändertem Barometerstande einen Partialdruck von Wasserdampf im Betrage von 19 Torr aufweist. Nach diesen Angaben ist leicht zu übersehen, welche Korrektionen anzubringen sind, wenn derartige Abweichungen von den gewählten Normalbedingungen einzeln oder kombiniert vorkommen. Bei der Auswägung mit Quecksilber sind die auf diesen Einflüssen beruhenden Änderungen so gering, daß für die Praxis kaum jemals eine Korrektion auch nur um eine Einheit der letzten angegebenen Stelle in Frage kommt.

Beispiel: Die Auswägung eines Gefäßes mit Wasser bei 18,1° ergab ein Inhaltsgewicht von 67,3465 g. Luftdruck $b = 758$ Torr; Temperatur der Luft = 20°. Wasserdampftension = 7 Torr. Korrektionen: Druck = + 0,3; Temperatur = — 0,3; Feuchtigkeit = + 0,4 (alles in Einheiten der zweiten Dezimalstelle des Wertes von $w$ in Tafel 14). Die Gesamtkorrektion bleibt also auch bei Abrundung unterhalb einer Einheit der zweiten Dezimalstelle, ist demnach zu vernachlässigen. Folglich ist das Volumen des Gefäßes bei 18,1°

$$V_{18,1} = \frac{1000 \cdot 67{,}3465}{997{,}54}\,\mathrm{cm}^3 = 67{,}513\ \mathrm{cm}^3.$$

Es ist angenommen, daß die angestrebte Genauigkeit die Benutzung von fünfstelligen Logarithmen gestattet. Andernfalls muß eine siebenstellige Tafel verwendet werden. Die Logarithmen der Werte von Tafel 14 sind für alle Fälle siebenstellig gegeben worden. Sie entsprechen den bis auf die (hier nicht aufgeführte) dritte Dezimale ausgerechneten Numeri.

Bei $15^0$ würde das Volumen des in vorstehendem Beispiele ausgemessenen Gefäßes sein

$$V_{15} = V_{18,1}\left(1 + \frac{15 - 18,1}{40000}\right) = 67,513 \cdot \frac{39997}{40000} = 67,508 \text{ cm}^3.$$

Die Tafel 14a wird bei der Prüfung von Meßgeräten, wie Kolben, Pipetten usw., mit abgerundeten Inhaltswerten (handelsübliche Ware) gute Dienste leisten können. Sie gestattet, aus dem Ergebnis einer Auswägung mit Wasser bei beliebiger Temperatur in einfacher Weise die Abweichung des Gefäßvolumens vom Sollwerte bei Normaltemperatur ($20^0$ bzw. $28^0$) zu berechnen. Aus der Tafel 14a läßt sich unmittelbar entnehmen, wieviel der Wasserinhalt eines bei Normaltemperatur richtigen Meßgerätes bei der Auswägung (bei beliebiger Temperatur) wiegen muß. Aus dem tatsächlichen Ergebnis der Auswägung geht dann also in einfachster Weise der Fehler des Gerätinhaltes bei Normaltemperatur hervor. Auf die Logarithmen der Litergewichte konnte hier verzichtet werden, weil es sich ja in solchen Fällen ganz überwiegend um runde Inhalts-Sollwerte handelt, die man leicht ohne Logarithmen mit den Litergewichten multiplizieren kann.

$28^0$ ist die „tropische Normaltemperatur“.

Wenn eine Volumenbestimmung bis auf 0,00001 des Wertes genau sein soll (entsprechend einer Einheit in der zweiten Dezimalstelle der Zahlen der Tafeln 14 und 14a), ist nicht nur auf etwa abweichende Luftdichte und dementsprechend veränderten Luftauftrieb zu achten, sondern auch die Dichte der benutzten Gewichtsstücke zu prüfen. Im allgemeinen rechnet man bei (vergoldeten, platinierten oder vernickelten) Messinggewichten mit der Dichte 8,4. Der Luftauftrieb ändert sich beim Auswägen mit Wasser infolge von Schwankungen in der Dichte der Gewichtsstücke in der Weise, daß er für je 0,5 Einheiten Dichtezunahme um etwa $1^0/_0$ zunimmt. Dem entspricht eine Erniedrigung der *w*-Werte von Tafel 14 und 14a um eine Einheit der zweiten Dezimale.

Abweichungen der Dichte (nach unten) können bei Messinggewichten durch das Vorhandensein abgeschlossener Hohlräume unter dem eingeschraubten Knopf bedingt sein. Man soll daher nur Gewichtssätze aus bewährten Bezugsquellen benutzen, gegebenenfalls solche mit Eichschein.

## Tafel 15

## Maßanalytische Temperatur-Korrektionen

Wasser und wässerige Lösungen dehnen sich im allgemeinen bei der Erwärmung aus und ziehen sich beim Abkühlen zusammen. Dementsprechend steigt die Konzentration einer wässerigen Lösung bei der Abkühlung und fällt bei der Erwärmung. Die dadurch beim Titrieren mit Lösungen beliebiger Temperatur bedingten Fehler werden zu einem kleinen Teile durch die Temperaturveränderlichkeit des Hohlraumes von Glasgefäßen kompensiert.

Bei genauen maßanalytischen Arbeiten ist es wünschenswert, zu wissen, wie groß das Volumen einer bei Normaltemperatur (20°) eingestellten, jedoch bei abweichender Temperatur abgemessenen Lösung sein würde, wenn Gefäß und Lösung auf die Normaltemperatur gebracht würden. Zu diesem Zwecke dient die Tafel 15. Sie gibt an, wieviel Kubikzentimeter man auf je 1000 ccm hinzufügen (pos. Korrektion) oder abziehen (neg. Korrektion) muß, um auf das Volumen bei Normaltemperatur zu kommen.

Die Korrektionen ergeben sich aus den Ausdehnungskoeffizienten der benutzten Flüssigkeiten und demjenigen des Glases. Zehntelnormale Lösungen haben praktisch denselben Ausdehnungskoeffizienten wie reines Wasser. Bei ihnen kann man die Korrektionen daher auch aus der Tafel 14a entnehmen.

Will man z. B. wissen, welchen Raum 25,20 ccm einer 0,1 n-Lösung von 26° bei 20° einnehmen würden, so braucht man nur aus der Tafel 14a zu entnehmen, daß ein Liter Wasser bei 20° 997,17 g wiegt, bei 26° jedoch 995,90 g oder 1,27 g weniger, d. h. daß sich 1000 ccm beim Erwärmen von 20° auf 26° in Glasgefäßen um rund 1,27 ccm ausdehnen. Die bei 26° abgemessenen 25,20 ccm würden sich also beim Abkühlen auf 20° um $\frac{1{,}27 \cdot 25{,}2}{1000} = 0{,}03$ ccm zusammenziehen, d. h. ein Volumen von 25,17 ccm einnehmen.

## Tafel 16

### Dichte und Gehalt wässeriger Lösungen. (Herstellung von Normallösungen nach der Dichte)

Die Tafel 16 gibt in 7 Tabellen den Zusammenhang zwischen den Dichten wichtiger und viel benutzter Lösungen bei 20° und ihrem Gehalt (in Gewichtsprozenten und in Mol/Liter).

Die aus den zuverlässigsten Grundlagen berechneten Tabellen sind genau genug, um mit ihrer Hilfe Lösungen für Titrationen einzustellen. Hierzu ist allerdings erforderlich, unter sorgfältiger Innehaltung der Temperatur (20°), die Dichte auf etwa eine Einheit der vierten Dezimale richtig zu bestimmen. Das Verfahren gibt dann Titrierflüssigkeiten, die auf zehntel Prozente richtig sind [vgl. Chem.-Ztg. **26**, 1055 (1902); Berichte **38**, 150 (1905)].

Beispiel: Die Dichte einer Salzsäure wurde zu 1,0835 gefunden. Nach Tafel 16, Tabelle b) ist eine Säure von der Dichte 1,0800 g $cm^{-3}$ 4,878 m, eine solche von der Dichte 1,0850 g $cm^{-3}$ aber 5,192 m. Durch Interpolieren findet man für die Dichte 1,0835 die Molarität zu

$$4{,}878 + \frac{35}{50} \cdot (5{,}192 - 4{,}878) = 4{,}878 + \frac{35}{50} \cdot 0{,}314 = 5{,}098\,.$$

Somit ist ein Volumen der Säure auf 5,098 Volumina zu verdünnen, um sie genau $^1/_1$ n = 1 m zu machen.

## Tafel 17

### Logarithmen der Werte von $\frac{n^2 - 1}{n^2 + 2}$

Diese Tafel dient zur Erleichterung der Berechnung von Molrefraktionen aus Brechungsexponenten ($n$). Sie genügt für die meisten Zwecke der organischen Chemie. Nötigenfalls muß auf umfangreichere Tabellenwerke zurückgegriffen werden.

## Tafel 18

### Löslichkeit wichtiger Stoffe bei 20°

Die Tafel enthält die Löslichkeiten wichtiger, hauptsächlich im Laboratorium als Reagens gebrauchter Stoffe bei 20°. Unter „% Bodenk." ist der Prozentgehalt der bei 20° gesättigten wässerigen Lösungen angegeben, bezogen auf den Bodenkörper der durch die beigeschriebene Formel gegebenen Zusammensetzung, während unter „% Anh.“, soweit erforderlich, auch noch der Prozentgehalt an wasserfreiem (anhydrischem) Stoff verzeichnet ist. Die Spalte „mol/l“ gibt die Molekularnormalität dieser Lösungen, die Spalte „$\varrho_{20^0}$“ ihre Dichte bei 20° an. Die Zahlen sind großenteils durch Interpolieren aus den entsprechenden Tafeln der 5. Auflage der Landolt-Börnsteinschen Tabellen und ihrer Ergänzungsbände erhalten worden. Die kursiv gedruckten Zahlen gelten nicht für 20°, sondern noch für 15°, da Angaben für die Normaltemperatur bei diesen Stoffen nicht vorgefunden wurden.

Die durch ein Sternchen vor dem Stoffnamen gekennzeichneten Werte sind Ergebnisse einer neueren, umfangreichen Präzisionsuntersuchung von Fr. Flöttmann (Ztschr. f. anal. Chem. **73**, 1 [1928]).

## Tafel 19

### Wheatstonesche Brücke. Logarithmen der Werte von a:(1000—a) für a von 1 bis 999

Da bei der Arbeit mit der Wheatstoneschen Brücke die Anwendung von lg bei der Berechnung zeitsparend ist, so wurden in die Tafel 19 nicht, wie sonst üblich (siehe die Handbücher von Ostwald-Luther und von Kohlrausch), die Werte für a:(1000 — a), sondern gleich deren lg aufgenommen. Die Tafel gilt für den, wie üblich, in 1000 Einheiten eingeteilten Meßdraht.

## Tafel 20

### Elektrochemie

#### A. Elektrochemische Äquivalente. Normalelemente

Die gesetzliche Grundlage des Coulomb als derjenigen Elektrizitätsmenge, die 1,11800 mg Silber abscheidet, ist noch in Geltung. Die neuesten, sorgfältigsten Untersuchungen haben diesen Wert sogar auf das beste bestätigt. Dagegen beträgt der Zahlenwert für 1 $F$ entsprechend dem neuen Atomgewichte des Silbers nunmehr 96494 Coulomb (96494 $\pm$ 5 internationale Coulomb). Da das Jodcoulometer jedoch einen etwas höheren Wert (1 $F = 96512$ Coulomb) liefert, so rechnet man zweckmäßig mit dem abgerundeten Werte $1\,F = 96500$ Coulomb. Dieser Wert liegt der Berechnung der Tafel „Elektrochemische Äquivalente“ zugrunde. Bei den auf das Knallgascoulometer bezüglichen Werten ist darauf Rücksicht genommen, daß das Molvolumen des Wasserstoffs um etwa 0,2% größer ist als das des Sauerstoffs. — Die Numeri sind auch hier in roter, die Mantissen der Logarithmen in schwarzer Farbe gedruckt.

## B. Potentialübersicht

Dieser Abschnitt dient der Erleichterung der Auswertung gemessener Elektromotorischer Kräfte und der Wahl der jeweils geeignetsten Bezugselektrode. Eine Reihe der gebräuchlichsten Bezugselektroden ist in der Potentialtabelle (b) aufgeführt. Die gleiche Tabelle bringt aber auch einige Meßelektroden, die für bathmometrische Zwecke (siehe den Abschnitt C) benutzt werden. Näheres darüber im Abschnitt C. Das Potentialdiagramm (a) vermittelt in anschaulicher Weise die Kenntnis der Beziehungen der Elektrodenpotentiale zueinander und liefert Handhaben für eine zweckmäßige Elektrodenwahl (siehe den Abschnitt C).

## C. Bathmometrie

Die Messung der Wasserstoffionen-Aktivität hat in letzter Zeit stetig an Wichtigkeit zugenommen und ist gegenwärtig wohl die am häufigsten ausgeführte physiko-chemische Messung. Sie geschieht ganz vorwiegend entweder auf kolorimetrischem Wege (mit Hilfe von Indikatorenfärbungen) oder — wohl noch öfter — durch Messung Elektromotorischer Kräfte. Der Zusammenhang des Potentials mit der Aktivität der beteiligten Ionen ist derartig, daß gleichen Veränderungen des Potentials gleiche Vervielfachungen der Aktivitäten entsprechen, so daß das Potential dem Logarithmus der Ionenaktivität proportional ist. Aus diesem Grunde — und auch aus anderen, praktischen Gründen — wird als Ergebnis der Messung gewöhnlich nicht die Wasserstoffionen-Aktivität selbst angegeben, sondern ihr Logarithmus, und zwar mit negativem Vorzeichen. Für diese Größe hat sich nach dem Vorbilde von S. P. L. Sörensen (1909) das Symbol $p_{H^+}$ eingebürgert, und die entsprechende Messung geht fast allgemein unter dem Namen $p_{H^+}$-Messung (Peha-Messung). Dieser merkwürdige Brauch zeugt davon, daß wir keine allgemein anerkannte Wortbezeichnung für das Symbol besitzen. Sörensens „Wasserstoffexponent" (richtige Bedeutung: Wasserstoffionenkonzentrationszehnerpotenzexponent) hat sich als zu lang ebensowenig bewährt wie L. Michaelis' zu farblose Bezeichnung „Wasserstoffzahl".

Nun existiert für den gleichen Begriff schon seit langem eine Bezeichnung, welche die wünschenswerte Kürze mit der Übersetzbarkeit in alle Kultursprachen verbindet. Es ist die von H. Friedenthal [Ztschr. f. Elektrochem. **10**, 114 (1904)] benutzte Bezeichnung „Stufe" (sc.: Säurestufe). Man wird also den Vorteil eines kurzen, eindeutigen Namens mit der historischen Gerechtigkeit in Einklang bringen können, wenn man diesen fast vergessenen Vorschlag wieder aufgreift und von Stufen, Zehntelstufen, Hundertstelstufen, Stufenmessung usw. spricht (wobei mangels eines besonderen Zusatzes immer Säurestufen gemeint sind — man kann analog auch Basenstufen usw. festlegen). Zugleich bietet sich dann auch die Möglichkeit, für die Stufenmessung einen kurzen Namen zum internationalen Gebrauch zu bilden, nämlich „Bathmometrie" (von bathmós, dem griechischen Worte für Stufe). „Stufenmessung" und „Bathmometrie" sind nicht länger und nicht schwerer sprechbar als „Pehamessung". Die vorstehenden Vorschläge seien somit der Öffentlichkeit unterbreitet und zum allgemeinen Gebrauche empfohlen.

Zugleich wird angeregt, da ja doch ein kleinerer Stufenwert ($p_{H^+}$-Wert) einer stärker sauren Reaktion entspricht, eine Stufe mit kleinerem Stufenwerte als „höher", eine solche mit größerem Stufenwerte als „tiefer" zu bezeichnen.

Der Zusammenhang zwischen Stufe und Wasserstoffionenaktivität ist nach vorstehendem:

$$p_{H^+} = -\lg a_{H^+}.$$

Näheres ist aus dem Abschnitte E zu ersehen.[1])

Für praktische Zwecke darf man unter der Voraussetzung, daß die Gesamtkonzentration der Ionen in der Versuchslösung nicht zu groß (am besten nicht über 0,1 n) ist, angenähert

[1]) Die Bezeichnung $p_{H^+} = -\log a_{H^+}$ ist nicht ganz korrekt, weil die Grundlagen des $p_{H^+}$-Systems nach Sörensen, Clark u. a. kleine Abweichungen von den Ergebnissen der neueren Aktivitätsforschung enthalten. So ergeben sich hier Unterschiede von einigen wenigen Hundertstelstufen.

Aktivitäten und Konzentrationen gleichsetzen. Bei höheren Gesamtionenkonzentrationen führt die analytische Auswertung von Potentialmessungen zu merklich falschen Ergebnissen für die zu messenden Ionenkonzentrationen.

Wünscht man auf elektrometrischem Wege die Säurestufe ($p_{H^+}$) einer Lösung zu messen, so verschafft man sich zweckmäßig zunächst ein angenäherte Kenntnis von ihrer Lage. Das kann durch die Benutzung von Indikatorfolien (nach P. Wulff) oder von Indikatorpapieren („Lyphan“ nach G. Kloz) geschehen.

Dann sucht man an der Hand des Potentialdiagramms (B, a) eine für den vorliegenden Zweck geeignete Meßelektrode aus (Wasserstoff, Chinhydron, Glas oder Antimon), wobei zu beachten ist, daß man sich innerhalb des geradlinigen Verlaufes der Potential-Säurestufen-Linien hält. Man kann also z. B. bei einer angenähert bestimmten Säurestufe von $p_{H^+} = 6$ alle vier obengenannten Meßelektroden benutzen; dagegen ist bei $p_{H^+} = 10$ ausschließlich die Wasserstoffelektrode verwendbar.

Die Wahl der Vergleichselektrode (Normalelektrode) wird man dann so treffen, daß man einen angemessenen (weder zu großen, noch zu kleinen) Wert der EMK erhält und erhebliche Diffusionspotentiale vermeidet. Letzteres erreicht man dadurch, daß man an den beiden Elektroden der Kette für möglichst wenig auseinander liegende Säurestufen sorgt.

Der Abschnitt C der Tafel 20 dient zur Erleichterung der Berechnung von Säurestufen aus den Ergebnissen von Potentialmessungen. Als Grundlagen für die Berechnung der im Unterabschnitte IV mitgeteilten Tabellen für die Zahlenwerte der Temperaturfunktionen $H_{(t)}$ und $Ch_{(t)}$ haben die Messungen von H. Riehm [Ztschr. f. physik. Chem., Abt. A, **160**, 1 (1932)] in Verbindung mit der dort angegebenen sonstigen Literatur gedient.

Zu den Verfahren II und III ist zu bemerken, daß bei der Unsicherheit der hier in Betracht kommenden Unterlagen eine Verwendung der angegebenen Formeln nur in nicht zu großem Abstande von der Normaltemperatur, also etwa zwischen $15^0$ und $25^0$, empfohlen wird.

Zu IV. Für die im Potentialdiagramm (B, a) ebenfalls durch schräge gerade, aber strichpunktierte Linien gekennzeichneten Meßelektroden

(Glas, Sb) ist die Auswertung der gemessenen EMK ohne weiteres nur für 20⁰ möglich. Hat man eine andere Vergleichselektrode benutzt, so rechnet man zunächst mit Hilfe der Tabelle (B, b) aus, wie groß die EMK der Meßelektrode gegen die Meßelektrode in Standard-Acetat sein würde, und findet dann, wenn der berechnete $E$-Wert $E_b$ (in Millivolt) genannt wird:

$$p_{H^+} = \frac{-E_b}{58,1} + 4,62\,.$$

Hierbei ist die Meßgenauigkeit der Meßelektrode zu berücksichtigen!

Beispiel: Es wurde mit der Antimonelektrode gegen die Wasserstoffelektrode in Standard-Acetat gemessen. Sb war um 150 mV positiver als $H_2$. Letzterer ist nach der Tabelle B, b um 10 mV negativer als Sb in Standard-Acetat. Mithin ist

$$E_b = +\,150 - 10 = +\,140 \text{ mV},$$

und

$$p_{H^+} = \frac{-\,140 \pm 5}{58,1} + 4,62 = -\,2,4 \pm 0,1 + 4,62 = 2,2 \pm 0,1\,.$$

Die Ionenprodukte des Wassers bei verschiedenen Temperaturen (Unterabschnitt VI) sind der 5. Auflage der Landolt-Börnsteinschen Tabellen nebst Ergänzungsbänden entnommen und z. T. durch graphische Ausgleichung untereinander in Übereinstimmung gebracht.

## D. Puffergemische

Die Tabellen a bis i geben an, wie man Pufferlösungen mischen muß, um Flüssigkeiten von einer bestimmten Säurestufe ($p_{H^+}$) zu erhalten.

Alle Tabellen gelten für 20⁰ C. Die aufgeführten Werte sind teils durch Interpolation aus den von S. P. L. Sörensen [Compt. rend. Carlsberg **8**, 1 (1909); Biochem. Ztschr. **21**, 131 (1909)] für 18⁰ veröffentlichten Daten (Kurven) unter Benutzung der Temperaturkorrektionen von L. E. Walbum [Biochem. Ztschr. **107**, 219 (1920)] gewonnen worden, teils auf die für 20⁰ gültigen Ergebnisse von W. M. Clark (The determination of hydrogen ions, 3. Aufl., S. 200, Baltimore 1928) gegründet.

## E. Aktivität und Aktivitätskoeffizient

1. Die (thermodynamische) Aktivität $a_i$ einer Molekelart $i$ ist nach G. N. Lewis definiert als eine relative Größe, die an Stelle der Konzentration $c_i$ derselben Molekelart in die für idealverdünnte Systeme geltenden thermodynamischen Gesetzmäßigkeiten einzuführen ist, um diese Gesetzmäßigkeiten auch auf reale Systeme anwenden zu können.

Der Aktivitätskoeffizient $f_i$ verknüpft Aktivität und Konzentration gemäß

$$a_i = f_i \cdot c_i \,. \tag{1}$$

Er ist selbst eine Funktion der Konzentrationen aller anwesenden Molekelarten und im allgemeinen auch eine Funktion von Druck und Temperatur.

Die definitionsgemäß relative Aktivität kann durch Wahl eines an sich beliebigen Bezugszustands normiert werden. Für gelöste Stoffe pflegt dies zweckmäßigerweise fast allgemein durch die Bedingung

$$\lim_{\Sigma c_i \to 0} a_i \longrightarrow c_i \tag{2}$$

zu geschehen: In der Grenze für kleine Konzentrationen wird die Aktivität gleich der Konzentration selbst, der Aktivitätskoeffizient mithin gleich 1 gesetzt.

2. Von besonderer Bedeutung wird der Aktivitätskoeffizient für Ionenlösungen, da die Kräfte zwischen elektrisch geladenen Teilchen schon bei relativ geringen Konzentrationen nicht mehr vernachlässigt werden dürfen. Das Massenwirkungsgesetz etwa in Anwendung auf das Dissoziationsgleichgewicht eines binären Elektrolyten

$$\mathrm{KA} \rightleftarrows \mathrm{K}^{\cdot} + \mathrm{A}'$$

lautet dann

$$\frac{a_{\mathrm{K}^{\cdot}} \cdot a_{\mathrm{A}'}}{a_{\mathrm{KA}}} = K_a = \frac{c_{\mathrm{K}^{\cdot}} \cdot f_{\mathrm{K}^{\cdot}} \cdot c_{\mathrm{A}'} \cdot f_{\mathrm{A}'}}{c_{\mathrm{KA}} \cdot f_{\mathrm{KA}}} = K_c \cdot \frac{f_{\mathrm{K}^{\cdot}} \cdot f_{\mathrm{A}'}}{f_{\mathrm{KA}}} \tag{3}$$

oder auch, wenn $\alpha$ den (wahren) Dissoziationsgrad des betrachteten Ionenbildners von der Bruttokonzentration $c$ bedeutet,

$$K_a = \frac{\alpha^2 \cdot c}{1 - \alpha} \cdot \frac{f_{K^\cdot} \cdot f_{A'}}{f_{KA}} \,. \tag{3 a}$$

Nur für die reinen (wäßrigen) Lösungen eines schwachen Elektrolyten werden auch bei mittleren und höheren Konzentrationen — wegen der auch unter diesen Bedingungen im Mittel großen Ionenabstände — die Aktivitätskoeffizienten annähernd gleich 1. Die Beziehungen (3) und (3 a) gehen in diesem Falle in die einfacheren „klassischen" Gesetze

$$K_a \approx K_c = \frac{c_{K^\cdot} \cdot c_{A'}}{c_{KA}} = \frac{\alpha^2 \cdot c}{1 - \alpha} \tag{4}$$

über.

Angenähert kann vielfach — auch bei Beteiligung starker Elektrolyte, jedenfalls in mäßigen Konzentrationen — der Aktivitätskoeffizient neutraler Molekeln zu praktisch 1 angenommen werden, so daß sich die obengenannten allgemeinen Beziehungen (3) und (3a) durch Fortfall von $f_{KA}$ vereinfachen.

Starke Elektrolyte in mäßigen Konzentrationen darf man — ohne einen allzu großen Fehler zu begehen — meist als vollständig dissoziiert betrachten, so daß hier die Ionenkonzentrationen in einfacher Weise aus der Bruttokonzentration zu ermitteln sind.

3. Experimentell können Aktivitäten im Prinzip aus beliebigen thermodynamischen Gleichgewichten bestimmt werden. Praktisch kommen insbesondere Messungen des Dampfdrucks, der Gefrierpunktserniedrigung, der Löslichkeit, sowie solche der EMK galvanischer Ketten in Betracht. Wegen der Auswertung muß auf die Sonderliteratur verwiesen werden.[1]) Allerdings liefern alle diese Methoden für Elektrolyte im allgemeinen nicht die oben eingeführten

---

[1]) G. N. Lewis und M. Randall, Thermodynamik und die freie Energie chemischer Substanzen, deutsch von O. Redlich. Berlin 1927. — K. Jellinek, Lehrbuch der physikalischen Chemie, Bd. 3. Stuttgart 1931. — H. Falkenhagen, Elektrolyte. Leipzig 1932.

individuellen Aktivitäten der einzelnen Ionenarten, sondern einen Mittelwert, gegeben durch

$$a_{\pm} = \left(a_{+}^{z_{+}} \cdot a_{-}^{z_{-}}\right)^{1/z} \tag{5}$$

für einen einfachen, zwei Ionenarten liefernden Elektrolyten, der pro Molekel in $z$ Ionen, und zwar $z_{+}$ Kationen und $z_{-}$ Anionen, zerfällt ($z = z_{+} + z_{-}$). Dementsprechend kann als mittlerer Aktivitätskoeffizient der Ionen eingeführt werden

$$f_{\pm} = \frac{a_{\pm}}{c_{\pm}} = \left(\frac{a_{+}^{z_{+}} \cdot a_{-}^{z_{-}}}{c_{+}^{z_{+}} \cdot c_{-}^{z_{-}}}\right)^{1/z} = \left(f_{+}^{z_{+}} \cdot f_{-}^{z_{-}}\right)^{1/z} = \frac{1}{\alpha \cdot c}\left(\frac{a_{+}^{z_{+}} \cdot a_{-}^{z_{-}}}{z_{+}^{z_{+}} \cdot z_{-}^{z_{-}}}\right)^{1/z}. \tag{6}$$

In allen Fällen, in denen vom Dissoziationsgrad $\alpha$, bzw. von den Einzelkonzentrationen der Ionen oder auch deren Mittelwerte $c_{\pm}$ keine genügend sichere Kenntnis herrscht, pflegt man statt mit den wahren Aktivitätskoeffizienten $f$ mit den „stöchiometrischen" Aktivitätskoeffizienten $\gamma$, welche die Quotienten aus Aktivität und stöchiometrischer Konzentration $m$ darstellen, zu rechnen:

$$\gamma_i = \alpha \cdot f_i = \frac{a_i}{m_i}\,; \tag{7}$$

$$\left.\begin{aligned} \gamma_{\pm} &= \alpha \cdot f_{\pm} = \frac{a_{\pm}}{m_{\pm}} = \left(\gamma_{+}^{z_{+}} \cdot \gamma_{-}^{z_{-}}\right)^{1/z} \\ &= \left(\frac{a_{+}^{z_{+}} \cdot a_{-}^{z_{-}}}{m_{+}^{z_{+}} \cdot m_{-}^{z_{-}}}\right)^{1/z} = \frac{1}{m}\left(\frac{a_{+}^{z_{+}} \cdot a_{-}^{z_{-}}}{z_{+}^{z_{+}} \cdot z_{-}^{z_{-}}}\right)^{1/z}. \end{aligned}\right\} \tag{8}$$

4. Lewis setzt bei starken Elektrolyten willkürlich

$$\frac{a_{+}^{z_{+}} \cdot z_{-}^{z_{-}}}{a_m} = K_a = 1\,, \tag{9}$$

worin $a_m$ die Aktivität des undissoziierten Ionenbildners bedeutet. Mit dieser Annahme läßt sich der stöchiometrische Aktivitätskoeffizient des undissoziierten Elektrolyten definieren zu

$$\gamma_m = \gamma_{\pm} = \frac{1}{m}\left(\frac{a_m}{z_{+}^{z_{+}} \cdot z_{-}^{z_{-}}}\right)^{1/z}. \tag{10}$$

Er ist identisch mit dem mittleren stöchiometrischen Aktivitätskoeffizienten der Ionen und stellt so den stöchiometrischen Aktivitätskoeffizienten des Elektrolyten schlechthin dar.

Dieser Kunstgriff ist prinzipiell auch auf schwache Elektrolyte übertragbar und erlaubt eine äußerst elegante thermodynamische Behandlung beliebiger Elektrolytlösungen. Naturgemäß kann aber der auf Grund der willkürlichen Gleichung (9) definierte Aktivitätskoeffizient zu keinerlei Aussagen über den Molekularzustand der betrachteten Lösungen benutzt werden. Näheres in der Sonderliteratur[1]). Zahlenwerte für $\gamma$ in Landolt-Börnstein-Roth, Phys.-chem. Tabellen, 5. Aufl., 2. Erg.-Bd., S. 1111, Berlin 1931.

5. Obwohl die individuellen Ionenaktivitäten (und somit auch die Ionenaktivitätskoeffizienten) vielleicht nur Rechengrößen ohne unmittelbare physikalische Bedeutung darstellen (weil es niemals möglich ist, eine einzelne Ionenart unabhängig von anderen in Reaktion zu bringen), ist ihre Verwendung im Interesse einer vereinfachten Darstellung vielfach angezeigt. Dies um so mehr, als eine angenäherte experimentelle Ermittlung von Ionenaktivitäten in einfachster Weise aus der Messung von Ionen-„Konzentrations"-Ketten mit Überführung möglich ist. Die EMK etwa einer galvanischen Kette

$$\mathrm{Pt, H_2 \mid \underset{c_2}{HCl} \parallel \underset{c_1}{HCl} \mid H_2, Pt}$$

ist — nach rechnerischer oder experimenteller Ausschaltung des Diffusionspotentials an der Grenze der beiden Flüssigkeiten — gegeben durch

$$E = \frac{R\,T}{F} \cdot \ln \frac{(a_{H^\cdot})_2}{(a_{H^\cdot})_1}\,. \tag{11}$$

Eine solche Messung liefert also unmittelbar das Verhältnis der Wasserstoffionenaktivitäten in den beiden Salzsäurelösungen und, falls bei genügend hoher Verdünnung etwa $(a_{H^\cdot})_1$ entweder theoretisch vorausberechnet (siehe Absatz 6) oder gar der Konzentration $(c_{H^\cdot})_1$ bzw. der Bruttokonzentration $(c)_1$ der Salzsäure gleichgesetzt werden

---

[1]) Siehe Seite 235, Fußnote.

kann, auch die Ionenaktivität $(a_{H^{\cdot}})_2$ selbst. Die meist nicht einmal sehr beträchtliche Unsicherheit, die mit der rechnerischen oder experimentellen Ausschaltung von Diffusionspotentialen verbunden ist (vgl. Tafel 20 C, VIII), sollte für die Verwendung des einfachen Begriffs der Ionenaktivität kein grundsätzlicher Hinderungsgrund sein. So ist denn auch von diesem Begriff im Abschnitt C der Tafel 20 (nebst Erläuterungen) weitgehend Gebrauch gemacht worden.

6. Debye und Hückel ist es gelungen, Aktivitätskoeffizienten von Ionen in sehr verdünnten Lösungen theoretisch zu berechnen. Es gilt — nach Zusammenfassung der auftretenden Konstanten — für einen Elektrolyten, der die Ionenarten $1, 2, \ldots i \ldots s$ mit den Wertigkeiten $n_1, n_2, \ldots n_i \ldots n_s$ in den Konzentrationen $c_1, c_2, \ldots c_i \ldots c_s$ enthält,

$$\lg f_i = -h \cdot n_i^2 \cdot \sqrt{\Sigma\, c_i \cdot n_i^2} \qquad (12)$$

als Grenzgesetz für den Aktivitätskoeffizienten der Ionenart $i$ in hoher Verdünnung. $h$ ist noch abhängig von der Temperatur und von der Dielektrizitätskonstante des Lösungsmittels. Für Wasser als Lösungsmittel gilt $h_{0^\circ} = 0{,}344$; $h_{18^\circ} = 0{,}353$; $h_{25^\circ} = 0{,}357$.

Für die praktischen Zwecke des Chemikers kommt die unmittelbare Verwendung dieses Grenzgesetzes (außer für Extrapolationszwecke, vgl. Absatz 5) kaum in Frage, da sich bereits bei ionalen Konzentrationen

$$\Gamma = \Sigma\, c_i\, n_i^2 \gtreqless 0{,}01 \text{ Mol/Liter}$$

numerische Abweichungen bemerkbar machen. Bei solchen Konzentrationen spielen die vom Grenzgesetz nicht erfaßten individuellen Ioneneigenschaften schon eine nicht mehr zu vernachlässigende Rolle.

7. Empirisch hat sich gezeigt, daß auch bei höheren Konzentrationen (bei denen das Grenzgesetz numerisch versagt) der Aktivitätskoeffizient einer gegebenen Ionenart, die selbst in einer im Verhältnis zu $\Gamma$ (siehe unter 6) geringen Konzentration vorliegt, in erster Näherung einen durch die gesamte ionale Konzen-

tration $\Gamma$ — ohne Rücksicht auf individuelle Ioneneigenschaften — bedingten Wert hat. Diese Aussage besitzt vielfach ausgezeichnete Gültigkeit bis zu Werten von $\Gamma$ im Betrage von einigen Zehntel Mol/Liter; mit brauchbarer Annäherung gilt sie häufig auch darüber hinaus. Die Proportionalität von $\lg f_i$ mit $\sqrt{\Gamma}$ gilt unter denselben Voraussetzungen meist weit über den Bereich des Grenzgesetzes hinaus. Endlich sind unter denselben Bedingungen die $\lg f_i$ verschiedener Ionenarten bei konstantem $\Gamma$ dem Quadrat der Wertigkeiten der betrachteten Ionenarten annähernd proportional, wie es streng auch das Grenzgesetz für hohe Verdünnungen verlangt.

## Tafel 21

## Indikatoren, optische Bathmometrie, Kolorimetrie

Die Tafel 21 enthält großenteils selbst schon die nötigen erläuternden Angaben.

Zum Abschnitt C (Redox-Bathmometrie und Redox-Indikatoren) ist noch folgendes zu bemerken.

Die Umrechnung von Redox-Potentialen oder von Umschlagsverhältnissen in $p_{rH}$-Werte (Redox-Stufen) beruht auf der Beziehung zwischen Wasserstoff-Gasdruck und Wasserstoff-Elektrodenpotential: für jede Zehnerpotenz des Druckes ändert sich (bei 20°) das Potential um $\frac{0{,}0581}{2}$ = rund 0,03 Volt. Nimmt der Gasdruck ab, so wird das Potential edler, also entsprechend einer Verschiebung Red → Ox. Bedeutet $+\Delta E$ (Volt) die Potentialdifferenz einer Redox-Elektrode gegen eine Wasserstoffelektrode ($p = 1$ Atm.) in einer Lösung von gleicher Säurestufe ($p_{H^+}$), so ist der potentiometrisch äquivalente $H_2$-Druck ($p_{ae}$) [1])

$$p_{ae} = 10^{\frac{-\Delta E}{0{,}03}} \text{ Atmosphären}$$

und

$$p_{rH} = -\lg p_{ae} = \frac{+\Delta E}{0{,}03}.$$

[1]) Zum Teil nur Rechengröße!

# Tafel 22

## Thermochemie

Die Angaben des Abschnittes A stammen aus einer Veröffentlichung von F. Auerbach, Ztschr. f. angew. Chem. **38**, 449 (1925); vgl. auch Reichsminist.-Bl. **1924**, S. 335 und Ann. d. Phys. [4] **75**, 853 (1924). Die Werte des Abschnittes B sind aus Landolt-Börnstein, Tabellen, 5. Auflage nebst Ergänzungsbänden, entnommen. Im übrigen bedürfen die Abschnitte A und B keiner Erläuterung, ebensowenig wie Abschnitt C.

### D. Berechnung chemischer Gleichgewichte aus thermochemischen Daten

Immer mehr macht sich, insbesondere bei technischen Prozessen, das Bedürfnis nach einer mehr als nur überschläglichen Berechnung der Lage chemischer Gleichgewichte geltend. Um ihm nachzukommen und insbesondere auch weitere Kreise mit der Ausführung derartiger Rechnungen vertraut zu machen, ist die Tafel 21 D aufgenommen worden. Sie dient in dieser neuen Fassung[1]) als Ersatz für die früher an der gleichen Stelle gebrachte gröbere Näherungsrechnung. Die Anwendung ihres Inhaltes wird am zweckmäßigsten an einigen Rechenbeispielen erläutert.

### Rechenbeispiele

1. Beispiel: $H_2O \rightleftharpoons H_2 + \frac{1}{2}O_2$, $\mathfrak{H}_{298} = +57812$ cal. Nach Gl. (2) ist

$$\mathfrak{S}_{298} = -s_{H_2O} + s_{H_2} + \tfrac{1}{2} s_{O_2} = -45{,}10 + 31{,}23 + 24{,}51$$
$$= +10{,}64 \text{ Cl}^{2)}.$$

Berechnung von $K_p$ für $2000^0$ K nach Gl. (1).

1. Näherung:

$$\lg K_p = -\frac{57812}{4{,}573 \cdot 2000} + \frac{10{,}64}{4{,}573} = -6{,}32 + 2{,}33 = \underline{\mathbf{-3{,}99.}}$$

2. Näherung:

Für Raumtemperatur ($300^0$ K) ist nach Gl. (3)

$$\Sigma \nu c = -c_{H_2O} + c_{H_2} + \tfrac{1}{2} c_{O_2} = -8{,}002 + 6{,}896 + 3{,}509$$
$$= +2{,}403 \text{ cal/grad}.$$

---

[1]) Rechenverfahren nach H. Ulich, l. c. (S. 242).

[2]) 1 Cl (Clausius) = 1 cal/grad.

Dann ist nach Gl. (1) und der Tabelle auf S. 180

$$\lg K_p = -6{,}32 + 2{,}33 + \underbrace{2{,}403 \cdot 0{,}230}_{0{,}55} = \underline{\mathbf{-3{,}44.}}$$

3. Näherung:

Für $450^0$ K ist

$$\Sigma \nu c = -8{,}260 + 6{,}986 + 3{,}654 = +2{,}380 \text{ cal/grad},$$

und für $900^0$ K

$$\Sigma \nu c = -9{,}497 + 7{,}141 + 4{,}108 = +1{,}752 \text{ cal/grad}.$$

Wir setzen also

$$\overline{\Sigma \nu c}^{300,600} = +2{,}380 \text{ cal/grad},$$
$$\overline{\Sigma \nu c}^{600,900} = +1{,}752 \text{ cal/grad}.$$

Also ist nach (4):

$$a_{300,1200} = \tfrac{1}{2} \cdot (2{,}380 + 1{,}752) = 2{,}066 \text{ cal/grad},$$

und nach (1):

$$\lg K_p = -6{,}23 + 2{,}33 + \underbrace{2{,}066 \cdot 0{,}230}_{0{,}48} = \underline{\mathbf{-3{,}51.}}$$

(Exakter Wert: $\underline{\mathbf{-3{,}528}}$.)

2. Beispiel: C (Graphit) + 2 $H_2 \rightleftharpoons CH_4$.

$$\mathfrak{H}_{298} = -18256 \text{ cal},$$
$$\mathfrak{S}_{298} = -s_C - 2\, s_{H_2} + s_{CH_4} = -1{,}39 - 62{,}46 + 44{,}46$$
$$= -19{,}39 \text{ Cl}.$$

Berechnung von $K_p$ für $1200^0$ K:

1. Näherung:

$$\lg K_p = + \frac{18256}{4{,}573 \cdot 1200} - \frac{19{,}39}{4{,}573} = +3{,}33 - 4{,}24 = \underline{\mathbf{-0{,}91.}}$$

2. Näherung:

Für $300^0$ K ist

$$\Sigma \nu c = -c_C - 2\, c_{H_2} + c_{CH_4} = -2{,}09 - 13{,}79 + 8{,}54$$
$$= -7{,}34 \text{ cal/grad}.$$

Also nach der Tabelle auf S. 180:

$$\lg K_p = +3{,}33 - 4{,}24 - \underbrace{7{,}34 \cdot 0{,}140}_{1{,}03} = \underline{\mathbf{-1{,}94.}}$$

3. Näherung:

Für $450^0$ K ist

$$\Sigma \nu c = -3{,}28 - 13{,}97 + 10{,}38 = -6{,}87 \text{ cal/grad}$$

und für 900° K

$$\Sigma \nu c = -4{,}89 - 14{,}28 + 15{,}90 = -3{,}27 \text{ cal/grad.}$$

Wir setzen also

$$\overline{\Sigma \nu c}^{300,600} = -6{,}87 \quad \text{und} \quad \overline{\Sigma \nu c}^{600,1200} = -3{,}27 \text{ cal/grad.}$$

Dann ist

$$a_{300,600} = \overline{\Sigma \nu c}^{300,600} = -6{,}87 \text{ cal/grad}$$

und

$$a_{300,1200} = \tfrac{1}{2}(-6{,}87 - 3{,}27) = -5{,}07 \text{ cal/grad,}$$

ferner der Mittelwert beider

$$\tfrac{1}{2}(-6{,}87 - 5{,}07) = -5{,}97 \text{ cal/grad.}$$

Also ergibt sich

$$\lg K_p = +3{,}33 - 4{,}24 - \underbrace{5{,}97 \cdot 0{,}140}_{0{,}84} = \underline{\mathbf{-1{,}75.}}$$

(Exakter Wert: $\underline{\mathbf{-1{,}76}}$.)

Weitere Beispiele und Literaturhinweise finden sich u. a. bei H. Ulich und K. Cruse, Kurzes Lehrbuch der physikalischen Chemie, Dresden u. Leipzig 1938.
H. Ulich, Ztschr. f. Elektrochemie **45**, 521 (1939).

## Tafel 23
## Einheits- und Formelzeichen

Die Tafel 23 hält sich streng an die zusammenfassende Veröffentlichung von J. Wallot, „AEF, Verhandlungen des Ausschusses für Einheiten und Formelgrößen in den Jahren 1907 bis 1927" (Berlin, Springer, 1928) und den (vorläufigen) Nachtrag dazu [Elektrotechn. Ztschr. **53** 114; 138 (1932)]. Zur Liste der Einheitszeichen ist zu bemerken, daß außerdem noch die in der Maß- und Gewichtsordnung vom 30. 5. 1908 festgelegten Zeichen qm usw., cbm usw., dz und hg in Gebrauch sind (und zwar gemäß Bundesratsverordnung vom 17. 1. 1912 mit gesetzlicher Kraft). Die Tafel 23 soll der Verbreitung der vom AEF aufgestellten Bezeichnungen dienen. Zu diesem Zwecke sei noch besonders auf die vom AEF herausgegebenen Wandtafeln und Normblätter hingewiesen (Beuth-Vertrieb GmbH., Berlin SW 68, Dresdener Straße 97); ihre Verwendung in Laboratorien und Hörsälen kann nur dringend empfohlen werden.

# Tafel 24
## Fehlerrechnung

Beispiel:

Die Dichte einer Flüssigkeit wurde in 10 Versuchen gemessen (Messungsergebnisse: $m$).

| Nr. | | $m$ | $M$ | $f$ | $10^8 \cdot f^2$ | $f_m$ | $F_m$ | $f_w$ | $F_w$ |
|---|---|---|---|---|---|---|---|---|---|
| $n = 10$ | 1 | 1,1534 | $\frac{11{,}5401}{10} = 1{,}1540$ | $-$ 0,0006 | 36 | $\sqrt{\frac{355\cdot 10^{-8}}{10-1}} = \frac{18{,}8\cdot 10^{-4}}{3} = 0{,}00063$ | $\sqrt{\frac{355\cdot 10^{-8}}{10(10-1)}} = \frac{18{,}8\cdot 10^{-4}}{9{,}5} = 0{,}00020$ | $^2/_3 \cdot 0{,}00063 = 0{,}00042$ | $^2/_3 \cdot 0{,}00020 = 0{,}00013$ |
| | 2 | 1,1539 | | $-$ 0,0001 | 1 | | | | |
| | 3 | 1,1537 | | $-$ 0,0003 | 9 | | | | |
| | 4 | 1,1542 | | + 0,0002 | 4 | | | | |
| | 5 | 1,1548 | | + 0,0008 | 64 | | | | |
| | 6 | 1,1545 | | + 0,0005 | 25 | | | | |
| | 7 | 1,1550 | | + 0,0010 | 100 | | | | |
| | 8 | 1,1536 | | $-$ 0,0004 | 16 | | | | |
| | 9 | 1,1530 | | $-$ 0,0010 | 100 | | | | |
| | 10 | 1,1540 | | $\pm$ 0,0000 | 0 | | | | |

Summe: 11,5401 $\qquad 10^8 \cdot \Sigma(f^2) = 355$

Mithin: $E_m = 1{,}1540 \pm 0{,}00020$
$E_w = 1{,}1540 \pm 0{,}00013$

Wenn einzelnen Messungen abweichendes Gewicht ($p$) zukommt, ergibt sich folgendes Bild:

| Nr. | $p$ | $m$ | $p \cdot m$ | $M$ | $f$ | $10^8 \cdot f^2$ | $10^8 \cdot p \cdot f^2$ | $f_m$ | $F_m$ |
|---|---|---|---|---|---|---|---|---|---|
| 1 | 1 | 1,1534 | 1,1534 | $\frac{13{,}5595}{11{,}75} = 1{,}1540$ | $-$ 0,0006 | 36 | 36 | $\sqrt{\frac{311{,}5\cdot 10^{-8}}{(10-1)\cdot p}} = \frac{17{,}6\cdot 10^{-4}}{3} = 0{,}00059$ (für $p = 1$) | $\sqrt{\frac{311{,}5\cdot 10^{-8}}{(10-1)\cdot 11{,}75}} = \frac{17{,}6\cdot 10^{-4}}{10{,}28} = 0{,}00017$ |
| 2 | 2 | 1,1539 | 2,3078 | | $-$ 0,0001 | 1 | 2 | | |
| 3 | $^1/_2$ | 1,1537 | 0,5769 | | $-$ 0,0003 | 9 | 4,5 | | |
| 4 | 3 | 1,1542 | 3,4626 | | + 0,0002 | 4 | 12 | | |
| 5 | $^1/_4$ | 1,1548 | 0,2887 | | + 0,0008 | 64 | 16 | | |
| 6 | 1 | 1,1545 | 1,1545 | | + 0,0005 | 25 | 25 | | |
| 7 | 1 | 1,1550 | 1,1550 | | + 0,0010 | 100 | 100 | | |
| 8 | 1 | 1,1536 | 1,1536 | | $-$ 0,0004 | 16 | 16 | | |
| 9 | 1 | 1,1530 | 1,1530 | | $-$ 0,0010 | 100 | 100 | | |
| 10 | 1 | 1,1540 | 1,1540 | | $\pm$ 0,0000 | 0 | 0 | | |

$\Sigma(p) = 11^3/_4$; $\Sigma(p \cdot m) = 13{,}5595$; $10^8 \cdot \Sigma(p \cdot f^2) = 311{,}5$
(statt $n$)

Mithin $E_m = 1{,}1540 \pm 0{,}00017$ (und dementsprechend $E_w$).

## Tafel 25. **Ausgleichrechnung**

Beispiel (nach Untersuchungen von Dr. G. Bruhns, Privatmitteilung): Die Ausscheidung von Kupfer aus Fehlingscher Lösung durch Rohrzucker mit verschiedenen Invertzuckergehalten wurde in sechs Messungen mittels Thiosulfat bestimmt. Es soll danach eine Gleichung aufgestellt werden, welche die Berechnung beliebiger Invertzuckergehalte aus dem gemessenen Thiosulfatverbrauch gestattet.

$x$ sind die bekannten (ganzzahlig gewählten) Invertzuckergehalte, $y$ die verbrauchten cm³ Thiosulfat.

Gleichung: $y = a + b\,x + c\,x^2$. $n = 6$.

| $y$ | $x$ | $x^2$ | $x^3$ | $x^4$ | $x\,y$ | $x^2\,y$ |
|---|---|---|---|---|---|---|
| 0,81 | 0 | 0 | 0 | 0 | 0 | 0 |
| 3,12 | 1 | 1 | 1 | 1 | 3,12 | 3,12 |
| 5,37 | 2 | 4 | 8 | 16 | 10,74 | 21,48 |
| 9,41 | 4 | 16 | 64 | 256 | 37,64 | 150,56 |
| 13,34 | 6 | 36 | 216 | 1296 | 80,04 | 480,24 |
| 16,96 | 8 | 64 | 512 | 4096 | 135,68 | 1085,44 |
| 49,01 $=\Sigma y$ | 21 $=\Sigma x$ | 121 $=\Sigma x^2$ | 801 $=\Sigma x^3$ | 5665 $=\Sigma x^4$ | 267,22 $=\Sigma x y$ | 1740,84 $=\Sigma x^2 y$ |

Gleichungen:

$$49{,}01 = 6\,a + 21\,b + 121\,c \quad \text{(I)}$$
$$267{,}22 = 21\,a + 121\,b + 801\,c \quad \text{(II)}$$
$$1740{,}84 = 121\,a + 801\,b + 5665\,c \quad \text{(III)}.$$

Aus I und II: $95\,b + 755\,c = 191{,}37$ (IV)

aus I und III: $2265\,b + 19349\,c = 4514{,}83$ (V)

aus IV und V: $128080\,c = -4544{,}20$

$$c = -0{,}03548.$$

Dies in IV eingesetzt, ergibt:

$$95\,b = 218{,}1574; \qquad b = 2{,}2964.$$

Schließlich liefert die Einsetzung der Werte von $c$ und $b$ in I:

$$6\,a = 5{,}07868; \qquad a = 0{,}8464.$$

Die gesuchte Gleichung lautet also:

$$y = 0{,}8464 + 2{,}2964\,x - 0{,}03548\,x^2$$

und gibt in Vergleichung mit den Beobachtungen folgende Werte:

| % Invertzucker ($x$) | cm³ Thiosulfat ($y$) | |
|---|---|---|
| | berechnet | gefunden |
| 0 | 0,85 | 0,81 |
| 1 | 3,11 | 3,12 |
| 2 | 5,30 | 5,37 |
| 4 | 9,46 | 9,41 |
| 6 | 13,35 | 13,34 |
| 8 | 16,95 | 16,96 |

## Tafel 26

### Rechenhilfen

Alles zum Verständnis Erforderliche ist bereits in der Tafel 26 selbst enthalten.

## Tafel 27

### Häufig gebrauchte Einheiten und Konstanten

Es sind die neuesten Werte aufgenommen, wie sie die 5. Auflage der Landolt-Börnsteinschen Tabellen nebst Ergänzungsbänden bringt.

Die neuesten Werte atomarer Konstanten entstammen einem zusammenfassenden Berichte von F. Kirchner, Ergebnisse der exakten Naturwissenschaften **18**, 26 (1939).

Temperatur und Dichte des Quecksilbers

| $t$ | $\varrho$ | $t$ | $\varrho$ | $t$ | $\varrho$ |
|---|---|---|---|---|---|
| −10° | 13,6202 | +30° | 13,5217 | +70° | 13,4244 |
| 0° | 5955 | 40° | 4973 | 80° | 4003 |
| +10° | 5708 | 50° | 4729 | 90° | 3762 |
| 20° | 5462 | 60° | 4486 | 100° | 3522 |

# DIE FÜNFZIFFRIGEN MANTISSEN

zu den dekadischen Logarithmen aller vierziffrigen Zahlen von 1000—9999 mit Proportionalteilen, für beliebige Numeri

| N. | L. | 0 | 1 | 2 | 3 | 4 | 5 | 6 | 7 | 8 | 9 |
|---|---|---|---|---|---|---|---|---|---|---|---|
| 100 | 00 | 000 | 043 | 087 | 130 | 173 | 217 | 260 | 303 | 346 | 389 |
| 101 | | 432 | 475 | 518 | 561 | 604 | 647 | 689 | 732 | 775 | 817 |
| 102 | | 860 | 903 | 945 | 988 | *030 | *072 | *115 | *157 | *199 | *242 |
| 103 | 01 | 284 | 326 | 368 | 410 | 452 | 494 | 536 | 578 | 620 | 662 |
| 104 | | 703 | 745 | 787 | 828 | 870 | 912 | 953 | 995 | *036 | *078 |
| 105 | 02 | 119 | 160 | 202 | 243 | 284 | 325 | 366 | 407 | 449 | 490 |
| 106 | | 531 | 572 | 612 | 653 | 694 | 735 | 776 | 816 | 857 | 898 |
| 107 | | 938 | 979 | *019 | *060 | *100 | *141 | *181 | *222 | *262 | *302 |
| 108 | 03 | 342 | 383 | 423 | 463 | 503 | 543 | 583 | 623 | 663 | 703 |
| 109 | | 743 | 782 | 822 | 862 | 902 | 941 | 981 | *021 | *060 | *100 |
| 110 | 04 | 139 | 179 | 218 | 258 | 297 | 336 | 376 | 415 | 454 | 493 |
| 111 | | 532 | 571 | 610 | 650 | 689 | 727 | 766 | 805 | 844 | 883 |
| 112 | | 922 | 961 | 999 | *038 | *077 | *115 | *154 | *192 | *231 | *269 |
| 113 | 05 | 308 | 346 | 385 | 423 | 461 | 500 | 538 | 576 | 614 | 652 |
| 114 | | 690 | 729 | 767 | 805 | 843 | 881 | 918 | 956 | 994 | *032 |
| 115 | 06 | 070 | 108 | 145 | 183 | 221 | 258 | 296 | 333 | 371 | 408 |
| 116 | | 446 | 483 | 521 | 558 | 595 | 633 | 670 | 707 | 744 | 781 |
| 117 | | 819 | 856 | 893 | 930 | 967 | *004 | *041 | *078 | *115 | *151 |
| 118 | 07 | 188 | 225 | 262 | 298 | 335 | 372 | 408 | 445 | 482 | 518 |
| 119 | | 555 | 591 | 628 | 664 | 700 | 737 | 773 | 809 | 846 | 882 |
| 120 | | 918 | 954 | 990 | *027 | *063 | *099 | *135 | *171 | *207 | *243 |
| 121 | 08 | 279 | 314 | 350 | 386 | 422 | 458 | 493 | 529 | 565 | 600 |
| 122 | | 636 | 672 | 707 | 743 | 778 | 814 | 849 | 884 | 920 | 955 |
| 123 | | 991 | *026 | *061 | *096 | *132 | *167 | *202 | *237 | *272 | *307 |
| 124 | 09 | 342 | 377 | 412 | 447 | 482 | 517 | 552 | 587 | 621 | 656 |
| 125 | | 691 | 726 | 760 | 795 | 830 | 864 | 899 | 934 | 968 | *003 |
| 126 | 10 | 037 | 072 | 106 | 140 | 175 | 209 | 243 | 278 | 312 | 346 |
| 127 | | 380 | 415 | 449 | 483 | 517 | 551 | 585 | 619 | 653 | 687 |
| 128 | | 721 | 755 | 789 | 823 | 857 | 890 | 924 | 958 | 992 | *025 |
| 129 | 11 | 059 | 093 | 126 | 160 | 193 | 227 | 261 | 294 | 327 | 361 |
| 130 | | 394 | 428 | 461 | 494 | 528 | 561 | 594 | 628 | 661 | 694 |
| 131 | | 727 | 760 | 793 | 826 | 860 | 893 | 926 | 959 | 992 | *024 |
| 132 | 12 | 057 | 090 | 123 | 156 | 189 | 222 | 254 | 287 | 320 | 352 |
| 133 | | 385 | 418 | 450 | 483 | 516 | 548 | 581 | 613 | 646 | 678 |
| 134 | | 710 | 743 | 775 | 808 | 840 | 872 | 905 | 937 | 969 | *001 |

N. L. 0 1 2 3 4 5 6 7 8 9

P. P.

| | 44 | 43 | 42 |
|---|---|---|---|
| 1 | 4,4 | 4,3 | 4,2 |
| 2 | 8,8 | 8,6 | 8,4 |
| 3 | 13,2 | 12,9 | 12,6 |
| 4 | 17,6 | 17,2 | 16,8 |
| 5 | 22,0 | 21,5 | 21,0 |
| 6 | 26,4 | 25,8 | 25,2 |
| 7 | 30,8 | 30,1 | 29,4 |
| 8 | 35,2 | 34,4 | 33,6 |
| 9 | 39,6 | 38,7 | 37,8 |

| | 41 | 40 | 39 |
|---|---|---|---|
| 1 | 4,1 | 4,0 | 3,9 |
| 2 | 8,2 | 8,0 | 7,8 |
| 3 | 12,3 | 12,0 | 11,7 |
| 4 | 16,4 | 16,0 | 15,6 |
| 5 | 20,5 | 20,0 | 19,5 |
| 6 | 24,6 | 24,0 | 23,4 |
| 7 | 28,7 | 28,0 | 27,3 |
| 8 | 32,8 | 32,0 | 31,2 |
| 9 | 36,9 | 36,0 | 35,1 |

| | 38 | 37 | 36 |
|---|---|---|---|
| 1 | 3,8 | 3,7 | 3,6 |
| 2 | 7,6 | 7,4 | 7,2 |
| 3 | 11,4 | 11,1 | 10,8 |
| 4 | 15,2 | 14,8 | 14,4 |
| 5 | 19,0 | 18,5 | 18,0 |
| 6 | 22,8 | 22,2 | 21,6 |
| 7 | 26,6 | 25,9 | 25,2 |
| 8 | 30,4 | 29,6 | 28,8 |
| 9 | 34,2 | 33,3 | 32,4 |

| | 35 | 34 | 33 |
|---|---|---|---|
| 1 | 3,5 | 3,4 | 3,3 |
| 2 | 7,0 | 6,8 | 6,6 |
| 3 | 10,5 | 10,2 | 9,9 |
| 4 | 14,0 | 13,6 | 13,2 |
| 5 | 17,5 | 17,0 | 16,5 |
| 6 | 21,0 | 20,4 | 19,8 |
| 7 | 24,5 | 23,8 | 23,1 |
| 8 | 28,0 | 27,2 | 26,4 |
| 9 | 31,5 | 30,6 | 29,7 |

P. P.

| N. | L. | 0 | 1 | 2 | 3 | 4 | 5 | 6 | 7 | 8 | 9 |
|---|---|---|---|---|---|---|---|---|---|---|---|
| 135 | 13 | 033 | 066 | 098 | 130 | 162 | 194 | 226 | 258 | 290 | 322 |
| 136 | | 354 | 386 | 418 | 450 | 481 | 513 | 545 | 577 | 609 | 640 |
| 137 | | 672 | 704 | 735 | 767 | 799 | 830 | 862 | 893 | 925 | 956 |
| 138 | | 988 | *019 | *051 | *082 | *114 | *145 | *176 | *208 | *239 | *270 |
| 139 | 14 | 301 | 333 | 364 | 395 | 426 | 457 | 489 | 520 | 551 | 582 |
| 140 | | 613 | 644 | 675 | 706 | 737 | 768 | 799 | 829 | 860 | 891 |
| 141 | | 922 | 953 | 983 | *014 | *045 | *076 | *106 | *137 | *168 | *198 |
| 142 | 15 | 229 | 259 | 290 | 320 | 351 | 381 | 412 | 442 | 473 | 503 |
| 143 | | 534 | 564 | 594 | 625 | 655 | 685 | 715 | 746 | 776 | 806 |
| 144 | | 836 | 866 | 897 | 927 | 957 | 987 | *017 | *047 | *077 | *107 |
| 145 | 16 | 137 | 167 | 197 | 227 | 256 | 286 | 316 | 346 | 376 | 406 |
| 146 | | 435 | 465 | 495 | 524 | 554 | 584 | 613 | 643 | 673 | 702 |
| 147 | | 732 | 761 | 791 | 820 | 850 | 879 | 909 | 938 | 967 | 997 |
| 148 | 17 | 026 | 056 | 085 | 114 | 143 | 173 | 202 | 231 | 260 | 289 |
| 149 | | 319 | 348 | 377 | 406 | 435 | 464 | 493 | 522 | 551 | 580 |
| 150 | | 609 | 638 | 667 | 696 | 725 | 754 | 782 | 811 | 840 | 869 |
| 151 | | 898 | 926 | 955 | 984 | *013 | *041 | *070 | *099 | *127 | *156 |
| 152 | 18 | 184 | 213 | 241 | 270 | 298 | 327 | 355 | 384 | 412 | 441 |
| 153 | | 469 | 498 | 526 | 554 | 583 | 611 | 639 | 667 | 696 | 724 |
| 154 | | 752 | 780 | 808 | 837 | 865 | 893 | 921 | 949 | 977 | *005 |
| 155 | 19 | 033 | 061 | 089 | 117 | 145 | 173 | 201 | 229 | 257 | 285 |
| 156 | | 312 | 340 | 368 | 396 | 424 | 451 | 479 | 507 | 535 | 562 |
| 157 | | 590 | 618 | 645 | 673 | 700 | 728 | 756 | 783 | 811 | 838 |
| 158 | | 866 | 893 | 921 | 948 | 976 | *003 | *030 | *058 | *085 | *112 |
| 159 | 20 | 140 | 167 | 194 | 222 | 249 | 276 | 303 | 330 | 358 | 385 |
| 160 | | 412 | 439 | 466 | 493 | 520 | 548 | 575 | 602 | 629 | 656 |
| 161 | | 683 | 710 | 737 | 763 | 790 | 817 | 844 | 871 | 898 | 925 |
| 162 | | 952 | 978 | *005 | *032 | *059 | *085 | *112 | *139 | *165 | *192 |
| 163 | 21 | 219 | 245 | 272 | 299 | 325 | 352 | 378 | 405 | 431 | 458 |
| 164 | | 484 | 511 | 537 | 564 | 590 | 617 | 643 | 669 | 696 | 722 |
| 165 | | 748 | 775 | 801 | 827 | 854 | 880 | 906 | 932 | 958 | 985 |
| 166 | 22 | 011 | 037 | 063 | 089 | 115 | 141 | 167 | 194 | 220 | 246 |
| 167 | | 272 | 298 | 324 | 350 | 376 | 401 | 427 | 453 | 479 | 505 |
| 168 | | 531 | 557 | 583 | 608 | 634 | 660 | 686 | 712 | 737 | 763 |
| 169 | | 789 | 814 | 840 | 866 | 891 | 917 | 943 | 968 | 994 | *019 |
| N. | L. | 0 | 1 | 2 | 3 | 4 | 5 | 6 | 7 | 8 | 9 |

P. P.

| | 32 | 31 |
|---|---|---|
| 1 | 3,2 | 3,1 |
| 2 | 6,4 | 6,2 |
| 3 | 9,6 | 9,3 |
| 4 | 12,8 | 12,4 |
| 5 | 16,0 | 15,5 |
| 6 | 19,2 | 18,6 |
| 7 | 22,4 | 21,7 |
| 8 | 25,6 | 24,8 |
| 9 | 28,8 | 27,9 |

| | 30 | 29 |
|---|---|---|
| 1 | 3,0 | 2,9 |
| 2 | 6,0 | 5,8 |
| 3 | 9,0 | 8,7 |
| 4 | 12,0 | 11,6 |
| 5 | 15,0 | 14,5 |
| 6 | 18,0 | 17,4 |
| 7 | 21,0 | 20,3 |
| 8 | 24,0 | 23,2 |
| 9 | 27,0 | 26,1 |

| | 28 | 27 |
|---|---|---|
| 1 | 2,8 | 2,7 |
| 2 | 5,6 | 5,4 |
| 3 | 8,4 | 8,1 |
| 4 | 11,2 | 10,8 |
| 5 | 14,0 | 13,5 |
| 6 | 16,8 | 16,2 |
| 7 | 19,6 | 18,9 |
| 8 | 22,4 | 21,6 |
| 9 | 25,2 | 24,3 |

| | 26 |
|---|---|
| 1 | 2,6 |
| 2 | 5,2 |
| 3 | 7,8 |
| 4 | 10,4 |
| 5 | 13,0 |
| 6 | 15,6 |
| 7 | 18,2 |
| 8 | 20,8 |
| 9 | 23,4 |

P. P.

| N. | L. | 0 | 1 | 2 | 3 | 4 | 5 | 6 | 7 | 8 | 9 |
|---|---|---|---|---|---|---|---|---|---|---|---|
| 170 | 23 | 045 | 070 | 096 | 121 | 147 | 172 | 198 | 223 | 249 | 274 |
| 171 | | 300 | 325 | 350 | 376 | 401 | 426 | 452 | 477 | 502 | 528 |
| 172 | | 553 | 578 | 603 | 629 | 654 | 679 | 704 | 729 | 754 | 779 |
| 173 | | 805 | 830 | 855 | 880 | 905 | 930 | 955 | 980 | *005 | *030 |
| 174 | 24 | 055 | 080 | 105 | 130 | 155 | 180 | 204 | 229 | 254 | 279 |
| 175 | | 304 | 329 | 353 | 378 | 403 | 428 | 452 | 477 | 502 | 527 |
| 176 | | 551 | 576 | 601 | 625 | 650 | 674 | 699 | 724 | 748 | 773 |
| 177 | | 797 | 822 | 846 | 871 | 895 | 920 | 944 | 969 | 993 | *018 |
| 178 | 25 | 042 | 066 | 091 | 115 | 139 | 164 | 188 | 212 | 237 | 261 |
| 179 | | 285 | 310 | 334 | 358 | 382 | 406 | 431 | 455 | 479 | 503 |
| 180 | | 527 | 551 | 575 | 600 | 624 | 648 | 672 | 696 | 720 | 744 |
| 181 | | 768 | 792 | 816 | 840 | 864 | 888 | 912 | 935 | 959 | 983 |
| 182 | 26 | 007 | 031 | 055 | 079 | 102 | 126 | 150 | 174 | 198 | 221 |
| 183 | | 245 | 269 | 293 | 316 | 340 | 364 | 387 | 411 | 435 | 458 |
| 184 | | 482 | 505 | 529 | 553 | 576 | 600 | 623 | 647 | 670 | 694 |
| 185 | | 717 | 741 | 764 | 788 | 811 | 834 | 858 | 881 | 905 | 928 |
| 186 | | 951 | 975 | 998 | *021 | *045 | *068 | *091 | *114 | *138 | *161 |
| 187 | 27 | 184 | 207 | 231 | 254 | 277 | 300 | 323 | 346 | 370 | 393 |
| 188 | | 416 | 439 | 462 | 485 | 508 | 531 | 554 | 577 | 600 | 623 |
| 189 | | 646 | 669 | 692 | 715 | 738 | 761 | 784 | 807 | 830 | 852 |
| 190 | | 875 | 898 | 921 | 944 | 967 | 989 | *012 | *035 | *058 | *081 |
| 191 | 28 | 103 | 126 | 149 | 171 | 194 | 217 | 240 | 262 | 285 | 307 |
| 192 | | 330 | 353 | 375 | 398 | 421 | 443 | 466 | 488 | 511 | 533 |
| 193 | | 556 | 578 | 601 | 623 | 646 | 668 | 691 | 713 | 735 | 758 |
| 194 | | 780 | 803 | 825 | 847 | 870 | 892 | 914 | 937 | 959 | 981 |
| 195 | 29 | 003 | 026 | 048 | 070 | 092 | 115 | 137 | 159 | 181 | 203 |
| 196 | | 226 | 248 | 270 | 292 | 314 | 336 | 358 | 380 | 403 | 425 |
| 197 | | 447 | 469 | 491 | 513 | 535 | 557 | 579 | 601 | 623 | 645 |
| 198 | | 667 | 688 | 710 | 732 | 754 | 776 | 798 | 820 | 842 | 863 |
| 199 | | 885 | 907 | 929 | 951 | 973 | 994 | *016 | *038 | *060 | *081 |
| 200 | 30 | 103 | 125 | 146 | 168 | 190 | 211 | 233 | 255 | 276 | 298 |
| 201 | | 320 | 341 | 363 | 384 | 406 | 428 | 449 | 471 | 492 | 514 |
| 202 | | 535 | 557 | 578 | 600 | 621 | 643 | 664 | 685 | 707 | 728 |
| 203 | | 750 | 771 | 792 | 814 | 835 | 856 | 878 | 899 | 920 | 942 |
| 204 | | 963 | 984 | *006 | *027 | *048 | *069 | *091 | *112 | *133 | *154 |
| N. | L. | 0 | 1 | 2 | 3 | 4 | 5 | 6 | 7 | 8 | 9 |

P. P.

| | 26 | 25 |
|---|---|---|
| 1 | 2,6 | 2,5 |
| 2 | 5,2 | 5,0 |
| 3 | 7,8 | 7,5 |
| 4 | 10,4 | 10,0 |
| 5 | 13,0 | 12,5 |
| 6 | 15,6 | 15,0 |
| 7 | 18,2 | 17,5 |
| 8 | 20,8 | 20,0 |
| 9 | 23,4 | 22,5 |

| | 24 | 23 |
|---|---|---|
| 1 | 2,4 | 2,3 |
| 2 | 4,8 | 4,6 |
| 3 | 7,2 | 6,9 |
| 4 | 9,6 | 9,2 |
| 5 | 12,0 | 11,5 |
| 6 | 14,4 | 13,8 |
| 7 | 16,8 | 16,1 |
| 8 | 19,2 | 18,4 |
| 9 | 21,6 | 20,7 |

| | 22 | 21 |
|---|---|---|
| 1 | 2,2 | 2,1 |
| 2 | 4,4 | 4,2 |
| 3 | 6,6 | 6,3 |
| 4 | 8,8 | 8,4 |
| 5 | 11,0 | 10,5 |
| 6 | 13,2 | 12,6 |
| 7 | 15,4 | 14,7 |
| 8 | 17,6 | 16,8 |
| 9 | 19,8 | 18,9 |

P. P.

| N. | L. 0 | 1 | 2 | 3 | 4 | 5 | 6 | 7 | 8 | 9 |
|---|---|---|---|---|---|---|---|---|---|---|
| 205 | 31 175 | 197 | 218 | 239 | 260 | 281 | 302 | 323 | 345 | 366 |
| 206 | 387 | 408 | 429 | 450 | 471 | 492 | 513 | 534 | 555 | 576 |
| 207 | 597 | 618 | 639 | 660 | 681 | 702 | 723 | 744 | 765 | 785 |
| 208 | 806 | 827 | 848 | 869 | 890 | 911 | 931 | 952 | 973 | 994 |
| 209 | 32 015 | 035 | 056 | 077 | 098 | 118 | 139 | 160 | 181 | 201 |
| 210 | 222 | 243 | 263 | 284 | 305 | 325 | 346 | 366 | 387 | 408 |
| 211 | 428 | 449 | 469 | 490 | 510 | 531 | 552 | 572 | 593 | 613 |
| 212 | 634 | 654 | 675 | 695 | 715 | 736 | 756 | 777 | 797 | 818 |
| 213 | 838 | 858 | 879 | 899 | 919 | 940 | 960 | 980 | *001 | *021 |
| 214 | 33 041 | 062 | 082 | 102 | 122 | 143 | 163 | 183 | 203 | 224 |
| 215 | 244 | 264 | 284 | 304 | 325 | 345 | 365 | 385 | 405 | 425 |
| 216 | 445 | 465 | 486 | 506 | 526 | 546 | 566 | 586 | 606 | 626 |
| 217 | 646 | 666 | 686 | 706 | 726 | 746 | 766 | 786 | 806 | 826 |
| 218 | 846 | 866 | 885 | 905 | 925 | 945 | 965 | 985 | *005 | *025 |
| 219 | 34 044 | 064 | 084 | 104 | 124 | 143 | 163 | 183 | 203 | 223 |
| 220 | 242 | 262 | 282 | 301 | 321 | 341 | 361 | 380 | 400 | 420 |
| 221 | 439 | 459 | 479 | 498 | 518 | 537 | 557 | 577 | 596 | 616 |
| 222 | 635 | 655 | 674 | 694 | 713 | 733 | 753 | 772 | 792 | 811 |
| 223 | 830 | 850 | 869 | 889 | 908 | 928 | 947 | 967 | 986 | *005 |
| 224 | 35 025 | 044 | 064 | 083 | 102 | 122 | 141 | 160 | 180 | 199 |
| 225 | 218 | 238 | 257 | 276 | 295 | 315 | 334 | 353 | 372 | 392 |
| 226 | 411 | 430 | 449 | 468 | 488 | 507 | 526 | 545 | 564 | 583 |
| 227 | 603 | 622 | 641 | 660 | 679 | 698 | 717 | 736 | 755 | 774 |
| 228 | 793 | 813 | 832 | 851 | 870 | 889 | 908 | 927 | 946 | 965 |
| 229 | 984 | *003 | *021 | *040 | *059 | *078 | *097 | *116 | *135 | *154 |
| 230 | 36 173 | 192 | 211 | 229 | 248 | 267 | 286 | 305 | 324 | 342 |
| 231 | 361 | 380 | 399 | 418 | 436 | 455 | 474 | 493 | 511 | 530 |
| 232 | 549 | 568 | 586 | 605 | 624 | 642 | 661 | 680 | 698 | 717 |
| 233 | 736 | 754 | 773 | 791 | 810 | 829 | 847 | 866 | 884 | 903 |
| 234 | 922 | 940 | 959 | 977 | 996 | *014 | *033 | *051 | *070 | *088 |
| 235 | 37 107 | 125 | 144 | 162 | 181 | 199 | 218 | 236 | 254 | 273 |
| 236 | 291 | 310 | 328 | 346 | 365 | 383 | 401 | 420 | 438 | 457 |
| 237 | 475 | 493 | 511 | 530 | 548 | 566 | 585 | 603 | 621 | 639 |
| 238 | 658 | 676 | 694 | 712 | 731 | 749 | 767 | 785 | 803 | 822 |
| 239 | 840 | 858 | 876 | 894 | 912 | 931 | 949 | 967 | 985 | *003 |
| N. | L. 0 | 1 | 2 | 3 | 4 | 5 | 6 | 7 | 8 | 9 |

P. P.

| | 21 |
|---|---|
| 1 | 2,1 |
| 2 | 4,2 |
| 3 | 6,3 |
| 4 | 8,4 |
| 5 | 10,5 |
| 6 | 12,6 |
| 7 | 14,7 |
| 8 | 16,8 |
| 9 | 18,9 |

| | 20 |
|---|---|
| 1 | 2,0 |
| 2 | 4,0 |
| 3 | 6,0 |
| 4 | 8,0 |
| 5 | 10,0 |
| 6 | 12,0 |
| 7 | 14,0 |
| 8 | 16,0 |
| 9 | 18,0 |

| | 19 |
|---|---|
| 1 | 1,9 |
| 2 | 3,8 |
| 3 | 5,7 |
| 4 | 7,6 |
| 5 | 9,5 |
| 6 | 11,4 |
| 7 | 13,3 |
| 8 | 15,2 |
| 9 | 17,1 |

| | 18 |
|---|---|
| 1 | 1,8 |
| 2 | 3,6 |
| 3 | 5,4 |
| 4 | 7,2 |
| 5 | 9,0 |
| 6 | 10,8 |
| 7 | 12,6 |
| 8 | 14,4 |
| 9 | 16,2 |

| N. | L. | 0 | 1 | 2 | 3 | 4 | 5 | 6 | 7 | 8 | 9 |
|---|---|---|---|---|---|---|---|---|---|---|---|
| 240 | 38 | 021 | 039 | 057 | 075 | 093 | 112 | 130 | 148 | 166 | 184 |
| 241 | | 202 | 220 | 238 | 256 | 274 | 292 | 310 | 328 | 346 | 364 |
| 242 | | 382 | 399 | 417 | 435 | 453 | 471 | 489 | 507 | 525 | 543 |
| 243 | | 561 | 578 | 596 | 614 | 632 | 650 | 668 | 686 | 703 | 721 |
| 244 | | 739 | 757 | 775 | 792 | 810 | 828 | 846 | 863 | 881 | 899 |
| 245 | | 917 | 934 | 952 | 970 | 987 | *005 | *023 | *041 | *058 | *076 |
| 246 | 39 | 094 | 111 | 129 | 146 | 164 | 182 | 199 | 217 | 235 | 252 |
| 247 | | 270 | 287 | 305 | 322 | 340 | 358 | 375 | 393 | 410 | 428 |
| 248 | | 445 | 463 | 480 | 498 | 515 | 533 | 550 | 568 | 585 | 602 |
| 249 | | 620 | 637 | 655 | 672 | 690 | 707 | 724 | 742 | 759 | 777 |
| 250 | | 794 | 811 | 829 | 846 | 863 | 881 | 898 | 915 | 933 | 950 |
| 251 | | 967 | 985 | *002 | *019 | *037 | *054 | *071 | *088 | *106 | *123 |
| 252 | 40 | 140 | 157 | 175 | 192 | 209 | 226 | 243 | 261 | 278 | 295 |
| 253 | | 312 | 329 | 346 | 364 | 381 | 398 | 415 | 432 | 449 | 466 |
| 254 | | 483 | 500 | 518 | 535 | 552 | 569 | 586 | 603 | 620 | 637 |
| 255 | | 654 | 671 | 688 | 705 | 722 | 739 | 756 | 773 | 790 | 807 |
| 256 | | 824 | 841 | 858 | 875 | 892 | 909 | 926 | 943 | 960 | 976 |
| 257 | | 993 | *010 | *027 | *044 | *061 | *078 | *095 | *111 | *128 | *145 |
| 258 | 41 | 162 | 179 | 196 | 212 | 229 | 246 | 263 | 280 | 296 | 313 |
| 259 | | 330 | 347 | 363 | 380 | 397 | 414 | 430 | 447 | 464 | 481 |
| 260 | | 497 | 514 | 531 | 547 | 564 | 581 | 597 | 614 | 631 | 647 |
| 261 | | 664 | 681 | 697 | 714 | 731 | 747 | 764 | 780 | 797 | 814 |
| 262 | | 830 | 847 | 863 | 880 | 896 | 913 | 929 | 946 | 963 | 979 |
| 263 | | 996 | *012 | *029 | *045 | *062 | *078 | *095 | *111 | *127 | *144 |
| 264 | 42 | 160 | 177 | 193 | 210 | 226 | 243 | 259 | 275 | 292 | 308 |
| 265 | | 325 | 341 | 357 | 374 | 390 | 406 | 423 | 439 | 455 | 472 |
| 266 | | 488 | 504 | 521 | 537 | 553 | 570 | 586 | 602 | 619 | 635 |
| 267 | | 651 | 667 | 684 | 700 | 716 | 732 | 749 | 765 | 781 | 797 |
| 268 | | 813 | 830 | 846 | 862 | 878 | 894 | 911 | 927 | 943 | 959 |
| 269 | | 975 | 991 | *008 | *024 | *040 | *056 | *072 | *088 | *104 | *120 |
| 270 | 43 | 136 | 152 | 169 | 185 | 201 | 217 | 233 | 249 | 265 | 281 |
| 271 | | 297 | 313 | 329 | 345 | 361 | 377 | 393 | 409 | 425 | 441 |
| 272 | | 457 | 473 | 489 | 505 | 521 | 537 | 553 | 569 | 584 | 600 |
| 273 | | 616 | 632 | 648 | 664 | 680 | 696 | 712 | 727 | 743 | 759 |
| 274 | | 775 | 791 | 807 | 823 | 838 | 854 | 870 | 886 | 902 | 917 |
| N. | L. | 0 | 1 | 2 | 3 | 4 | 5 | 6 | 7 | 8 | 9 |

| P.P. | 19 | 18 | 17 | 16 |
|---|---|---|---|---|
| 1 | 1,9 | 1,8 | 1,7 | 1,6 |
| 2 | 3,8 | 3,6 | 3,4 | 3,2 |
| 3 | 5,7 | 5,4 | 5,1 | 4,8 |
| 4 | 7,6 | 7,2 | 6,8 | 6,4 |
| 5 | 9,5 | 9,0 | 8,5 | 8,0 |
| 6 | 11,4 | 10,8 | 10,2 | 9,6 |
| 7 | 13,3 | 12,6 | 11,9 | 11,2 |
| 8 | 15,2 | 14,4 | 13,6 | 12,8 |
| 9 | 17,1 | 16,2 | 15,3 | 14,4 |

**309**
**48**



| N. | L. | 0 | 1 | 2 | 3 | 4 | 5 | 6 | 7 | 8 | 9 |
|---|---|---|---|---|---|---|---|---|---|---|---|
| 275 | 43 | 933 | 949 | 965 | 981 | 996 | *012 | *028 | *044 | *059 | *075 |
| 276 | 44 | 091 | 107 | 122 | 138 | 154 | 170 | 185 | 201 | 217 | 232 |
| 277 | | 248 | 264 | 279 | 295 | 311 | 326 | 342 | 358 | 373 | 389 |
| 278 | | 404 | 420 | 436 | 451 | 467 | 483 | 498 | 514 | 529 | 545 |
| 279 | | 560 | 576 | 592 | 607 | 623 | 638 | 654 | 669 | 685 | 700 |
| 280 | | 716 | 731 | 747 | 762 | 778 | 793 | 809 | 824 | 840 | 855 |
| 281 | | 871 | 886 | 902 | 917 | 932 | 948 | 963 | 979 | 994 | *010 |
| 282 | 45 | 025 | 040 | 056 | 071 | 086 | 102 | 117 | 133 | 148 | 163 |
| 283 | | 179 | 194 | 209 | 225 | 240 | 255 | 271 | 286 | 301 | 317 |
| 284 | | 332 | 347 | 362 | 378 | 393 | 408 | 423 | 439 | 454 | 469 |
| 285 | | 484 | 500 | 515 | 530 | 545 | 561 | 576 | 591 | 606 | 621 |
| 286 | | 637 | 652 | 667 | 682 | 697 | 712 | 728 | 743 | 758 | 773 |
| 287 | | 788 | 803 | 818 | 834 | 849 | 864 | 879 | 894 | 909 | 924 |
| 288 | | 939 | 954 | 969 | 984 | *000 | *015 | *030 | *045 | *060 | *075 |
| 289 | 46 | 090 | 105 | 120 | 135 | 150 | 165 | 180 | 195 | 210 | 225 |
| 290 | | 240 | 255 | 270 | 285 | 300 | 315 | 330 | 345 | 359 | 374 |
| 291 | | 389 | 404 | 419 | 434 | 449 | 464 | 479 | 494 | 509 | 523 |
| 292 | | 538 | 553 | 568 | 583 | 598 | 613 | 627 | 642 | 657 | 672 |
| 293 | | 687 | 702 | 716 | 731 | 746 | 761 | 776 | 790 | 805 | 820 |
| 294 | | 835 | 850 | 864 | 879 | 894 | 909 | 923 | 938 | 953 | 967 |
| 295 | | 982 | 997 | *012 | *026 | *041 | *056 | *070 | *085 | *100 | *114 |
| 296 | 47 | 129 | 144 | 159 | 173 | 188 | 202 | 217 | 232 | 246 | 261 |
| 297 | | 276 | 290 | 305 | 319 | 334 | 349 | 363 | 378 | 392 | 407 |
| 298 | | 422 | 436 | 451 | 465 | 480 | 494 | 509 | 524 | 538 | 553 |
| 299 | | 567 | 582 | 596 | 611 | 625 | 640 | 654 | 669 | 683 | 698 |
| 300 | | 712 | 727 | 741 | 756 | 770 | 784 | 799 | 813 | 828 | 842 |
| 301 | | 857 | 871 | 885 | 900 | 914 | 929 | 943 | 958 | 972 | 986 |
| 302 | 48 | 001 | 015 | 029 | 044 | 058 | 073 | 087 | 101 | 116 | 130 |
| 303 | | 144 | 159 | 173 | 187 | 202 | 216 | 230 | 244 | 259 | 273 |
| 304 | | 287 | 302 | 316 | 330 | 344 | 359 | 373 | 387 | 401 | 416 |
| 305 | | 430 | 444 | 458 | 473 | 487 | 501 | 515 | 530 | 544 | 558 |
| 306 | | 572 | 586 | 601 | 615 | 629 | 643 | 657 | 671 | 686 | 700 |
| 307 | | 714 | 728 | 742 | 756 | 770 | 785 | 799 | 813 | 827 | 841 |
| 308 | | 855 | 869 | 883 | 897 | 911 | 926 | 940 | 954 | 968 | 982 |
| 309 | | 996 | *010 | *024 | *038 | *052 | *066 | *080 | *094 | *108 | *122 |
| N. | L. | 0 | 1 | 2 | 3 | 4 | 5 | 6 | 7 | 8 | 9 |

P. P.

| | 16 |
|---|---|
| 1 | 1,6 |
| 2 | 3,2 |
| 3 | 4,8 |
| 4 | 6,4 |
| 5 | 8,0 |
| 6 | 9,6 |
| 7 | 11,2 |
| 8 | 12,8 |
| 9 | 14,4 |

| | 15 |
|---|---|
| 1 | 1,5 |
| 2 | 3,0 |
| 3 | 4,5 |
| 4 | 6,0 |
| 5 | 7,5 |
| 6 | 9,0 |
| 7 | 10,5 |
| 8 | 12,0 |
| 9 | 13,5 |

| | 14 |
|---|---|
| 1 | 1,4 |
| 2 | 2,8 |
| 3 | 4,2 |
| 4 | 5,6 |
| 5 | 7,0 |
| 6 | 8,4 |
| 7 | 9,8 |
| 8 | 11,2 |
| 9 | 12,6 |

P. P.

| N. | L. | 0 | 1 | 2 | 3 | 4 | 5 | 6 | 7 | 8 | 9 |
|---|---|---|---|---|---|---|---|---|---|---|---|
| 310 | 49 | 136 | 150 | 164 | 178 | 192 | 206 | 220 | 234 | 248 | 262 |
| 311 | | 276 | 290 | 304 | 318 | 332 | 346 | 360 | 374 | 388 | 402 |
| 312 | | 415 | 429 | 443 | 457 | 471 | 485 | 499 | 513 | 527 | 541 |
| 313 | | 554 | 568 | 582 | 596 | 610 | 624 | 638 | 651 | 665 | 679 |
| 314 | | 693 | 707 | 721 | 734 | 748 | 762 | 776 | 790 | 803 | 817 |
| 315 | | 831 | 845 | 859 | 872 | 886 | 900 | 914 | 927 | 941 | 955 |
| 316 | | 969 | 982 | 996 | *010 | *024 | *037 | *051 | *065 | *079 | *092 |
| 317 | 50 | 106 | 120 | 133 | 147 | 161 | 174 | 188 | 202 | 215 | 229 |
| 318 | | 243 | 256 | 270 | 284 | 297 | 311 | 325 | 338 | 352 | 365 |
| 319 | | 379 | 393 | 406 | 420 | 433 | 447 | 461 | 474 | 488 | 501 |
| 320 | | 515 | 529 | 542 | 556 | 569 | 583 | 596 | 610 | 623 | 637 |
| 321 | | 651 | 664 | 678 | 691 | 705 | 718 | 732 | 745 | 759 | 772 |
| 322 | | 786 | 799 | 813 | 826 | 840 | 853 | 866 | 880 | 893 | 907 |
| 323 | | 920 | 934 | 947 | 961 | 974 | 987 | *001 | *014 | *028 | *041 |
| 324 | 51 | 055 | 068 | 081 | 095 | 108 | 121 | 135 | 148 | 162 | 175 |
| 325 | | 188 | 202 | 215 | 228 | 242 | 255 | 268 | 282 | 295 | 308 |
| 326 | | 322 | 335 | 348 | 362 | 375 | 388 | 402 | 415 | 428 | 441 |
| 327 | | 455 | 468 | 481 | 495 | 508 | 521 | 534 | 548 | 561 | 574 |
| 328 | | 587 | 601 | 614 | 627 | 640 | 654 | 667 | 680 | 693 | 706 |
| 329 | | 720 | 733 | 746 | 759 | 772 | 786 | 799 | 812 | 825 | 838 |
| 330 | | 851 | 865 | 878 | 891 | 904 | 917 | 930 | 943 | 957 | 970 |
| 331 | | 983 | 996 | *009 | *022 | *035 | *048 | *061 | *075 | *088 | *101 |
| 332 | 52 | 114 | 127 | 140 | 153 | 166 | 179 | 192 | 205 | 218 | 231 |
| 333 | | 244 | 257 | 270 | 284 | 297 | 310 | 323 | 336 | 349 | 362 |
| 334 | | 375 | 388 | 401 | 414 | 427 | 440 | 453 | 466 | 479 | 492 |
| 335 | | 504 | 517 | 530 | 543 | 556 | 569 | 582 | 595 | 608 | 621 |
| 336 | | 634 | 647 | 660 | 673 | 686 | 699 | 711 | 724 | 737 | 750 |
| 337 | | 763 | 776 | 789 | 802 | 815 | 827 | 840 | 853 | 866 | 879 |
| 338 | | 892 | 905 | 917 | 930 | 943 | 956 | 969 | 982 | 994 | *007 |
| 339 | 53 | 020 | 033 | 046 | 058 | 071 | 084 | 097 | 110 | 122 | 135 |
| 340 | | 148 | 161 | 173 | 186 | 199 | 212 | 224 | 237 | 250 | 263 |
| 341 | | 275 | 288 | 301 | 314 | 326 | 339 | 352 | 364 | 377 | 390 |
| 342 | | 403 | 415 | 428 | 441 | 453 | 466 | 479 | 491 | 504 | 517 |
| 343 | | 529 | 542 | 555 | 567 | 580 | 593 | 605 | 618 | 631 | 643 |
| 344 | | 656 | 668 | 681 | 694 | 706 | 719 | 732 | 744 | 757 | 769 |

| N. | L. | 0 | 1 | 2 | 3 | 4 | 5 | 6 | 7 | 8 | 9 |

P. P.

| | 14 |
|---|---|
| 1 | 1,4 |
| 2 | 2,8 |
| 3 | 4,2 |
| 4 | 5,6 |
| 5 | 7,0 |
| 6 | 8,4 |
| 7 | 9,8 |
| 8 | 11,2 |
| 9 | 12,6 |

| | 13 |
|---|---|
| 1 | 1,3 |
| 2 | 2,6 |
| 3 | 3,9 |
| 4 | 5,2 |
| 5 | 6,5 |
| 6 | 7,8 |
| 7 | 9,1 |
| 8 | 10,4 |
| 9 | 11,7 |

| N. | L. | 0 | 1 | 2 | 3 | 4 | 5 | 6 | 7 | 8 | 9 |
|---|---|---|---|---|---|---|---|---|---|---|---|
| 345 | 53 | 782 | 794 | 807 | 820 | 832 | 845 | 857 | 870 | 882 | 895 |
| 346 | | 908 | 920 | 933 | 945 | 958 | 970 | 983 | 995 | *008 | *020 |
| 347 | 54 | 033 | 045 | 058 | 070 | 083 | 095 | 108 | 120 | 133 | 145 |
| 348 | | 158 | 170 | 183 | 195 | 208 | 220 | 233 | 245 | 258 | 270 |
| 349 | | 283 | 295 | 307 | 320 | 332 | 345 | 357 | 370 | 382 | 394 |
| 350 | | 407 | 419 | 432 | 444 | 456 | 469 | 481 | 494 | 506 | 518 |
| 351 | | 531 | 543 | 555 | 568 | 580 | 593 | 605 | 617 | 630 | 642 |
| 352 | | 654 | 667 | 679 | 691 | 704 | 716 | 728 | 741 | 753 | 765 |
| 353 | | 777 | 790 | 802 | 814 | 827 | 839 | 851 | 864 | 876 | 888 |
| 354 | | 900 | 913 | 925 | 937 | 949 | 962 | 974 | 986 | 998 | *011 |
| 355 | 55 | 023 | 035 | 047 | 060 | 072 | 084 | 096 | 108 | 121 | 133 |
| 356 | | 145 | 157 | 169 | 182 | 194 | 206 | 218 | 230 | 242 | 255 |
| 357 | | 267 | 279 | 291 | 303 | 315 | 328 | 340 | 352 | 364 | 376 |
| 358 | | 388 | 400 | 413 | 425 | 437 | 449 | 461 | 473 | 485 | 497 |
| 359 | | 509 | 522 | 534 | 546 | 558 | 570 | 582 | 594 | 606 | 618 |
| 360 | | 630 | 642 | 654 | 666 | 678 | 691 | 703 | 715 | 727 | 739 |
| 361 | | 751 | 763 | 775 | 787 | 799 | 811 | 823 | 835 | 847 | 859 |
| 362 | | 871 | 883 | 895 | 907 | 919 | 931 | 943 | 955 | 967 | 979 |
| 363 | | 991 | *003 | *015 | *027 | *038 | *050 | *062 | *074 | *086 | *098 |
| 364 | 56 | 110 | 122 | 134 | 146 | 158 | 170 | 182 | 194 | 205 | 217 |
| 365 | | 229 | 241 | 253 | 265 | 277 | 289 | 301 | 312 | 324 | 336 |
| 366 | | 348 | 360 | 372 | 384 | 396 | 407 | 419 | 431 | 443 | 455 |
| 367 | | 467 | 478 | 490 | 502 | 514 | 526 | 538 | 549 | 561 | 573 |
| 368 | | 585 | 597 | 608 | 620 | 632 | 644 | 656 | 667 | 679 | 691 |
| 369 | | 703 | 714 | 726 | 738 | 750 | 761 | 773 | 785 | 797 | 808 |
| 370 | | 820 | 832 | 844 | 855 | 867 | 879 | 891 | 902 | 914 | 926 |
| 371 | | 937 | 949 | 961 | 972 | 984 | 996 | *008 | *019 | *031 | *043 |
| 372 | 57 | 054 | 066 | 078 | 089 | 101 | 113 | 124 | 136 | 148 | 159 |
| 373 | | 171 | 183 | 194 | 206 | 217 | 229 | 241 | 252 | 264 | 276 |
| 374 | | 287 | 299 | 310 | 322 | 334 | 345 | 357 | 368 | 380 | 392 |
| 375 | | 403 | 415 | 426 | 438 | 449 | 461 | 473 | 484 | 496 | 507 |
| 376 | | 519 | 530 | 542 | 553 | 565 | 576 | 588 | 600 | 611 | 623 |
| 377 | | 634 | 646 | 657 | 669 | 680 | 692 | 703 | 715 | 726 | 738 |
| 378 | | 749 | 761 | 772 | 784 | 795 | 807 | 818 | 830 | 841 | 852 |
| 379 | | 864 | 875 | 887 | 898 | 910 | 921 | 933 | 944 | 955 | 967 |
| N. | L. | 0 | 1 | 2 | 3 | 4 | 5 | 6 | 7 | 8 | 9 |

P.P.

| | 13 | 12 | 11 |
|---|---|---|---|
| 1 | 1,3 | 1,2 | 1,1 |
| 2 | 2,6 | 2,4 | 2,2 |
| 3 | 3,9 | 3,6 | 3,3 |
| 4 | 5,2 | 4,8 | 4,4 |
| 5 | 6,5 | 6,0 | 5,5 |
| 6 | 7,8 | 7,2 | 6,6 |
| 7 | 9,1 | 8,4 | 7,7 |
| 8 | 10,4 | 9,6 | 8,8 |
| 9 | 11,7 | 10,8 | 9,9 |

| N. | L. 0 | 1 | 2 | 3 | 4 | 5 | 6 | 7 | 8 | 9 |
|---|---|---|---|---|---|---|---|---|---|---|
| 380 | 57 978 | 990 | *001 | *013 | *024 | *035 | *047 | *058 | *070 | *081 |
| 381 | 58 092 | 104 | 115 | 127 | 138 | 149 | 161 | 172 | 184 | 195 |
| 382 | 206 | 218 | 229 | 240 | 252 | 263 | 274 | 286 | 297 | 309 |
| 383 | 320 | 331 | 343 | 354 | 365 | 377 | 388 | 399 | 410 | 422 |
| 384 | 433 | 444 | 456 | 467 | 478 | 490 | 501 | 512 | 524 | 535 |
| 385 | 546 | 557 | 569 | 580 | 591 | 602 | 614 | 625 | 636 | 647 |
| 386 | 659 | 670 | 681 | 692 | 704 | 715 | 726 | 737 | 749 | 760 |
| 387 | 771 | 782 | 794 | 805 | 816 | 827 | 838 | 850 | 861 | 872 |
| 388 | 883 | 894 | 906 | 917 | 928 | 939 | 950 | 961 | 973 | 984 |
| 389 | 995 | *006 | *017 | *028 | *040 | *051 | *062 | *073 | *084 | *095 |
| 390 | 59 106 | 118 | 129 | 140 | 151 | 162 | 173 | 184 | 195 | 207 |
| 391 | 218 | 229 | 240 | 251 | 262 | 273 | 284 | 295 | 306 | 318 |
| 392 | 329 | 340 | 351 | 362 | 373 | 384 | 395 | 406 | 417 | 428 |
| 393 | 439 | 450 | 461 | 472 | 483 | 494 | 506 | 517 | 528 | 539 |
| 394 | 550 | 561 | 572 | 583 | 594 | 605 | 616 | 627 | 638 | 649 |
| 395 | 660 | 671 | 682 | 693 | 704 | 715 | 726 | 737 | 748 | 759 |
| 396 | 770 | 780 | 791 | 802 | 813 | 824 | 835 | 846 | 857 | 868 |
| 397 | 879 | 890 | 901 | 912 | 923 | 934 | 945 | 956 | 966 | 977 |
| 398 | 988 | 999 | *010 | *021 | *032 | *043 | *054 | *065 | *076 | *086 |
| 399 | 60 097 | 108 | 119 | 130 | 141 | 152 | 163 | 173 | 184 | 195 |
| 400 | 206 | 217 | 228 | 239 | 249 | 260 | 271 | 282 | 293 | 304 |
| 401 | 314 | 325 | 336 | 347 | 358 | 369 | 379 | 390 | 401 | 412 |
| 402 | 423 | 433 | 444 | 455 | 466 | 477 | 487 | 498 | 509 | 520 |
| 403 | 531 | 541 | 552 | 563 | 574 | 584 | 595 | 606 | 617 | 627 |
| 404 | 638 | 649 | 660 | 670 | 681 | 692 | 703 | 713 | 724 | 735 |
| 405 | 746 | 756 | 767 | 778 | 788 | 799 | 810 | 821 | 831 | 842 |
| 406 | 853 | 863 | 874 | 885 | 895 | 906 | 917 | 927 | 938 | 949 |
| 407 | 959 | 970 | 981 | 991 | *002 | *013 | *023 | *034 | *045 | *055 |
| 408 | 61 066 | 077 | 087 | 098 | 109 | 119 | 130 | 140 | 151 | 162 |
| 409 | 172 | 183 | 194 | 204 | 215 | 225 | 236 | 247 | 257 | 268 |
| 410 | 278 | 289 | 300 | 310 | 321 | 331 | 342 | 352 | 363 | 374 |
| 411 | 384 | 395 | 405 | 416 | 426 | 437 | 448 | 458 | 469 | 479 |
| 412 | 490 | 500 | 511 | 521 | 532 | 542 | 553 | 563 | 574 | 584 |
| 413 | 595 | 606 | 616 | 627 | 637 | 648 | 658 | 669 | 679 | 690 |
| 414 | 700 | 711 | 721 | 731 | 742 | 752 | 763 | 773 | 784 | 794 |
| N. | L. 0 | 1 | 2 | 3 | 4 | 5 | 6 | 7 | 8 | 9 |

P.P.

| | 12 |
|---|---|
| 1 | 1,2 |
| 2 | 2,4 |
| 3 | 3,6 |
| 4 | 4,8 |
| 5 | 6,0 |
| 6 | 7,2 |
| 7 | 8,4 |
| 8 | 9,6 |
| 9 | 10,8 |

| | 11 |
|---|---|
| 1 | 1,1 |
| 2 | 2,2 |
| 3 | 3,3 |
| 4 | 4,4 |
| 5 | 5,5 |
| 6 | 6,6 |
| 7 | 7,7 |
| 8 | 8,8 |
| 9 | 9,9 |

| N. | L. | 0 | 1 | 2 | 3 | 4 | 5 | 6 | 7 | 8 | 9 |
|---|---|---|---|---|---|---|---|---|---|---|---|
| 415 | 61 | 805 | 815 | 826 | 836 | 847 | 857 | 868 | 878 | 888 | 899 |
| 416 | | 909 | 920 | 930 | 941 | 951 | 962 | 972 | 982 | 993 | *003 |
| 417 | 62 | 014 | 024 | 034 | 045 | 055 | 066 | 076 | 086 | 097 | 107 |
| 418 | | 118 | 128 | 138 | 149 | 159 | 170 | 180 | 190 | 201 | 211 |
| 419 | | 221 | 232 | 242 | 252 | 263 | 273 | 284 | 294 | 304 | 315 |
| 420 | | 325 | 335 | 346 | 356 | 366 | 377 | 387 | 397 | 408 | 418 |
| 421 | | 428 | 439 | 449 | 459 | 469 | 480 | 490 | 500 | 511 | 521 |
| 422 | | 531 | 542 | 552 | 562 | 572 | 583 | 593 | 603 | 613 | 624 |
| 423 | | 634 | 644 | 655 | 665 | 675 | 685 | 696 | 706 | 716 | 726 |
| 424 | | 737 | 747 | 757 | 767 | 778 | 788 | 798 | 808 | 818 | 829 |
| 425 | | 839 | 849 | 859 | 870 | 880 | 890 | 900 | 910 | 921 | 931 |
| 426 | | 941 | 951 | 961 | 972 | 982 | 992 | *002 | *012 | *022 | *033 |
| 427 | 63 | 043 | 053 | 063 | 073 | 083 | 094 | 104 | 114 | 124 | 134 |
| 428 | | 144 | 155 | 165 | 175 | 185 | 195 | 205 | 215 | 225 | 236 |
| 429 | | 246 | 256 | 266 | 276 | 286 | 296 | 306 | 317 | 327 | 337 |
| 430 | | 347 | 357 | 367 | 377 | 387 | 397 | 407 | 417 | 428 | 438 |
| 431 | | 448 | 458 | 468 | 478 | 488 | 498 | 508 | 518 | 528 | 538 |
| 432 | | 548 | 558 | 568 | 579 | 589 | 599 | 609 | 619 | 629 | 639 |
| 433 | | 649 | 659 | 669 | 679 | 689 | 699 | 709 | 719 | 729 | 739 |
| 434 | | 749 | 759 | 769 | 779 | 789 | 799 | 809 | 819 | 829 | 839 |
| 435 | | 849 | 859 | 869 | 879 | 889 | 899 | 909 | 919 | 929 | 939 |
| 436 | | 949 | 959 | 969 | 979 | 988 | 998 | *008 | *018 | *028 | *038 |
| 437 | 64 | 048 | 058 | 068 | 078 | 088 | 098 | 108 | 118 | 128 | 137 |
| 438 | | 147 | 157 | 167 | 177 | 187 | 197 | 207 | 217 | 227 | 237 |
| 439 | | 246 | 256 | 266 | 276 | 286 | 296 | 306 | 316 | 326 | 335 |
| 440 | | 345 | 355 | 365 | 375 | 385 | 395 | 404 | 414 | 424 | 434 |
| 441 | | 444 | 454 | 464 | 473 | 483 | 493 | 503 | 513 | 523 | 532 |
| 442 | | 542 | 552 | 562 | 572 | 582 | 591 | 601 | 611 | 621 | 631 |
| 443 | | 640 | 650 | 660 | 670 | 680 | 689 | 699 | 709 | 719 | 729 |
| 444 | | 738 | 748 | 758 | 768 | 777 | 787 | 797 | 807 | 816 | 826 |
| 445 | | 836 | 846 | 856 | 865 | 875 | 885 | 895 | 904 | 914 | 924 |
| 446 | | 933 | 943 | 953 | 963 | 972 | 982 | 992 | *002 | *011 | *021 |
| 447 | 65 | 031 | 040 | 050 | 060 | 070 | 079 | 089 | 099 | 108 | 118 |
| 448 | | 128 | 137 | 147 | 157 | 167 | 176 | 186 | 196 | 205 | 215 |
| 449 | | 225 | 234 | 244 | 254 | 263 | 273 | 283 | 292 | 302 | 312 |
| N. | L. | 0 | 1 | 2 | 3 | 4 | 5 | 6 | 7 | 8 | 9 |

P. P.

| | 11 |
|---|---|
| 1 | 1,1 |
| 2 | 2,2 |
| 3 | 3,3 |
| 4 | 4,4 |
| 5 | 5,5 |
| 6 | 6,6 |
| 7 | 7,7 |
| 8 | 8,8 |
| 9 | 9,9 |

| | 10 |
|---|---|
| 1 | 1,0 |
| 2 | 2,0 |
| 3 | 3,0 |
| 4 | 4,0 |
| 5 | 5,0 |
| 6 | 6,0 |
| 7 | 7,0 |
| 8 | 8,0 |
| 9 | 9,0 |

| | 9 |
|---|---|
| 1 | 0,9 |
| 2 | 1,8 |
| 3 | 2,7 |
| 4 | 3,6 |
| 5 | 4,5 |
| 6 | 5,4 |
| 7 | 6,3 |
| 8 | 7,2 |
| 9 | 8,1 |

P. P.

| N. | L. | 0 | 1 | 2 | 3 | 4 | 5 | 6 | 7 | 8 | 9 |
|---|---|---|---|---|---|---|---|---|---|---|---|
| 450 | 65 | 321 | 331 | 341 | 350 | 360 | 369 | 379 | 389 | 398 | 408 |
| 451 | | 418 | 427 | 437 | 447 | 456 | 466 | 475 | 485 | 495 | 504 |
| 452 | | 514 | 523 | 533 | 543 | 552 | 562 | 571 | 581 | 591 | 600 |
| 453 | | 610 | 619 | 629 | 639 | 648 | 658 | 667 | 677 | 686 | 696 |
| 454 | | 706 | 715 | 725 | 734 | 744 | 753 | 763 | 772 | 782 | 792 |
| 455 | | 801 | 811 | 820 | 830 | 839 | 849 | 858 | 868 | 877 | 887 |
| 456 | | 896 | 906 | 916 | 925 | 935 | 944 | 954 | 963 | 973 | 982 |
| 457 | | 992 | *001 | *011 | *020 | *030 | *039 | *049 | *058 | *068 | *077 |
| 458 | 66 | 087 | 096 | 106 | 115 | 124 | 134 | 143 | 153 | 162 | 172 |
| 459 | | 181 | 191 | 200 | 210 | 219 | 229 | 238 | 247 | 257 | 266 |
| 460 | | 276 | 285 | 295 | 304 | 314 | 323 | 332 | 342 | 351 | 361 |
| 461 | | 370 | 380 | 389 | 398 | 408 | 417 | 427 | 436 | 445 | 455 |
| 462 | | 464 | 474 | 483 | 492 | 502 | 511 | 521 | 530 | 539 | 549 |
| 463 | | 558 | 567 | 577 | 586 | 596 | 605 | 614 | 624 | 633 | 642 |
| 464 | | 652 | 661 | 671 | 680 | 689 | 699 | 708 | 717 | 727 | 736 |
| 465 | | 745 | 755 | 764 | 773 | 783 | 792 | 801 | 811 | 820 | 829 |
| 466 | | 839 | 848 | 857 | 867 | 876 | 885 | 894 | 904 | 913 | 922 |
| 467 | | 932 | 941 | 950 | 960 | 969 | 978 | 987 | 997 | *006 | *015 |
| 468 | 67 | 025 | 034 | 043 | 052 | 062 | 071 | 080 | 089 | 099 | 108 |
| 469 | | 117 | 127 | 136 | 145 | 154 | 164 | 173 | 182 | 191 | 201 |
| 470 | | 210 | 219 | 228 | 237 | 247 | 256 | 265 | 274 | 284 | 293 |
| 471 | | 302 | 311 | 321 | 330 | 339 | 348 | 357 | 367 | 376 | 385 |
| 472 | | 394 | 403 | 413 | 422 | 431 | 440 | 449 | 459 | 468 | 477 |
| 473 | | 486 | 495 | 504 | 514 | 523 | 532 | 541 | 550 | 560 | 569 |
| 474 | | 578 | 587 | 596 | 605 | 614 | 624 | 633 | 642 | 651 | 660 |
| 475 | | 669 | 679 | 688 | 697 | 706 | 715 | 724 | 733 | 742 | 752 |
| 476 | | 761 | 770 | 779 | 788 | 797 | 806 | 815 | 825 | 834 | 843 |
| 477 | | 852 | 861 | 870 | 879 | 888 | 897 | 906 | 916 | 925 | 934 |
| 478 | | 943 | 952 | 961 | 970 | 979 | 988 | 997 | *006 | *015 | *024 |
| 479 | 68 | 034 | 043 | 052 | 061 | 070 | 079 | 088 | 097 | 106 | 115 |
| 480 | | 124 | 133 | 142 | 151 | 160 | 169 | 178 | 187 | 196 | 205 |
| 481 | | 215 | 224 | 233 | 242 | 251 | 260 | 269 | 278 | 287 | 296 |
| 482 | | 305 | 314 | 323 | 332 | 341 | 350 | 359 | 368 | 377 | 386 |
| 483 | | 395 | 404 | 413 | 422 | 431 | 440 | 449 | 458 | 467 | 476 |
| 484 | | 485 | 494 | 502 | 511 | 520 | 529 | 538 | 547 | 556 | 565 |
| N. | L. | 0 | 1 | 2 | 3 | 4 | 5 | 6 | 7 | 8 | 9 |

P.P.

| | 10 |
|---|---|
| 1 | 1,0 |
| 2 | 2,0 |
| 3 | 3,0 |
| 4 | 4,0 |
| 5 | 5,0 |
| 6 | 6,0 |
| 7 | 7,0 |
| 8 | 8,0 |
| 9 | 9,0 |

| | 9 |
|---|---|
| 1 | 0,9 |
| 2 | 1,8 |
| 3 | 2,7 |
| 4 | 3,6 |
| 5 | 4,5 |
| 6 | 5,4 |
| 7 | 6,3 |
| 8 | 7,2 |
| 9 | 8,1 |

P.P.

| N. | L. | 0 | 1 | 2 | 3 | 4 | 5 | 6 | 7 | 8 | 9 |
|---|---|---|---|---|---|---|---|---|---|---|---|
| 485 | 68 | 574 | 583 | 592 | 601 | 610 | 619 | 628 | 637 | 646 | 655 |
| 486 | | 664 | 673 | 681 | 690 | 699 | 708 | 717 | 726 | 735 | 744 |
| 487 | | 753 | 762 | 771 | 780 | 789 | 797 | 806 | 815 | 824 | 833 |
| 488 | | 842 | 851 | 860 | 869 | 878 | 886 | 895 | 904 | 913 | 922 |
| 489 | | 931 | 940 | 949 | 958 | 966 | 975 | 984 | 993 | *002 | *011 |
| 490 | 69 | 020 | 028 | 037 | 046 | 055 | 064 | 073 | 082 | 090 | 099 |
| 491 | | 108 | 117 | 126 | 135 | 144 | 152 | 161 | 170 | 179 | 188 |
| 492 | | 197 | 205 | 214 | 223 | 232 | 241 | 249 | 258 | 267 | 276 |
| 493 | | 285 | 294 | 302 | 311 | 320 | 329 | 338 | 346 | 355 | 364 |
| 494 | | 373 | 381 | 390 | 399 | 408 | 417 | 425 | 434 | 443 | 452 |
| 495 | | 461 | 469 | 478 | 487 | 496 | 504 | 513 | 522 | 531 | 539 |
| 496 | | 548 | 557 | 566 | 574 | 583 | 592 | 601 | 609 | 618 | 627 |
| 497 | | 636 | 644 | 653 | 662 | 671 | 679 | 688 | 697 | 705 | 714 |
| 498 | | 723 | 732 | 740 | 749 | 758 | 767 | 775 | 784 | 793 | 801 |
| 499 | | 810 | 819 | 827 | 836 | 845 | 854 | 862 | 871 | 880 | 888 |
| 500 | | 897 | 906 | 914 | 923 | 932 | 940 | 949 | 958 | 966 | 975 |
| 501 | | 984 | 992 | *001 | *010 | *018 | *027 | *036 | *044 | *053 | *062 |
| 502 | 70 | 070 | 079 | 088 | 096 | 105 | 114 | 122 | 131 | 140 | 148 |
| 503 | | 157 | 165 | 174 | 183 | 191 | 200 | 209 | 217 | 226 | 234 |
| 504 | | 243 | 252 | 260 | 269 | 278 | 286 | 295 | 303 | 312 | 321 |
| 505 | | 329 | 338 | 346 | 355 | 364 | 372 | 381 | 389 | 398 | 406 |
| 506 | | 415 | 424 | 432 | 441 | 449 | 458 | 467 | 475 | 484 | 492 |
| 507 | | 501 | 509 | 518 | 526 | 535 | 544 | 552 | 561 | 569 | 578 |
| 508 | | 586 | 595 | 603 | 612 | 621 | 629 | 638 | 646 | 655 | 663 |
| 509 | | 672 | 680 | 689 | 697 | 706 | 714 | 723 | 731 | 740 | 749 |
| 510 | | 757 | 766 | 774 | 783 | 791 | 800 | 808 | 817 | 825 | 834 |
| 511 | | 842 | 851 | 859 | 868 | 876 | 885 | 893 | 902 | 910 | 919 |
| 512 | | 927 | 935 | 944 | 952 | 961 | 969 | 978 | 986 | 995 | *003 |
| 513 | 71 | 012 | 020 | 029 | 037 | 046 | 054 | 063 | 071 | 079 | 088 |
| 514 | | 096 | 105 | 113 | 122 | 130 | 139 | 147 | 155 | 164 | 172 |
| 515 | | 181 | 189 | 198 | 206 | 214 | 223 | 231 | 240 | 248 | 257 |
| 516 | | 265 | 273 | 282 | 290 | 299 | 307 | 315 | 324 | 332 | 341 |
| 517 | | 349 | 357 | 366 | 374 | 383 | 391 | 399 | 408 | 416 | 425 |
| 518 | | 433 | 441 | 450 | 458 | 466 | 475 | 483 | 492 | 500 | 508 |
| 519 | | 517 | 525 | 533 | 542 | 550 | 559 | 567 | 575 | 584 | 592 |
| N. | L. | 0 | 1 | 2 | 3 | 4 | 5 | 6 | 7 | 8 | 9 |

P. P.

| | 9 |
|---|---|
| 1 | 0,9 |
| 2 | 1,8 |
| 3 | 2,7 |
| 4 | 3,6 |
| 5 | 4,5 |
| 6 | 5,4 |
| 7 | 6,3 |
| 8 | 7,2 |
| 9 | 8,1 |

| | 8 |
|---|---|
| 1 | 0,8 |
| 2 | 1,6 |
| 3 | 2,4 |
| 4 | 3,2 |
| 5 | 4,0 |
| 6 | 4,8 |
| 7 | 5,6 |
| 8 | 6,4 |
| 9 | 7,2 |

| N. | L. 0 | 1 | 2 | 3 | 4 | 5 | 6 | 7 | 8 | 9 | P.P. |
|---|---|---|---|---|---|---|---|---|---|---|---|
| 520 | 71 600 | 609 | 617 | 625 | 634 | 642 | 650 | 659 | 667 | 675 | |
| 521 | 684 | 692 | 700 | 709 | 717 | 725 | 734 | 742 | 750 | 759 | |
| 522 | 767 | 775 | 784 | 792 | 800 | 809 | 817 | 825 | 834 | 842 | |
| 523 | 850 | 858 | 867 | 875 | 883 | 892 | 900 | 908 | 917 | 925 | |
| 524 | 933 | 941 | 950 | 958 | 966 | 975 | 983 | 991 | 999 | *008 | |
| 525 | 72 016 | 024 | 032 | 041 | 049 | 057 | 066 | 074 | 082 | 090 | |
| 526 | 099 | 107 | 115 | 123 | 132 | 140 | 148 | 156 | 165 | 173 | 9 |
| 527 | 181 | 189 | 198 | 206 | 214 | 222 | 230 | 239 | 247 | 255 | 1 0,9 |
| 528 | 263 | 272 | 280 | 288 | 296 | 304 | 313 | 321 | 329 | 337 | 2 1,8 |
| 529 | 346 | 354 | 362 | 370 | 378 | 387 | 395 | 403 | 411 | 419 | 3 2,7 |
| 530 | 428 | 436 | 444 | 452 | 460 | 469 | 477 | 485 | 493 | 501 | 4 3,6 |
| 531 | 509 | 518 | 526 | 534 | 542 | 550 | 558 | 567 | 575 | 583 | 5 4,5 |
| 532 | 591 | 599 | 607 | 616 | 624 | 632 | 640 | 648 | 656 | 665 | 6 5,4 |
| 533 | 673 | 681 | 689 | 697 | 705 | 713 | 722 | 730 | 738 | 746 | 7 6,3 |
| 534 | 754 | 762 | 770 | 779 | 787 | 795 | 803 | 811 | 819 | 827 | 8 7,2 |
| 535 | 835 | 843 | 852 | 860 | 868 | 876 | 884 | 892 | 900 | 908 | 9 8,1 |
| 536 | 916 | 925 | 933 | 941 | 949 | 957 | 965 | 973 | 981 | 989 | |
| 537 | 997 | *006 | *014 | *022 | *030 | *038 | *046 | *054 | *062 | *070 | |
| 538 | 73 078 | 086 | 094 | 102 | 111 | 119 | 127 | 135 | 143 | 151 | |
| 539 | 159 | 167 | 175 | 183 | 191 | 199 | 207 | 215 | 223 | 231 | |
| 540 | 239 | 247 | 255 | 263 | 272 | 280 | 288 | 296 | 304 | 312 | |
| 541 | 320 | 328 | 336 | 344 | 352 | 360 | 368 | 376 | 384 | 392 | 8 |
| 542 | 400 | 408 | 416 | 424 | 432 | 440 | 448 | 456 | 464 | 472 | 1 0,8 |
| 543 | 480 | 488 | 496 | 504 | 512 | 520 | 528 | 536 | 544 | 552 | 2 1,6 |
| 544 | 560 | 568 | 576 | 584 | 592 | 600 | 608 | 616 | 624 | 632 | 3 2,4 |
| 545 | 640 | 648 | 656 | 664 | 672 | 679 | 687 | 695 | 703 | 711 | 4 3,2 |
| 546 | 719 | 727 | 735 | 743 | 751 | 759 | 767 | 775 | 783 | 791 | 5 4,0 |
| 547 | 799 | 807 | 815 | 823 | 830 | 838 | 846 | 854 | 862 | 870 | 6 4,8 |
| 548 | 878 | 886 | 894 | 902 | 910 | 918 | 926 | 933 | 941 | 949 | 7 5,6 |
| 549 | 957 | 965 | 973 | 981 | 989 | 997 | *005 | *013 | *020 | *028 | 8 6,4 |
| 550 | 74 036 | 044 | 052 | 060 | 068 | 076 | 084 | 092 | 099 | 107 | 9 7,2 |
| 551 | 115 | 123 | 131 | 139 | 147 | 155 | 162 | 170 | 178 | 186 | |
| 552 | 194 | 202 | 210 | 218 | 225 | 233 | 241 | 249 | 257 | 265 | |
| 553 | 273 | 280 | 288 | 296 | 304 | 312 | 320 | 327 | 335 | 343 | |
| 554 | 351 | 359 | 367 | 374 | 382 | 390 | 398 | 406 | 414 | 421 | |
| N. | L. 0 | 1 | 2 | 3 | 4 | 5 | 6 | 7 | 8 | 9 | P.P. |

| N. | L. 0 | 1 | 2 | 3 | 4 | 5 | 6 | 7 | 8 | 9 | P.P. |
|---|---|---|---|---|---|---|---|---|---|---|---|
| 555 | 74 429 | 437 | 445 | 453 | 461 | 468 | 476 | 484 | 492 | 500 | |
| 556 | 507 | 515 | 523 | 531 | 539 | 547 | 554 | 562 | 570 | 578 | |
| 557 | 586 | 593 | 601 | 609 | 617 | 624 | 632 | 640 | 648 | 656 | |
| 558 | 663 | 671 | 679 | 687 | 695 | 702 | 710 | 718 | 726 | 733 | |
| 559 | 741 | 749 | 757 | 764 | 772 | 780 | 788 | 796 | 803 | 811 | |
| 560 | 819 | 827 | 834 | 842 | 850 | 858 | 865 | 873 | 881 | 889 | |
| 561 | 896 | 904 | 912 | 920 | 927 | 935 | 943 | 950 | 958 | 966 | 8 |
| 562 | 974 | 981 | 989 | 997 | *005 | *012 | *020 | *028 | *035 | *043 | 1 \| 0,8 |
| 563 | 75 051 | 059 | 066 | 074 | 082 | 089 | 097 | 105 | 113 | 120 | 2 \| 1,6 |
| 564 | 128 | 136 | 143 | 151 | 159 | 166 | 174 | 182 | 189 | 197 | 3 \| 2,4 |
| 565 | 205 | 213 | 220 | 228 | 236 | 243 | 251 | 259 | 266 | 274 | 4 \| 3,2 |
| 566 | 282 | 289 | 297 | 305 | 312 | 320 | 328 | 335 | 343 | 351 | 5 \| 4,0 |
| 567 | 358 | 366 | 374 | 381 | 389 | 397 | 404 | 412 | 420 | 427 | 6 \| 4,8 |
| 568 | 435 | 442 | 450 | 458 | 465 | 473 | 481 | 488 | 496 | 504 | 7 \| 5,6 |
| 569 | 511 | 519 | 526 | 534 | 542 | 549 | 557 | 565 | 572 | 580 | 8 \| 6,4 |
| 570 | 587 | 595 | 603 | 610 | 618 | 626 | 633 | 641 | 648 | 656 | 9 \| 7,2 |
| 571 | 664 | 671 | 679 | 686 | 694 | 702 | 709 | 717 | 724 | 732 | |
| 572 | 740 | 747 | 755 | 762 | 770 | 778 | 785 | 793 | 800 | 808 | |
| 573 | 815 | 823 | 831 | 838 | 846 | 853 | 861 | 868 | 876 | 884 | |
| 574 | 891 | 899 | 906 | 914 | 921 | 929 | 937 | 944 | 952 | 959 | |
| 575 | 967 | 974 | 982 | 989 | 997 | *005 | *012 | *020 | *027 | *035 | |
| 576 | 76 042 | 050 | 057 | 065 | 072 | 080 | 087 | 095 | 103 | 110 | 7 |
| 577 | 118 | 125 | 133 | 140 | 148 | 155 | 163 | 170 | 178 | 185 | 1 \| 0,7 |
| 578 | 193 | 200 | 208 | 215 | 223 | 230 | 238 | 245 | 253 | 260 | 2 \| 1,4 |
| 579 | 268 | 275 | 283 | 290 | 298 | 305 | 313 | 320 | 328 | 335 | 3 \| 2,1 |
| 580 | 343 | 350 | 358 | 365 | 373 | 380 | 388 | 395 | 403 | 410 | 4 \| 2,8 |
| 581 | 418 | 425 | 433 | 440 | 448 | 455 | 462 | 470 | 477 | 485 | 5 \| 3,5 |
| 582 | 492 | 500 | 507 | 515 | 522 | 530 | 537 | 545 | 552 | 559 | 6 \| 4,2 |
| 583 | 567 | 574 | 582 | 589 | 597 | 604 | 612 | 619 | 626 | 634 | 7 \| 4,9 |
| 584 | 641 | 649 | 656 | 664 | 671 | 678 | 686 | 693 | 701 | 708 | 8 \| 5,6 |
| 585 | 716 | 723 | 730 | 738 | 745 | 753 | 760 | 768 | 775 | 782 | 9 \| 6,3 |
| 586 | 790 | 797 | 805 | 812 | 819 | 827 | 834 | 842 | 849 | 856 | |
| 587 | 864 | 871 | 879 | 886 | 893 | 901 | 908 | 916 | 923 | 930 | |
| 588 | 938 | 945 | 953 | 960 | 967 | 975 | 982 | 989 | 997 | *004 | |
| 589 | 77 012 | 019 | 026 | 034 | 041 | 048 | 056 | 063 | 070 | 078 | |
| N. | L. 0 | 1 | 2 | 3 | 4 | 5 | 6 | 7 | 8 | 9 | P.P. |

| N. | L. 0 | 1 | 2 | 3 | 4 | 5 | 6 | 7 | 8 | 9 |
|---|---|---|---|---|---|---|---|---|---|---|
| 590 | 77 085 | 093 | 100 | 107 | 115 | 122 | 129 | 137 | 144 | 151 |
| 591 | 159 | 166 | 173 | 181 | 188 | 195 | 203 | 210 | 217 | 225 |
| 592 | 232 | 240 | 247 | 254 | 262 | 269 | 276 | 283 | 291 | 298 |
| 593 | 305 | 313 | 320 | 327 | 335 | 342 | 349 | 357 | 364 | 371 |
| 594 | 379 | 386 | 393 | 401 | 408 | 415 | 422 | 430 | 437 | 444 |
| 595 | 452 | 459 | 466 | 474 | 481 | 488 | 495 | 503 | 510 | 517 |
| 596 | 525 | 532 | 539 | 546 | 554 | 561 | 568 | 576 | 583 | 590 |
| 597 | 597 | 605 | 612 | 619 | 627 | 634 | 641 | 648 | 656 | 663 |
| 598 | 670 | 677 | 685 | 692 | 699 | 706 | 714 | 721 | 728 | 735 |
| 599 | 743 | 750 | 757 | 764 | 772 | 779 | 786 | 793 | 801 | 808 |
| 600 | 815 | 822 | 830 | 837 | 844 | 851 | 859 | 866 | 873 | 880 |
| 601 | 887 | 895 | 902 | 909 | 916 | 924 | 931 | 938 | 945 | 952 |
| 602 | 960 | 967 | 974 | 981 | 988 | 996 | *003 | *010 | *017 | *025 |
| 603 | 78 032 | 039 | 046 | 053 | 061 | 068 | 075 | 082 | 089 | 097 |
| 604 | 104 | 111 | 118 | 125 | 132 | 140 | 147 | 154 | 161 | 168 |
| 605 | 176 | 183 | 190 | 197 | 204 | 211 | 219 | 226 | 233 | 240 |
| 606 | 247 | 254 | 262 | 269 | 276 | 283 | 290 | 297 | 305 | 312 |
| 607 | 319 | 326 | 333 | 340 | 347 | 355 | 362 | 369 | 376 | 383 |
| 608 | 390 | 398 | 405 | 412 | 419 | 426 | 433 | 440 | 447 | 455 |
| 609 | 462 | 469 | 476 | 483 | 490 | 497 | 504 | 512 | 519 | 526 |
| 610 | 533 | 540 | 547 | 554 | 561 | 569 | 576 | 583 | 590 | 597 |
| 611 | 604 | 611 | 618 | 625 | 633 | 640 | 647 | 654 | 661 | 668 |
| 612 | 675 | 682 | 689 | 696 | 704 | 711 | 718 | 725 | 732 | 739 |
| 613 | 746 | 753 | 760 | 767 | 774 | 781 | 789 | 796 | 803 | 810 |
| 614 | 817 | 824 | 831 | 838 | 845 | 852 | 859 | 866 | 873 | 880 |
| 615 | 888 | 895 | 902 | 909 | 916 | 923 | 930 | 937 | 944 | 951 |
| 616 | 958 | 965 | 972 | 979 | 986 | 993 | *000 | *007 | *014 | *021 |
| 617 | 79 029 | 036 | 043 | 050 | 057 | 064 | 071 | 078 | 085 | 092 |
| 618 | 099 | 106 | 113 | 120 | 127 | 134 | 141 | 148 | 155 | 162 |
| 619 | 169 | 176 | 183 | 190 | 197 | 204 | 211 | 218 | 225 | 232 |
| 620 | 239 | 246 | 253 | 260 | 267 | 274 | 281 | 288 | 295 | 302 |
| 621 | 309 | 316 | 323 | 330 | 337 | 344 | 351 | 358 | 365 | 372 |
| 622 | 379 | 386 | 393 | 400 | 407 | 414 | 421 | 428 | 435 | 442 |
| 623 | 449 | 456 | 463 | 470 | 477 | 484 | 491 | 498 | 505 | 511 |
| 624 | 518 | 525 | 532 | 539 | 546 | 553 | 560 | 567 | 574 | 581 |
| N. | L. 0 | 1 | 2 | 3 | 4 | 5 | 6 | 7 | 8 | 9 |

P. P.

| | 8 |
|---|---|
| 1 | 0,8 |
| 2 | 1,6 |
| 3 | 2,4 |
| 4 | 3,2 |
| 5 | 4,0 |
| 6 | 4,8 |
| 7 | 5,6 |
| 8 | 6,4 |
| 9 | 7,2 |

| | 7 |
|---|---|
| 1 | 0,7 |
| 2 | 1,4 |
| 3 | 2,1 |
| 4 | 2,8 |
| 5 | 3,5 |
| 6 | 4,2 |
| 7 | 4,9 |
| 8 | 5,6 |
| 9 | 6,3 |

P. P.

| N. | L. 0 | 1 | 2 | 3 | 4 | 5 | 6 | 7 | 8 | 9 |
|---|---|---|---|---|---|---|---|---|---|---|
| 625 | 79 588 | 595 | 602 | 609 | 616 | 623 | 630 | 637 | 644 | 650 |
| 626 | 657 | 664 | 671 | 678 | 685 | 692 | 699 | 706 | 713 | 720 |
| 627 | 727 | 734 | 741 | 748 | 754 | 761 | 768 | 775 | 782 | 789 |
| 628 | 796 | 803 | 810 | 817 | 824 | 831 | 837 | 844 | 851 | 858 |
| 629 | 865 | 872 | 879 | 886 | 893 | 900 | 906 | 913 | 920 | 927 |
| 630 | 934 | 941 | 948 | 955 | 962 | 969 | 975 | 982 | 989 | 996 |
| 631 | 80 003 | 010 | 017 | 024 | 030 | 037 | 044 | 051 | 058 | 065 |
| 632 | 072 | 079 | 085 | 092 | 099 | 106 | 113 | 120 | 127 | 134 |
| 633 | 140 | 147 | 154 | 161 | 168 | 175 | 182 | 188 | 195 | 202 |
| 634 | 209 | 216 | 223 | 229 | 236 | 243 | 250 | 257 | 264 | 271 |
| 635 | 277 | 284 | 291 | 298 | 305 | 312 | 318 | 325 | 332 | 339 |
| 636 | 346 | 353 | 359 | 366 | 373 | 380 | 387 | 393 | 400 | 407 |
| 637 | 414 | 421 | 428 | 434 | 441 | 448 | 455 | 462 | 468 | 475 |
| 638 | 482 | 489 | 496 | 502 | 509 | 516 | 523 | 530 | 536 | 543 |
| 639 | 550 | 557 | 564 | 570 | 577 | 584 | 591 | 598 | 604 | 611 |
| 640 | 618 | 625 | 632 | 638 | 645 | 652 | 659 | 665 | 672 | 679 |
| 641 | 686 | 693 | 699 | 706 | 713 | 720 | 726 | 733 | 740 | 747 |
| 642 | 754 | 760 | 767 | 774 | 781 | 787 | 794 | 801 | 808 | 814 |
| 643 | 821 | 828 | 835 | 841 | 848 | 855 | 862 | 868 | 875 | 882 |
| 644 | 889 | 895 | 902 | 909 | 916 | 922 | 929 | 936 | 943 | 949 |
| 645 | 956 | 963 | 969 | 976 | 983 | 990 | 996 | *003 | *010 | *017 |
| 646 | 81 023 | 030 | 037 | 043 | 050 | 057 | 064 | 070 | 077 | 084 |
| 647 | 090 | 097 | 104 | 111 | 117 | 124 | 131 | 137 | 144 | 151 |
| 648 | 158 | 164 | 171 | 178 | 184 | 191 | 198 | 204 | 211 | 218 |
| 649 | 224 | 231 | 238 | 245 | 251 | 258 | 265 | 271 | 278 | 285 |
| 650 | 291 | 298 | 305 | 311 | 318 | 325 | 331 | 338 | 345 | 351 |
| 651 | 358 | 365 | 371 | 378 | 385 | 391 | 398 | 405 | 411 | 418 |
| 652 | 425 | 431 | 438 | 445 | 451 | 458 | 465 | 471 | 478 | 485 |
| 653 | 491 | 498 | 505 | 511 | 518 | 525 | 531 | 538 | 544 | 551 |
| 654 | 558 | 564 | 571 | 578 | 584 | 591 | 598 | 604 | 611 | 617 |
| 655 | 624 | 631 | 637 | 644 | 651 | 657 | 664 | 671 | 677 | 684 |
| 656 | 690 | 697 | 704 | 710 | 717 | 723 | 730 | 737 | 743 | 750 |
| 657 | 757 | 763 | 770 | 776 | 783 | 790 | 796 | 803 | 809 | 816 |
| 658 | 823 | 829 | 836 | 842 | 849 | 856 | 862 | 869 | 875 | 882 |
| 659 | 889 | 895 | 902 | 908 | 915 | 921 | 928 | 935 | 941 | 948 |
| N. | L. 0 | 1 | 2 | 3 | 4 | 5 | 6 | 7 | 8 | 9 |

P.P.

| | 7 |
|---|---|
| 1 | 0,7 |
| 2 | 1,4 |
| 3 | 2,1 |
| 4 | 2,8 |
| 5 | 3,5 |
| 6 | 4,2 |
| 7 | 4,9 |
| 8 | 5,6 |
| 9 | 6,3 |

| | 6 |
|---|---|
| 1 | 0,6 |
| 2 | 1,2 |
| 3 | 1,8 |
| 4 | 2,4 |
| 5 | 3,0 |
| 6 | 3,6 |
| 7 | 4,2 |
| 8 | 4,8 |
| 9 | 5,4 |

P.P.

| N. | L. 0 | 1 | 2 | 3 | 4 | 5 | 6 | 7 | 8 | 9 | P.P. |
|---|---|---|---|---|---|---|---|---|---|---|---|
| 660 | 81 954 | 961 | 968 | 974 | 981 | 987 | 994 | *000 | *007 | *014 | |
| 661 | 82 020 | 027 | 033 | 040 | 046 | 053 | 060 | 066 | 073 | 079 | |
| 662 | 086 | 092 | 099 | 105 | 112 | 119 | 125 | 132 | 138 | 145 | |
| 663 | 151 | 158 | 164 | 171 | 178 | 184 | 191 | 197 | 204 | 210 | |
| 664 | 217 | 223 | 230 | 236 | 243 | 249 | 256 | 263 | 269 | 276 | |
| 665 | 282 | 289 | 295 | 302 | 308 | 315 | 321 | 328 | 334 | 341 | |
| 666 | 347 | 354 | 360 | 367 | 373 | 380 | 387 | 393 | 400 | 406 | 7 |
| 667 | 413 | 419 | 426 | 432 | 439 | 445 | 452 | 458 | 465 | 471 | 1 0,7 |
| 668 | 478 | 484 | 491 | 497 | 504 | 510 | 517 | 523 | 530 | 536 | 2 1,4 |
| 669 | 543 | 549 | 556 | 562 | 569 | 575 | 582 | 588 | 595 | 601 | 3 2,1 |
| 670 | 607 | 614 | 620 | 627 | 633 | 640 | 646 | 653 | 659 | 666 | 4 2,8 |
| 671 | 672 | 679 | 685 | 692 | 698 | 705 | 711 | 718 | 724 | 730 | 5 3,5<br>6 4,2 |
| 672 | 737 | 743 | 750 | 756 | 763 | 769 | 776 | 782 | 789 | 795 | 7 4,9 |
| 673 | 802 | 808 | 814 | 821 | 827 | 834 | 840 | 847 | 853 | 860 | 8 5,6 |
| 674 | 866 | 872 | 879 | 885 | 892 | 898 | 905 | 911 | 918 | 924 | 9 6,3 |
| 675 | 930 | 937 | 943 | 950 | 956 | 963 | 969 | 975 | 982 | 988 | |
| 676 | 995 | *001 | *008 | *014 | *020 | *027 | *033 | *040 | *046 | *052 | |
| 677 | 83 059 | 065 | 072 | 078 | 085 | 091 | 097 | 104 | 110 | 117 | |
| 678 | 123 | 129 | 136 | 142 | 149 | 155 | 161 | 168 | 174 | 181 | |
| 679 | 187 | 193 | 200 | 206 | 213 | 219 | 225 | 232 | 238 | 245 | |
| 680 | 251 | 257 | 264 | 270 | 276 | 283 | 289 | 296 | 302 | 308 | 6 |
| 681 | 315 | 321 | 327 | 334 | 340 | 347 | 353 | 359 | 366 | 372 | 1 0,6 |
| 682 | 378 | 385 | 391 | 398 | 404 | 410 | 417 | 423 | 429 | 436 | 2 1,2 |
| 683 | 442 | 448 | 455 | 461 | 467 | 474 | 480 | 487 | 493 | 499 | 3 1,8 |
| 684 | 506 | 512 | 518 | 525 | 531 | 537 | 544 | 550 | 556 | 563 | 4 2,4 |
| 685 | 569 | 575 | 582 | 588 | 594 | 601 | 607 | 613 | 620 | 626 | 5 3,0 |
| 686 | 632 | 639 | 645 | 651 | 658 | 664 | 670 | 677 | 683 | 689 | 6 3,6 |
| 687 | 696 | 702 | 708 | 715 | 721 | 727 | 734 | 740 | 746 | 753 | 7 4,2 |
| 688 | 759 | 765 | 771 | 778 | 784 | 790 | 797 | 803 | 809 | 816 | 8 4,8 |
| 689 | 822 | 828 | 835 | 841 | 847 | 853 | 860 | 866 | 872 | 879 | 9 5,4 |
| 690 | 885 | 891 | 897 | 904 | 910 | 916 | 923 | 929 | 935 | 942 | |
| 691 | 948 | 954 | 960 | 967 | 973 | 979 | 985 | 992 | 998 | *004 | |
| 692 | 84 011 | 017 | 023 | 029 | 036 | 042 | 048 | 055 | 061 | 067 | |
| 693 | 073 | 080 | 086 | 092 | 098 | 105 | 111 | 117 | 123 | 130 | |
| 694 | 136 | 142 | 148 | 155 | 161 | 167 | 173 | 180 | 186 | 192 | |
| N. | L. 0 | 1 | 2 | 3 | 4 | 5 | 6 | 7 | 8 | 9 | P.P. |

| N. | L. | 0 | 1 | 2 | 3 | 4 | 5 | 6 | 7 | 8 | 9 |
|---|---|---|---|---|---|---|---|---|---|---|---|
| 695 | 84 | 198 | 205 | 211 | 217 | 223 | 230 | 236 | 242 | 248 | 255 |
| 696 | | 261 | 267 | 273 | 280 | 286 | 292 | 298 | 305 | 311 | 317 |
| 697 | | 323 | 330 | 336 | 342 | 348 | 354 | 361 | 367 | 373 | 379 |
| 698 | | 386 | 392 | 398 | 404 | 410 | 417 | 423 | 429 | 435 | 442 |
| 699 | | 448 | 454 | 460 | 466 | 473 | 479 | 485 | 491 | 497 | 504 |
| 700 | | 510 | 516 | 522 | 528 | 535 | 541 | 547 | 553 | 559 | 566 |
| 701 | | 572 | 578 | 584 | 590 | 597 | 603 | 609 | 615 | 621 | 628 |
| 702 | | 634 | 640 | 646 | 652 | 658 | 665 | 671 | 677 | 683 | 689 |
| 703 | | 696 | 702 | 708 | 714 | 720 | 726 | 733 | 739 | 745 | 751 |
| 704 | | 757 | 763 | 770 | 776 | 782 | 788 | 794 | 800 | 807 | 813 |
| 705 | | 819 | 825 | 831 | 837 | 844 | 850 | 856 | 862 | 868 | 874 |
| 706 | | 880 | 887 | 893 | 899 | 905 | 911 | 917 | 924 | 930 | 936 |
| 707 | | 942 | 948 | 954 | 960 | 967 | 973 | 979 | 985 | 991 | 997 |
| 708 | 85 | 003 | 009 | 016 | 022 | 028 | 034 | 040 | 046 | 052 | 058 |
| 709 | | 065 | 071 | 077 | 083 | 089 | 095 | 101 | 107 | 114 | 120 |
| 710 | | 126 | 132 | 138 | 144 | 150 | 156 | 163 | 169 | 175 | 181 |
| 711 | | 187 | 193 | 199 | 205 | 211 | 217 | 224 | 230 | 236 | 242 |
| 712 | | 248 | 254 | 260 | 266 | 272 | 278 | 285 | 291 | 297 | 303 |
| 713 | | 309 | 315 | 321 | 327 | 333 | 339 | 345 | 352 | 358 | 364 |
| 714 | | 370 | 376 | 382 | 388 | 394 | 400 | 406 | 412 | 418 | 425 |
| 715 | | 431 | 437 | 443 | 449 | 455 | 461 | 467 | 473 | 479 | 485 |
| 716 | | 491 | 497 | 503 | 509 | 516 | 522 | 528 | 534 | 540 | 546 |
| 717 | | 552 | 558 | 564 | 570 | 576 | 582 | 588 | 594 | 600 | 606 |
| 718 | | 612 | 618 | 625 | 631 | 637 | 643 | 649 | 655 | 661 | 667 |
| 719 | | 673 | 679 | 685 | 691 | 697 | 703 | 709 | 715 | 721 | 727 |
| 720 | | 733 | 739 | 745 | 751 | 757 | 763 | 769 | 775 | 781 | 788 |
| 721 | | 794 | 800 | 806 | 812 | 818 | 824 | 830 | 836 | 842 | 848 |
| 722 | | 854 | 860 | 866 | 872 | 878 | 884 | 890 | 896 | 902 | 908 |
| 723 | | 914 | 920 | 926 | 932 | 938 | 944 | 950 | 956 | 962 | 968 |
| 724 | | 974 | 980 | 986 | 992 | 998 | *004 | *010 | *016 | *022 | *028 |
| 725 | 86 | 034 | 040 | 046 | 052 | 058 | 064 | 070 | 076 | 082 | 088 |
| 726 | | 094 | 100 | 106 | 112 | 118 | 124 | 130 | 136 | 141 | 147 |
| 727 | | 153 | 159 | 165 | 171 | 177 | 183 | 189 | 195 | 201 | 207 |
| 728 | | 213 | 219 | 225 | 231 | 237 | 243 | 249 | 255 | 261 | 267 |
| 729 | | 273 | 279 | 285 | 291 | 297 | 303 | 308 | 314 | 320 | 326 |
| N. | L. | 0 | 1 | 2 | 3 | 4 | 5 | 6 | 7 | 8 | 9 |

P.P.

| | 6 |
|---|---|
| 1 | 0,6 |
| 2 | 1,2 |
| 3 | 1,8 |
| 4 | 2,4 |
| 5 | 3,0 |
| 6 | 3,6 |
| 7 | 4,2 |
| 8 | 4,8 |
| 9 | 5,4 |

| | 5 |
|---|---|
| 1 | 0,5 |
| 2 | 1,0 |
| 3 | 1,5 |
| 4 | 2,0 |
| 5 | 2,5 |
| 6 | 3,0 |
| 7 | 3,5 |
| 8 | 4,0 |
| 9 | 4,5 |

P.P.

| N. | L. 0 | 1 | 2 | 3 | 4 | 5 | 6 | 7 | 8 | 9 |
|---|---|---|---|---|---|---|---|---|---|---|
| 730 | 86 332 | 338 | 344 | 350 | 356 | 362 | 368 | 374 | 380 | 386 |
| 731 | 392 | 398 | 404 | 410 | 415 | 421 | 427 | 433 | 439 | 445 |
| 732 | 451 | 457 | 463 | 469 | 475 | 481 | 487 | 493 | 499 | 504 |
| 733 | 510 | 516 | 522 | 528 | 534 | 540 | 546 | 552 | 558 | 564 |
| 734 | 570 | 576 | 581 | 587 | 593 | 599 | 605 | 611 | 617 | 623 |
| 735 | 629 | 635 | 641 | 646 | 652 | 658 | 664 | 670 | 676 | 682 |
| 736 | 688 | 694 | 700 | 705 | 711 | 717 | 723 | 729 | 735 | 741 |
| 737 | 747 | 753 | 759 | 764 | 770 | 776 | 782 | 788 | 794 | 800 |
| 738 | 806 | 812 | 817 | 823 | 829 | 835 | 841 | 847 | 853 | 859 |
| 739 | 864 | 870 | 876 | 882 | 888 | 894 | 900 | 906 | 911 | 917 |
| 740 | 923 | 929 | 935 | 941 | 947 | 953 | 958 | 964 | 970 | 976 |
| 741 | 982 | 988 | 994 | 999 | *005 | *011 | *017 | *023 | *029 | *035 |
| 742 | 87 040 | 046 | 052 | 058 | 064 | 070 | 075 | 081 | 087 | 093 |
| 743 | 099 | 105 | 111 | 116 | 122 | 128 | 134 | 140 | 146 | 151 |
| 744 | 157 | 163 | 169 | 175 | 181 | 186 | 192 | 198 | 204 | 210 |
| 745 | 216 | 221 | 227 | 233 | 239 | 245 | 251 | 256 | 262 | 268 |
| 746 | 274 | 280 | 286 | 291 | 297 | 303 | 309 | 315 | 320 | 326 |
| 747 | 332 | 338 | 344 | 349 | 355 | 361 | 367 | 373 | 379 | 384 |
| 748 | 390 | 396 | 402 | 408 | 413 | 419 | 425 | 431 | 437 | 442 |
| 749 | 448 | 454 | 460 | 466 | 471 | 477 | 483 | 489 | 495 | 500 |
| 750 | 506 | 512 | 518 | 523 | 529 | 535 | 541 | 547 | 552 | 558 |
| 751 | 564 | 570 | 576 | 581 | 587 | 593 | 599 | 604 | 610 | 616 |
| 752 | 622 | 628 | 633 | 639 | 645 | 651 | 656 | 662 | 668 | 674 |
| 753 | 679 | 685 | 691 | 697 | 703 | 708 | 714 | 720 | 726 | 731 |
| 754 | 737 | 743 | 749 | 754 | 760 | 766 | 772 | 777 | 783 | 789 |
| 755 | 795 | 800 | 806 | 812 | 818 | 823 | 829 | 835 | 841 | 846 |
| 756 | 852 | 858 | 864 | 869 | 875 | 881 | 887 | 892 | 898 | 904 |
| 757 | 910 | 915 | 921 | 927 | 933 | 938 | 944 | 950 | 955 | 961 |
| 758 | 967 | 973 | 978 | 984 | 990 | 996 | *001 | *007 | *013 | *018 |
| 759 | 88 024 | 030 | 036 | 041 | 047 | 053 | 058 | 064 | 070 | 076 |
| 760 | 081 | 087 | 093 | 098 | 104 | 110 | 116 | 121 | 127 | 133 |
| 761 | 138 | 144 | 150 | 156 | 161 | 167 | 173 | 178 | 184 | 190 |
| 762 | 195 | 201 | 207 | 213 | 218 | 224 | 230 | 235 | 241 | 247 |
| 763 | 252 | 258 | 264 | 270 | 275 | 281 | 287 | 292 | 298 | 304 |
| 764 | 309 | 315 | 321 | 326 | 332 | 338 | 343 | 349 | 355 | 360 |
| N. | L. 0 | 1 | 2 | 3 | 4 | 5 | 6 | 7 | 8 | 9 |

P.P.

| | 6 |
|---|---|
| 1 | 0,6 |
| 2 | 1,2 |
| 3 | 1,8 |
| 4 | 2,4 |
| 5 | 3,0 |
| 6 | 3,6 |
| 7 | 4,2 |
| 8 | 4,8 |
| 9 | 5,4 |

| | 5 |
|---|---|
| 1 | 0,5 |
| 2 | 1,0 |
| 3 | 1,5 |
| 4 | 2,0 |
| 5 | 2,5 |
| 6 | 3,0 |
| 7 | 3,5 |
| 8 | 4,0 |
| 9 | 4,5 |

P.P.

| N. | L. 0 | 1 | 2 | 3 | 4 | 5 | 6 | 7 | 8 | 9 | P.P. |
|---|---|---|---|---|---|---|---|---|---|---|---|
| 765 | 88 366 | 372 | 377 | 383 | 389 | 395 | 400 | 406 | 412 | 417 | |
| 766 | 423 | 429 | 434 | 440 | 446 | 451 | 457 | 463 | 468 | 474 | |
| 767 | 480 | 485 | 491 | 497 | 502 | 508 | 513 | 519 | 525 | 530 | |
| 768 | 536 | 542 | 547 | 553 | 559 | 564 | 570 | 576 | 581 | 587 | |
| 769 | 593 | 598 | 604 | 610 | 615 | 621 | 627 | 632 | 638 | 643 | |
| 770 | 649 | 655 | 660 | 666 | 672 | 677 | 683 | 689 | 694 | 700 | 6 |
| 771 | 705 | 711 | 717 | 722 | 728 | 734 | 739 | 745 | 750 | 756 | 1 \| 0,6 |
| 772 | 762 | 767 | 773 | 779 | 784 | 790 | 795 | 801 | 807 | 812 | 2 \| 1,2 |
| 773 | 818 | 824 | 829 | 835 | 840 | 846 | 852 | 857 | 863 | 868 | 3 \| 1,8 |
| 774 | 874 | 880 | 885 | 891 | 897 | 902 | 908 | 913 | 919 | 925 | 4 \| 2,4 |
| 775 | 930 | 936 | 941 | 947 | 953 | 958 | 964 | 969 | 975 | 981 | 5 \| 3,0 |
| 776 | 986 | 992 | 997 | *003 | *009 | *014 | *020 | *025 | *031 | *037 | 6 \| 3,6 |
| 777 | 89 042 | 048 | 053 | 059 | 064 | 070 | 076 | 081 | 087 | 092 | 7 \| 4,2 |
| 778 | 098 | 104 | 109 | 115 | 120 | 126 | 131 | 137 | 143 | 148 | 8 \| 4,8 |
| 779 | 154 | 159 | 165 | 170 | 176 | 182 | 187 | 193 | 198 | 204 | 9 \| 5,4 |
| 780 | 209 | 215 | 221 | 226 | 232 | 237 | 243 | 248 | 254 | 260 | |
| 781 | 265 | 271 | 276 | 282 | 287 | 293 | 298 | 304 | 310 | 315 | |
| 782 | 321 | 326 | 332 | 337 | 343 | 348 | 354 | 360 | 365 | 371 | |
| 783 | 376 | 382 | 387 | 393 | 398 | 404 | 409 | 415 | 421 | 426 | |
| 784 | 432 | 437 | 443 | 448 | 454 | 459 | 465 | 470 | 476 | 481 | |
| 785 | 487 | 492 | 498 | 504 | 509 | 515 | 520 | 526 | 531 | 537 | 5 |
| 786 | 542 | 548 | 553 | 559 | 564 | 570 | 575 | 581 | 586 | 592 | 1 \| 0,5 |
| 787 | 597 | 603 | 609 | 614 | 620 | 625 | 631 | 636 | 642 | 647 | 2 \| 1,0 |
| 788 | 653 | 658 | 664 | 669 | 675 | 680 | 686 | 691 | 697 | 702 | 3 \| 1,5 |
| 789 | 708 | 713 | 719 | 724 | 730 | 735 | 741 | 746 | 752 | 757 | 4 \| 2,0 |
| 790 | 763 | 768 | 774 | 779 | 785 | 790 | 796 | 801 | 807 | 812 | 5 \| 2,5 |
| 791 | 818 | 823 | 829 | 834 | 840 | 845 | 851 | 856 | 862 | 867 | 6 \| 3,0 |
| 792 | 873 | 878 | 883 | 889 | 894 | 900 | 905 | 911 | 916 | 922 | 7 \| 3,5 |
| 793 | 927 | 933 | 938 | 944 | 949 | 955 | 960 | 966 | 971 | 977 | 8 \| 4,0 |
| 794 | 982 | 988 | 993 | 998 | *004 | *009 | *015 | *020 | *026 | *031 | 9 \| 4,5 |
| 795 | 90 037 | 042 | 048 | 053 | 059 | 064 | 069 | 075 | 080 | 086 | |
| 796 | 091 | 097 | 102 | 108 | 113 | 119 | 124 | 129 | 135 | 140 | |
| 797 | 146 | 151 | 157 | 162 | 168 | 173 | 179 | 184 | 189 | 195 | |
| 798 | 200 | 206 | 211 | 217 | 222 | 227 | 233 | 238 | 244 | 249 | |
| 799 | 255 | 260 | 266 | 271 | 276 | 282 | 287 | 293 | 298 | 304 | |
| N. | L. 0 | 1 | 2 | 3 | 4 | 5 | 6 | 7 | 8 | 9 | P.P. |

| N. | L. 0 | 1 | 2 | 3 | 4 | 5 | 6 | 7 | 8 | 9 |
|---|---|---|---|---|---|---|---|---|---|---|
| 800 | 90 309 | 314 | 320 | 325 | 331 | 336 | 342 | 347 | 352 | 358 |
| 801 | 363 | 369 | 374 | 380 | 385 | 390 | 396 | 401 | 407 | 412 |
| 802 | 417 | 423 | 428 | 434 | 439 | 445 | 450 | 455 | 461 | 466 |
| 803 | 472 | 477 | 482 | 488 | 493 | 499 | 504 | 509 | 515 | 520 |
| 804 | 526 | 531 | 536 | 542 | 547 | 553 | 558 | 563 | 569 | 574 |
| 805 | 580 | 585 | 590 | 596 | 601 | 607 | 612 | 617 | 623 | 628 |
| 806 | 634 | 639 | 644 | 650 | 655 | 660 | 666 | 671 | 677 | 682 |
| 807 | 687 | 693 | 698 | 703 | 709 | 714 | 720 | 725 | 730 | 736 |
| 808 | 741 | 747 | 752 | 757 | 763 | 768 | 773 | 779 | 784 | 789 |
| 809 | 795 | 800 | 806 | 811 | 816 | 822 | 827 | 832 | 838 | 843 |
| 810 | 849 | 854 | 859 | 865 | 870 | 875 | 881 | 886 | 891 | 897 |
| 811 | 902 | 907 | 913 | 918 | 924 | 929 | 934 | 940 | 945 | 950 |
| 812 | 956 | 961 | 966 | 972 | 977 | 982 | 988 | 993 | 998 | *004 |
| 813 | 91 009 | 014 | 020 | 025 | 030 | 036 | 041 | 046 | 052 | 057 |
| 814 | 062 | 068 | 073 | 078 | 084 | 089 | 094 | 100 | 105 | 110 |
| 815 | 116 | 121 | 126 | 132 | 137 | 142 | 148 | 153 | 158 | 164 |
| 816 | 169 | 174 | 180 | 185 | 190 | 196 | 201 | 206 | 212 | 217 |
| 817 | 222 | 228 | 233 | 238 | 243 | 249 | 254 | 259 | 265 | 270 |
| 818 | 275 | 281 | 286 | 291 | 297 | 302 | 307 | 312 | 318 | 323 |
| 819 | 328 | 334 | 339 | 344 | 350 | 355 | 360 | 365 | 371 | 376 |
| 820 | 381 | 387 | 392 | 397 | 403 | 408 | 413 | 418 | 424 | 429 |
| 821 | 434 | 440 | 445 | 450 | 455 | 461 | 466 | 471 | 477 | 482 |
| 822 | 487 | 492 | 498 | 503 | 508 | 514 | 519 | 524 | 529 | 535 |
| 823 | 540 | 545 | 551 | 556 | 561 | 566 | 572 | 577 | 582 | 587 |
| 824 | 593 | 598 | 603 | 609 | 614 | 619 | 624 | 630 | 635 | 640 |
| 825 | 645 | 651 | 656 | 661 | 666 | 672 | 677 | 682 | 687 | 693 |
| 826 | 698 | 703 | 709 | 714 | 719 | 724 | 730 | 735 | 740 | 745 |
| 827 | 751 | 756 | 761 | 766 | 772 | 777 | 782 | 787 | 793 | 798 |
| 828 | 803 | 808 | 814 | 819 | 824 | 829 | 834 | 840 | 845 | 850 |
| 829 | 855 | 861 | 866 | 871 | 876 | 882 | 887 | 892 | 897 | 903 |
| 830 | 908 | 913 | 918 | 924 | 929 | 934 | 939 | 944 | 950 | 955 |
| 831 | 960 | 965 | 971 | 976 | 981 | 986 | 991 | 997 | *002 | *007 |
| 832 | 92 012 | 018 | 023 | 028 | 033 | 038 | 044 | 049 | 054 | 059 |
| 833 | 065 | 070 | 075 | 080 | 085 | 091 | 096 | 101 | 106 | 111 |
| 834 | 117 | 122 | 127 | 132 | 137 | 143 | 148 | 153 | 158 | 163 |
| N. | L. 0 | 1 | 2 | 3 | 4 | 5 | 6 | 7 | 8 | 9 |

P. P.

| | 6 |
|---|---|
| 1 | 0,6 |
| 2 | 1,2 |
| 3 | 1,8 |
| 4 | 2,4 |
| 5 | 3,0 |
| 6 | 3,6 |
| 7 | 4,2 |
| 8 | 4,8 |
| 9 | 5,4 |

| | 5 |
|---|---|
| 1 | 0,5 |
| 2 | 1,0 |
| 3 | 1,5 |
| 4 | 2,0 |
| 5 | 2,5 |
| 6 | 3,0 |
| 7 | 3,5 |
| 8 | 4,0 |
| 9 | 4,5 |

| N. | L. 0 | 1 | 2 | 3 | 4 | 5 | 6 | 7 | 8 | 9 | P.P. |
|---|---|---|---|---|---|---|---|---|---|---|---|
| 835 | 92 169 | 174 | 179 | 184 | 189 | 195 | 200 | 205 | 210 | 215 | |
| 836 | 221 | 226 | 231 | 236 | 241 | 247 | 252 | 257 | 262 | 267 | |
| 837 | 273 | 278 | 283 | 288 | 293 | 298 | 304 | 309 | 314 | 319 | |
| 838 | 324 | 330 | 335 | 340 | 345 | 350 | 355 | 361 | 366 | 371 | |
| 839 | 376 | 381 | 387 | 392 | 397 | 402 | 407 | 412 | 418 | 423 | |
| 840 | 428 | 433 | 438 | 443 | 449 | 454 | 459 | 464 | 469 | 474 | |
| 841 | 480 | 485 | 490 | 495 | 500 | 505 | 511 | 516 | 521 | 526 | |
| 842 | 531 | 536 | 542 | 547 | 552 | 557 | 562 | 567 | 572 | 578 | |
| 843 | 583 | 588 | 593 | 598 | 603 | 609 | 614 | 619 | 624 | 629 | |
| 844 | 634 | 639 | 645 | 650 | 655 | 660 | 665 | 670 | 675 | 681 | |
| 845 | 686 | 691 | 696 | 701 | 706 | 711 | 716 | 722 | 727 | 732 | |
| 846 | 737 | 742 | 747 | 752 | 758 | 763 | 768 | 773 | 778 | 783 | |
| 847 | 788 | 793 | 799 | 804 | 809 | 814 | 819 | 824 | 829 | 834 | |
| 848 | 840 | 845 | 850 | 855 | 860 | 865 | 870 | 875 | 881 | 886 | |
| 849 | 891 | 896 | 901 | 906 | 911 | 916 | 921 | 927 | 932 | 937 | |
| 850 | 942 | 947 | 952 | 957 | 962 | 967 | 973 | 978 | 983 | 988 | |
| 851 | 993 | 998 | *003 | *008 | *013 | *018 | *024 | *029 | *034 | *039 | |
| 852 | 93 044 | 049 | 054 | 059 | 064 | 069 | 075 | 080 | 085 | 090 | |
| 853 | 095 | 100 | 105 | 110 | 115 | 120 | 125 | 131 | 136 | 141 | |
| 854 | 146 | 151 | 156 | 161 | 166 | 171 | 176 | 181 | 186 | 192 | |
| 855 | 197 | 202 | 207 | 212 | 217 | 222 | 227 | 232 | 237 | 242 | |
| 856 | 247 | 252 | 258 | 263 | 268 | 273 | 278 | 283 | 288 | 293 | |
| 857 | 298 | 303 | 308 | 313 | 318 | 323 | 328 | 334 | 339 | 344 | |
| 858 | 349 | 354 | 359 | 364 | 369 | 374 | 379 | 384 | 389 | 394 | |
| 859 | 399 | 404 | 409 | 414 | 420 | 425 | 430 | 435 | 440 | 445 | |
| 860 | 450 | 455 | 460 | 465 | 470 | 475 | 480 | 485 | 490 | 495 | |
| 861 | 500 | 505 | 510 | 515 | 520 | 526 | 531 | 536 | 541 | 546 | |
| 862 | 551 | 556 | 561 | 566 | 571 | 576 | 581 | 586 | 591 | 596 | |
| 863 | 601 | 606 | 611 | 616 | 621 | 626 | 631 | 636 | 641 | 646 | |
| 864 | 651 | 656 | 661 | 666 | 671 | 676 | 682 | 687 | 692 | 697 | |
| 865 | 702 | 707 | 712 | 717 | 722 | 727 | 732 | 737 | 742 | 747 | |
| 866 | 752 | 757 | 762 | 767 | 772 | 777 | 782 | 787 | 792 | 797 | |
| 867 | 802 | 807 | 812 | 817 | 822 | 827 | 832 | 837 | 842 | 847 | |
| 868 | 852 | 857 | 862 | 867 | 872 | 877 | 882 | 887 | 892 | 897 | |
| 869 | 902 | 907 | 912 | 917 | 922 | 927 | 932 | 937 | 942 | 947 | |
| N. | L. 0 | 1 | 2 | 3 | 4 | 5 | 6 | 7 | 8 | 9 | P.P. |

P.P.

| | 6 |
|---|---|
| 1 | 0,6 |
| 2 | 1,2 |
| 3 | 1,8 |
| 4 | 2,4 |
| 5 | 3,0 |
| 6 | 3,6 |
| 7 | 4,2 |
| 8 | 4,8 |
| 9 | 5,4 |

| | 5 |
|---|---|
| 1 | 0,5 |
| 2 | 1,0 |
| 3 | 1,5 |
| 4 | 2,0 |
| 5 | 2,5 |
| 6 | 3,0 |
| 7 | 3,5 |
| 8 | 4,0 |
| 9 | 4,5 |

| N. | L. 0 | 1 | 2 | 3 | 4 | 5 | 6 | 7 | 8 | 9 | P. P. |
|---|---|---|---|---|---|---|---|---|---|---|---|
| 870 | 93 952 | 957 | 962 | 967 | 972 | 977 | 982 | 987 | 992 | 997 | |
| 871 | 94 002 | 007 | 012 | 017 | 022 | 027 | 032 | 037 | 042 | 047 | |
| 872 | 052 | 057 | 062 | 067 | 072 | 077 | 082 | 086 | 091 | 096 | |
| 873 | 101 | 106 | 111 | 116 | 121 | 126 | 131 | 136 | 141 | 146 | |
| 874 | 151 | 156 | 161 | 166 | 171 | 176 | 181 | 186 | 191 | 196 | |
| 875 | 201 | 206 | 211 | 216 | 221 | 226 | 231 | 236 | 240 | 245 | |
| 876 | 250 | 255 | 260 | 265 | 270 | 275 | 280 | 285 | 290 | 295 | 5 |
| 877 | 300 | 305 | 310 | 315 | 320 | 325 | 330 | 335 | 340 | 345 | 1 \| 0,5 |
| 878 | 349 | 354 | 359 | 364 | 369 | 374 | 379 | 384 | 389 | 394 | 2 \| 1,0 |
| 879 | 399 | 404 | 409 | 414 | 419 | 424 | 429 | 433 | 438 | 443 | 3 \| 1,5 |
| 880 | 448 | 453 | 458 | 463 | 468 | 473 | 478 | 483 | 488 | 493 | 4 \| 2,0 |
| 881 | 498 | 503 | 507 | 512 | 517 | 522 | 527 | 532 | 537 | 542 | 5 \| 2,5 |
| 882 | 547 | 552 | 557 | 562 | 567 | 571 | 576 | 581 | 586 | 591 | 6 \| 3,0 |
| 883 | 596 | 601 | 606 | 611 | 616 | 621 | 626 | 630 | 635 | 640 | 7 \| 3,5 |
| 884 | 645 | 650 | 655 | 660 | 665 | 670 | 675 | 680 | 685 | 689 | 8 \| 4,0 |
| | | | | | | | | | | | 9 \| 4,5 |
| 885 | 694 | 699 | 704 | 709 | 714 | 719 | 724 | 729 | 734 | 738 | |
| 886 | 743 | 748 | 753 | 758 | 763 | 768 | 773 | 778 | 783 | 787 | |
| 887 | 792 | 797 | 802 | 807 | 812 | 817 | 822 | 827 | 832 | 836 | |
| 888 | 841 | 846 | 851 | 856 | 861 | 866 | 871 | 876 | 880 | 885 | |
| 889 | 890 | 895 | 900 | 905 | 910 | 915 | 919 | 924 | 929 | 934 | |
| 890 | 939 | 944 | 949 | 954 | 959 | 963 | 968 | 973 | 978 | 983 | |
| 891 | 988 | 993 | 998 | *002 | *007 | *012 | *017 | *022 | *027 | *032 | 4 |
| 892 | 95 036 | 041 | 046 | 051 | 056 | 061 | 066 | 071 | 075 | 080 | 1 \| 0,4 |
| 893 | 085 | 090 | 095 | 100 | 105 | 109 | 114 | 119 | 124 | 129 | 2 \| 0,8 |
| 894 | 134 | 139 | 143 | 148 | 153 | 158 | 163 | 168 | 173 | 177 | 3 \| 1,2 |
| 895 | 182 | 187 | 192 | 197 | 202 | 207 | 211 | 216 | 221 | 226 | 4 \| 1,6 |
| 896 | 231 | 236 | 240 | 245 | 250 | 255 | 260 | 265 | 270 | 274 | 5 \| 2,0 |
| 897 | 279 | 284 | 289 | 294 | 299 | 303 | 308 | 313 | 318 | 323 | 6 \| 2,4 |
| 898 | 328 | 332 | 337 | 342 | 347 | 352 | 357 | 361 | 366 | 371 | 7 \| 2,8 |
| 899 | 376 | 381 | 386 | 390 | 395 | 400 | 405 | 410 | 415 | 419 | 8 \| 3,2 |
| | | | | | | | | | | | 9 \| 3,6 |
| 900 | 424 | 429 | 434 | 439 | 444 | 448 | 453 | 458 | 463 | 468 | |
| 901 | 472 | 477 | 482 | 487 | 492 | 497 | 501 | 506 | 511 | 516 | |
| 902 | 521 | 525 | 530 | 535 | 540 | 545 | 550 | 554 | 559 | 564 | |
| 903 | 569 | 574 | 578 | 583 | 588 | 593 | 598 | 602 | 607 | 612 | |
| 904 | 617 | 622 | 626 | 631 | 636 | 641 | 646 | 650 | 655 | 660 | |
| N. | L. 0 | 1 | 2 | 3 | 4 | 5 | 6 | 7 | 8 | 9 | P. P. |

| N. | L. | 0 | 1 | 2 | 3 | 4 | 5 | 6 | 7 | 8 | 9 |
|---|---|---|---|---|---|---|---|---|---|---|---|
| 905 | 95 | 665 | 670 | 674 | 679 | 684 | 689 | 694 | 698 | 703 | 708 |
| 906 | | 713 | 718 | 722 | 727 | 732 | 737 | 742 | 746 | 751 | 756 |
| 907 | | 761 | 766 | 770 | 775 | 780 | 785 | 789 | 794 | 799 | 804 |
| 908 | | 809 | 813 | 818 | 823 | 828 | 832 | 837 | 842 | 847 | 852 |
| 909 | | 856 | 861 | 866 | 871 | 875 | 880 | 885 | 890 | 895 | 899 |
| 910 | | 904 | 909 | 914 | 918 | 923 | 928 | 933 | 938 | 942 | 947 |
| 911 | | 952 | 957 | 961 | 966 | 971 | 976 | 980 | 985 | 990 | 995 |
| 912 | | 999 | *004 | *009 | *014 | *019 | *023 | *028 | *033 | *038 | *042 |
| 913 | 96 | 047 | 052 | 057 | 061 | 066 | 071 | 076 | 080 | 085 | 090 |
| 914 | | 095 | 099 | 104 | 109 | 114 | 118 | 123 | 128 | 133 | 137 |
| 915 | | 142 | 147 | 152 | 156 | 161 | 166 | 171 | 175 | 180 | 185 |
| 916 | | 190 | 194 | 199 | 204 | 209 | 213 | 218 | 223 | 227 | 232 |
| 917 | | 237 | 242 | 246 | 251 | 256 | 261 | 265 | 270 | 275 | 280 |
| 918 | | 284 | 289 | 294 | 298 | 303 | 308 | 313 | 317 | 322 | 327 |
| 919 | | 332 | 336 | 341 | 346 | 350 | 355 | 360 | 365 | 369 | 374 |
| 920 | | 379 | 384 | 388 | 393 | 398 | 402 | 407 | 412 | 417 | 421 |
| 921 | | 426 | 431 | 435 | 440 | 445 | 450 | 454 | 459 | 464 | 468 |
| 922 | | 473 | 478 | 483 | 487 | 492 | 497 | 501 | 506 | 511 | 515 |
| 923 | | 520 | 525 | 530 | 534 | 539 | 544 | 548 | 553 | 558 | 562 |
| 924 | | 567 | 572 | 577 | 581 | 586 | 591 | 595 | 600 | 605 | 609 |
| 925 | | 614 | 619 | 624 | 628 | 633 | 638 | 642 | 647 | 652 | 656 |
| 926 | | 661 | 666 | 670 | 675 | 680 | 685 | 689 | 694 | 699 | 703 |
| 927 | | 708 | 713 | 717 | 722 | 727 | 731 | 736 | 741 | 745 | 750 |
| 928 | | 755 | 759 | 764 | 769 | 774 | 778 | 783 | 788 | 792 | 797 |
| 929 | | 802 | 806 | 811 | 816 | 820 | 825 | 830 | 834 | 839 | 844 |
| 930 | | 848 | 853 | 858 | 862 | 867 | 872 | 876 | 881 | 886 | 890 |
| 931 | | 895 | 900 | 904 | 909 | 914 | 918 | 923 | 928 | 932 | 937 |
| 932 | | 942 | 946 | 951 | 956 | 960 | 965 | 970 | 974 | 979 | 984 |
| 933 | | 988 | 993 | 997 | *002 | *007 | *011 | *016 | *021 | *025 | *030 |
| 934 | 97 | 035 | 039 | 044 | 049 | 053 | 058 | 063 | 067 | 072 | 077 |
| 935 | | 081 | 086 | 090 | 095 | 100 | 104 | 109 | 114 | 118 | 123 |
| 936 | | 128 | 132 | 137 | 142 | 146 | 151 | 155 | 160 | 165 | 169 |
| 937 | | 174 | 179 | 183 | 188 | 192 | 197 | 202 | 206 | 211 | 216 |
| 938 | | 220 | 225 | 230 | 234 | 239 | 243 | 248 | 253 | 257 | 262 |
| 939 | | 267 | 271 | 276 | 280 | 285 | 290 | 294 | 299 | 304 | 308 |

N. L. 0 1 2 3 4 5 6 7 8 9 P. P.

P. P.

| | 5 |
|---|---|
| 1 | 0,5 |
| 2 | 1,0 |
| 3 | 1,5 |
| 4 | 2,0 |
| 5 | 2,5 |
| 6 | 3,0 |
| 7 | 3,5 |
| 8 | 4,0 |
| 9 | 4,5 |

| | 4 |
|---|---|
| 1 | 0,4 |
| 2 | 0,8 |
| 3 | 1,2 |
| 4 | 1,6 |
| 5 | 2,0 |
| 6 | 2,4 |
| 7 | 2,8 |
| 8 | 3,2 |
| 9 | 3,6 |

| N. | L. 0 | 1 | 2 | 3 | 4 | 5 | 6 | 7 | 8 | 9 | P. P. | |
|---|---|---|---|---|---|---|---|---|---|---|---|---|
| 940 | 97 313 | 317 | 322 | 327 | 331 | 336 | 340 | 345 | 350 | 354 | | |
| 941 | 359 | 364 | 368 | 373 | 377 | 382 | 387 | 391 | 396 | 400 | | |
| 942 | 405 | 410 | 414 | 419 | 424 | 428 | 433 | 437 | 442 | 447 | | |
| 943 | 451 | 456 | 460 | 465 | 470 | 474 | 479 | 483 | 488 | 493 | | |
| 944 | 497 | 502 | 506 | 511 | 516 | 520 | 525 | 529 | 534 | 539 | | |
| 945 | 543 | 548 | 552 | 557 | 562 | 566 | 571 | 575 | 580 | 585 | | |
| 946 | 589 | 594 | 598 | 603 | 607 | 612 | 617 | 621 | 626 | 630 | | 5 |
| 947 | 635 | 640 | 644 | 649 | 653 | 658 | 663 | 667 | 672 | 676 | 1 | 0,5 |
| 948 | 681 | 685 | 690 | 695 | 699 | 704 | 708 | 713 | 717 | 722 | 2 | 1,0 |
| 949 | 727 | 731 | 736 | 740 | 745 | 749 | 754 | 759 | 763 | 768 | 3 | 1,5 |
| 950 | 772 | 777 | 782 | 786 | 791 | 795 | 800 | 804 | 809 | 813 | 4 | 2,0 |
| 951 | 818 | 823 | 827 | 832 | 836 | 841 | 845 | 850 | 855 | 859 | 5 | 2,5 |
| 952 | 864 | 868 | 873 | 877 | 882 | 886 | 891 | 896 | 900 | 905 | 6 | 3,0 |
| 953 | 909 | 914 | 918 | 923 | 928 | 932 | 937 | 941 | 946 | 950 | 7 | 3,5 |
| 954 | 955 | 959 | 964 | 968 | 973 | 978 | 982 | 987 | 991 | 996 | 8 | 4,0 |
| 955 | 98 000 | 005 | 009 | 014 | 019 | 023 | 028 | 032 | 037 | 041 | 9 | 4,5 |
| 956 | 046 | 050 | 055 | 059 | 064 | 068 | 073 | 078 | 082 | 087 | | |
| 957 | 091 | 096 | 100 | 105 | 109 | 114 | 118 | 123 | 127 | 132 | | |
| 958 | 137 | 141 | 146 | 150 | 155 | 159 | 164 | 168 | 173 | 177 | | |
| 959 | 182 | 186 | 191 | 195 | 200 | 204 | 209 | 214 | 218 | 223 | | |
| 960 | 227 | 232 | 236 | 241 | 245 | 250 | 254 | 259 | 263 | 268 | | |
| 961 | 272 | 277 | 281 | 286 | 290 | 295 | 299 | 304 | 308 | 313 | | 4 |
| 962 | 318 | 322 | 327 | 331 | 336 | 340 | 345 | 349 | 354 | 358 | 1 | 0,4 |
| 963 | 363 | 367 | 372 | 376 | 381 | 385 | 390 | 394 | 399 | 403 | 2 | 0,8 |
| 964 | 408 | 412 | 417 | 421 | 426 | 430 | 435 | 439 | 444 | 448 | 3 | 1,2 |
| 965 | 453 | 457 | 462 | 466 | 471 | 475 | 480 | 484 | 489 | 493 | 4 | 1,6 |
| 966 | 498 | 502 | 507 | 511 | 516 | 520 | 525 | 529 | 534 | 538 | 5 | 2,0 |
| 967 | 543 | 547 | 552 | 556 | 561 | 565 | 570 | 574 | 579 | 583 | 6 | 2,4 |
| 968 | 588 | 592 | 597 | 601 | 605 | 610 | 614 | 619 | 623 | 628 | 7 | 2,8 |
| 969 | 632 | 637 | 641 | 646 | 650 | 655 | 659 | 664 | 668 | 673 | 8 | 3,2 |
| 970 | 677 | 682 | 686 | 691 | 695 | 700 | 704 | 709 | 713 | 717 | 9 | 3,6 |
| 971 | 722 | 726 | 731 | 735 | 740 | 744 | 749 | 753 | 758 | 762 | | |
| 972 | 767 | 771 | 776 | 780 | 784 | 789 | 793 | 798 | 802 | 807 | | |
| 973 | 811 | 816 | 820 | 825 | 829 | 834 | 838 | 843 | 847 | 851 | | |
| 974 | 856 | 860 | 865 | 869 | 874 | 878 | 883 | 887 | 892 | 896 | | |
| N. | L. 0 | 1 | 2 | 3 | 4 | 5 | 6 | 7 | 8 | 9 | P. P. | |

| N. | L. | 0 | 1 | 2 | 3 | 4 | 5 | 6 | 7 | 8 | 9 |
|---|---|---|---|---|---|---|---|---|---|---|---|
| 975 | 98 | 900 | 905 | 909 | 914 | 918 | 923 | 927 | 932 | 936 | 941 |
| 976 | | 945 | 949 | 954 | 958 | 963 | 967 | 972 | 976 | 981 | 985 |
| 977 | | 989 | 994 | 998 | *003 | *007 | *012 | *016 | *021 | *025 | *029 |
| 978 | 99 | 034 | 038 | 043 | 047 | 052 | 056 | 061 | 065 | 069 | 074 |
| 979 | | 078 | 083 | 087 | 092 | 096 | 100 | 105 | 109 | 114 | 118 |
| 980 | | 123 | 127 | 131 | 136 | 140 | 145 | 149 | 154 | 158 | 162 |
| 981 | | 167 | 171 | 176 | 180 | 185 | 189 | 193 | 198 | 202 | 207 |
| 982 | | 211 | 216 | 220 | 224 | 229 | 233 | 238 | 242 | 247 | 251 |
| 983 | | 255 | 260 | 264 | 269 | 273 | 277 | 282 | 286 | 291 | 295 |
| 984 | | 300 | 304 | 308 | 313 | 317 | 322 | 326 | 330 | 335 | 339 |
| 985 | | 344 | 348 | 352 | 357 | 361 | 366 | 370 | 374 | 379 | 383 |
| 986 | | 388 | 392 | 396 | 401 | 405 | 410 | 414 | 419 | 423 | 427 |
| 987 | | 432 | 436 | 441 | 445 | 449 | 454 | 458 | 463 | 467 | 471 |
| 988 | | 476 | 480 | 484 | 489 | 493 | 498 | 502 | 506 | 511 | 515 |
| 989 | | 520 | 524 | 528 | 533 | 537 | 542 | 546 | 550 | 555 | 559 |
| 990 | | 564 | 568 | 572 | 577 | 581 | 585 | 590 | 594 | 599 | 603 |
| 991 | | 607 | 612 | 616 | 621 | 625 | 629 | 634 | 638 | 642 | 647 |
| 992 | | 651 | 656 | 660 | 664 | 669 | 673 | 677 | 682 | 686 | 691 |
| 993 | | 695 | 699 | 704 | 708 | 712 | 717 | 721 | 726 | 730 | 734 |
| 994 | | 739 | 743 | 747 | 752 | 756 | 760 | 765 | 769 | 774 | 778 |
| 995 | | 782 | 787 | 791 | 795 | 800 | 804 | 808 | 813 | 817 | 822 |
| 996 | | 826 | 830 | 835 | 839 | 843 | 848 | 852 | 856 | 861 | 865 |
| 997 | | 870 | 874 | 878 | 883 | 887 | 891 | 896 | 900 | 904 | 909 |
| 998 | | 913 | 917 | 922 | 926 | 930 | 935 | 939 | 944 | 948 | 952 |
| 999 | | 957 | 961 | 965 | 970 | 974 | 978 | 983 | 987 | 991 | 996 |
| N. | L. | 0 | 1 | 2 | 3 | 4 | 5 | 6 | 7 | 8 | 9 |

P.P.

| | 5 |
|---|---|
| 1 | 0,5 |
| 2 | 1,0 |
| 3 | 1,5 |
| 4 | 2,0 |
| 5 | 2,5 |
| 6 | 3,0 |
| 7 | 3,5 |
| 8 | 4,0 |
| 9 | 4,5 |

| | 4 |
|---|---|
| 1 | 0,4 |
| 2 | 0,8 |
| 3 | 1,2 |
| 4 | 1,6 |
| 5 | 2,0 |
| 6 | 2,4 |
| 7 | 2,8 |
| 8 | 3,2 |
| 9 | 3,6 |

# ANZEIGEN

# Vierziffrige Mantissen.

Proportionalteile

| N. | 0 | 1 | 2 | 3 | 4 | 5 | 6 | 7 | 8 | 9 | 1 | 2 | 3 | 4 | 5 | 6 | 7 | 8 | 9 |
|---|---|---|---|---|---|---|---|---|---|---|---|---|---|---|---|---|---|---|---|
| 10 | 0000 | 0043 | 0086 | 0128 | 0170 | 0212 | 0253 | 0294 | 0334 | 0374 | 4 | 8 | 12 | 17 | 21 | 25 | 29 | 33 | 37 |
| 11 | 0414 | 0453 | 0492 | 0531 | 0569 | 0607 | 0645 | 0682 | 0719 | 0755 | 4 | 8 | 11 | 15 | 19 | 23 | 27 | 30 | 34 |
| 12 | 0792 | 0828 | 0864 | 0899 | 0934 | 0969 | 1004 | 1038 | 1072 | 1106 | 3 | 7 | 10 | 14 | 17 | 21 | 24 | 28 | 31 |
| 13 | 1139 | 1173 | 1206 | 1239 | 1271 | 1303 | 1335 | 1367 | 1399 | 1430 | 3 | 6 | 10 | 13 | 16 | 19 | 23 | 26 | 29 |
| 14 | 1461 | 1492 | 1523 | 1553 | 1584 | 1614 | 1644 | 1673 | 1703 | 1732 | 3 | 6 | 9 | 12 | 15 | 18 | 21 | 24 | 27 |
| 15 | 1761 | 1790 | 1818 | 1847 | 1875 | 1903 | 1931 | 1959 | 1987 | 2014 | 3 | 6 | 8 | 11 | 14 | 17 | 20 | 22 | 25 |
| 16 | 2041 | 2068 | 2095 | 2122 | 2148 | 2175 | 2201 | 2227 | 2253 | 2279 | 3 | 5 | 8 | 11 | 13 | 16 | 18 | 21 | 24 |
| 17 | 2304 | 2330 | 2355 | 2380 | 2405 | 2430 | 2455 | 2480 | 2504 | 2529 | 2 | 5 | 7 | 10 | 12 | 15 | 17 | 20 | 22 |
| 18 | 2553 | 2577 | 2601 | 2625 | 2648 | 2672 | 2695 | 2718 | 2742 | 2765 | 2 | 5 | 7 | 9 | 12 | 14 | 16 | 19 | 21 |
| 19 | 2788 | 2810 | 2833 | 2856 | 2878 | 2900 | 2923 | 2945 | 2967 | 2989 | 2 | 4 | 7 | 9 | 11 | 13 | 16 | 18 | 20 |
| 20 | 3010 | 3032 | 3054 | 3075 | 3096 | 3118 | 3139 | 3160 | 3181 | 3201 | 2 | 4 | 6 | 8 | 11 | 13 | 15 | 17 | 19 |
| 21 | 3222 | 3243 | 3263 | 3284 | 3304 | 3324 | 3345 | 3365 | 3385 | 3404 | 2 | 4 | 6 | 8 | 10 | 12 | 14 | 16 | 18 |
| 22 | 3424 | 3444 | 3464 | 3483 | 3502 | 3522 | 3541 | 3560 | 3579 | 3598 | 2 | 4 | 6 | 8 | 10 | 12 | 14 | 15 | 17 |
| 23 | 3617 | 3636 | 3655 | 3674 | 3692 | 3711 | 3729 | 3747 | 3766 | 3784 | 2 | 4 | 6 | 7 | 9 | 11 | 13 | 15 | 17 |
| 24 | 3802 | 3820 | 3838 | 3856 | 3874 | 3892 | 3909 | 3927 | 3945 | 3962 | 2 | 4 | 5 | 7 | 9 | 11 | 12 | 14 | 16 |
| 25 | 3979 | 3997 | 4014 | 4031 | 4048 | 4065 | 4082 | 4099 | 4116 | 4133 | 2 | 3 | 5 | 7 | 9 | 10 | 12 | 14 | 15 |
| 26 | 4150 | 4166 | 4183 | 4200 | 4216 | 4232 | 4249 | 4265 | 4281 | 4298 | 2 | 3 | 5 | 7 | 8 | 10 | 11 | 13 | 15 |
| 27 | 4314 | 4330 | 4346 | 4362 | 4378 | 4393 | 4409 | 4425 | 4440 | 4456 | 2 | 3 | 5 | 6 | 8 | 9 | 11 | 13 | 14 |
| 28 | 4472 | 4487 | 4502 | 4518 | 4533 | 4548 | 4564 | 4579 | 4594 | 4609 | 2 | 3 | 5 | 6 | 8 | 9 | 11 | 12 | 14 |
| 29 | 4624 | 4639 | 4654 | 4669 | 4683 | 4698 | 4713 | 4728 | 4742 | 4757 | 1 | 3 | 4 | 6 | 7 | 9 | 10 | 12 | 13 |
| 30 | 4771 | 4786 | 4800 | 4814 | 4829 | 4843 | 4857 | 4871 | 4886 | 4900 | 1 | 3 | 4 | 6 | 7 | 9 | 10 | 11 | 13 |
| 31 | 4914 | 4928 | 4942 | 4955 | 4969 | 4983 | 4997 | 5011 | 5024 | 5038 | 1 | 3 | 4 | 6 | 7 | 8 | 10 | 11 | 12 |
| 32 | 5051 | 5065 | 5079 | 5092 | 5105 | 5119 | 5132 | 5145 | 5159 | 5172 | 1 | 3 | 4 | 5 | 7 | 8 | 9 | 11 | 12 |
| 33 | 5185 | 5198 | 5211 | 5224 | 5237 | 5250 | 5263 | 5276 | 5289 | 5302 | 1 | 3 | 4 | 5 | 6 | 8 | 9 | 10 | 12 |
| 34 | 5315 | 5328 | 5340 | 5353 | 5366 | 5378 | 5391 | 5403 | 5416 | 5428 | 1 | 3 | 4 | 5 | 6 | 8 | 9 | 10 | 11 |
| 35 | 5441 | 5453 | 5465 | 5478 | 5490 | 5502 | 5514 | 5527 | 5539 | 5551 | 1 | 2 | 4 | 5 | 6 | 7 | 9 | 10 | 11 |
| 36 | 5563 | 5575 | 5587 | 5599 | 5611 | 5623 | 5635 | 5647 | 5658 | 5670 | 1 | 2 | 4 | 5 | 6 | 7 | 8 | 10 | 11 |
| 37 | 5682 | 5694 | 5705 | 5717 | 5729 | 5740 | 5752 | 5763 | 5775 | 5786 | 1 | 2 | 3 | 5 | 6 | 7 | 8 | 9 | 10 |
| 38 | 5798 | 5809 | 5821 | 5832 | 5843 | 5855 | 5866 | 5877 | 5888 | 5899 | 1 | 2 | 3 | 5 | 6 | 7 | 8 | 9 | 10 |
| 39 | 5911 | 5922 | 5933 | 5944 | 5955 | 5966 | 5977 | 5988 | 5999 | 6010 | 1 | 2 | 3 | 4 | 5 | 7 | 8 | 9 | 10 |
| 40 | 6021 | 6031 | 6042 | 6053 | 6064 | 6075 | 6085 | 6096 | 6107 | 6117 | 1 | 2 | 3 | 4 | 5 | 6 | 8 | 9 | 10 |
| 41 | 6128 | 6138 | 6149 | 6160 | 6170 | 6180 | 6191 | 6201 | 6212 | 6222 | 1 | 2 | 3 | 4 | 5 | 6 | 7 | 8 | 9 |
| 42 | 6232 | 6243 | 6253 | 6263 | 6274 | 6284 | 6294 | 6304 | 6314 | 6325 | 1 | 2 | 3 | 4 | 5 | 6 | 7 | 8 | 9 |
| 43 | 6335 | 6345 | 6355 | 6365 | 6375 | 6385 | 6395 | 6405 | 6415 | 6425 | 1 | 2 | 3 | 4 | 5 | 6 | 7 | 8 | 9 |
| 44 | 6435 | 6444 | 6454 | 6464 | 6474 | 6484 | 6493 | 6503 | 6513 | 6522 | 1 | 2 | 3 | 4 | 5 | 6 | 7 | 8 | 9 |
| 45 | 6532 | 6542 | 6551 | 6561 | 6571 | 6580 | 6590 | 6599 | 6609 | 6618 | 1 | 2 | 3 | 4 | 5 | 6 | 7 | 8 | 9 |
| 46 | 6628 | 6637 | 6646 | 6656 | 6665 | 6675 | 6684 | 6693 | 6702 | 6712 | 1 | 2 | 3 | 4 | 5 | 6 | 7 | 7 | 8 |
| 47 | 6721 | 6730 | 6739 | 6749 | 6758 | 6767 | 6776 | 6785 | 6794 | 6803 | 1 | 2 | 3 | 4 | 5 | 5 | 6 | 7 | 8 |
| 48 | 6812 | 6821 | 6830 | 6839 | 6848 | 6857 | 6866 | 6875 | 6884 | 6893 | 1 | 2 | 3 | 4 | 4 | 5 | 6 | 7 | 8 |
| 49 | 6902 | 6911 | 6920 | 6928 | 6937 | 6946 | 6955 | 6964 | 6972 | 6981 | 1 | 2 | 3 | 4 | 4 | 5 | 6 | 7 | 8 |
| 50 | 6990 | 6998 | 7007 | 7016 | 7024 | 7033 | 7042 | 7050 | 7059 | 7067 | 1 | 2 | 3 | 3 | 4 | 5 | 6 | 7 | 8 |
| 51 | 7076 | 7084 | 7093 | 7101 | 7110 | 7118 | 7126 | 7135 | 7143 | 7152 | 1 | 2 | 3 | 3 | 4 | 5 | 6 | 7 | 8 |
| 52 | 7160 | 7168 | 7177 | 7185 | 7193 | 7202 | 7210 | 7218 | 7226 | 7235 | 1 | 2 | 2 | 3 | 4 | 5 | 6 | 7 | 7 |
| 53 | 7243 | 7251 | 7259 | 7267 | 7275 | 7284 | 7292 | 7300 | 7308 | 7316 | 1 | 2 | 2 | 3 | 4 | 5 | 6 | 6 | 7 |
| 54 | 7324 | 7332 | 7340 | 7348 | 7356 | 7364 | 7372 | 7380 | 7388 | 7396 | 1 | 2 | 2 | 3 | 4 | 5 | 6 | 6 | 7 |
| 55 | 7404 | 7412 | 7419 | 7427 | 7435 | 7443 | 7451 | 7459 | 7466 | 7474 | 1 | 2 | 2 | 3 | 4 | 5 | 5 | 6 | 7 |
| 56 | 7482 | 7490 | 7497 | 7505 | 7513 | 7520 | 7528 | 7536 | 7543 | 7551 | 1 | 2 | 2 | 3 | 4 | 5 | 5 | 6 | 7 |
| 57 | 7559 | 7566 | 7574 | 7582 | 7589 | 7597 | 7604 | 7612 | 7619 | 7627 | 1 | 2 | 2 | 3 | 4 | 5 | 5 | 6 | 7 |
| 58 | 7634 | 7642 | 7649 | 7657 | 7664 | 7672 | 7679 | 7686 | 7694 | 7701 | 1 | 1 | 2 | 3 | 4 | 4 | 5 | 6 | 7 |
| 59 | 7709 | 7716 | 7723 | 7731 | 7738 | 7745 | 7752 | 7760 | 7767 | 7774 | 1 | 1 | 2 | 3 | 4 | 4 | 5 | 6 | 7 |
| 60 | 7782 | 7789 | 7796 | 7803 | 7810 | 7818 | 7825 | 7832 | 7839 | 7846 | 1 | 1 | 2 | 3 | 4 | 4 | 5 | 6 | 6 |
| N. | 0 | 1 | 2 | 3 | 4 | 5 | 6 | 7 | 8 | 9 | 1 | 2 | 3 | 4 | 5 | 6 | 7 | 8 | 9 |

| N. | 0 | 1 | 2 | 3 | 4 | 5 | 6 | 7 | 8 | 9 | 1 | 2 | 3 | 4 | 5 | 6 | 7 | 8 | 9 |
|---|---|---|---|---|---|---|---|---|---|---|---|---|---|---|---|---|---|---|---|
| 60 | 7782 | 7789 | 7796 | 7803 | 7810 | 7818 | 7825 | 7832 | 7839 | 7846 | 1 | 1 | 2 | 3 | 4 | 4 | 5 | 6 | 6 |
| 61 | 7853 | 7860 | 7868 | 7875 | 7882 | 7889 | 7896 | 7903 | 7910 | 7917 | 1 | 1 | 2 | 3 | 4 | 4 | 5 | 6 | 6 |
| 62 | 7924 | 7931 | 7938 | 7945 | 7952 | 7959 | 7966 | 7973 | 7980 | 7987 | 1 | 1 | 2 | 3 | 3 | 4 | 5 | 6 | 6 |
| 63 | 7993 | 8000 | 8007 | 8014 | 8021 | 8028 | 8035 | 8041 | 8048 | 8055 | 1 | 1 | 2 | 3 | 3 | 4 | 5 | 5 | 6 |
| 64 | 8062 | 8069 | 8075 | 8082 | 8089 | 8096 | 8102 | 8109 | 8116 | 8122 | 1 | 1 | 2 | 3 | 3 | 4 | 5 | 5 | 6 |
| 65 | 8129 | 8136 | 8142 | 8149 | 8156 | 8162 | 8169 | 8176 | 8182 | 8189 | 1 | 1 | 2 | 3 | 3 | 4 | 5 | 5 | 6 |
| 66 | 8195 | 8202 | 8209 | 8215 | 8222 | 8228 | 8235 | 8241 | 8248 | 8254 | 1 | 1 | 2 | 3 | 3 | 4 | 5 | 5 | 6 |
| 67 | 8261 | 8267 | 8274 | 8280 | 8287 | 8293 | 8299 | 8306 | 8312 | 8319 | 1 | 1 | 2 | 3 | 3 | 4 | 5 | 5 | 6 |
| 68 | 8325 | 8331 | 8338 | 8344 | 8351 | 8357 | 8363 | 8370 | 8376 | 8382 | 1 | 1 | 2 | 3 | 3 | 4 | 4 | 5 | 6 |
| 69 | 8388 | 8395 | 8401 | 8407 | 8414 | 8420 | 8426 | 8432 | 8439 | 8445 | 1 | 1 | 2 | 2 | 3 | 4 | 4 | 5 | 6 |
| 70 | 8451 | 8457 | 8463 | 8470 | 8476 | 8482 | 8488 | 8494 | 8500 | 8506 | 1 | 1 | 2 | 2 | 3 | 4 | 4 | 5 | 6 |
| 71 | 8513 | 8519 | 8525 | 8531 | 8537 | 8543 | 8549 | 8555 | 8561 | 8567 | 1 | 1 | 2 | 2 | 3 | 4 | 4 | 5 | 5 |
| 72 | 8573 | 8579 | 8585 | 8591 | 8597 | 8603 | 8609 | 8615 | 8621 | 8627 | 1 | 1 | 2 | 2 | 3 | 4 | 4 | 5 | 5 |
| 73 | 8633 | 8639 | 8645 | 8651 | 8657 | 8663 | 8669 | 8675 | 8681 | 8686 | 1 | 1 | 2 | 2 | 3 | 4 | 4 | 5 | 5 |
| 74 | 8692 | 8698 | 8704 | 8710 | 8716 | 8722 | 8727 | 8733 | 8739 | 8745 | 1 | 1 | 2 | 2 | 3 | 4 | 4 | 5 | 5 |
| 75 | 8751 | 8756 | 8762 | 8768 | 8774 | 8779 | 8785 | 8791 | 8797 | 8802 | 1 | 1 | 2 | 2 | 3 | 3 | 4 | 5 | 5 |
| 76 | 8808 | 8814 | 8820 | 8825 | 8831 | 8837 | 8842 | 8848 | 8854 | 8859 | 1 | 1 | 2 | 2 | 3 | 3 | 4 | 5 | 5 |
| 77 | 8865 | 8871 | 8876 | 8882 | 8887 | 8893 | 8899 | 8904 | 8910 | 8915 | 1 | 1 | 2 | 2 | 3 | 3 | 4 | 4 | 5 |
| 78 | 8921 | 8927 | 8932 | 8938 | 8943 | 8949 | 8954 | 8960 | 8965 | 8971 | 1 | 1 | 2 | 2 | 3 | 3 | 4 | 4 | 5 |
| 79 | 8976 | 8982 | 8987 | 8993 | 8998 | 9004 | 9009 | 9015 | 9020 | 9025 | 1 | 1 | 2 | 2 | 3 | 3 | 4 | 4 | 5 |
| 80 | 9031 | 9036 | 9042 | 9047 | 9053 | 9058 | 9063 | 9069 | 9074 | 9079 | 1 | 1 | 2 | 2 | 3 | 3 | 4 | 4 | 5 |
| 81 | 9085 | 9090 | 9096 | 9101 | 9106 | 9112 | 9117 | 9122 | 9128 | 9133 | 1 | 1 | 2 | 2 | 3 | 3 | 4 | 4 | 5 |
| 82 | 9138 | 9143 | 9149 | 9154 | 9159 | 9165 | 9170 | 9175 | 9180 | 9186 | 1 | 1 | 2 | 2 | 3 | 3 | 4 | 4 | 5 |
| 83 | 9191 | 9196 | 9201 | 9206 | 9212 | 9217 | 9222 | 9227 | 9232 | 9238 | 1 | 1 | 2 | 2 | 3 | 3 | 4 | 4 | 5 |
| 84 | 9243 | 9248 | 9253 | 9258 | 9263 | 9269 | 9274 | 9279 | 9284 | 9289 | 1 | 1 | 2 | 2 | 3 | 3 | 4 | 4 | 5 |
| 85 | 9294 | 9299 | 9304 | 9309 | 9315 | 9320 | 9325 | 9330 | 9335 | 9340 | 1 | 1 | 2 | 2 | 3 | 3 | 4 | 4 | 5 |
| 86 | 9345 | 9350 | 9355 | 9360 | 9365 | 9370 | 9375 | 9380 | 9385 | 9390 | 1 | 1 | 2 | 2 | 3 | 3 | 4 | 4 | 5 |
| 87 | 9395 | 9400 | 9405 | 9410 | 9415 | 9420 | 9425 | 9430 | 9435 | 9440 | 0 | 1 | 1 | 2 | 2 | 3 | 3 | 4 | 4 |
| 88 | 9445 | 9450 | 9455 | 9460 | 9465 | 9469 | 9474 | 9479 | 9484 | 9489 | 0 | 1 | 1 | 2 | 2 | 3 | 3 | 4 | 4 |
| 89 | 9494 | 9499 | 9504 | 9509 | 9513 | 9518 | 9523 | 9528 | 9533 | 9538 | 0 | 1 | 1 | 2 | 2 | 3 | 3 | 4 | 4 |
| 90 | 9542 | 9547 | 9552 | 9557 | 9562 | 9566 | 9571 | 9576 | 9581 | 9586 | 0 | 1 | 1 | 2 | 2 | 3 | 3 | 4 | 4 |
| 91 | 9590 | 9595 | 9600 | 9605 | 9609 | 9614 | 9619 | 9624 | 9628 | 9633 | 0 | 1 | 1 | 2 | 2 | 3 | 3 | 4 | 4 |
| 92 | 9638 | 9643 | 9647 | 9652 | 9657 | 9661 | 9666 | 9671 | 9675 | 9680 | 0 | 1 | 1 | 2 | 2 | 3 | 3 | 4 | 4 |
| 93 | 9685 | 9689 | 9694 | 9699 | 9703 | 9708 | 9713 | 9717 | 9722 | 9727 | 0 | 1 | 1 | 2 | 2 | 3 | 3 | 4 | 4 |
| 94 | 9731 | 9736 | 9741 | 9745 | 9750 | 9754 | 9759 | 9763 | 9768 | 9773 | 0 | 1 | 1 | 2 | 2 | 3 | 3 | 4 | 4 |
| 95 | 9777 | 9782 | 9786 | 9791 | 9795 | 9800 | 9805 | 9809 | 9814 | 9818 | 0 | 1 | 1 | 2 | 2 | 3 | 3 | 4 | 4 |
| 96 | 9823 | 9827 | 9832 | 9836 | 9841 | 9845 | 9850 | 9854 | 9859 | 9863 | 0 | 1 | 1 | 2 | 2 | 3 | 3 | 4 | 4 |
| 97 | 9868 | 9872 | 9877 | 9881 | 9886 | 9890 | 9894 | 9899 | 9903 | 9908 | 0 | 1 | 1 | 2 | 2 | 3 | 3 | 4 | 4 |
| 98 | 9912 | 9917 | 9921 | 9926 | 9930 | 9934 | 9939 | 9943 | 9948 | 9952 | 0 | 1 | 1 | 2 | 2 | 3 | 3 | 4 | 4 |
| 99 | 9956 | 9961 | 9965 | 9969 | 9974 | 9978 | 9983 | 9987 | 9991 | 9996 | 0 | 1 | 1 | 2 | 2 | 3 | 3 | 3 | 4 |
| 100 | 00000 | 00043 | 00087 | 00130 | 00173 | 00217 | 00260 | 00303 | 00346 | 00389 | 4 | 9 | 13 | 17 | 22 | 26 | 30 | 35 | 39 |
| 101 | 00432 | 00475 | 00518 | 00561 | 00604 | 00647 | 00689 | 00732 | 00775 | 00817 | 4 | 9 | 13 | 17 | 22 | 26 | 30 | 34 | 39 |
| 102 | 00860 | 00903 | 00945 | 00988 | 01030 | 01072 | 01115 | 01157 | 01199 | 01242 | 4 | 8 | 13 | 17 | 21 | 25 | 30 | 34 | 38 |
| 103 | 01284 | 01326 | 01368 | 01410 | 01452 | 01494 | 01536 | 01578 | 01620 | 01662 | 4 | 8 | 13 | 17 | 21 | 25 | 29 | 34 | 38 |
| 104 | 01703 | 01745 | 01787 | 01828 | 01870 | 01912 | 01953 | 01995 | 02036 | 02078 | 4 | 8 | 12 | 17 | 21 | 25 | 29 | 33 | 37 |
| 105 | 02119 | 02160 | 02202 | 02243 | 02284 | 02325 | 02366 | 02407 | 02449 | 02490 | 4 | 8 | 12 | 16 | 21 | 25 | 29 | 33 | 37 |
| 106 | 02531 | 02572 | 02612 | 02653 | 02694 | 02735 | 02776 | 02816 | 02857 | 02898 | 4 | 8 | 12 | 16 | 20 | 24 | 28 | 32 | 36 |
| 107 | 02938 | 02979 | 03019 | 03060 | 03100 | 03141 | 03181 | 03222 | 03262 | 03302 | 4 | 8 | 12 | 16 | 20 | 24 | 28 | 32 | 36 |
| 108 | 03342 | 03383 | 03423 | 03463 | 03503 | 03543 | 03583 | 03623 | 03663 | 03703 | 4 | 8 | 12 | 16 | 20 | 24 | 28 | 32 | 36 |
| 109 | 03743 | 03782 | 03822 | 03862 | 03902 | 03941 | 03981 | 04021 | 04060 | 04100 | 4 | 8 | 12 | 16 | 20 | 24 | 28 | 31 | 36 |
| 110 | 04139 | 04179 | 04218 | 04258 | 04297 | 04336 | 04376 | 04415 | 04454 | 04493 | 4 | 8 | 12 | 16 | 20 | 24 | 28 | 31 | 36 |
| N. | 0 | 1 | 2 | 3 | 4 | 5 | 6 | 7 | 8 | 9 | 1 | 2 | 3 | 4 | 5 | 6 | 7 | 8 | 9 |

| lg | 0 | 1 | 2 | 3 | 4 | 5 | 6 | 7 | 8 | 9 | 1 | 2 | 3 | 4 | 5 | 6 | 7 | 8 | 9 |
|---|---|---|---|---|---|---|---|---|---|---|---|---|---|---|---|---|---|---|---|
| ·00 | 1000 | 1002 | 1005 | 1007 | 1009 | 1012 | 1014 | 1016 | 1019 | 1021 | 0 | 0 | 1 | 1 | 1 | 1 | 2 | 2 | 2 |
| ·01 | 1023 | 1026 | 1028 | 1030 | 1033 | 1035 | 1038 | 1040 | 1042 | 1045 | 0 | 0 | 1 | 1 | 1 | 1 | 2 | 2 | 2 |
| ·02 | 1047 | 1050 | 1052 | 1054 | 1057 | 1059 | 1062 | 1064 | 1067 | 1069 | 0 | 0 | 1 | 1 | 1 | 1 | 2 | 2 | 2 |
| ·03 | 1072 | 1074 | 1076 | 1079 | 1081 | 1084 | 1086 | 1089 | 1091 | 1094 | 0 | 0 | 1 | 1 | 1 | 1 | 2 | 2 | 2 |
| ·04 | 1096 | 1099 | 1102 | 1104 | 1107 | 1109 | 1112 | 1114 | 1117 | 1119 | 0 | 1 | 1 | 1 | 1 | 2 | 2 | 2 | 2 |
| ·05 | 1122 | 1125 | 1127 | 1130 | 1132 | 1135 | 1138 | 1140 | 1143 | 1146 | 0 | 1 | 1 | 1 | 1 | 2 | 2 | 2 | 2 |
| ·06 | 1148 | 1151 | 1153 | 1156 | 1159 | 1161 | 1164 | 1167 | 1169 | 1172 | 0 | 1 | 1 | 1 | 1 | 2 | 2 | 2 | 2 |
| ·07 | 1175 | 1178 | 1180 | 1183 | 1186 | 1189 | 1191 | 1194 | 1197 | 1199 | 0 | 1 | 1 | 1 | 1 | 2 | 2 | 2 | 2 |
| ·08 | 1202 | 1205 | 1208 | 1211 | 1213 | 1216 | 1219 | 1222 | 1225 | 1227 | 0 | 1 | 1 | 1 | 1 | 2 | 2 | 2 | 3 |
| ·09 | 1230 | 1233 | 1236 | 1239 | 1242 | 1245 | 1247 | 1250 | 1253 | 1256 | 0 | 1 | 1 | 1 | 1 | 2 | 2 | 2 | 3 |
| ·10 | 1259 | 1262 | 1265 | 1268 | 1271 | 1274 | 1276 | 1279 | 1282 | 1285 | 0 | 1 | 1 | 1 | 1 | 2 | 2 | 2 | 3 |
| ·11 | 1288 | 1291 | 1294 | 1297 | 1300 | 1303 | 1306 | 1309 | 1312 | 1315 | 0 | 1 | 1 | 1 | 2 | 2 | 2 | 2 | 3 |
| ·12 | 1318 | 1321 | 1324 | 1327 | 1330 | 1334 | 1337 | 1340 | 1343 | 1346 | 0 | 1 | 1 | 1 | 2 | 2 | 2 | 2 | 3 |
| ·13 | 1349 | 1352 | 1355 | 1358 | 1361 | 1365 | 1368 | 1371 | 1374 | 1377 | 0 | 1 | 1 | 1 | 2 | 2 | 2 | 3 | 3 |
| ·14 | 1380 | 1384 | 1387 | 1390 | 1393 | 1396 | 1400 | 1403 | 1406 | 1409 | 0 | 1 | 1 | 1 | 2 | 2 | 2 | 3 | 3 |
| ·15 | 1413 | 1416 | 1419 | 1422 | 1426 | 1429 | 1432 | 1435 | 1439 | 1442 | 0 | 1 | 1 | 1 | 2 | 2 | 2 | 3 | 3 |
| ·16 | 1445 | 1449 | 1452 | 1455 | 1459 | 1462 | 1466 | 1469 | 1472 | 1476 | 0 | 1 | 1 | 1 | 2 | 2 | 2 | 3 | 3 |
| ·17 | 1479 | 1483 | 1486 | 1489 | 1493 | 1496 | 1500 | 1503 | 1507 | 1510 | 0 | 1 | 1 | 1 | 2 | 2 | 2 | 3 | 3 |
| ·18 | 1514 | 1517 | 1521 | 1524 | 1528 | 1531 | 1535 | 1538 | 1542 | 1545 | 0 | 1 | 1 | 1 | 2 | 2 | 2 | 3 | 3 |
| ·19 | 1549 | 1552 | 1556 | 1560 | 1563 | 1567 | 1570 | 1574 | 1578 | 1581 | 0 | 1 | 1 | 1 | 2 | 2 | 3 | 3 | 3 |
| ·20 | 1585 | 1589 | 1592 | 1596 | 1600 | 1603 | 1607 | 1611 | 1614 | 1618 | 0 | 1 | 1 | 1 | 2 | 2 | 3 | 3 | 3 |
| ·21 | 1622 | 1626 | 1629 | 1633 | 1637 | 1641 | 1644 | 1648 | 1652 | 1656 | 0 | 1 | 1 | 2 | 2 | 2 | 3 | 3 | 3 |
| ·22 | 1660 | 1663 | 1667 | 1671 | 1675 | 1679 | 1683 | 1687 | 1690 | 1694 | 0 | 1 | 1 | 2 | 2 | 2 | 3 | 3 | 3 |
| ·23 | 1698 | 1702 | 1706 | 1710 | 1714 | 1718 | 1722 | 1726 | 1730 | 1734 | 0 | 1 | 1 | 2 | 2 | 2 | 3 | 3 | 4 |
| ·24 | 1738 | 1742 | 1746 | 1750 | 1754 | 1758 | 1762 | 1766 | 1770 | 1774 | 0 | 1 | 1 | 2 | 2 | 2 | 3 | 3 | 4 |
| ·25 | 1778 | 1782 | 1786 | 1791 | 1795 | 1799 | 1803 | 1807 | 1811 | 1816 | 0 | 1 | 1 | 2 | 2 | 2 | 3 | 3 | 4 |
| ·26 | 1820 | 1824 | 1828 | 1832 | 1837 | 1841 | 1845 | 1849 | 1854 | 1858 | 0 | 1 | 1 | 2 | 2 | 3 | 3 | 3 | 4 |
| ·27 | 1862 | 1866 | 1871 | 1875 | 1879 | 1884 | 1888 | 1892 | 1897 | 1901 | 0 | 1 | 1 | 2 | 2 | 3 | 3 | 3 | 4 |
| ·28 | 1905 | 1910 | 1914 | 1919 | 1923 | 1928 | 1932 | 1936 | 1941 | 1945 | 0 | 1 | 1 | 2 | 2 | 3 | 3 | 4 | 4 |
| ·29 | 1950 | 1954 | 1959 | 1963 | 1968 | 1972 | 1977 | 1982 | 1986 | 1991 | 0 | 1 | 1 | 2 | 2 | 3 | 3 | 4 | 4 |
| ·30 | 1995 | 2000 | 2004 | 2009 | 2014 | 2018 | 2023 | 2028 | 2032 | 2037 | 0 | 1 | 1 | 2 | 2 | 3 | 3 | 4 | 4 |
| ·31 | 2042 | 2046 | 2051 | 2056 | 2061 | 2065 | 2070 | 2075 | 2080 | 2084 | 0 | 1 | 1 | 2 | 2 | 3 | 3 | 4 | 4 |
| ·32 | 2089 | 2094 | 2099 | 2104 | 2109 | 2113 | 2118 | 2123 | 2128 | 2133 | 0 | 1 | 1 | 2 | 2 | 3 | 3 | 4 | 4 |
| ·33 | 2138 | 2143 | 2148 | 2153 | 2158 | 2163 | 2168 | 2173 | 2178 | 2183 | 0 | 1 | 1 | 2 | 2 | 3 | 3 | 4 | 4 |
| ·34 | 2188 | 2193 | 2198 | 2203 | 2208 | 2213 | 2218 | 2223 | 2228 | 2234 | 1 | 1 | 2 | 2 | 3 | 3 | 4 | 4 | 5 |
| ·35 | 2239 | 2244 | 2249 | 2254 | 2259 | 2265 | 2270 | 2275 | 2280 | 2286 | 1 | 1 | 2 | 2 | 3 | 3 | 4 | 4 | 5 |
| ·36 | 2291 | 2296 | 2301 | 2307 | 2312 | 2317 | 2323 | 2328 | 2333 | 2339 | 1 | 1 | 2 | 2 | 3 | 3 | 4 | 4 | 5 |
| ·37 | 2344 | 2350 | 2355 | 2360 | 2366 | 2371 | 2377 | 2382 | 2388 | 2393 | 1 | 1 | 2 | 2 | 3 | 3 | 4 | 4 | 5 |
| ·38 | 2399 | 2404 | 2410 | 2415 | 2421 | 2427 | 2432 | 2438 | 2443 | 2449 | 1 | 1 | 2 | 2 | 3 | 3 | 4 | 4 | 5 |
| ·39 | 2455 | 2460 | 2466 | 2472 | 2477 | 2483 | 2489 | 2495 | 2500 | 2506 | 1 | 1 | 2 | 2 | 3 | 3 | 4 | 5 | 5 |
| ·40 | 2512 | 2518 | 2523 | 2529 | 2535 | 2541 | 2547 | 2553 | 2559 | 2564 | 1 | 1 | 2 | 2 | 3 | 4 | 4 | 5 | 5 |
| ·41 | 2570 | 2576 | 2582 | 2588 | 2594 | 2600 | 2606 | 2612 | 2618 | 2624 | 1 | 1 | 2 | 2 | 3 | 4 | 4 | 5 | 5 |
| ·42 | 2630 | 2636 | 2642 | 2649 | 2655 | 2661 | 2667 | 2673 | 2679 | 2685 | 1 | 1 | 2 | 2 | 3 | 4 | 4 | 5 | 6 |
| ·43 | 2692 | 2698 | 2704 | 2710 | 2716 | 2723 | 2729 | 2735 | 2742 | 2748 | 1 | 1 | 2 | 3 | 3 | 4 | 4 | 5 | 6 |
| ·44 | 2754 | 2761 | 2767 | 2773 | 2780 | 2786 | 2793 | 2799 | 2805 | 2812 | 1 | 1 | 2 | 3 | 3 | 4 | 4 | 5 | 6 |
| ·45 | 2818 | 2825 | 2831 | 2838 | 2844 | 2851 | 2858 | 2864 | 2871 | 2877 | 1 | 1 | 2 | 3 | 3 | 4 | 5 | 5 | 6 |
| ·46 | 2884 | 2891 | 2897 | 2904 | 2911 | 2917 | 2924 | 2931 | 2938 | 2944 | 1 | 1 | 2 | 3 | 3 | 4 | 5 | 5 | 6 |
| ·47 | 2951 | 2958 | 2965 | 2972 | 2979 | 2985 | 2992 | 2999 | 3006 | 3013 | 1 | 1 | 2 | 3 | 3 | 4 | 5 | 5 | 6 |
| ·48 | 3020 | 3027 | 3034 | 3041 | 3048 | 3055 | 3062 | 3069 | 3076 | 3083 | 1 | 1 | 2 | 3 | 4 | 4 | 5 | 6 | 6 |
| ·49 | 3090 | 3097 | 3105 | 3112 | 3119 | 3126 | 3133 | 3141 | 3148 | 3155 | 1 | 1 | 2 | 3 | 4 | 4 | 5 | 6 | 6 |
| | 0 | 1 | 2 | 3 | 4 | 5 | 6 | 7 | 8 | 9 | 1 | 2 | 3 | 4 | 5 | 6 | 7 | 8 | 9 |

| lg | 0 | 1 | 2 | 3 | 4 | 5 | 6 | 7 | 8 | 9 | 1 | 2 | 3 | 4 | 5 | 6 | 7 | 8 | 9 |
|---|---|---|---|---|---|---|---|---|---|---|---|---|---|---|---|---|---|---|---|
| ·50 | 3162 | 3170 | 3177 | 3184 | 3192 | 3199 | 3206 | 3214 | 3221 | 3228 | 1 | 1 | 2 | 3 | 4 | 4 | 5 | 6 | 7 |
| ·51 | 3236 | 3243 | 3251 | 3258 | 3266 | 3273 | 3281 | 3289 | 3296 | 3304 | 1 | 2 | 2 | 3 | 4 | 5 | 5 | 6 | 7 |
| ·52 | 3311 | 3319 | 3327 | 3334 | 3342 | 3350 | 3357 | 3365 | 3373 | 3381 | 1 | 2 | 2 | 3 | 4 | 5 | 5 | 6 | 7 |
| ·53 | 3388 | 3396 | 3404 | 3412 | 3420 | 3428 | 3436 | 3443 | 3451 | 3459 | 1 | 2 | 2 | 3 | 4 | 5 | 6 | 6 | 7 |
| ·54 | 3467 | 3475 | 3483 | 3491 | 3499 | 3508 | 3516 | 3524 | 3532 | 3540 | 1 | 2 | 2 | 3 | 4 | 5 | 6 | 6 | 7 |
| ·55 | 3548 | 3556 | 3565 | 3573 | 3581 | 3589 | 3597 | 3606 | 3614 | 3622 | 1 | 2 | 2 | 3 | 4 | 5 | 6 | 7 | 7 |
| ·56 | 3631 | 3639 | 3648 | 3656 | 3664 | 3673 | 3681 | 3690 | 3698 | 3707 | 1 | 2 | 3 | 3 | 4 | 5 | 6 | 7 | 8 |
| ·57 | 3715 | 3724 | 3733 | 3741 | 3750 | 3758 | 3767 | 3776 | 3784 | 3793 | 1 | 2 | 3 | 3 | 4 | 5 | 6 | 7 | 8 |
| ·58 | 3802 | 3811 | 3819 | 3828 | 3837 | 3846 | 3855 | 3864 | 3873 | 3882 | 1 | 2 | 3 | 4 | 4 | 5 | 6 | 7 | 8 |
| ·59 | 3890 | 3899 | 3908 | 3917 | 3926 | 3936 | 3945 | 3954 | 3963 | 3972 | 1 | 2 | 3 | 4 | 5 | 5 | 6 | 7 | 8 |
| ·60 | 3981 | 3990 | 3999 | 4009 | 4018 | 4027 | 4036 | 4046 | 4055 | 4064 | 1 | 2 | 3 | 4 | 5 | 6 | 6 | 7 | 8 |
| ·61 | 4074 | 4083 | 4093 | 4102 | 4111 | 4121 | 4130 | 4140 | 4150 | 4159 | 1 | 2 | 3 | 4 | 5 | 6 | 7 | 8 | 9 |
| ·62 | 4169 | 4178 | 4188 | 4198 | 4207 | 4217 | 4227 | 4236 | 4246 | 4256 | 1 | 2 | 3 | 4 | 5 | 6 | 7 | 8 | 9 |
| ·63 | 4266 | 4276 | 4285 | 4295 | 4305 | 4315 | 4325 | 4335 | 4345 | 4355 | 1 | 2 | 3 | 4 | 5 | 6 | 7 | 8 | 9 |
| ·64 | 4365 | 4375 | 4385 | 4395 | 4406 | 4416 | 4426 | 4436 | 4446 | 4457 | 1 | 2 | 3 | 4 | 5 | 6 | 7 | 8 | 9 |
| ·65 | 4467 | 4477 | 4487 | 4498 | 4508 | 4519 | 4529 | 4539 | 4550 | 4560 | 1 | 2 | 3 | 4 | 5 | 6 | 7 | 8 | 9 |
| ·66 | 4571 | 4581 | 4592 | 4603 | 4613 | 4624 | 4634 | 4645 | 4656 | 4667 | 1 | 2 | 3 | 4 | 5 | 6 | 7 | 9 | 10 |
| ·67 | 4677 | 4688 | 4699 | 4710 | 4721 | 4732 | 4742 | 4753 | 4764 | 4775 | 1 | 2 | 3 | 4 | 5 | 7 | 8 | 9 | 10 |
| ·68 | 4786 | 4797 | 4808 | 4819 | 4831 | 4842 | 4853 | 4864 | 4875 | 4887 | 1 | 2 | 3 | 4 | 6 | 7 | 8 | 9 | 10 |
| ·69 | 4898 | 4909 | 4920 | 4932 | 4943 | 4955 | 4966 | 4977 | 4989 | 5000 | 1 | 2 | 3 | 5 | 6 | 7 | 8 | 9 | 10 |
| ·70 | 5012 | 5023 | 5035 | 5047 | 5058 | 5070 | 5082 | 5093 | 5105 | 5117 | 1 | 2 | 4 | 5 | 6 | 7 | 8 | 9 | 11 |
| ·71 | 5129 | 5140 | 5152 | 5164 | 5176 | 5188 | 5200 | 5212 | 5224 | 5236 | 1 | 2 | 4 | 5 | 6 | 7 | 8 | 10 | 11 |
| ·72 | 5248 | 5260 | 5272 | 5284 | 5297 | 5309 | 5321 | 5333 | 5346 | 5358 | 1 | 2 | 4 | 5 | 6 | 7 | 9 | 10 | 11 |
| ·73 | 5370 | 5383 | 5395 | 5408 | 5420 | 5433 | 5445 | 5458 | 5470 | 5483 | 1 | 3 | 4 | 5 | 6 | 8 | 9 | 10 | 11 |
| ·74 | 5495 | 5508 | 5521 | 5534 | 5546 | 5559 | 5572 | 5585 | 5598 | 5610 | 1 | 3 | 4 | 5 | 6 | 8 | 9 | 10 | 12 |
| ·75 | 5623 | 5636 | 5649 | 5662 | 5675 | 5689 | 5702 | 5715 | 5728 | 5741 | 1 | 3 | 4 | 5 | 7 | 8 | 9 | 10 | 12 |
| ·76 | 5754 | 5768 | 5781 | 5794 | 5808 | 5821 | 5834 | 5848 | 5861 | 5875 | 1 | 3 | 4 | 5 | 7 | 8 | 9 | 11 | 12 |
| ·77 | 5888 | 5902 | 5916 | 5929 | 5943 | 5957 | 5970 | 5984 | 5998 | 6012 | 1 | 3 | 4 | 5 | 7 | 8 | 10 | 11 | 12 |
| ·78 | 6026 | 6039 | 6053 | 6067 | 6081 | 6095 | 6109 | 6124 | 6138 | 6152 | 1 | 3 | 4 | 6 | 7 | 8 | 10 | 11 | 13 |
| ·79 | 6166 | 6180 | 6194 | 6209 | 6223 | 6237 | 6252 | 6266 | 6281 | 6295 | 1 | 3 | 4 | 6 | 7 | 9 | 10 | 11 | 13 |
| ·80 | 6310 | 6324 | 6339 | 6353 | 6368 | 6383 | 6397 | 6412 | 6427 | 6442 | 1 | 3 | 4 | 6 | 7 | 9 | 10 | 12 | 13 |
| ·81 | 6457 | 6471 | 6486 | 6501 | 6516 | 6531 | 6546 | 6561 | 6577 | 6592 | 2 | 3 | 5 | 6 | 8 | 9 | 11 | 12 | 14 |
| ·82 | 6607 | 6622 | 6637 | 6653 | 6668 | 6683 | 6699 | 6714 | 6730 | 6745 | 2 | 3 | 5 | 6 | 8 | 9 | 11 | 12 | 14 |
| ·83 | 6761 | 6776 | 6792 | 6808 | 6823 | 6839 | 6855 | 6871 | 6887 | 6902 | 2 | 3 | 5 | 6 | 8 | 9 | 11 | 13 | 14 |
| ·84 | 6918 | 6934 | 6950 | 6966 | 6982 | 6998 | 7015 | 7031 | 7047 | 7063 | 2 | 3 | 5 | 6 | 8 | 10 | 11 | 13 | 15 |
| ·85 | 7079 | 7096 | 7112 | 7129 | 7145 | 7161 | 7178 | 7194 | 7211 | 7228 | 2 | 3 | 5 | 7 | 8 | 10 | 12 | 13 | 15 |
| ·86 | 7244 | 7261 | 7278 | 7295 | 7311 | 7328 | 7345 | 7362 | 7379 | 7396 | 2 | 3 | 5 | 7 | 8 | 10 | 12 | 13 | 15 |
| ·87 | 7413 | 7430 | 7447 | 7464 | 7482 | 7499 | 7516 | 7534 | 7551 | 7568 | 2 | 3 | 5 | 7 | 9 | 10 | 12 | 14 | 16 |
| ·88 | 7586 | 7603 | 7621 | 7638 | 7656 | 7674 | 7691 | 7709 | 7727 | 7745 | 2 | 4 | 5 | 7 | 9 | 11 | 12 | 14 | 16 |
| ·89 | 7762 | 7780 | 7798 | 7816 | 7834 | 7852 | 7870 | 7889 | 7907 | 7925 | 2 | 4 | 5 | 7 | 9 | 11 | 13 | 14 | 16 |
| ·90 | 7943 | 7962 | 7980 | 7998 | 8017 | 8035 | 8054 | 8072 | 8091 | 8110 | 2 | 4 | 6 | 7 | 9 | 11 | 13 | 15 | 17 |
| ·91 | 8128 | 8147 | 8166 | 8185 | 8204 | 8222 | 8241 | 8260 | 8279 | 8299 | 2 | 4 | 6 | 8 | 9 | 11 | 13 | 15 | 17 |
| ·92 | 8318 | 8337 | 8356 | 8375 | 8395 | 8414 | 8433 | 8453 | 8472 | 8492 | 2 | 4 | 6 | 8 | 10 | 12 | 14 | 15 | 17 |
| ·93 | 8511 | 8531 | 8551 | 8570 | 8590 | 8610 | 8630 | 8650 | 8670 | 8690 | 2 | 4 | 6 | 8 | 10 | 12 | 14 | 16 | 18 |
| ·94 | 8710 | 8730 | 8750 | 8770 | 8790 | 8810 | 8831 | 8851 | 8872 | 8892 | 2 | 4 | 6 | 8 | 10 | 12 | 14 | 16 | 18 |
| ·95 | 8913 | 8933 | 8954 | 8974 | 8995 | 9016 | 9036 | 9057 | 9078 | 9099 | 2 | 4 | 6 | 8 | 10 | 12 | 15 | 17 | 19 |
| ·96 | 9120 | 9141 | 9162 | 9183 | 9204 | 9226 | 9247 | 9268 | 9290 | 9311 | 2 | 4 | 6 | 8 | 11 | 13 | 15 | 17 | 19 |
| ·97 | 9333 | 9354 | 9376 | 9397 | 9419 | 9441 | 9462 | 9484 | 9506 | 9528 | 2 | 4 | 7 | 9 | 11 | 13 | 15 | 17 | 20 |
| ·98 | 9550 | 9572 | 9594 | 9616 | 9638 | 9661 | 9683 | 9705 | 9727 | 9750 | 2 | 4 | 7 | 9 | 11 | 13 | 16 | 18 | 20 |
| ·99 | 9772 | 9795 | 9817 | 9840 | 9863 | 9886 | 9908 | 9931 | 9954 | 9977 | 2 | 5 | 7 | 9 | 11 | 14 | 16 | 18 | 20 |
| | 0 | 1 | 2 | 3 | 4 | 5 | 6 | 7 | 8 | 9 | 1 | 2 | 3 | 4 | 5 | 6 | 7 | 8 | 9 |

FSC
www.fsc.org
MIX
Papier | Fördert
gute Waldnutzung
FSC® C083411

Kolibri 360 GmbH
Ferdinand-Jühlke-Straße 7
99095 Erfurt, Deutschland
produktsicherheit@kolibri360.de